Einführung in die sphärische Astronomie

Von

Dr. Adalbert Prey

em. o. Professor an der Universität Wien

Mit 123 Textabbildungen

Springer-Verlag Wien GmbH

1949

Ursprünglich erschienen bei Springer-Verlag in Vienna 1949.
Softcover reprint of the hardcover 1st edition 1949

ISBN 978-3-211-80115-4 ISBN 978-3-7091-2416-1 (eBook)
DOI 10.1007/978-3-7091-2416-1

Vorwort.

Das vorliegende Werk befaßt sich mit jenem Teil der Astronomie, der mitunter auch als Astrometrie bezeichnet wird, zum Unterschied von der Astrophysik, die hier nicht zur Sprache kommen kann, weil ihre Grundlage gar nicht astronomisch ist, sondern in das Gebiet der Physik fällt. Das Buch soll ein Begleiter während der Vorlesungen sein und soll den angehenden Astronomen den Weiterbau auf diesem Fundament erleichtern. Es soll aber auch als Studienbehelf für jene gelten, welche nicht Fachastronomen werden wollen, aber in verwandten Wissenschaften arbeiten und gewisse Kenntnisse aus der Astronomie brauchen. Dazu gehören z. B. alle jene Studenten, die mathematisch-physikalische Disziplinen studieren, um dann das Lehramt an den Mittelschulen zu ergreifen. Für solche Leser darf aber das Buch auch nicht zu umfangreich sein, daher war die Kürze der Ausführungen ein Hauptgesichtspunkt bei seiner Herstellung.

Es ist aus den Vorlesungen entstanden, die ich im Laufe vieler Jahre in Innsbruck, Prag und Wien gehalten habe. Es schließt sich naturgemäß an die Vorlesungen an, die ich selbst als Student gehört habe, namentlich an die Vorlesungen meines Lehrers *E. Weiß*. Auch die altbekannten Lehrbücher wie *Brünnow*, Sphärische Astronomie oder *W. Chauvenet*, A Manual of Spherical and Practical Astronomy (Philadelphia 1863) wurden benützt. Ferner wurden die guten modernen Bücher wie *L. de Ball*, Lehrbuch der sphärischen Astronomie und *E.* und *B. Strömgren*, Lehrbuch der Astronomie u. s. w. vielfach zu Rate gezogen.

Da zum wesentlichen Aufbau der sphärischen Astronomie im Verlauf der letzten 100 bis 150 Jahre nichts grundsätzlich Neues hinzugekommen ist, hat ein Buch über diesen Gegenstand leicht etwas Altmodisches an sich. Aber man muß dabei die Aufgaben, die die moderne Astronomie zu lösen hat, doch in das gehörige Licht rücken, ohne daß die Dimensionen des Buches über das vorgesetzte Maß hinauswachsen.

Das Buch zerfällt in drei Abschnitte. Der erste enthält die sphärische Astronomie; dabei wird in den Kapiteln I—XI alles behandelt, was gewissermaßen als Astronomie mit dem freien Auge bezeichnet werden kann, also alle Erscheinungen, die auch der Ungelehrte, selbst der Bauer erkennen kann. In den weiteren Kapiteln kommen dann die kleinen Korrektionen und die Erscheinungen, die erst im Laufe größerer Zeiten merkbar werden, zur Sprache, also Präzession, Nutation, Aberration, Parallaxe und Refraktion. Von der vollständigen Theorie der Rotation der Erde, wie sie *de Ball* gibt, wurde abgesehen; denn sie verlangt schon weitgehende Kenntnisse aus der Mechanik, die der Anfänger vielleicht noch nicht besitzt. So stützt sich die Darstellung auf die Beobachtungen. Auch die Theorie der Refraktion konnte wegbleiben, da die astronomischen Erscheinungen, die eine genaue Beobachtung verlangen, sich immer in größeren Höhen abspielen, in denen die verschiedenen Theorien nur unwesentliche und kaum verbürgte Unterschiede geben.

Der zweite Abschnitt enthält die Theorie der gebräuchlichsten Instrumente und Hilfsapparate, der dritte Abschnitt endlich die Grundlage der geographischen Ortsbestimmung. Im dritten Abschnitt wurden zu den Methoden numerische Beispiele hinzugefügt. Es bestand ursprünglich die Absicht, für diese Beispiele eigene Beobachtungen anzustellen, doch war dies aus kriegsbedingten Gründen nicht möglich. Es wurden daher Beispiele mit angenommenen Zahlen gebracht, was übrigens auch den Vorteil hat, daß man sie den Bedingungen besser anpassen kann und auch durch das Wetter nicht gehindert wird. Alle Beispiele sind mit dem Jahrbuch 1943 berechnet, so daß der Leser nur ein Hilfsbuch dieser Art braucht.

Die Ausgleichsrechnung erscheint im Anhang. Man kann sie nicht als Kapitel der sphärischen Astronomie bezeichnen. Sie ist aber doch ein wichtiges Hilfsmittel für den angehenden Astronomen, daß er nicht früh genug damit vertraut gemacht werden kann. Sie ist also eher der sphärischen Astronomie gleichgeordnet.

Leider mußte das Werk infolge der schwierigen Kriegs- und Nachkriegsverhältnisse ein Lustrum lang liegen bleiben, bis endlich dank dem Unternehmungsgeist des Springer-Verlages Wien seine Veröffentlichung zustande gekommen ist.

Bei der Korrektur haben mich weitgehender Weise unterstützt: Mein Assistent Privatdozent Dr. *Konradin Ferrari,* ferner meine Schüler Dr. *Heinrich Eichhorn* und Dr. *Hermann Haupt* und endlich der Oberlaborant der Sternwarte *Leopold Kührner.* Allen diesen Herren spreche ich an dieser Stelle meinen herzlichsten Dank aus.

Wien, im August 1949.

A. Prey.

Inhaltsverzeichnis.

Dritter Teil.

Die geographische Ortsbestimmung.

Anhang.

Einleitung.

Das Himmelsgewölbe erscheint uns als eine Hohlkugel, an der sich die Sterne bewegen. Dem freien Auge und dem vorurteilslosen Beobachter erscheint diese Kugel in der Höhe etwas abgeflacht. Damit hängt es auch zusammen, daß die Sonne und der Mond beim Auf- und Untergang so ungeheuer groß erscheinen und auch die Sternbilder, wenn sie gegen den Horizont kommen, größer zu werden scheinen. Das ist aber eine optische Täuschung, und unsere Instrumente dementieren diese Erscheinung. In der Tat ist der scheinbare Durchmesser des Mondes im Momente des Aufganges kleiner als auf der Höhe des Himmels, weil der Mond in diesem Augenblicke um einen ganzen Erdradius weiter von uns entfernt ist. Diese optische Täuschung rührt davon her, daß zwischen uns und dem tiefstehenden Mond sich viele Gegenstände befinden, von denen wir auch zum Teil wissen, wie weit sie von uns entfernt sind, während der Blick zum Himmel hinauf durch den leeren Raum geht, in dem uns jeder Maßstab für die Entfernung fehlt. Es werden uns daher die im Horizont gelegenen Gegenstände weiter weg erscheinen und müssen daher bei gleicher scheinbarer Größe größer gedacht werden.

Wir werden also den Himmel als Kugel auffassen und werden auf dieser Kugel eine Reihe von Grundkreisen zeichnen können, die sich gegenseitig schneiden und Dreiecke bilden, so daß also die Beziehungen, die wir abzuleiten haben, durch die sphärische Trigonometrie gegeben sind. Die Gleichungen der sphärischen Trigonometrie enthalten nur Winkelbeziehungen; der Radius der Kugel kommt gar nicht vor. Wir könnten auch für das Himmelsgewölbe keinen Radius angeben, weil die Kugel tatsächlich gar nicht vorhanden ist.

Man kann zu dem gleichen Resultat auch noch auf einem anderen Wege kommen, bei dem auf die scheinbare Form des Himmelsgewölbes gar nicht zurückgegriffen wird. Die astronomische Beobachtung eines Gestirnes ist eine Richtungsbeobachtung, sie gibt nichts als die Richtung vom Beobachtungspunkt nach dem Gestirn; in welchem Punkte dieser Linie sich das Gestirn befindet, also in welcher Entfernung vom Anfangspunkte, bleibt zunächst unbekannt. Eine solche Richtung ist ausschließlich durch die Winkel gegeben, die sie mit gewissen Ausgangsrichtungen einschließt. Die Beziehungen zwischen einzelnen Beobachtungen werden also nur Winkelbeziehungen sein, die nach den Grundsätzen der analytischen Geometrie des Raumes zu behandeln sind. Man wählt also einen beliebigen Punkt als Koordinatenanfangspunkt und zieht von diesem Punkt aus die Richtungen auf Grund der gemessenen Winkel. Schlägt man nun um diesen Mittelpunkt eine Kugel von beliebigem Radius, den man auch gleich Eins nehmen kann, also eine sogenannte Einheitskugel, so werden die Ebenen, die zwischen solchen Richtungen gelegt werden können, die Kugel in größten Kreisen schneiden, und diese Kreise bilden untereinander wieder sphärische Dreiecke; wir können also alle Untersuchungen auch auf der Einheitskugel machen. Es ist aber viel anschaulicher, sich die Dreiecke gleich auf das Himmelsgewölbe gezeichnet zu denken, mit anderen Worten, das Himmelsgewölbe selbst als Einheitskugel zu verwenden.

Da somit alle Erscheinungen sich auf dieser Kugel abspielen, so folgt, daß die sphärische Trigonometrie dabei eine große Rolle spielen wird, und es erscheint daher nötig, zunächst ihre Grundgleichungen abzuleiten.

Erster Teil.

Die sphärische Astronomie.

I. Die sphärische Trigonometrie.

Zur Ableitung der Grundgleichungen der sphärischen Trigonometrie gehen wir von den Gleichungen (Gl.) der Koordinatentransformation aus. Dabei wird sich zeigen, wie die unbekannt bleibende Distanz der Punkte von selbst aus den Gl. verschwindet. Wir wählen die Bezeichnungen von Anfang an so, daß wir sie später nicht mehr ändern müssen. Es seien (Abb. 1) $O\,x$ und $O\,z$ die Achsen eines ebenen Koordinatensystems und x, z die Koordinaten eines beliebigen Punktes P. Drehen wir das System um einen Winkel c, so daß die Achsen in der Richtung $O\,x'$ und $O\,z'$ kommen, so lauten die Beziehungen zwischen den alten Koordinaten x, z und den neuen x', z':

$$x = O\,Q = O\,S - Q\,S = x' \cos c - z' \sin c,$$
$$z = P\,Q = Q\,T + T\,P = x' \sin c + z' \cos c$$

oder umgekehrt:

$$x' = x \cos c + z \sin c,$$
$$z' = -\, x \sin c + z \cos c. \qquad (1)$$

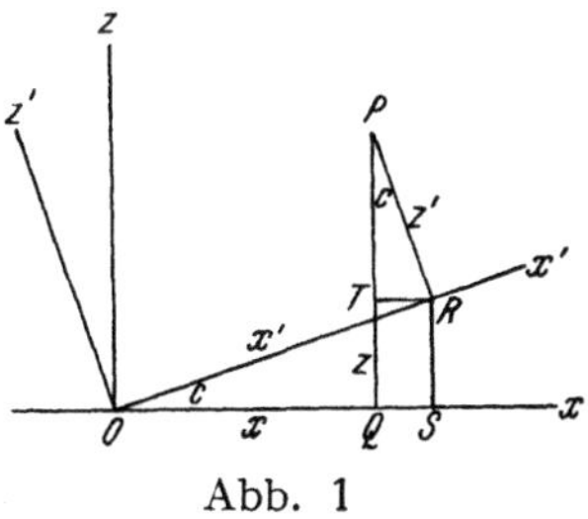

Abb. 1

Wir nehmen nun die dritte Koordinate y hinzu und wählen den Punkt P beliebig im Raume (Abb. 2). Wir verbinden ihn mit dem Anfangspunkt O durch $O\,P$ und es sind dann die drei Projektionen von $O\,P$ auf die drei Achsen: $O\,Q$, $O\,R$ und $O\,S$ die drei Koordinaten des Punktes P. Nennen wir nun $O\,P = r$ und die Winkel $P\,O\,T = a'$ und $Q\,O\,T = B'$, so ist

$$x = r \cos a' \cos B',$$
$$y = r \cos a' \sin B',$$
$$z = r \sin a'.$$

Nun drehen wir das Koordinatensystem um die Achse $O\,y$ wieder um den Winkel c, so daß $O\,x$ und $O\,z$ nach $O\,x'$ und $O\,z'$ kommen; dann entsteht in der Ebene $O\,x\,z$ eine Figur analog zu Abb. 1. Sind nun $O\,Q'$, $O\,R'$ und $O\,S'$ die neuen Koordinaten und bezeichnen wir den Winkel $P\,O\,T'$ mit b' und $Q'\,O\,T'$ mit A', so ist nun

$$x' = r\cos b'\cos A',$$
$$y' = r\cos b'\sin A',$$
$$z' = r\sin b'.$$

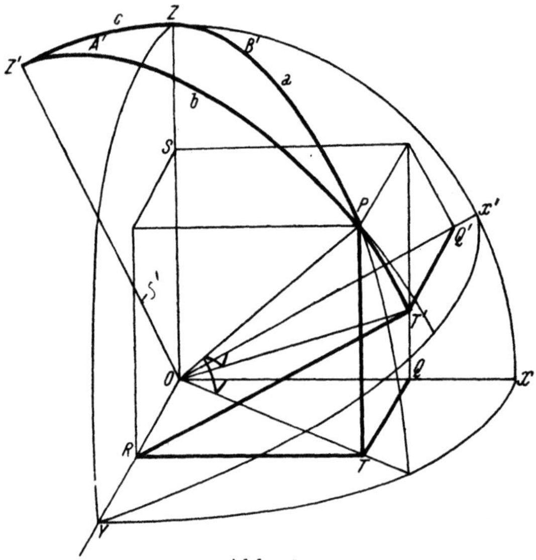

Abb. 2

Daher ergibt sich nach Gl. (1), unter Berücksichtigung des Umstandes, daß y bei der Transformation ungeändert bleibt:

$$\begin{aligned} r\cos a'\cos B' &= r\cos b'\cos A'\cos c - r\sin b'\sin c,\\ r\cos a'\sin B' &= r\cos b'\sin A',\\ r\sin a' &= r\cos b'\cos A'\sin c + r\sin b'\cos c. \end{aligned}$$

Aus diesen Gl. fällt nun r heraus. Setzen wir noch

$$a = 90^0 - a' \qquad B = 180^0 - B',$$
$$b = 90^0 - b' \qquad A = A',$$

so bleibt

$$\begin{aligned} \sin a\cos B &= \cos b\sin c - \sin b\cos c\cos A,\\ \sin a\sin B &= \sin b\sin A,\\ \cos a &= \cos b\cos c + \sin b\sin c\cos A. \end{aligned} \tag{2}$$

Wir brauchen nun nur durch den Punkt P eine Kugel mit dem Mittelpunkte in O zu legen um zu erkennen, daß die a, b, c die Seiten, A, B, C die Winkel in dem sphärischen Dreiecke $Z Z' P$ sind. Diese drei Gl. (2) sind die Grundgleichungen der sphärischen Trigonometrie. Von diesen wird die zweite als Sinus-Satz, die dritte als Cosinus-Satz bezeichnet. Die Gl., die man erhält, wenn man die zweite durch die erste dividiert, und die man in der Form schreiben kann:

$$\sin A \operatorname{ctg} B = \operatorname{ctg} b \sin c - \cos c \cos A$$

wird auch mitunter als Cotangenten-Satz bezeichnet.

Die drei Gl. dienen dazu, wenn zwei Seiten b und c und der eingeschlossene Winkel A gegeben sind, die dritte Seite a und den Winkel B zu berechnen. Zur Berechnung von C haben wir nur in Gl. (2) b mit c und B mit C zu vertauschen, und erhalten:

$$\begin{aligned} \sin a \cos C &= \cos c \sin b - \sin c \cos b \cos A, \\ \sin a \sin C &= \sin c \sin A. \end{aligned} \tag{2'}$$

Wir haben also fünf Gl. zur Bestimmung der drei Größen a, B und C. Die darin liegende Überbestimmung dient einerseits zur Kontrolle, andererseits gestattet sie die Bestimmung der Quadranten, in welchen die Winkel liegen. Es läßt sich so einrichten, daß die Seiten des sphärischen Dreieckes a, b und c immer kleiner als 180^0 bleiben, so daß also $\sin a$, $\sin b$ und $\sin c$ immer positiv sind. Das Vorzeichen von $\sin a \cos B$ ist also das Vorzeichen von $\cos B$, das von $\sin a \sin B$ das Vorzeichen von $\sin B$, woraus sich der Quadrant von B ergibt. Ist B gefunden, so erhält man aus der ersten und der zweiten Gl. je einen Wert von $\sin a$; die beiden müssen miteinander übereinstimmen. Die dritte Gl. gibt $\cos a$ mit seinem Vorzeichen und damit eine neue Bestimmung von a, samt dem zugehörigen Quadranten. Dasselbe gilt für die Bestimmung von C. Durch zyklische Vertauschung der Buchstaben in Gl. (2) und Gl. (2') findet man noch folgende Relationen:

$$\begin{aligned} \sin b \cos C &= \cos c \sin a - \sin c \cos a \cos B, \\ \sin b \sin C &= \sin c \sin B, \\ \cos b &= \cos c \cos a + \sin c \sin a \cos B, \\ \sin b \cos A &= \cos a \sin c - \sin a \cos c \cos B, \\ \sin b \sin A &= \sin a \sin B \end{aligned} \tag{3}$$

und

$$\begin{aligned}
\sin c \cos A &= \cos a \sin b - \sin a \cos b \cos C,\\
\sin c \sin A &= \sin a \sin C,\\
\cos c &= \cos a \cos b + \sin a \sin b \cos C, \qquad (4)\\
\sin c \cos B &= \cos b \sin a - \sin b \cos a \cos C,\\
\sin c \sin B &= \sin b \sin C.
\end{aligned}$$

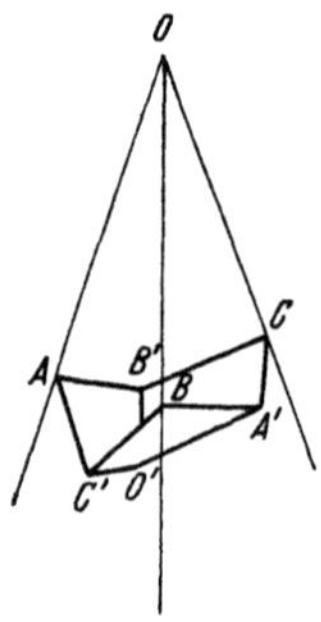

Abb. 3

Jeder dieser Gl. (2), (3) und (4) kann man eine zweite Gl. zuordnen, in welcher statt der Seiten die Winkel und statt der Winkel die Seiten stehen. Wir erhalten sie aus den Beziehungen zur Polarecke. Diese entsteht dadurch, daß man im Innern einer beliebigen Ecke einen beliebigen Punkt O' wählt, und von diesem Senkrechte ($O'A'$, $O'B'$, $O'C'$) auf die Seitenflächen der ersten Ecke fällt. Für diese Polarecke ist nun (Abb. 3)

$$\begin{aligned}
a' &= 180^0 - A & A' &= 180^0 - a,\\
b' &= 180^0 - B & B' &= 180^0 - b, \qquad (5)\\
c' &= 180^0 - C & C' &= 180^0 - c.
\end{aligned}$$

Denn es sind in jedem der Vierecke $A'\,B\,C'\,O'$, $B'\,C\,A'\,O'$, $C'\,A\,B'\,O'$ zwei gegenüberliegende Winkel Rechte. Daher die Summe der beiden anderen auch gleich $2\,R$. Von diesen zwei Winkeln aber ist immer einer die Seite der alten Ecke, der andere der Flächenwinkel der neuen. Ähnliches gilt von den Vierecken $A\,C'\,B\,O$, $B\,A'\,C\,O$ und $C\,B'\,A\,O$. Da nun aus jeder Ecke durch Schlagen einer Kugel ein sphärisches Dreieck gewonnen wird, für welches natürlich dieselben Beziehungen gelten müssen, wie für alle sphärischen Dreiecke, so erhalten wir wieder richtige Gl., wenn man die Substitution Gl. (5) in Gl. (2), (2'), (3) und (4) vornimmt. Wir finden so

$$\begin{aligned}
\sin A \cos b &= \cos B \sin C + \sin B \cos C \cos a,\\
\sin A \sin b &= \sin a \sin B,\\
\cos A &= -\cos B \cos C + \sin B \sin C \cos a, \qquad (6)\\
\sin A \cos c &= \cos C \sin B + \sin C \cos A \cos a,\\
\sin A \sin c &= \sin a \sin C.
\end{aligned}$$

$$\begin{aligned}
\sin B \cos c &= \cos C \sin A + \sin C \cos A \cos b,\\
\sin B \sin c &= \sin b \sin C,\\
\cos B &= -\cos C \cos A + \sin C \sin A \cos b, \qquad (7)\\
\sin B \cos a &= \cos A \sin C + \sin A \cos C \cos b,\\
\sin B \sin a &= \sin b \sin A.
\end{aligned}$$

$$\begin{aligned}
\sin C \cos a &= \cos A \sin B + \sin A \cos B \cos c,\\
\sin C \sin a &= \sin c \sin A,\\
\cos C &= -\cos A \cos B + \sin A \sin B \cos c,\\
\sin C \cos b &= \cos B \sin A + \sin B \cos A \cos c,\\
\sin C \sin b &= \sin c \sin B.
\end{aligned} \tag{8}$$

Noch eine Beziehung müssen wir ableiten, die ab und zu gebraucht wird. Indem wir die zwei Sinus-Sätze für $\sin a \sin C$ und $\sin b \sin C$ aus Gl. (2) und (3) miteinander multiplizieren, erhalten wir:

$$\sin a \sin b \sin^2 C = \sin A \sin B \sin^2 c$$

oder

$$\sin a \sin b\,(1 - \cos^2 C) = \sin A \sin B\,(1 - \cos^2 c)$$

und daraus mit Hilfe der dritten Gl. in (4) und (8)

$$\begin{aligned}
&\sin a \sin b - \cos C\,(\cos c - \cos a \cos b) =\\
&= \sin A \sin B - \cos c\,(\cos C + \cos A \cos B)
\end{aligned}$$

oder

$$\sin a \sin b + \cos a \cos b \cos C = \sin A \sin B - \cos A \cos B \cos c \tag{9}$$

Daraus ergeben sich durch zyklische Vertauschung:

$$\begin{aligned}
\sin b \sin c + \cos b \cos c \cos A &= \sin B \sin C - \cos B \cos C \cos a,\\
\sin c \sin a + \cos c \cos a \cos B &= \sin C \sin A - \cos C \cos A \cos b.
\end{aligned} \tag{9'}$$

Die meisten dieser Gl. leiden an dem Übelstande, daß sie der logarithmischen Rechnung direkt nicht zugänglich sind. Man kann sie aber durch Einführung eines Hilfswinkels in eine logarithmische Form bringen. Wir setzen z. B. in Gl. (2)

$$\begin{aligned}
\cos b &= m \cos M,\\
\sin b \cos A &= m \sin M
\end{aligned}$$

und erhalten dann:

$$\begin{aligned}
\sin a \cos B &= m \sin (c - M),\\
\sin a \sin B &= \sin b \sin A
\end{aligned}$$

und daher

$$\operatorname{ctg} B = \frac{m \sin (c - M)}{\sin b \sin A} = \frac{\sin (c - M)}{\sin M \operatorname{tg} A}.$$

Da man aber den Winkel M aufschlagen muß, und man auch m braucht, so ist die Arbeitsersparnis nicht groß.

Besser ist die Anwendung der *Gauß*schen Summen- und Differenz-Logarithmen. Dieselben geben, wenn $\log a$ und $\log b$ gegeben ist, den $\log (a + b)$ oder $\log (a - b)$ durch einfache

Addition oder Subtraktion einer der Tafeln zu entnehmenden Größe zu log a/b oder log b/a. Hat man eine Rechenmaschine und eine Tafel der Werte der trigonometrischen Funktionen, so fallen diese Schwierigkeiten weg. Man kann aber auch direkt Formeln ableiten, welche logarithmisch brauchbar sind. Aus der dritten Gl. (2) findet man:

$$\cos A = \frac{\cos a - \cos b \cos c}{\sin b \sin c}.$$

Daher

$$1 - \cos A = \frac{\sin b \sin c - \cos a + \cos b \cos c}{\sin b \sin c} = \frac{\cos (b - c) - \cos a}{\sin b \sin c},$$

$$1 + \cos A = \frac{\sin b \sin c + \cos a - \cos b \cos c}{\sin b \sin c} = \frac{-\cos (b + c) + \cos a}{\sin b \sin c},$$

also nach bekannten Formeln der Goniometrie:

$$2 \sin^2 \frac{A}{2} = -2 \frac{\sin \frac{1}{2} (b - c + a) \sin \frac{1}{2} (b - c - a)}{\sin b \sin c}$$

$$2 \cos^2 \frac{A}{2} = +2 \frac{\sin \frac{1}{2} (b + c + a) \cos \frac{1}{2} (b + c - a)}{\sin b \sin c}$$

Setzt man daher

$$a + b + c = 2\,s,$$

so findet man

$$\sin \frac{A}{2} = \sqrt{\frac{\sin (s - b) \sin (s - c)}{\sin b \sin c,}}, \qquad \cos \frac{A}{2} = \sqrt{\frac{\sin s \sin (s - a)}{\sin b \sin c}},$$

daraus:

$$\operatorname{tg} \frac{A}{2} = \sqrt{\frac{\sin (s - b) \sin (s - c)}{\sin s \sin (s - a)}},$$

ebenso

$$\sin \frac{B}{2} = \sqrt{\frac{\sin (s - c) \sin (s - a)}{\sin c \sin a}}, \qquad \cos \frac{B}{2} = \sqrt{\frac{\sin s \sin (s - b)}{\sin c \sin a}},$$

$$\operatorname{tg} \frac{B}{2} = \sqrt{\frac{\sin (s - c) \sin (s - a)}{\sin s \sin (s - b)}}, \tag{10}$$

$$\sin \frac{C}{2} = \sqrt{\frac{\sin (s - a) \sin (s - b)}{\sin a \sin b}}, \qquad \cos \frac{C}{2} = \sqrt{\frac{\sin s \sin (s - c)}{\sin a \sin b}},$$

$$\operatorname{tg} \frac{C}{2} = \sqrt{\frac{\sin (s - a) \sin (s - b)}{\sin s \sin (s - c)}}.$$

Macht man hier die Substitution Gl. (5) und setzt $A + B + C = 2S = 540^0 - (a + b + c) = 540^0 - 2s$, so erhält man:

$$\cos\frac{a}{2} = \sqrt{\frac{\cos(S-B)\cos(S-C)}{\sin B \sin C}}, \quad \sin\frac{a}{2} = \sqrt{-\frac{\cos S\cos(S-A)}{\sin B\sin C}},$$

$$\operatorname{tg}\frac{a}{2} = \sqrt{-\frac{\cos S\cos(S-A)}{\cos(S-B)\cos(S-C)}},$$

$$\cos\frac{b}{2} = \sqrt{\frac{\cos(S-C)\cos(S-A)}{\sin C \sin A}}, \quad \sin\frac{b}{2} = \sqrt{-\frac{\cos S\cos(S-B)}{\sin C\sin A}},$$

$$\operatorname{tg}\frac{b}{2} = \sqrt{-\frac{\cos S\cos(S-B)}{\cos(S-C)\cos(S-A)}}, \qquad (11)$$

$$\cos\frac{c}{2} = \sqrt{\frac{\cos(S-A)\cos(S-B)}{\sin A \sin B}}, \quad \sin\frac{c}{2} = \sqrt{-\frac{\cos S\cos(S-C)}{\sin A\sin B}},$$

$$\operatorname{tg}\frac{c}{2} = \sqrt{-\frac{\cos S\cos(S-C)}{\cos(S-A)\cos(S-B)}}.$$

Aus diesen Gl. können die drei Winkel berechnet werden, wenn die drei Seiten gegeben sind und umgekehrt.

Berechnet man nun mit Hilfe der Gl. (10) den Ausdruck für $\sin\frac{1}{2}(A+B)$, so wird

$$\sin\frac{1}{2}(A+B) = \sin\frac{A}{2}\cos\frac{B}{2} + \cos\frac{A}{2}\sin\frac{B}{2} =$$

$$= \sqrt{\frac{\sin s\sin^2(s-b)\sin(s-c)}{\sin a\sin b\sin^2 c}} + \sqrt{\frac{\sin s\sin^2(s-a)\sin(s-c)}{\sin a\sin b\sin^2 c}} =$$

$$= \sqrt{\frac{\sin s\sin(s-c)}{\sin a\sin b}}\left[\frac{\sin(s-b)}{\sin c} + \frac{\sin(s-a)}{\sin c}\right] =$$

$$= \cos\frac{C}{2}\cdot\frac{2\sin\frac{1}{2}(2s-a-b)\cos\frac{1}{2}(a-b)}{2\sin\frac{c}{2}\cos\frac{c}{2}} =$$

$$= \cos\frac{C}{2}\cdot\frac{2\sin\frac{c}{2}\cos\frac{1}{2}(a-b)}{2\sin\frac{c}{2}\cos\frac{c}{2}} = \cos\frac{C}{2}\cdot\frac{\cos\frac{1}{2}(a-b)}{\cos\frac{c}{2}}.$$

Somit

$$\sin\frac{1}{2}(A+B)\cos\frac{c}{2} = \cos\frac{1}{2}(a-b)\cos\frac{C}{2},$$

ebenso erhält man

$$\begin{aligned}
\sin\frac{1}{2}(A-B)\sin\frac{c}{2} &= \sin\frac{1}{2}(a-b)\cos\frac{C}{2},\\
\cos\frac{1}{2}(A+B)\cos\frac{c}{2} &= \cos\frac{1}{2}(a+b)\sin\frac{C}{2},\\
\cos\frac{1}{2}(A-B)\sin\frac{c}{2} &= \sin\frac{1}{2}(a+b)\sin\frac{C}{2}.
\end{aligned}\tag{12}$$

Durch zyklische Vertauschung werden daraus die zwei weiteren Systeme:

$$\begin{aligned}
\sin\frac{1}{2}(B+C)\cos\frac{a}{2} &= \cos\frac{1}{2}(b-c)\cos\frac{A}{2},\\
\sin\frac{1}{2}(B-C)\sin\frac{a}{2} &= \sin\frac{1}{2}(b-c)\cos\frac{A}{2},\\
\cos\frac{1}{2}(B+C)\cos\frac{a}{2} &= \cos\frac{1}{2}(b+c)\sin\frac{A}{2},\\
\cos\frac{1}{2}(B-C)\sin\frac{a}{2} &= \sin\frac{1}{2}(b+c)\sin\frac{A}{2}.
\end{aligned}\tag{13}$$

$$\begin{aligned}
\sin\frac{1}{2}(C+A)\cos\frac{b}{2} &= \cos\frac{1}{2}(c-a)\cos\frac{B}{2},\\
\sin\frac{1}{2}(C-A)\sin\frac{b}{2} &= \sin\frac{1}{2}(c-a)\cos\frac{B}{2},\\
\cos\frac{1}{2}(C+A)\cos\frac{b}{2} &= \cos\frac{1}{2}(c+a)\sin\frac{B}{2},\\
\cos\frac{1}{2}(C-A)\sin\frac{b}{2} &= \sin\frac{1}{2}(c+a)\sin\frac{B}{2}.
\end{aligned}\tag{14}$$

Diese Formeln, die sich durch ihre symmetrische Form auszeichnen, sind unter dem Namen *Gauß*sche Analogien bekannt. Sie sind für die logarithmische Rechnung brauchbar und erlauben, aus zwei Seiten und dem eingeschlossenen Winkel die dritte Seite und die zwei anderen Winkel zu berechnen; aber auch umgekehrt, wenn man die zwei Seiten der Gl. vertauscht, aus zwei Winkeln und der dazwischen liegenden Seite die anderen Stücke zu berechnen. Wir haben hier wieder vier Gl. zur Bestimmung von drei Unbekannten und dieser Überschuß erlaubt eine Rechenkontrolle und die Feststellung des Quadranten. Da c immer kleiner als 180^0, so ist $\sin c/2$ und $\cos c/2$ immer positiv. Die erste Gl. gibt daher das Vorzeichen von $\sin 1/2\,(A+B)$, die dritte das Vorzeichen von $\cos 1/2\,(A+B)$, woraus sich $1/2\,(A+B)$ samt seinem Quadranten ergibt, während die zweite und vierte Gl. $1/2\,(A-B)$ geben. Die Division der ersten durch die dritte Gl. und der zweiten durch die vierte ergibt:

$$\left.\begin{aligned} \operatorname{tg}\frac{1}{2}(A+B) &= \frac{\cos\frac{1}{2}(a-b)}{\cos\frac{1}{2}(a+b)}\operatorname{ctg}\frac{C}{2} \\ \operatorname{tg}\frac{1}{2}(A-B) &= \frac{\sin\frac{1}{2}(a-b)}{\sin\frac{1}{2}(a+b)}\operatorname{ctg}\frac{C}{2}, \end{aligned}\right\} \quad (15)$$

ebenso findet man:

$$\left.\begin{aligned} \operatorname{tg}\frac{1}{2}(a+b) &= \frac{\cos\frac{1}{2}(A-B)}{\cos\frac{1}{2}(A+B)}\operatorname{tg}\frac{c}{2} \\ \operatorname{tg}\frac{1}{2}(a-b) &= \frac{\sin\frac{1}{2}(A-B)}{\sin\frac{1}{2}(A+B)}\operatorname{tg}\frac{c}{2}. \end{aligned}\right\} \quad (16)$$

Diese Gl. sind als die *Neper*- oder *Napier*schen Gl. bekannt. Auch hier ergeben sich analoge Gleichungssysteme durch zyklische Vertauschung.

Die Formeln für das rechtwinklige Dreieck erhalten wir, wenn wir $C = 90^0$, somit $\sin C = 1$ und $\cos C = 0$ setzen. Es kommen nur jene Formeln in Betracht, in denen C als gegebenes Stück auf der rechten Seite der Gl. steht.

Wir erhalten so, wenn wir die Seite c als Hypothenuse mit h bezeichnen, aus dem System der Gl. (4):

$$\begin{aligned} \sin h\cos A &= \cos a\sin b \\ \sin h\sin A &= \sin a \qquad \text{oder} \quad \sin b = \operatorname{tg} a\operatorname{ctg} A, \\ \cos h &= \cos a\cos b, \qquad\qquad (4') \\ \sin h\cos B &= \cos b\sin a \\ \sin h\sin B &= \sin b \qquad \text{oder} \quad \sin a = \operatorname{tg} b\operatorname{ctg} B, \end{aligned}$$

in gleicher Weise erhalten wir aus Gl. (6) und (7)

$$\begin{aligned} \sin A \cos h &= \cos B \cos a \\ \sin A \sin h &= \sin a \qquad \text{oder} \quad \cos B = \operatorname{tg} a \operatorname{ctg} h, \qquad (6') \\ \cos A &= \sin B \cos a, \\ \sin B \cos h &= \cos A \cos b, \\ \sin B \sin h &= \sin b \qquad \text{oder} \quad \cos A = \operatorname{tg} b \operatorname{ctg} h, \qquad (7') \\ \cos B &= \sin A \cos b, \end{aligned}$$

endlich aus Gl. (2), (3) und (4)

$$\sin a = \sin h \sin A, \qquad (2')$$

$$\sin b = \sin h \sin B, \qquad (3')$$

$$\cos h = \operatorname{ctg} A \operatorname{ctg} B. \qquad (4')$$

Zur einfachen Reproduzierung dieser Formeln gibt es eine Faustregel: Schreibt man die Elemente in der Reihenfolge $A, h, B, 90^0 - a, 90^0 - b$, in die fünf Ecken eines Fünfeckes und bezeichnet von einem beliebigen Elemente beginnend rund herum mit (1), (2), (3), (4), (5), so gilt immer

$$\cos(2) = \sin(4)\sin(5) = \operatorname{ctg}(1)\operatorname{ctg}(3).$$

Differentialformeln: Sie haben den Zweck, die durch kleine Änderung der gegebenen Stücke eines Dreieckes hervorgerufenen Änderungen der übrigen Stücke zu bestimmen. Solche Formeln werden gebraucht, wenn z. B. an den gegebenen Stücken nachträglich Korrektionen angebracht werden müssen, wenn etwa eine Rechnung mit verbesserten Konstanten wiederholt werden muß. Oder sie dienen, wenn die gegebenen Werte mit einer gewissen Unsicherheit behaftet sind, dazu, zu beurteilen, welche Sicherheit dem Resultat zugebilligt werden kann. Sie spielen also in der Berechnung der zu erwartenden Fehler eine große Rolle. Wir leiten zunächst das Differential einer Seite ab und differenzieren die dritte Gl. (2) nach allen Größen, die darin vorkommen. Wir erhalten:

$$\begin{aligned} -\sin a\, da &= (-\sin b \cos c + \cos b \sin c \cos A)\, db + \\ &+ (-\cos b \sin c + \sin b \cos c \cos A)\, dc - \sin b \sin c \sin A\, dA, \end{aligned}$$

wofür wir nach Gl. (2) und (2′) schreiben können:

$$-\sin a\, da = -\sin a \cos C\, db - \sin a \cos B\, dc - \sin B \sin a \sin c\, dA.$$

Es fällt nun $-\sin a$ rechts und links weg und es bleibt

$$da = \cos C\, db + \cos B\, dc + \sin B \sin c\, dA. \qquad (17)$$

Durch zyklische Vertauschung ergibt sich sofort:

$$db = \cos A\, dc + \cos C\, da + \sin C \sin a\, dB,$$
$$dc = \cos B\, da + \cos A\, db + \sin A \sin b\, dC. \qquad (17')$$

Diese Gl. geben die Änderung der dritten Seite, wenn sich die beiden anderen Seiten und der eingeschlossene Winkel um kleine Beträge ändern. Ändert sich die eine oder die andere der gegebenen Größen nicht, so fallen die entsprechenden Glieder weg.

Um nun das Differential eines Winkels zu finden, differenzieren wir den Sinussatz

$$\sin a \sin B = \sin b \sin A$$

und erhalten

$$\cos a \sin B\, da + \sin a \cos B\, dB = \cos b \sin A\, db + \sin b \cos A\, dA.$$

Wir ersetzen da durch den eben gefundenen Ausdruck Gl. (17) und fassen die Glieder mit db, dc und dA zusammen; wir finden

$$\sin a \cos B\, dB = -\cos a \sin B\, (\cos C\, db + \cos B\, dc + \sin B \sin c\, dA) +$$
$$+ \cos b \sin A\, db + \sin b \cos A\, dA = (\cos b \sin A - \cos a \sin B \cos C)\, db -$$
$$- \cos a \sin B \cos B\, dc + (\sin b \cos A - \cos a \sin c \sin^2 B)\, dA.$$

Die erste Klammer transformieren wir durch die erste Gl. in (6), die letzte mit Hilfe der vierten Gl. in (3), somit:

$$\sin a \cos B\, dB = \cos B \sin C\, db - \cos a \sin B \cos B\, dc +$$
$$+ (\cos a \sin c - \sin a \cos c \cos B - \cos a \sin c \sin^2 B)\, dA =$$
$$= \cos B \sin C\, db - \cos a \sin B \cos B\, dc +$$
$$+ (\cos a \sin c \cos^2 B - \sin a \cos c \cos B)\, dA.$$

Nun fällt $\cos B$ heraus und mit Hilfe der ersten Gl. von (3) finden wir:

$$\sin a\, dB = \sin C\, db - \cos a \sin B\, dc - \sin b \cos C\, dA,$$

ebenso

$$\sin b\, dC = \sin A\, dc - \cos b \sin C\, dc - \sin c \cos A\, dB,$$
$$\sin c\, dA = \sin B\, da - \cos c \sin A\, da - \sin a \cos B\, dC \qquad (18)$$

und

$$\sin c\, dB = \sin A\, db - \cos c \sin B\, da - \sin b \cos A\, dC,$$
$$\sin a\, dC = \sin B\, dc - \cos a \sin C\, db - \sin c \cos B\, dA, \qquad (18')$$
$$\sin b\, dA = \sin C\, da - \cos b \sin A\, dc - \sin a \cos C\, dB.$$

Die oben abgeleiteten Gl. sind vollständig streng, wenn db, dc u. s. w. differentiellen Charakter haben, d. h. unendlich klein sind; in der Praxis aber sind diese Größen zwar kleine, aber doch endliche Winkel. Alle diese kleinen Größen müssen in der gleichen Einheit, z. B. in Bogensekunden ausgedrückt sein.

Es kommt aber vor, daß man auch den Sinus oder die Tangente eines solchen kleinen Winkels braucht. Obwohl die Logarithmen-Tafeln für die Funktionen solcher kleiner Winkel meist eigene Tafeln mit engeren Intervallen geben, sind doch die Differenzen so groß und so rasch veränderlich, daß die Interpolation schwer wird. Man kann nun zunächst seine Zuflucht zu Reihenentwicklungen nehmen. Die Theorie gibt dazu folgende Formeln:

$$\begin{aligned} \sin x &= x - \frac{x^3}{3!} + \frac{x^5}{5!} - \ldots, \\ \cos x &= 1 - \frac{x^2}{2!} + \frac{x^4}{4!} - \ldots, \\ \operatorname{tg} x &= x + \frac{2x^3}{3!} + \frac{16x^5}{5!} + \ldots. \end{aligned} \tag{19}$$

Es ist selbstverständlich, daß man in diese Formeln für x nicht etwa seinen Wert in Bogensekunden oder Graden einsetzen darf. Die trigonometrischen Funktionen sind reine Zahlen, es dürfen daher auch rechts nur reine Zahlen stehen. Man muß also x in absoluten Einheiten ausdrücken. Zu diesen kommt man durch folgende Überlegung: Ist b die Länge des Bogens, der bei dem Radius r einem Winkel α entspricht, so ist:

$$b = r\,\alpha.$$

Nehmen wir nun $b = r$, so wird $\alpha = 1$. Wenn wir also einen Bogen gleich dem Radius auf dem Kreisumfang auftragen, so wird der zugehörige Zentriwinkel gleich der Einheit. Sie beträgt

$$57^\circ 29578 = 3437'7463 = 206\,264''8 = \omega. \tag{20}$$

Ist also z. B. ein Winkel x'', so ist sein absoluter Wert, der in den obigen Reihen verwendet werden muß, $\frac{x''}{\omega} = \frac{x''}{206\,264{,}8}$ so wird also

$$\begin{aligned} \sin x &= \frac{x''}{\omega''} - \frac{1}{3!}\left(\frac{x''}{\omega''}\right)^3 + \ldots = \frac{x''}{\omega''}\left[1 - \frac{1}{3!}\left(\frac{x''}{\omega''}\right)^2 + \ldots\right], \\ \operatorname{tg} x &= \frac{x''}{\omega''} + \frac{2}{3!}\left(\frac{x''}{\omega''}\right)^3 + \ldots = \frac{x''}{\omega''}\left[1 + \frac{2}{3!}\left(\frac{x''}{\omega''}\right)^2 + \ldots\right]. \end{aligned}$$

Daher

$$\log \sin x = \log x'' - \log \omega'' + \log\left[1 - \frac{1}{3!}\left(\frac{x''}{\omega''}\right)^2 + \ldots\right],$$

$$\log \operatorname{tg} x = \log x'' - \log \omega'' + \log\left[1 + \frac{2}{3!}\left(\frac{x''}{\omega''}\right)^2 + \ldots\right].$$

Man findet nun in den Logarithmentafeln am Fuße jeder Seite die Werte angegeben:

$$\log\left[1 - \frac{1}{3!}\left(\frac{x''}{\omega''}\right)^2 + \ldots\right] - \log \omega'' = S,$$

$$\log\left[1 + \frac{2}{3!}\left(\frac{x''}{\omega''}\right)^2 + \ldots\right] - \log \omega'' = T$$

und daher

$$\begin{aligned} \log \sin x &= \log x'' + S, \\ \log \operatorname{tg} x &= \log x'' + T. \end{aligned} \tag{21}$$

S und T unterscheiden sich von $\log \omega''$ bei kleinen Winkeln nur um wenige Einheiten der letzten Stelle. In vielen Fällen reicht es aus

$$\sin x = \operatorname{tg} x = \frac{x''}{\omega''} \text{ und } \cos x = 1 \tag{22}$$

zu setzen.

Man kann also den Sinus oder die Tangente sehr kleiner Winkel mit dem Bogen vertauschen.

II. Einteilung des Himmels, Koordinatensysteme.

Wir stellen uns die Erde als Kugel vor und M sei ein Beobachtungspunkt. Dann ist klar, daß die Tangentialebene in M den sichtbaren Teil des Himmels vom unsichtbaren trennt, weil alles, was unter $T\,T'$ fällt, durch den Erdkörper verdeckt wird (Abb. 4). Der Beobachter sieht also nur den halben Himmel. Die Ebene $T\,T'$ heißt der scheinbare Horizont. Die Ebene $H\,H'$, die durch den Erdmittelpunkt O geht und zu $T\,T'$ parallel ist, heißt der wahre Horizont. Diese beiden Ebenen können im allgemeinen als zusammenfallend betrachtet werden, weil die Dimension der Erde meist nicht in Betracht kommt. Dies gilt ganz genau bei der

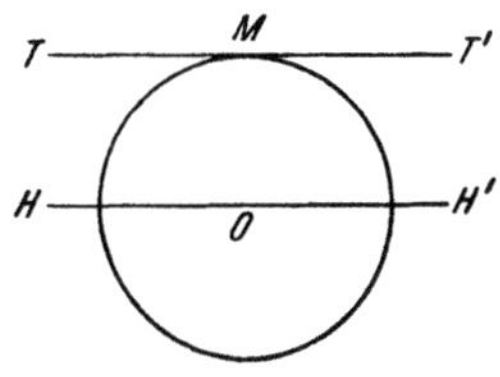

Abb. 4

Beobachtung von Fixsternen, von denen wir zunächst allein sprechen. Im Falle der Planeten und besonders beim Monde werden wir einen entsprechenden Unterschied zu machen haben (siehe XVIII.). Liegt der Punkt M nicht auf der Erdkugel selbst, sondern um h höher, etwa auf einem Berg oder dem Deck eines Schiffes, so ist der scheinbare Horizont keine Ebene mehr, sondern eine Kegelfläche, welche in M ihre Spitze hat und die Erde berührt (Abb. 5). In diesem Falle sieht der Beobachter mehr als die Hälfte des Himmels. Der Winkel α heißt die Kimmtiefe; wir können sie leicht berechnen. Da der Winkel $\alpha = T'\,U\,N$ auch gleich $M\,O\,N$ ist, so haben wir

$$\cos\alpha = \frac{r}{r+h} = \frac{1}{1+\frac{h}{r}} = \left(1+\frac{h}{r}\right)^{-1} = 1 - \frac{h}{r} + \ldots,$$

wo r den Erdradius bezeichnet.

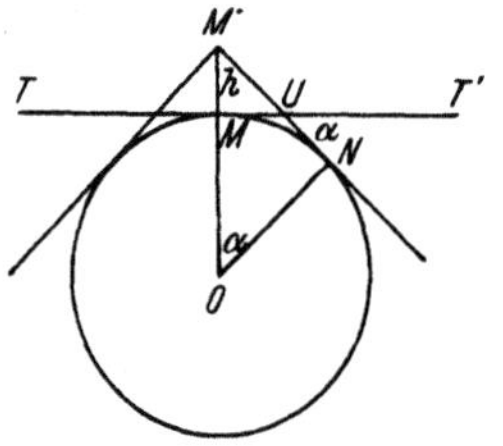

Abb. 5

Andererseits ist nach Gl. (19)

$$\cos\alpha = 1 - \frac{\alpha^2}{2\,\omega^2},$$

daher

$$1 - \frac{\alpha^2}{2\,\omega^2} = 1 - \frac{h}{r}$$

und

$$\alpha = \omega\sqrt{\frac{2\,h}{r}}.$$

Einige Werte für α und für den Radius ϱ des Gesichtskreises $r\,\alpha$ findet man in der folgenden kleinen Tabelle:

$h =$ 1 m	$\alpha =$ 116″	$=$ 1′56″	$\varrho =$ 3,6 km
$h =$ 5 m	$\alpha =$ 258″	$=$ 4′18″	$\varrho =$ 8,0 km
$h =$ 10 m	$\alpha =$ 366″	$=$ 6′ 6″	$\varrho =$ 11,3 km
$h =$ 20 m	$\alpha =$ 516″	$=$ 8′36″	$\varrho =$ 16,0 km
$h =$ 100 m	$\alpha =$ 1 157″	$=$ 19′17″	$\varrho =$ 35,7 km
$h =$ 1 000 m	$\alpha =$ 3 655″	$=$ 1⁰ 0′55″	$\varrho =$ 113,0 km
$h =$ 2 000 m	$\alpha =$ 5 164″	$=$ 1⁰26′ 4″	$\varrho =$ 159,7 km
$h =$ 3 000 m	$\alpha =$ 6 324″	$=$ 1⁰45′24″	$\varrho =$ 195,4 km

Aus diesen Zahlen sieht man, daß man von einem 3 000 m hohen Berg einen Umkreis von etwa 200 km Radius übersieht, daß aber bei kleinen Höhen der Kreis sehr klein ist, für einen Schwimmer fast Null, aber selbst von der Höhe eines 20 m hohen Mastkorbes sieht man nur 16 km weit. Der Winkel aber ist sehr groß und beträgt schon bei geringer Höhe mehrere Bogenminuten. Er muß also bei astronomischen Beobachtungen, welche sich auf den Horizont beziehen, in Rechnung gestellt werden. Er tritt aber nur dort in Erscheinung, wo ein freier Horizont existiert, also auf dem Meere oder an der Küste, wo der Horizont durch die Meeresfläche mit großer Präzision gegeben ist und das Meer durch eine scharfe Linie gegen den Himmel abgegrenzt ist. Auf dem Festlande sind die Bodenunregelmäßigkeiten viel zu groß, als daß man von einer Horizontlinie im astronomischen Sinne reden könnte. Der Horizont erweist sich meist als eine komplizierte Wellenlinie, die als Grundlage für astronomische Beobachtungen nicht zu brauchen ist. Auf dem Festlande ersetzt man den Horizont durch das Zenit Z. Dieses wird erhalten, wenn man im Beobachtungspunkt die Lotlinie errichtet und sich dieselbe bis zum Himmelsgewölbe verlängert denkt. Die Verlängerung nach abwärts führt zum Nadir. Der Horizont ist dann definiert durch die Ebene, die durch den Beobachtungspunkt geht und auf der Zenitlinie senkrecht steht.

Die Erde dreht sich, wie wir wissen, von West nach Ost in einem Tage um ihre Achse, die ihre Richtung im Weltraume für lange Zeit unverändert beibehält. Ihre Endpunkte werden auf der Erde als Nordpol und Südpol bezeichnet. Diese Drehung der Erde, die wir nicht fühlen, spiegelt sich am Himmel wieder, indem sich das ganze Himmelsgewölbe scheinbar in der entgegengesetzten Richtung, also von Ost nach West, in der gleichen Zeit herumdreht. Ebenso wie die wahre Drehung der Erde um eine bestimmte Achse erfolgt, so muß auch der scheinbaren Drehung eine Achse entsprechen, d. h. die Gestirne müssen Kreise um einen bestimmten Punkt am Himmel beschreiben. Dieser, und ein ihm gegenüber auf der entgegengesetzten Seite des Himmels liegender Punkt werden die einzigen sein, die an der Drehung nicht teilnehmen. Wir wollen versuchen, diese Punkte zu finden.

Es sei der Kreis wieder die Erde (Abb. 6), N und S der Nord- und Südpol auf der Erde, $A\,A'$ der Äquator auf der Erde. Wir verlängern die Linie $S\,N$ bis zum Himmelsgewölbe und setzen voraus, daß sie dort einen Stern P trifft, der als auf der Achse liegend, scheinbar unbeweglich ist. Ein solcher Stern wird als Polarstern bezeichnet. Unser Polarstern (α ursae minoris) erfüllt diese Bedingung mit großer Annäherung. Wenn man nun vom Beobachtungspunkt M in der Richtung nach diesem Stern blickt, so erhält man eine Gesichtslinie, die M mit P verbindet. Da aber der Stern praktisch unendlich weit weg ist, so wird diese Gesichtslinie parallel zu $N\,P$. Da $H\,H'$ die Grenze des sichtbaren Himmels bedeutet, so folgt, daß uns der Stern hoch am Himmel erscheinen wird. Da $A\,O\,M$ die geographische Breite φ von M ist, so ist auch $H'\,M\,P = \varphi$, das heißt, die Gesichtslinie nach dem Polarstern schließt mit dem Horizont einen Winkel ein, der gleich der geographischen Breite ist[1]; für diese letztere gebraucht man daher auch den Ausdruck Polhöhe. Diese Eigenschaft des Poles wird uns zustatten kommen, wenn wir Methoden suchen, die geographische Breite zu bestimmen; Z und P sind die wichtigsten Punkte des ganzen Himmels. Sie behalten ihre Stellung zum Erdort immer bei.

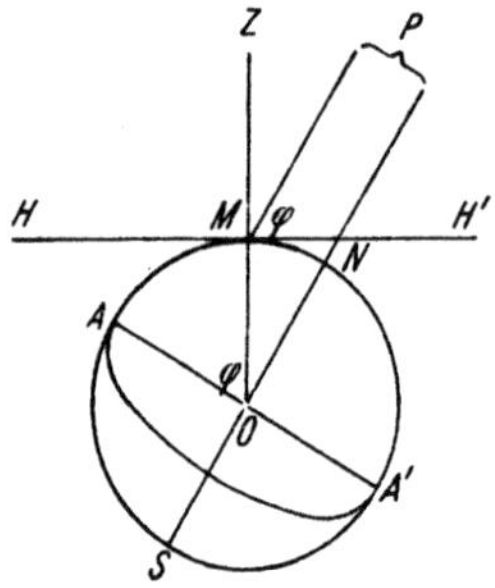

Abb. 6

Legen wir nun durch diese beiden Punkte einen größten Kreis, der den Mittelpunkt der Kugel, also den Beobachtungsort oder, was bei der Kleinheit der Erde dasselbe ist, den Mittelpunkt der Erde, immer auch enthalten muß, so erhält man jene Linie, die wir den Meridian heißen. Sie entspricht genau dem, was auf der Erde der Meridian des Beobachtungsortes ist. Dieser geht durch die Pole der Erde und den Beobachtungspunkt. Der Himmelsmeridian geht durch die Pole des Himmels und durch das Zenit. Der Meridian halbiert das scheinbare Himmelsgewölbe in der Richtung von Nord nach Süd und trifft den Horizont in zwei Punkten, die wir als Nord- und Südpunkt bezeichnen. Der Meridian mit den Punkten Z und P bildet den Ausgang für alle Messungen auf dem Himmel.

Es sei in Abb. 7 der Kreis $P\,Z\,A\,H\,A'\,H'$ der Meridian des Beobachtungspunktes O; dann ist der Kreis $H\,H'$ der auf $O\,Z$ senkrecht steht, der Horizont, während der Kreis $A\,A'$, der auf $O\,P$ senkrecht steht, der Äquator ist. Es sei ferner S ein beliebiger

[1] Über die durch die Abplattung der Erde bedingten Unterschiede im Begriffe „Breite" siehe S. 141.

Stern und wir wollen die Lage dieses Sternes am Himmel durch Koordinaten festlegen. Wir legen zu diesem Zwecke durch den Stern einen größten Kreis $Z\,S\,T$, der auf $H\,H'$ senkrecht steht, und daher ein Vertikalkreis ist. Der Winkel a, den dieser mit dem Meridian bildet, heißt das Azimut.

$$a = \widehat{H\,T} = \sphericalangle\, H\,O\,T = \sphericalangle\, S\,Z\,H.$$

Wir zählen das Azimut in der Regel vom Südpunkt über West nach Nord von 0^0—360^0, so daß das Azimut bei der Bewegung der Sterne von Ost nach West im allgemeinen mit der Zeit wächst. Bisweilen beginnt die Zählung auch beim Nordpunkt. Für manche Probleme ist es auch bequem, vom Südpunkt oder vom Nordpunkt nach beiden Seiten positiv und negativ zu zählen. Man muß sich daher bei einem gegebenen Azimut immer genau überzeugen, wie es gezählt ist. Als zweite Koordinate tritt zum Azimut die Höhe $h = S\,T = \sphericalangle\, S\,O\,T$. Wir zählen die Höhen von 0^0—90^0 positiv nach aufwärts. Sterne, die unter dem Horizont stehen, haben negative Höhen. Statt der Höhe verwendet man auch die Zenitdistanz $z = 90^0 - h = S\,Z = \sphericalangle\, S\,O\,Z$. Sie wird von 0^0—180^0 gezählt.

Die Größen z und a lassen sich durch direkte Beobachtungen bestimmen. Man bedient sich dazu eines Instrumentes, welches Universale heißt (siehe XXVII.).

Infolge der täglichen Umdrehung der Erde um ihre Achse, an welcher auch der Erdort mit der Horizontebene teilnimmt, ändern sich Azimut und Höhe unaufhörlich. Die gemessenen Werte gelten also nur für den Moment der Beobachtung; sie haben nur dann einen Wert, wenn gleichzeitig an einer richtiggehenden Uhr die Zeit abgelesen wird. An einem andern Ort werden zu gleicher Zeit bei dem gleichen Stern andere Werte abgelesen, da jeder Erdort sein eigenes Zenit und seinen eigenen Meridian hat. Man kann die Sache auch umkehren und aus Azimut und Höhe die geographischen Koordinaten des Beobachtungsortes bestimmen. Die geographische Ortsbestimmung beruht also auf der Anwendung des auf den Horizont bezogenen Koordinatensystems.

Für gewisse Zwecke wird es aber notwendig, Koordinaten zu haben, die nicht vom Ort und der Zeit abhängig sind. Das ist z. B. der Fall, wenn es sich darum handelt, ein Verzeichnis herzustellen, nach dem die Sterne jederzeit wieder gefunden werden können. Wir müssen also ein Koordinatensystem besitzen, welches der Bewegung des Himmels angemessen ist und dieselbe mitmacht. Die Koordinaten dieses Systems werden als Deklination und Rektaszension bezeichnet. Um zu diesem System zu gelangen, schalten wir als Übergangsglied den „Stundenwinkel" ein, zu dem wir durch die folgende Überlegung gelangen.

Vermöge der Drehung der Erde beschreibt jedes Gestirn eine Kreisbahn, deren Mittelpunkt der Pol ist. Die Ebene dieser Bewegung steht senkrecht auf der Polarachse und ist daher dem Äquator parallel. Die Sterne bewegen sich also so, daß ihre Entfernung vom Äquator immer gleich bleibt; wir werden diese Entfernung als Koordinate auffassen. Gerade so, wie wir auf der Erde Meridiane und Parallelkreise ziehen, so können wir es auch auf dem Himmel machen, und die Bahnen, die die Sterne infolge der Erddrehung beschreiben, werden also den Parallelkreisen entsprechen. Wie nun die geographische Breite unserer Erdorte bei der Umdrehung der Erde konstant bleibt, so werden auch die Entfernungen der Sterne vom Himmelsäquator konstant bleiben. Wir ziehen also (Abb. 7) durch P und S einen größten Kreis, der in U auf dem Äquator senkrecht steht. Einen solchen Kreis nennt man einen Deklinationskreis und der Bogen $S\,U$ oder der Winkel $S\,O\,U$ heißt die Deklination δ. Wir zählen die Deklinationen vom Äquator nach Norden positiv von 0°—90°, nach Süden negativ von 0°—90°. Statt der Deklination verwendet man auch die Poldistanz $p = 90° - \delta$, gleich dem Bogen $P\,S$ oder dem Winkel $P\,O\,S$. Sie wird von 0°—180° gezählt.

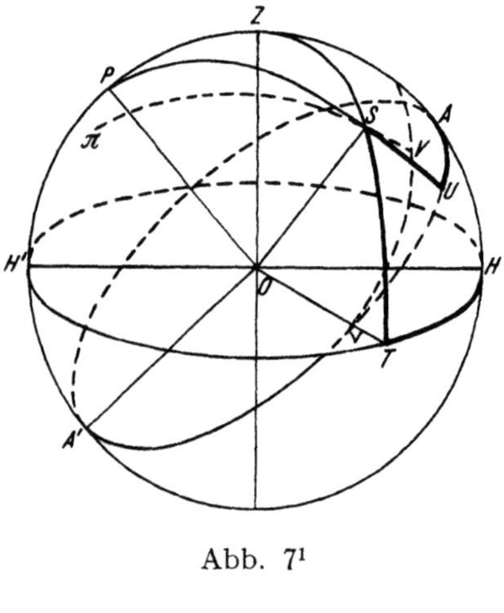

Abb. 7[1]

[1] In der Darstellung der Abb. 7 ist die Himmelskugel (Einheitskugel) von außen gesehen, wie bei einem Globus. In der Tat befindet sich aber der Beobachter in O und sieht also die Erscheinungen aus dem Innern der Kugel.

Als zweite Koordinate nehmen wir zunächst den Bogen des Äquators zwischen *U* und *A* oder den Winkel *A O U* und bezeichnen ihn als Stundenwinkel. Wir zählen ihn vom Meridian nach Westen, also wieder so, daß die Stundenwinkel der Sterne mit der Zeit wachsen.

Der Stundenwinkel führt seinen Namen von seinem innigen Zusammenhang mit der Zeit; da er nämlich auf dem Äquator gezählt wird und sich die Sterne infolge der Erddrehung gleichförmig und parallel zum Äquator bewegen, so wächst der Stundenwinkel der Zeit proportional. Kehrt nach einer gewissen Zeit der Stern wieder zur selben Stelle des Meridians zurück, so ist der Stundenwinkel 360^0 geworden. Dann hat sich die Erde genau einmal um ihre Achse gedreht und es ist ein Tag verflossen, den wir, da er aus der Rückkehr des Sternes zum Meridian abgeleitet ist, einen Sterntag heißen. Man kann auch Uhren so einregulieren, daß ihr Zeiger genau um 24^h fortschreitet, während der Zeit, die ein Stern braucht, um wieder zur selben Stelle zu gelangen; eine solche Uhr geht nach Sternzeit.

Es fragt sich nun, wie wir die Uhr stellen müssen, wann also die Uhr 0^h zeigen soll. Bei der gewöhnlichen Zeit, ist dies durch die Stellung der Sonne gegeben. Wie sollen wir es nun bei der Sternzeit machen? Man könnte die Meridianpassage eines beliebigen Sternes wählen und sagen, es sei 0^h Sternzeit, wenn dieser Stern durch den Meridian geht. Dies erweist sich aber als unpraktisch. Die Objekte, die wir heute noch als Fixsterne bezeichnen, verdienen diesen Namen nicht; sie sind nämlich keineswegs fest am Himmel, sondern sie bewegen sich nach derzeit noch unbekannten Gesetzen nach den verschiedensten Richtungen, so daß der Anblick der uns so vertrauten Sternbilder mit der Zeit ganz verändert wird. Diese sogenannten Eigenbewegungen sind aber sehr schwer und nur im Verlauf langer Zeiträume zu bestimmen. Wenn wir also einen solchen Fixstern zum Ausgangspunkt der Zählung machen, so bringen wir ein Element der Unsicherheit hinein, das sich zum Teil unserer Kontrolle ganz entzieht. Man wählt also statt dessen einen idealen Punkt, und zwar den Frühlingspunkt, für den das Zeichen ♈ üblich ist, das auch das Sternbild des Widders bezeichnet. Er ist gegeben durch die Stellung der Sonne am 21. März. Es ist also 0^h Sternzeit, wenn der Frühlingspunkt, und zwar entsprechend unserer Definition des

Stundenwinkels, den südlichen Teil des Meridians passiert. Sie wächst von hier aus der Zeit proportional. Die Sternzeit ist also nichts anderes als der Stundenwinkel des Frühlingspunktes. Wegen seiner Verwandtschaft mit der Zeit pflegt man auch den Stundenwinkel nicht in Winkelgraden auszudrücken, sondern gleich in Stunden. Da nun der ganzen Umdrehung 360^0 entsprechen, die in 24^h Stunden zurückgelegt werden, so ist $1^h = 15^0$. Wenn also der Stundenwinkel auf 15^0, 30^0, 45^0 anwächst, so braucht er dazu eine, zwei, drei Stunden und wir sagen dann auch: der Stundenwinkel beträgt eine, zwei, drei Stunden. Während man also gewöhnlich die Winkel in Graden, Bogenminuten und Bogensekunden ausdrückt, wofür die Bezeichnungen $^{0}\ {}'\ {}''$ üblich sind, drückt man jeden Stundenwinkel und daher auch die Sternzeit in Stunden, Zeitminuten und Zeitsekunden aus, wofür man die Bezeichnungen ^{h} ^{m} und ^{s} gebraucht.

Die Umrechnung von Stunden und ihren Unterabteilungen in Grade und ihre Teile erfolgt durch Multiplikation mit fünfzehn. s^h sind also $15\,s^0$, $t^m = 15\,t'$, die darin enthaltenen ganzen Grade erhält man durch Division durch 60 oder da $15/60 = 1/4$ durch Division durch vier, wobei die Ganzen zu den Graden zu zählen sind. Ebenso geht man mit den Sekunden vor.

Bei der umgekehrten Verwandlung dividiert man die Grade durch fünfzehn, der Rest wird mit vier multipliziert und zu den Minuten gezählt.

1. Beispiel:

$$8^h\,17^m\,33^s4 = 8.15^0 + 4^0 + 1.15' + 8' + 1{,}4\,.\,15'' = 124^0\,23'\,21''$$

$$258^0\,47'\,29''8 = 17^h + 3.4^m + 3 + 2.4^s\ 1^s981 = 17^h\,15^m\,9^s981$$

Bei allen Rechnungen, wo trigonometrische Funktionen des Stundenwinkels vorkommen, ist es bequem, logarithmisch-trigonometrische Tafeln zu benützen, die nach der Zeit fortschreiten. Im übrigen kann man jedes logarithmisch-trigonometrische Handbuch verwenden. Hat man eine Rechenmaschine zur Verfügung, so braucht man Tafeln für die numerischen Werte der trigonometrischen Funktionen. Tafelwerke, die häufig gebraucht werden, sind z. B.:

Albrecht Th.: Formeln und Hilfstafeln für geographische Ortsbestimmung (enthaltend vierstellige log.-trigon. Tafeln von 10^s zu 10^s).

Bidschof-Vital: Fünfstellige mathem. und astr. Tafeln (vierstellige log.-trigon. Tafeln von 4^s zu 4^s).

Herz N.: Siebenstellige Logarithmen der trigon. Funktionen für jede Zeitsekunde.

Peters: Sechsstellige Tafel der trigonometrischen Funktionen.

Wir müssen nun den Frühlingspunkt aufsuchen. Dies geschieht dadurch, daß wir den Lauf der Sonne verfolgen, bis sie durch den Äquator geht. Wir denken uns jeden Tag die Position der Sonne in einer Sternkarte eingezeichnet. Wenn wir diese Punkte durch eine Kurve verbinden, so erhält man die Sonnenbahn oder die Ekliptik, die am Himmel als größter Kreis erscheint und man kann nun die beiden Punkte suchen, in welchen die Ekliptik den Äquator schneidet; man erhält so den Frühlingspunkt und den Herbstpunkt. Das wäre nun eine sehr einfache Aufgabe, wenn die Sonne nicht so hell wäre, daß wir neben ihr die Sterne nicht sehen können. So können wir die Stellung der Sonne nur mit Sternen vergleichen, die erst in der Dämmerung sichtbar werden. Die Bestimmung des Frühlingspunktes wird dadurch zu einer sehr schwierigen Aufgabe.

Die Deklination und der Stundenwinkel sind auch der direkten Beobachtung zugänglich. Man verwendet dazu „parallaktisch" aufgestellte Instrumente (siehe XXIX).

Wir wollen nun statt des Stundenwinkels, der sich der Zeit proportional ändert, eine neue Koordinate einführen, die von der Zeit unabhängig ist. Das ist nur möglich, wenn wir den Anfangspunkt der Zählung an der Bewegung des Himmels teilnehmen lassen. Wir wählen also als Anfangspunkt der Zählung einen Punkt des Himmels selbst. Am geeignetsten erscheint wieder der Frühlingspunkt. Wir wählen also als Koordinate (Abb. 7) die Entfernung des Fußpunktes U des Deklinationskreises vom Frühlingspunkt und heißen diese Größe die Rektaszension

$$\alpha = U\Upsilon = \sphericalangle\, UO\Upsilon = \sphericalangle\, SP\Upsilon.$$

Wir zählen die Rektaszension am Himmel von rechts nach links derart, daß die Rektaszension der Gestirne, wie sie der Reihe nach den Meridian passieren, mit der Zeit wächst.

Aus der Abb. 7 ersieht man sofort, daß die Sternzeit t in einer einfachen Beziehung zu Stundenwinkel und Rektaszension steht. Aus $\Upsilon A = \Upsilon U + U A$ ergibt sich sofort

$$t = s + \alpha. \qquad (1)$$

Durch α und δ ist die Stellung eines Sternes am Himmel gegeben und man kann auf Grund dieser Größen ein Sternverzeichnis herstellen. Ist der Stundenwinkel $s = 0^h$, so wird $t = \alpha$. Jedes Gestirn kommt also in den Meridian, wenn die Sternzeit gleich seiner Rektaszension ist. Mit einem Instrument, welches nur die Beobachtung des Meridians gestattet (Meridiankreis- oder Passagen-Instrument, siehe XXVIII), können wir also jeden Stern erwarten. Er muß zur Zeit $t = \alpha$ den Meridian passieren. Ist nun die Position des Sternes noch unbekannt und lesen wir zur Zeit der Passage an einer richtig gehenden Uhr die Sternzeit t ab, so ist $\alpha = t$ und damit die Rektaszension bestimmt. Ist umgekehrt die Rektaszension bekannt, so gibt der Moment der Meridianpassage die Sternzeit. Hat also z. B. der Stern die Rektaszension $7^h 17^m 23^s 73$, so soll auch die Sternzeit des Durchganges $7^h 17^m 23^s 73$ sein; zeigt aber die Uhr in diesem Augenblicke z. B. $7^h 17^m 48^s 95$, so zeigt sie um $25^s 22$ zu viel; sie geht also um diesen Betrag voraus und verlangt somit eine Korrektur von $-25^s 22$.

Wir erhalten noch ein drittes Koordinatensystem, wenn wir die Sonnenbahn (Ekliptik) zur Fundamentalebene machen. Sie erscheint am Himmelsgewölbe als größter Kreis, der den Äquator im Frühlings- und Herbstpunkte unter einem Winkel von $\varepsilon = 23^0 5$ schneidet. Der Winkel ε heißt die Schiefe der Ekliptik. Der Pol dieses Kreises heiße Π (Abb. 7). Machen wir wieder den Frühlingspunkt zum Ausgangspunkt der Zählung, so finden wir

$$\text{die astronomische Breite} = S V = \sphericalangle S O V,$$
$$\text{die astronomische Länge} = \Upsilon O V = \Upsilon \Pi S.$$

Die astronomische Länge wird wie die Rektaszension vom Frühlingspunkt nach links gezählt. Beide Koordinaten sind ebenso unveränderlich wie Rektaszension und Deklination. Sie eignen sich besonders bei Berechnungen im Planetensystem. Da die Bahnen namentlich der großen Planeten sehr nahe mit der Ekliptik zusammenfallen, so bleibt die Breite immer klein, was einige rechnerische Vorteile bringt. Instrumente, welche die direkte

Ablesung von Länge und Breite gestatten, baut man heute nicht mehr, da sie zu kompliziert ausfallen würden.

Als letztes Koordinatensystem können wir etwa noch das galaktische System einführen, dessen Fundamentalebene soweit als möglich mit der Milchstraße zusammenfällt. Da diese selbst sehr ungenau definiert ist, so kann man auch für das Koordinatensystem nur beiläufige Werte einführen. Man nimmt heute an, daß sich die Milchstraße bei dem Punkte $\alpha = 18^h 40^m$ unter einem Neigungswinkel von 62^0 über den Äquator erhebt. Dieses Koordinatensystem verwendet man in allen Fällen, in denen die Sternverteilung eine Rolle spielt.

III. Transformation der Koordinaten.

Wir müssen nun Formeln entwickeln, um die in dem einen System gegebenen Koordinaten in die eines anderen zu verwandeln.

1. Gegeben z und a, gesucht δ und s. Wir entnehmen der Abb. 7 das sphärische Dreieck PZS (Abb. 8). In diesem Dreieck ist $ZP = 90^0 - \varphi$; $ZS = z = 90^0 - h$; $PS = 90^0 - \delta$, ferner der Winkel SPZ = der Stundenwinkel s und weil SZA gleich dem Azimut ist, $\sphericalangle SZP = 180^0 - a$. Der Winkel $p = PSZ$ bei S wird als der parallaktische Winkel bezeichnet.

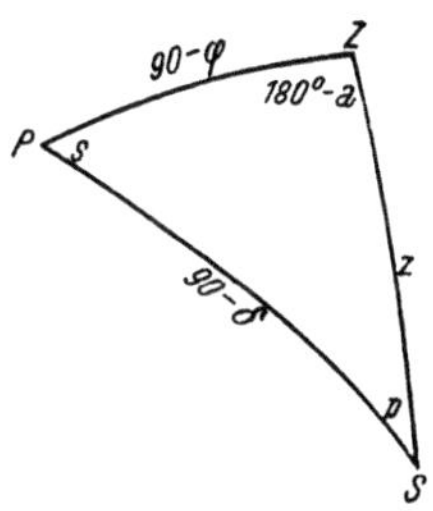

Abb. 8

Wir substituieren in die Gl. I (2) und I (2′)

$$a = 90^0 - \delta \qquad A = 180^0 - a,$$
$$b = z \qquad B = s,$$
$$c = 90^0 - \varphi \qquad C = p$$

und erhalten:

$$\begin{aligned}
\cos\delta \cos s &= \cos z \cos\varphi + \sin z \sin\varphi \cos a,\\
\cos\delta \sin s &= \sin z \sin a,\\
\sin\delta &= \cos z \sin\varphi - \sin z \cos\varphi \cos a,\\
\cos\delta \cos p &= \sin\varphi \sin z + \cos\varphi \cos z \cos a,\\
\cos\delta \sin p &= \cos\varphi \sin a.
\end{aligned} \tag{1}$$

2. Für den umgekehrten Fall: gegeben δ und s, gesucht z und a, machen wir die gleiche Substitution in die Gl. I (3) und erhalten:

$$\begin{aligned}
\sin z \cos a &= -\sin \delta \cos \varphi + \cos \delta \sin \varphi \cos s,\\
\sin z \sin a &= \cos \delta \sin s,\\
\cos z &= \sin \delta \sin \varphi + \cos \delta \cos \varphi \cos s, \qquad (2)\\
\sin z \cos p &= \sin \varphi \cos \delta - \cos \varphi \sin \delta \cos s,\\
\sin z \sin p &= \cos \varphi \sin s.
\end{aligned}$$

Dieses sphärische Dreieck kommt so oft vor, daß es auch vielfach als „das astronomische oder auch als nautisches Dreieck" bezeichnet wird.[1]

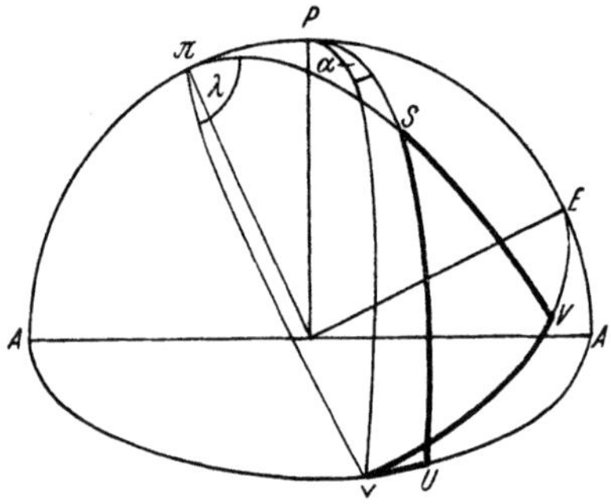

Abb. 9

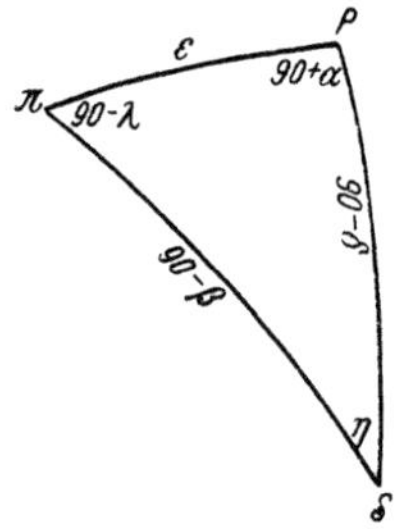

Abb. 10

3. Gegeben δ und α, gesucht β und λ.

Es sei in Abb. 9 P der Pol des Äquators und Π der der Ekliptik, so daß der Bogen ΠP die Schiefe der Ekliptik ε ist. Dann ist $A A'$ der Äquator, E die Ekliptik. Ihr Schnittpunkt ist der Frühlingspunkt. Dieser Punkt ist der Pol des größten Kreises $P \Pi$. Daher ist $\Upsilon P \Pi = 90^0$ und ebenso $\Upsilon \Pi P = 90^0$. Es ist daher $\sphericalangle P \Pi S = P \Pi \Upsilon - \Upsilon \Pi S = 90^0 - \lambda$ und $\sphericalangle \Pi P S = \Pi S \Upsilon + {} + \Upsilon P S = 90^0 + \alpha$.

Ferner ist $P S = 90^0 - \delta$, $\Pi S = 90^0 - \beta$, $P \Pi = \varepsilon$. Der Winkel bei S werde mit η bezeichnet. Es sind daher die Seiten und Winkel in dem sphärischen Dreieck $\Pi P S$, wie sie Abb. 10 deutlicher zeigt. Die Substitution

$$\begin{aligned}
a &= 90^0 - \beta & A &= 90^0 + \alpha,\\
b &= 90^0 - \delta & B &= 90^0 - \lambda,\\
c &= \varepsilon & C &= \eta
\end{aligned}$$

[1] Würde man a, b, c, A, B, C in anderer Weise mit den obigen Seiten und Winkeln identifizieren, so erhielte man die Gl. (1) aus I (3) oder I (4).

in die Gl. I (2) und I (2′) ergibt

$$\begin{aligned} \cos\beta\sin\lambda &= \sin\delta\sin\varepsilon + \cos\delta\cos\varepsilon\sin\alpha,\\ \cos\beta\cos\lambda &= \cos\delta\cos\alpha,\\ \sin\beta &= \sin\delta\cos\varepsilon - \cos\delta\sin\varepsilon\sin\alpha,\\ \cos\beta\cos\eta &= \cos\varepsilon\cos\delta + \sin\varepsilon\sin\delta\sin\alpha,\\ \cos\beta\sin\eta &= \sin\varepsilon\cos\alpha. \end{aligned} \tag{3}$$

Macht man dieselbe Substitution in die Gl. I (3), so erhält man die Gl. für den umgekehrten Fall: gegeben β und λ, gesucht δ und α.

$$\begin{aligned} \cos\delta\sin\alpha &= -\sin\beta\sin\varepsilon + \cos\beta\cos\varepsilon\sin\lambda,\\ \cos\delta\cos\alpha &= \cos\beta\cos\lambda,\\ \sin\delta &= \sin\beta\cos\varepsilon + \cos\beta\sin\varepsilon\sin\lambda,\\ \cos\delta\cos\eta &= \cos\varepsilon\cos\beta - \sin\varepsilon\sin\beta\sin\lambda,\\ \cos\delta\sin\eta &= \cos\lambda\sin\varepsilon. \end{aligned} \tag{4}$$

Zur Berechnung der galaktischen Koordinaten verwendet man dieselben Gl., in denen man $\varepsilon = 62^0$ und für α die um $18^h\,40^m$ verminderte Rektaszension setzt.

Hat man die Koordinaten a und z in β und λ oder umgekehrt zu verwandeln, so muß man den Umweg über δ und α nehmen.

Für alle diese Systeme kann man die in I besprochenen Auflösungsmethoden anwenden.

2. *Beispiel:* Als Beispiel für eine solche Transformation betrachten wir die Aufgabe: Es sei der Stundenwinkel des Sirius (α can maj) gleich 21^h, die Deklination $\delta = -16^0\,38'\,20''92$. Wie groß ist das dazugehörige Azimut und die Höhe für die Breite von Wien ($\varphi = 48^0\,13'\,55''3$):

Erste Methode: nach den Formeln III (2)

$$\begin{array}{rl} \log\sin\delta &= 9_n456\,887\\ \log\cos\varphi &= 9{,}823\,550\\ \hline & 9_n280\,437 \end{array} \qquad \begin{array}{rl} \log\cos\delta &= 9{,}981\,423\\ \log\sin\varphi &= 9{,}872\,651\\ \log\cos s &= 9{,}849\,485\\ \hline & 9{,}703\,559 \end{array} \qquad \begin{array}{rl} \log\cos\delta &= 9{,}\,981\,423\\ \log\sin s &= 9_n849\,485\\ \hline & 9_n830\,908 \end{array}$$

$$\begin{array}{rl} \log\sin\delta &= 9_n456\,887\\ \log\sin\varphi &= 9{,}872\,651\\ \hline & 9_n329\,538 \end{array} \qquad \begin{array}{rl} \log\cos\delta &= 9{,}981\,423\\ \log\cos\varphi &= 9{,}823\,550\\ \log\cos s &= 9{,}849\,558\\ \hline & 9{,}654\,531 \end{array}$$

$$\begin{array}{rl} -\sin\delta\cos\varphi &= +\,0{,}190\,738\\ \cos\delta\sin\varphi\cos s &= +\,0{,}505\,311\\ \hline \sin z\cos a &= +\,0{,}696\,049 \end{array} \qquad \begin{array}{rl} \sin\delta\sin\varphi &= -\,0{,}213\,569\\ \cos\delta\cos\varphi\cos s &= +\,0{,}451\,292\\ \hline \cos z &= +\,0{,}237\,723 \end{array}$$

$$\begin{aligned}\log\sin z\cos a &= 9{,}842\ 639\\ \log\sin z\sin a &= 9_n 830\ 908\\ \hline \log\operatorname{tg} a &= 9_n 988\ 269\end{aligned}$$

$$\begin{aligned}\log\cos z &= 9{,}376\ 071\\ z &= 76^0\ 14'\ 52''1\end{aligned}$$

Da $\cos a$ positiv, $\sin a$ aber negativ ist, so ist a im vierten Quadranten $a = 360^0 - 44^0\ 13'\ 34''5 = 315^0\ 46'\ 25''5$.

Probe:

$$\begin{aligned}\log\cos a &= 9{,}855\ 272 & \log\sin z &= 9{,}987\ 367\\ \log\sin a &= 9_n 843\ 540 & \log\sin z &= 9{,}987\ 368\end{aligned}\qquad z = 76^0\ 14'\ 52''$$

Der aus $\cos z$ gewonnene Wert von z ist der sichere, weil sich der Sinus bei 76^0 schon sehr langsam ändert.

Zweite Methode: Einführung eines Hilfswinkels, siehe S. 7.

Wir setzen

$$\begin{aligned}-\sin\delta &= m\cos M,\\ \cos\delta\cos s &= m\sin M,\end{aligned}$$

wo m immer positiv genommen wird.

Dann wird:

$$\begin{aligned}\sin z\cos a &= -m\cos M\cos\varphi + m\sin M\sin\varphi = m\cos(M-\varphi),\\ \sin z\sin a &= \cos\delta\sin s,\\ \cos z &= -m\cos M\sin\varphi + m\sin M\cos\varphi = m\sin(M-\varphi)\end{aligned}$$

$$\operatorname{tg} a = \frac{\cos\delta\sin s}{m\cos(M-\varphi)} = \frac{\sin M\operatorname{tg} s}{\cos(M-\varphi)}$$

$$\begin{aligned}\log\cos\delta\cos s &= 9{,}830\ 908\\ \log(-\sin\delta) &= 9{,}456\ 887\\ \hline \log\operatorname{tg} M &= 9{,}374\ 021\\ M &= 67^0\ \ 5'\ 19''5\\ \varphi &= 48^0\ 13'\ 55''3\\ \hline M-\varphi &= 18^0\ 51'\ 24''2\end{aligned}$$

M im ersten Quadranten,

$$\begin{aligned}\log\cos\delta\sin s &= 9_n 830\ 908\\ \log m &= 9{,}866\ 598\\ \log(M-\varphi) &= 9{,}976\ 043\\ \hline \log\operatorname{tg} a &= 9_n 988\ 267\\ a &= 315^0\ 46'\ 25''7\end{aligned}$$

oder

$$\begin{aligned}\log\sin M &= 0{,}964\ 311\\ \log\operatorname{tg} s &= 0_n 000\ 000\\ \hline &= 9_n 964\ 311\\ \log\cos(M-\varphi) &= 9{,}976\ 043\\ \hline \log\operatorname{tg} a &= 9_n 988\ 268\end{aligned}$$

$$\begin{aligned}\log(-\sin\delta) &= 9{,}456\ 887 & \log\cos\delta\cos s &= 9{,}830\ 908 & \log m &= 9{,}866\ 598\\ \log\cos M &= 9{,}590\ 289 & \log\sin M &= 9{,}964\ 311 & \log\sin(M-\varphi) &= 9{,}509\ 471\\ \hline \log m &= 9{,}866\ 598 & \log m &= 9{,}866\ 597 & \log\cos z &= 9{,}376\ 069\\ &&&& z &= 76^0\ 14'\ 51''9\end{aligned}$$

Will man auch den parallaktischen Winkel p berechnen, so muß man entweder auf die erste Methode zurückgehen oder in die letzten drei Gl. einen neuen Hilfswinkel einführen.

$$\begin{array}{lll}
\log\sin\varphi = 9{,}872\,651 & \log\cos\varphi = 9{,}823\,550 & \log\cos\varphi = 9{,}823\,550 \\
\log\cos\delta = 9{,}981\,423 & \log\sin\delta = 9_n456\,887 & \log\sin s = 9_n849\,485 \\
\hline
 9{,}854\,074 & \log\cos s = 9{,}849\,485 & 9_n673\,035 \\
 & 9_n129\,922 &
\end{array}$$

$$\begin{array}{rl}
\sin\varphi\cos\delta = & +\,0{,}714\,618 \\
-\cos\varphi\sin\delta\cos s = & +\,0{,}134\,872 \\
\hline
\sin z\cos p = & +\,0{,}849\,490
\end{array}$$

Probe.

$$\begin{array}{rl|l|l}
\log\sin z\cos p = & 9{,}929\,158 & \log\cos p\ 9{,}941\,790 & \log\sin z = 9{,}987\,368 \\
\log\sin z\sin p = & 9_n673\,035 & \log\sin p\ 9_n685\,667 & \log\sin z = 9{,}987\,368 \\
\hline
\log\operatorname{tg} p = & 9_n743\,877 & p \text{ im vierten Quadranten} & \\
 & & p = -29^0\,0'\,25''2 &
\end{array}$$

Dritte Methode: Mit *Gaußschen* Logarithmen für Summen und Differenzen.[1]

$$\begin{array}{rl|rl}
b = \log(-\sin\delta\cos\varphi) & = 9{,}280\,437 & b = \log\sin\delta\sin\varphi & = 9_n329\,538 \\
a = \log\cos\delta\sin\varphi\cos s & = 9{,}703\,559 & a = \log\cos\delta\cos\varphi\cos s & = 9{,}654\,458 \\
\hline
\log b/a & = 9{,}576\,878 & \log a/b & = 0{,}324\,920 \\
B & = 0{,}139\,081 & A & = 0{,}046\,535 \\
\hline
a + B = \log\sin z\cos a & = 9{,}842\,640 & b + A = \log\cos z & = 9{,}376\,073
\end{array}$$

$$\begin{array}{rl}
a = \log\sin\varphi\cos\delta & = 9{,}854\,074 \\
b = \log\cos\varphi\sin\delta\cos s & = 9_n129\,922 \\
\hline
\log b/a & = 9{,}275\,848 \\
B & = 0{,}075\,085 \\
\hline
a + B = \log\sin z\cos p & = 9{,}929\,159
\end{array}$$

Weiter wie bei erster Methode.

Vierte Methode: Mit Hilfe der *Gaußschen* Analogien. Macht man in den Gl. (14) die obige Substitution wie bei Gl. III (1), so wird:

$$\frac{1}{2}(A + C) = 90^0 - \frac{1}{2}(a - p)$$

$$\frac{1}{2}(A - C) = 90^0 - \frac{1}{2}(a + p)$$

$$\frac{1}{2}(a - c) = \frac{1}{2}(\varphi - \delta) = 32^0\,26'\,8''1 \tag{5}$$

$$\frac{1}{2}(a + c) = 90^0 - \frac{1}{2}(\varphi + \delta); \quad \frac{1}{2}(\varphi + \delta) = 15^0\,47'\,47''2$$

$$\frac{s}{2} = 157^0\,30'$$

---

[1] *Bremiker C.*: Logarithmisch-Trigonometrische Tafeln mit sechs Dezimalstellen.

Die Gl. lauten dann:

$$\left.\begin{aligned}
\cos\frac{a-p}{2}\cos\frac{z}{2} &= \cos\frac{1}{2}\,(\varphi-\delta)\,\cos\frac{s}{2} \\
\cos\frac{a+p}{2}\sin\frac{z}{2} &= \sin\frac{1}{2}\,(\varphi-\delta)\,\cos\frac{s}{2} \\
\sin\frac{a-p}{2}\cos\frac{z}{2} &= \sin\frac{1}{2}\,(\varphi+\delta)\,\sin\frac{s}{2} \\
\sin\frac{a+p}{2}\sin\frac{z}{2} &= \cos\frac{1}{2}\,(\varphi+\delta)\,\sin\frac{1}{2}
\end{aligned}\right\} \quad (6)$$

daher

$$\log\left[\cos\frac{1}{2}\,(a-p)\,\cos\frac{z}{2}\right] = 9{,}926\;340 + 9_n965\;615 = 9_n819\;955$$

$$\log\left[\cos\frac{1}{2}\,(a+p)\,\sin\frac{z}{2}\right] = 9{,}729\;449 + 9_n965\;615 = 9_n695\;064$$

$$\log\left[\sin\frac{1}{2}\,(a-p)\,\cos\frac{z}{2}\right] = 9{,}434\;921 + 9{,}582\;840 = 9{,}017\;761$$

$$\log\left[\sin\frac{1}{2}\,(a+p)\,\sin\frac{z}{2}\right] = 9{,}983\;281 + 9{,}582\;840 = 9{,}566\;121$$

daher

$\log \operatorname{tg}\frac{a+p}{2} = 9_n871\;057$ im zweiten Quadranten $\frac{a+p}{2} = 143^0\,23'\,0''0$

$\log \operatorname{tg}\frac{a-p}{2} = 9_n125\;806$ im zweiten Quadranten $\frac{a-p}{2}$ $172^0\,23'\,25''3$

$$a = 315^0\,46'\,25''3$$
$$p = -\,29^0\,0'\,25''3$$

$\log\cos\frac{1}{2}\,(a-p) = 9_n996\;159$ $\log\cos\frac{z}{2} = 9{,}895\;796$ $\frac{z}{2} = 38^0\,7'\,26''5$

$z = 76^0\,14'\,53''0$

$\log\sin\frac{1}{2}\,(a-p) = 9{,}121\;964$ $\log\cos\frac{z}{2} = 9{,}895\;797$ $\frac{z}{2} = 38^0\,7'\,25''9$

$z = 76^0\,14'\,51''8$

$\log\cos\frac{1}{2}\,(a+p) = 9_n904\;523$ $\log\sin\frac{z}{2} = 9{,}790\;541$ $\frac{z}{2} = 38^0\,7'\,25''9$

$z = 76^0\,14'\,51''8$

$\log\sin\frac{1}{2}\,(a+p) = 9{,}775\;580$ $\log\sin\frac{z}{2} = 9{,}790\;541$ $\frac{z}{2} = 38^0\,7'\,25''9$

$z = 76^0\,14'\,51''8$

Fünfte Methode: Mit der Rechenmaschine und den natürlichen Werten der trigonometrischen Funktionen.[1]

$$\sin\delta = -0{,}286\,343 \qquad \sin\varphi = +\,0{,}745\,848 \qquad \sin s = -0{,}707\,107$$
$$\cos\delta = +\,0{,}958\,127 \qquad \cos\varphi = +\,0{,}666\,116 \qquad \cos s = +\,0{,}707\,107$$

$$\begin{array}{rl} -\sin\delta\cos\varphi & = +\,0{,}190\,738 \\ \cos\delta\sin\varphi\cos s & = +\,0{,}505\,311 \\ \hline \sin z\cos a & = +\,0{,}696\,049 \end{array} \qquad \begin{array}{rl} \cos\delta\sin s & = -0{,}677\,498 \\ & \\ \hline \sin z\sin a & = -0{,}677\,498 \end{array}$$

$$\begin{array}{rl} \sin\delta\sin\varphi & = -0{,}213\,568 \\ \cos\delta\cos\varphi\cos s & = +\,0{,}451\,293 \\ \hline \cos z & = +\,0{,}237\,725 \end{array}$$

$$\operatorname{tg} a = -\frac{0{,}677\,498}{0{,}696\,049} = -0{,}973\,348 \quad \text{(vierter Quadrant)} \qquad a = 315^0\,46'\,25''6$$

$$\sin a = -0{,}697\,493 \qquad \sin z = +\,0{,}971\,332 \qquad z = 76^0\,14'\,52''$$
$$\cos a = +\,0{,}716\,591 \qquad \cos z = +\,0{,}971\,334$$

$$\begin{array}{rl} \sin\varphi\cos\delta & = +\,0{,}714\,617 \\ -\cos\varphi\sin\delta\cos s & = +\,0{,}134\,872 \\ \hline \sin z\cos p & = +\,0{,}849\,489 \end{array} \qquad \begin{array}{rl} \cos\varphi\sin s & = -0{,}471\,015 \\ & \\ \hline \sin z\sin p & = -0{,}471\,015 \end{array}$$

$$\operatorname{tg} p = -\frac{0{,}471\,015}{0{,}849\,489} = 0{,}554\,469 \text{ (vierter Quadr.)} \qquad p = -29^0\,0'25''2$$

$$\text{Probe: } \sin p = -0{,}484\,916 \qquad \sin z = 0{,}971\,333$$
$$\cos p = +\,0{,}874\,561 \qquad \sin z = 0{,}971\,332$$

Hier muß auch auf die Arbeiten von *Schütte* und *Krause* hingewiesen werden, welche darauf hinauszielen, Höhe und Azimut aus Stundenwinkel und Deklination ohne Logarithmen durch Tafeln oder Kurven zu finden.[2] In Abb. 11, die wir mit *Schütte* im Gegensatze zu unserer bisherigen Gepflogenheit von der Aufgangsseite zeichnen, sei P und Z Pol und Zenit, S ein Stern mit der Deklination δ und dem Stundenwinkel t (nach Osten gerechnet). Das Problem gewinnt ein ganz neues Aussehen, wenn man den größten Kreis einführt, der den Ostpunkt O mit dem Stern verbindet. Schneidet dieser Kreis den Meridian in U, so ist $O\,U = 90^0$ und auch der Winkel $S\,U\,Z$ ist 90^0. Bezeichnen wir den Winkel

[1] *Peters J.:* Sechsstellige Tafel der trigonometrischen Funktionen.

[2] *Schütte K.:* Die *Schütte-Krause*-Tafel zur nautisch astronomischen Ortsbestimmung als Diagramm. — *Schütte K.:* Die Berechnung von Höhe und Azimut ohne Logarithmen, Seewarte, Heft 2/1942.

$S\,O\,P$ mit w und $U\,S$ mit s, so ist $O\,S = 90^0 - s$ und daher in dem Dreiecke $S\,O\,P$:

$$\cos s \sin w = \cos t \cos \delta,$$
$$\cos s \cos w = \sin \delta,$$

somit

$$\operatorname{tg} w = \cos t \operatorname{ctg} \delta. \qquad (7)$$

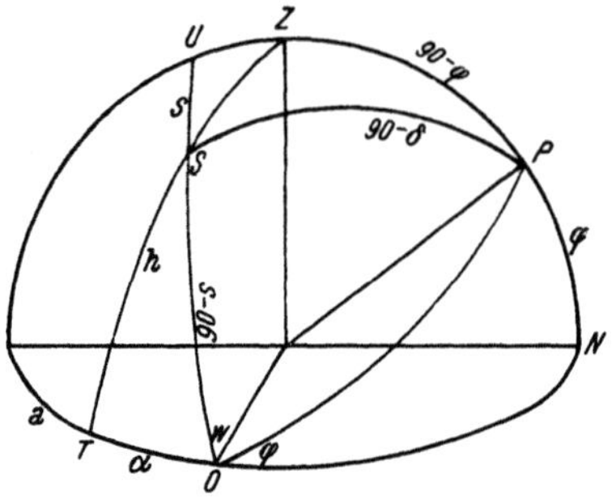

Abb. 11

In dem Dreiecke $S\,U\,P$ ist

$$\sin s = \sin t \cos \delta. \qquad (7')$$

Die beiden Hilfswinkel s und w kann man also aus δ und t bestimmen und tabulieren. Im Dreieck $S\,O\,T$ sei $O\,T = \alpha = 270^0 - a$, wenn wir, wie immer das Azimut mit a bezeichnen (vom Südpunkt nach West gezählt). Der Dreieckswinkel bei O ist $180^0 - w - \varphi$. Daher nach Gl. II (2)

$$\sin(90^0 - s)\cos(180^0 - \varphi - w) = \cos h \sin \alpha - \sin h \cos \alpha \cos 90^0,$$
$$\cos(90^0 - s) = \cos h \cos \alpha + \sin h \sin \alpha \cos 90^0$$

oder

$$-\cos s \cos(w + \varphi) = \cos h \sin \alpha,$$
$$\sin s = \cos h \cos \alpha,$$

daher

$$\operatorname{tg} \alpha = \cos(180^0 - \varphi - w) \operatorname{ctg} s \qquad (8)$$

und nach dem Sinussatze

$$\sin h = \sin(180^0 - \varphi - w) \cos \delta. \qquad (8')$$

Die Gl. (7) und (7′) haben nun ganz die gleiche Form wie Gl. (8) und (8′); wenn man also aus der Tafel mit t und δ die Winkel w und s gefunden hat, so kann man nun aus der gleichen Tafel mit $180^0 - (w + \varphi)$ und s, α und h finden. Bei der Herstellung der Tafel hat man abzuwägen, ob man eine umfangreiche Tafel ohne jegliches Einschalten oder eine kleinere mit Einschalten vorzieht.

Man kann statt der Lösung durch Tafeln auch eine Lösung durch Kurven suchen.[1] Es handelt sich hier um die Aufgabe:

[1] *Schütte K.:* Neue Azimutdiagramme. Annalen der Hydrographie. 1942.

Wenn von den vier Größen a, φ, δ und t drei gegeben sind, wie stellt sich die vierte dar, auf Grund der Formel

$$\operatorname{tg} a = \frac{\sin t}{\sin\varphi\cos t - \cos\varphi\operatorname{tg}\delta}.$$

Schütte untersucht sämtliche möglichen Kombinationen, wobei an die Diagramme folgende Anforderungen gestellt werden:

1. Vollständigkeit und überall gleichmäßige Genauigkeit der Azimute von $0^0 1$ bis $0^0 2$ bei sorgfältiger Ablesung.
2. Herabsetzung der Schaltarbeit auf ein Minimum.
3. Kein Zeichnen von Linien, Kurven oder Ablesen von Winkeln.
4. Gültigkeit für alle t und alle δ sowie alle praktisch vorkommenden Breiten.
5. Einfachste Gebrauchsregeln; Vermeidung aller Vorzeichenregeln.
6. Einfachstes Aufschlagen (möglichst wenig umblättern).

Eine Größe wird als Blattkonstante aufgefaßt und ändert sich nur von Blatt zu Blatt, zwei weitere Größen werden als Koordinaten aufgefaßt. Die letzte Größe erscheint im Koordinatensystem durch Linien gleicher Werte dargestellt.

Die beste Form ist nach *Schütte* folgende: Jede Breite erhält ein Blatt, als Koordinaten sind a und t zu nehmen und die Deklination wird aus einem System von Linien konstanter Werte entnommen. Um das Einschalten zwischen zwei Werten aufeinander folgender Breiten zu erleichtern, also bei einer Interpolation über die Seite hinüber, ist bei jeder Kurve die Änderung des Azimutes mit der Breite in anderer Farbe vermerkt. Die ungeheure Wichtigkeit, die solche kurze und doch hinlänglich genaue Methoden besonders im Flugwesen haben, liegt auf der Hand.

IV. Die Erscheinungen der täglichen Bewegung.

Die Umdrehung der Erde, die von West nach Ost erfolgt, läßt die Sterne scheinbar von Ost nach West ziehen; es ist dies jene Bewegung, die den Auf- und Untergang der Gestirne zur Folge hat. Dabei nehmen wir an, daß diese Gestirne selbst ganz fest am Himmel stehen und wollen dies vorläufig auch von Sonne und Mond annehmen, das heißt der Einfluß der Bewegung dieser Gestirne soll später besonders betrachtet werden.

Wir gehen von der dritten Gl. III (3) aus.

$$\cos z = \sin \delta \sin \varphi + \cos \delta \cos \varphi \cos s. \qquad (1)$$

Wir differenzieren sie nach der Zeit, wobei wir δ und φ konstant lassen können, da wir die Bewegung eines bestimmten Sternes, beobachtet von einem bestimmten Erdort, untersuchen.

Es wird

$$-\sin z \frac{dz}{dt} = -\cos \delta \cos \varphi \sin s \frac{ds}{dt}.$$

Da wir die Zeit durch den Stundenwinkel messen, so können wir $ds/dt = 1$ setzen. Daher

$$\frac{dz}{dt} = \frac{\cos \delta \cos \varphi \sin s}{\sin z}. \qquad (2)$$

So lange $s < 180^0$ oder $< 12^h$ ist, wird dz/dt positiv, die Zenitdistanz wächst, die Höhe des Sternes wird kleiner, der Stern wandert gegen den Untergang, steht also auf der Abendseite. Ist $s > 180^0$ oder $> 12^h$, so ist dz/dt negativ, die Zenitdistanz nimmt ab und der Stern befindet sich auf der Morgenseite.

Für $s = 0$ wird $dz/dt = 0$ und z erreicht sein Minimum. Der Stern erreicht also die größte Höhe im Meridian. Wir nennen diese Stellung die obere Kulmination. Ist dagegen $s = 180^0$, so ist wieder $dz/dt = 0$. Nun ist z ein Maximum, die Höhe hat ihren kleinsten Wert erreicht und der Stern steht in der unteren Kulmination.

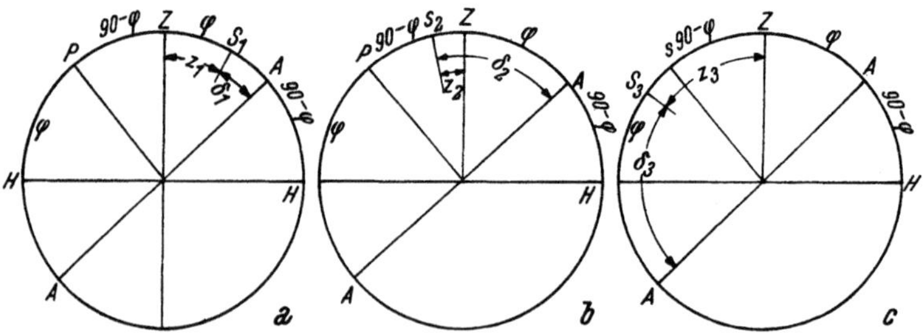

Abb. 12

Für positive und negative Werte von s ergibt sich der gleiche Wert von $\cos s$ und daher das gleiche z. Die Bewegung des Sternes ist also zum Meridian vollkommen symmetrisch. Wir betrachten nun zunächst den Teil des Meridians für welchen $s = 0$ ist (Abb. 12).

Es sei wieder durch den Kreis der Meridian dargestellt, durch Z und P Zenit und Pol. Da die Polhöhe PH gleich der geographischen Breite φ ist und das Zenit vom Horizont, der Pol vom Äquator je 90^0 entfernt sind, ergibt sich aus der Abb. 12

$$HP = \varphi, \quad PZ = 90^0 - \varphi, \quad ZA = \varphi, \quad AH = 90^0 - \varphi.$$

Die Äquatorhöhe AH ist also das Komplement zur geographischen Breite. Für die Zenitdistanz erhalten wir für $s = 0$ aus Gl. (1)

$$\cos t = \sin\delta \sin\varphi + \cos\delta \cos\varphi$$

oder da wir z als wesentlich positive Größe betrachten:
$z_1 = \varphi - \delta_1$ für $\delta < \varphi$ (S_1 in Abb. 12a), der Stern kulminiert südlich des Zenites, $z_2 = \delta_2 - \varphi$ für $\delta > \varphi$ (S_2 in Abb. 12b), der Stern kulminiert nördlich des Zenites. (3)

Für $\delta = \varphi$ geht der Stern durch das Zenit.

Für $\delta = 0$ steht er im Äquator.

Für $\delta < 0$ geht der Stern südlich des Äquators durch den Meridian.

Ist $\delta = -(90^0 - \varphi)$, so steht der Stern bei seiner oberen Kulmination im Punkte H des Horizontes. Da der Stern nun hier seine größte Höhe erreicht, so steigt er überhaupt nicht mehr über den Horizont. Sterne mit $\delta \mathrel{\substack{=\\<}} -(90^0 - \varphi)$ bleiben daher unsichtbar.

Betrachten wir nun den Teil des Meridians jenseits des Poles, also für $s = 180^0$ oder 12^h. Hier ist $\cos s = -1$ und wir finden

$$\cos z = \sin\varphi \sin\delta - \cos\varphi \cos\delta = -\cos(\varphi + \delta) = \cos(180^0 - \varphi - \delta).$$

Es ist also

$$z = 180 - \varphi - \delta. \tag{4}$$

In der Tat wird nach unserer Abb. 12c für einen Stern S_3, der unterhalb des Poles kulminiert,

$$z_3 = S_3 z = 90^0 - \delta_3 + 90^0 - \varphi = 180^0 - \delta_3 - \varphi.$$

Hat ein Stern die Deklination $\delta = 90^0 - \varphi$, so wird $z = 90^0$. Der Stern erreicht in seiner unteren Kulmination gerade den Punkt H des Horizontes. Da dies seine tiefste Stellung ist, so kommt er nicht mehr unter den Horizont. Alle Sterne somit, für welche $\delta \mathrel{\substack{=\\>}} 90^0 - \varphi$ bleiben immer über dem Horizont. Sie heißen daher Zirkumpolar-Sterne.

Wir betrachten nun die Verhältnisse außerhalb des Meridianes (Abb. 13) und setzen in Gl. (1) $z = 90^0$ oder $h = 0^0$. Es entspricht dies dem Auf- oder Untergang des Sternes; bezeichnen wir den zugehörigen Stundenwinkel mit s_0, so wird

$$\cos s_0 = -\operatorname{tg} \varphi \operatorname{tg} \delta. \tag{5}$$

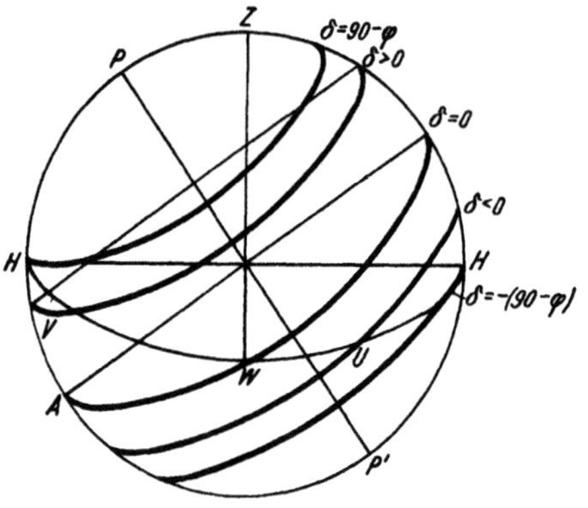

Abb. 13

Da der Cosinus doppeldeutig ist, so erhalten wir zwei Lösungen, von denen die eine dem Untergang, die andere dem Aufgang entspricht. Der Stundenwinkel des Unterganges ist auch gleichzeitig die Zeit, die der Stern braucht, um von seiner oberen Kulmination zum Untergang zu gelangen. Wir nennen ihn den halben Tagbogen. Der ganze Weg, den der Stern über dem Horizont zurücklegt, ist der ganze Tagbogen.

Für alle Sterne, die nördlich des Äquators laufen, ist $\delta > 0$. Wir erhalten dann für unsere Nordhalbkugel ($\varphi > 0$): $\cos s_0 < 0$; s_0 liegt im zweiten oder dritten Quadranten, also ist $s_0 \begin{smallmatrix} > 90^0 \\ < 270^0 \end{smallmatrix}$.
Der halbe Tagbogen ist $> 6^h$, der ganze $> 12^h$, d. h. alle Gestirne mit positiver Deklination haben einen Tagbogen größer als 12^h, sind also mehr als 12^h sichtbar. Für Sterne mit $\delta < 0$ wird $\cos s_0 > 0$; s_0 liegt also im ersten oder vierten Quadranten, also $s_0 \begin{smallmatrix} < 90^0 \\ > 270^0 \end{smallmatrix}$. Der halbe Tagbogen ist nun kleiner als 6^h, der ganze kleiner als 12^h.

Alle Gestirne mit südlicher Deklination sind weniger als 12^h sichtbar.

Für $\delta = 0$ wird $\cos s_0 = 0$ für jede geographische Breite, d. h. auf der ganzen Erde ist der halbe Tagbogen der Gestirne, die im Äquator stehen 6^h, der ganze 12^h.

Die Grenzwerte von $\cos s_0$ sind $\pm$ 1 und es wird

für $\cos s_0 = +1$, $s_0 = 0$, $-\operatorname{tg}\varphi \operatorname{tg}\delta = +1$ und $\operatorname{tg}\delta =$
$= -\operatorname{ctg}\varphi = -\operatorname{tg}(90^0 - \varphi)$, somit $\delta = -(90^0 - \varphi)$, (6)
für $\cos s_0 = -1$, $s_0 = 180^0$, $-\operatorname{tg}\varphi \operatorname{tg}\delta = -1$, $\operatorname{tg}\delta = \operatorname{ctg}\varphi =$
$= \operatorname{tg}(90^0 - \varphi)$, somit $\delta = 90^0 - \varphi$.

Nach Überschreiten dieser Grenzen werden keine reellen Auf- und Untergangspunkte gefunden.

Sterne also, für welche $\delta \lesseqgtr -(90^0 - \varphi)$, können nicht aufgehen und bleiben unsichtbar, Sterne, für welche $\delta \gtreqless 90^0 - \varphi$, können nicht untergehen und sind zirkumpolar. Alle Sterne von $\delta = -(90^0 - \varphi)$ bis $\delta = 90^0 - \varphi$ gehen für die Breite φ auf und unter.

Wir suchen nun das Azimut a_0 des Punktes, in welchem ein Stern auf- oder untergeht. Wir verwenden dazu die dritte Gl. von III (1):

$$\sin\delta = \cos z \sin\varphi - \sin z \cos\varphi \cos a_0,$$

in welcher wir $z = 90^0$ zu setzen haben. Wir erhalten

$$\cos a_0 = -\frac{\sin\delta}{\cos\varphi}. \qquad (7)$$

Wir finden wieder zwei Lösungen

für $\delta > 0$ $\cos a_0 < 1$ $a_0 > 90^0$: Zweiter Quadrant. Untergang nördlich vom Westpunkt,
$< 270^0$: Dritter Quadrant. Aufgang nördlich vom Ostpunkt.
für $\delta < 0$ $\cos a_0 > 0$ $a_0 < 90^0$: Erster Quadrant. Untergang südlich vom Westpunkt.
$> 270^0$: Vierter Quadrant. Aufgang südlich vom Ostpunkt.

Die beiden Lösungen heißen, speziell bei der Sonne: die Morgen- und Abendweite.

Für $\delta = 0$ fallen die beiden Lösungen mit dem Westpunkt, resp. Ostpunkt zusammen.

Für $\delta = 90^0 - \varphi$ erreicht $\cos a_0$ den Grenzwert -1: Nordpunkt, $\delta = -(90^0 - \varphi)$ erreicht $\cos a_0$ den Grenzwert $+1$: Südpunkt (8), alles in vollständiger Übereinstimmung mit den Ergebnissen der Untersuchung im Meridian.

Die Erscheinungen der täglichen Bewegung verlaufen sehr verschieden, je nachdem, ob die Deklination des Sternes kleiner oder größer als die geographische Breite ist, d. h. ob der Stern südlich oder nördlich des Zenites kulminiert. Der Unterschied rührt daher, daß er in dem einen Fall das Zenit umkreist, im andern Falle das Zenit außerhalb des Kreises bleibt. Zur Untersuchung dieses Verhältnisses stellen wir uns ein Gleichungssystem zusammen. Wir beginnen mit der Differentialformel aus I (17), angewendet auf das Dreieck PZS in Abb. 8. Da φ und δ konstant sind, reduziert sie sich auf ein einziges Glied und erhält die Form:

$$dz = \sin p \cos \delta \, ds$$

oder, da $ds = dt$ (s. S. 34) ist und nach Gl. III (1)

$$\frac{dz}{dt} = \sin p \cos \delta = \cos \varphi \sin a. \tag{a}$$

Ferner finden wir aus Gl. I (18)

$$\sin z \, da = \cos p \cos \delta \, ds \quad \text{oder} \quad \frac{da}{ds} = \frac{\cos p \cos \delta}{\sin z} \tag{b}$$

$$\sin z \, dp = \cos a \cos \varphi \, ds \qquad \frac{dp}{ds} = \frac{\cos a \cos \varphi}{\sin z}. \tag{c}$$

Endlich ergibt sich aus Gl. I (2)

$$\sin \delta = \cos z \sin \varphi - \sin z \cos \varphi \cos a \quad \text{oder} \quad \cos a = \frac{\cos z \sin \varphi - \sin \delta}{\sin z \cos \varphi} \tag{d}$$

$$\sin \varphi = \cos z \sin \delta + \sin z \cos \delta \cos p \qquad \cos p = \frac{\sin \varphi - \cos z \sin \delta}{\sin z \cos \delta} \tag{e}$$

Aus Gl. III (2)

$$\sin z \cos a = -\sin \delta \cos \varphi + \cos \delta \sin \varphi \cos s, \tag{f}$$

$$\sin z \cos p = \sin \varphi \cos \delta - \cos \varphi \sin \delta \cos s. \tag{g}$$

Nehmen wir also zunächst die Sterne mit $\delta < \varphi$, dann ist auch $\sin \delta < \sin \varphi$ und umsomehr $\cos z \sin \delta < \sin \varphi$. Daher ist nach e) $\cos p$ immer positiv und $p \begin{matrix} < 90^0 \\ > 270^0 \end{matrix}$; p muß sich also zwischen den Grenzen $\pm 90^0$ bewegen. An den Grenzen ist $dp/dt = 0$; das ist nach c) nur möglich, wenn $\cos a = 0$, also $a = \begin{matrix} 90^0 \\ 270^0 \end{matrix}$ ist. Der parallaktische Winkel erreicht also, wenn wir bei der Untergangsseite bleiben, für $a = 90^0$, d. i. im sogenannten ersten Vertikal, sein Maximum. Der Wert dieses Maximums ist, da $\sin a = \pm 1$ ist, nach a) gegeben durch $\sin p = \cos \varphi / \cos \delta$;

die zugehörige Zenitdistanz wird, da $\cos a = 0$ ist, nach d): $\cos z = \sin\delta/\sin\varphi$, der Stundenwinkel nach f) $\cos s = \operatorname{tg}\delta/\operatorname{tg}\varphi$. Da $\cos p$ von Null verschieden bleibt, kann nach b) da/dt nicht verschwinden; das Azimut wächst also durch alle Quadranten. Dagegen erreicht für $a = 90^0$ nach a) dz/dt sein Maximum. Im ersten Vertikal ändert sich also die Zenitdistanz am raschesten, ein Umstand, der in der geographischen Ortsbestimmung eine Rolle spielt. Abb. 14 zeigt einen Stern, der südlich des Zenites kulminiert, in mehreren Situationen mit den zugehörigen parallaktischen Winkeln.

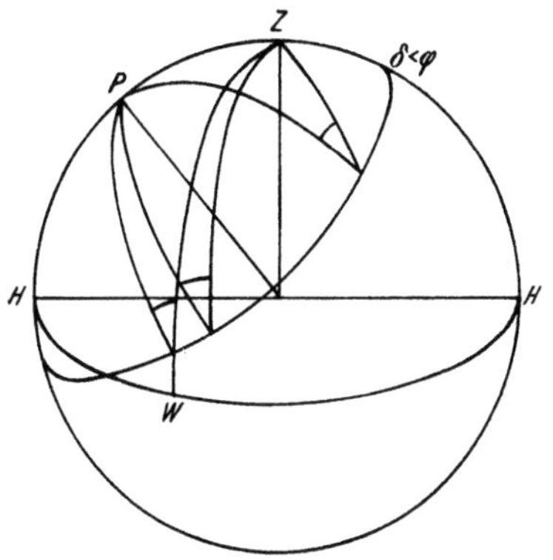

Abb. 14

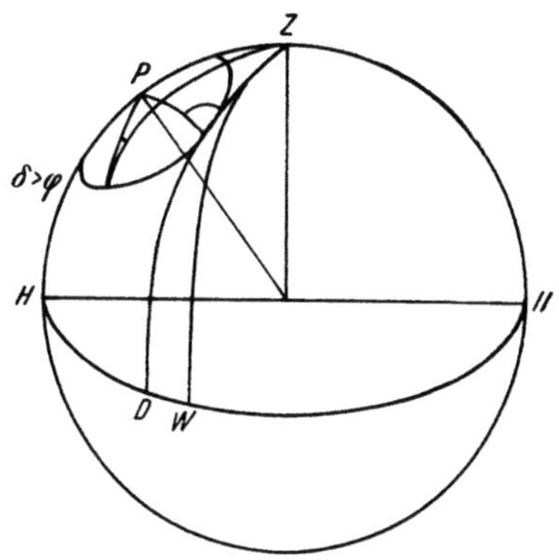

Abb. 15

Betrachten wir nun den Fall $\delta > \varphi$ (Abb. 15), der also die Sterne, die nördlich des Zenites kulminieren, betrifft. Für diese ist $\sin\delta > \sin\varphi$ und umsomehr $\sin\delta > \cos z \sin\varphi$. Daher ist nun nach d) $\cos a$ immer negativ und $a \begin{matrix} > 90^0 \\ < 270^0 \end{matrix}$; a schwankt also zwischen zwei Grenzen zu beiden Seiten von $a = 180^0$. An den Grenzen ist $da/dt = 0$, was nach b) nur möglich ist, wenn $\cos p = 0$ also $p = \begin{matrix} 90^0 \\ 270^0 \end{matrix}$ ist. Diese Stellung heißt die größte Digression. Der zugehörige Azimutwert ist nach a) gegeben durch $\sin a = \cos\delta/\cos\varphi$; dazu nach c): $\cos z = \sin\varphi/\sin\delta$ und nach g) $\cos s = \operatorname{tg}\varphi/\operatorname{tg}\delta$. Da nun $\cos a$ von 0 verschieden und negativ bleibt, so kann dp/dt nicht verschwinden und bleibt negativ; p geht also stets abnehmend durch alle Quadranten. In der oberen Kulmination ist $p = 180^0$ und nimmt immer ab, wird in der größten Digression gleich 90^0, in der unteren Kulmination gleich Null, um dann negative Werte oder Werte des vierten Quadranten anzunehmen. Dagegen erreicht dz/dt für $p = 90^0$ ein Maximum. Hier in der größten Digression ändert sich also die Zenitdistanz am raschesten. In der Tat bewegt sich an dieser Stelle auf der Abendseite der Stern direkt vom Zenit weg, auf der Morgenseite auf das Zenit zu. Wenn wir nun die beiden Fälle einander gegenüberstellen, so haben wir:

$\delta < \varphi$	$\delta > \varphi$
$\cos p > 0$	$\cos a < 0$
$p \begin{matrix} < 90^0 \\ > 270^0 \end{matrix}$	$a \begin{matrix} > 90^0 \\ < 270^0 \end{matrix}$
$\dfrac{da}{dt} \neq 0$	$\dfrac{dp}{dt} \neq 0$
a geht durch alle Quadranten	p geht durch alle Quadranten
für $a = \begin{matrix} 90^0 \\ 270^0 \end{matrix}$ (1. Vertikal): $p \begin{matrix} \text{Max.} \\ \text{Min.} \end{matrix}$	für $p = \begin{matrix} 90^0 \\ 270^0 \end{matrix}$ (größte Digr.) $a \begin{matrix} \text{Min.} \\ \text{Max.} \end{matrix}$
$\sin p = \dfrac{\cos \varphi}{\cos \delta}$	$\sin a = \dfrac{\cos \delta}{\cos \varphi}$
$\cos z = \dfrac{\sin \delta}{\sin \varphi}$	$\cos z = \dfrac{\sin \varphi}{\sin \delta}$
$\cos s = \dfrac{\operatorname{tg} \delta}{\operatorname{tg} \varphi}$	$\cos s = \dfrac{\operatorname{tg} \varphi}{\operatorname{tg} \delta}$
$\text{Max} \dfrac{dz}{dt} = \cos \varphi$	$\text{Max} \dfrac{dz}{dt} = \cos \delta$

Es besteht also eine Reziprozität zwischen φ und δ einerseits und a und p andererseits.

Wir untersuchen nun die Frage, wie sich der Himmel für einen Äquatorpunkt bewegt. Für einen solchen ist die Polhöhe gleich Null. Der Pol liegt also im Horizont und fällt mit dem Nordpunkt, der Äquator daher mit dem ersten Vertikal zusammen. Für Zirkumpolarsterne ist $\delta > 90^0 - \varphi$; also für $\varphi = 0 : \delta > 90^0$. Da die Deklination nicht größer als 90^0 werden kann, so gibt es keine Zirkumpolarsterne, ebenso gibt es aber auch keine Sterne, die unsichtbar bleiben, denn ihre Deklination müßte $< -90^0$ sein.

Für einen Punkt des Äquators gehen alle Sterne auf und unter. Der Stundenwinkel für den Auf- oder Untergang ist nach Gl. (5) gegeben durch $\cos s_0 = -\operatorname{tg} \varphi \operatorname{tg} \delta$. Am Äquator ist also s_0 gleich 6^h oder 18^h ohne Rücksicht auf die Deklination; alle Sterne sind 12^h oberhalb und 12^h unterhalb des Horizontes.

Das Azimut für den Punkt des Unter- oder Aufganges ist nach Gl. (7) gegeben durch $\cos a_0 = -\sin \delta / \cos \varphi$. Für den Äquator somit $\cos a_0 = -\sin \delta$ und $a_0 = \begin{cases} 90^0 + \delta \\ 270^0 - \delta \end{cases}$

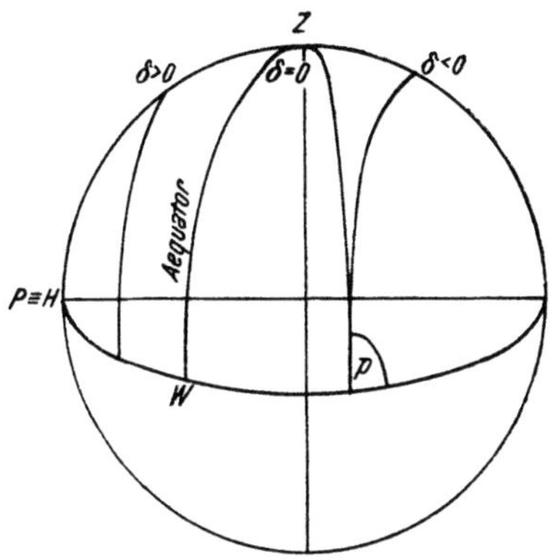

Abb. 16 *a*

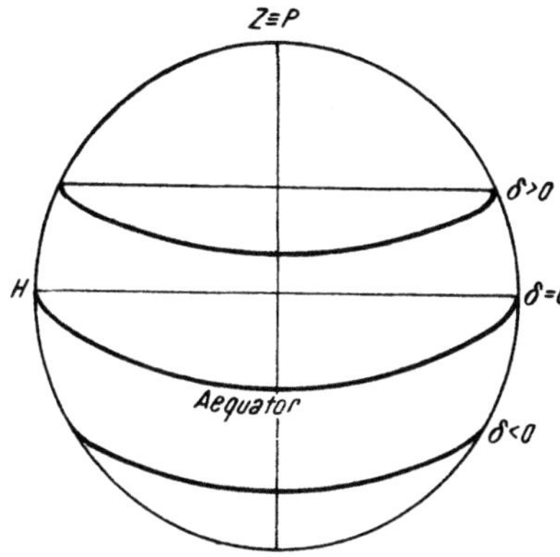

Abb. 16 *b*

Alle Sterne mit positiver Deklination gehen nördlich des Zenites durch den Meridian, die mit negativer Deklination südlich des Zenites. Im Augenblicke des Auf- oder Unterganges ist der parallaktische Winkel gleich 90^0 oder 270^0; die Gestirne sind in diesem Augenblicke also in der größten Digression (Abb. 16a).

Wir setzen nun $\varphi = 90^0$ und befinden uns somit auf dem Pol; die Polhöhe ist 90^0, der Pol fällt mit dem Zenit, der Äquator somit mit dem Horizont zusammen. (Abb. 16 b)

Alle Sterne mit positiver Deklination sind wegen $\delta > 90^0 - \varphi$ oder $\delta > 0$, zirkumpolar, alle mit südlicher Deklination daher unsichtbar. Sie bewegen sich in Parallelkreisen zum Horizont, der selbst mit dem Äquator zusammenfällt, durch alle Azimute; doch gibt es keinen Südpunkt. Als Ausgangspunkt der Azimutzählung muß man einen beliebigen Erdpunkt wählen. Es gibt keine Sterne, die auf- und untergehen. Der parallaktische Winkel ist immer gleich Null.

V. Die scheinbare Bewegung der Sonne.

Für alle Sterne, die ihre Deklination nicht ändern, bleiben die bisher beschriebenen Erscheinungen immer dieselben. Anders aber ist es, wenn sich die Deklination ändert, was natürlich eintritt, wenn zu der von der Erddrehung herrührenden scheinbaren Bewegung noch eine solche hinzukommt, welche der Stern selbst ausführt. Es ist aber klar, daß die Erscheinung der täglichen Bewegung immer so ausfallen muß, wie sie der momentanen Deklination entspricht. Wenn also ein Gestirn zu einer gewissen Zeit eine nördliche Deklination hat, so wird es einen Tagbogen größer als 12^h haben, nördlich vom Ostpunkt aufgehen und nördlich vom Westpunkt untergehen; wenn es aber zu einer anderen Zeit südliche Deklination hat, so muß der Tagbogen kleiner als 12^h sein und der Aufgangspunkt muß südlich vom Ostpunkt, der Untergangspunkt südlich vom Westpunkt liegen.

Dies tritt am deutlichsten hervor bei der Sonne. Sie bewegt sich, wie schon gezeigt wurde, in einem größten Kreise, der Ekliptik, der den Äquator unter einem Winkel von $\varepsilon = 23\frac{1}{2}^0$ schneidet. Indem sich die Sonne in dieser Bahn bewegt, kommt sie in verschiedene Deklinationen, kann aber die Grenzen $\pm 23^0 5$ nicht überschreiten. Ist also die Deklination der Sonne positiv, so muß sie dieselben Erscheinungen der täglichen Bewegung zeigen, wie jeder andere Stern mit positiver Deklination: Sie hat somit einen Tagebogen größer als 12^h und Auf- und Untergang sind von Ost- und Westpunkt gegen Norden verschoben. Das ist bei uns der Fall vom 21. III. bis 23. IX. Wir haben Frühjahr und Sommer. Ist die Deklination negativ, so sind die Tagbogen kleiner als 12^h und Auf- und Untergangspunkt nach Süden verschoben. Dies ist der Fall vom 23. IX. bis 21. III. Wir haben Herbst und Winter. Am 21. III. und 23. IX. steht die Sonne im Äquator; ihr Tagbogen ist genau 12^h und sie geht im Ostpunkt auf und im Westpunkt unter. Dies gilt nach S. 37 unabhängig von der geographischen Breite, somit für die ganze Erde. Das sind die Tag- und Nachtgleichen oder Äquinoktien. Am 21. VI. erreicht die Sonne die Deklination von $+ 23^0 5$ und damit ihren höchsten Stand und der Tag seine größte Länge (Sommer-Solstitium); am 21. XII. wird $\delta = - 23^0 5$. Die Sonne hat ihre geringste Mittagshöhe und der Tag seine geringste Länge (Winter-Solstitium). Wenn

$\delta < \varphi$ ist, so ist die Zenitdistanz der Sonne im Meridian gleich $\varphi - \delta$. So lange also $\varphi > 23^0 5$, kann die Zenitdistanz der Sonne nicht gleich Null werden. Ist $\varphi = 23^0 5$, so kommt die Sonne an dem Tage, an welchem $\delta = 23^0 5$ (21. VI.) ins Zenit. Ist $\varphi < 23^0 5$, so kommt die Sonne zweimal im Jahre ins Zenit, da sie zweimal im Jahre eine Deklination $< 23^0 5$ erreicht. Am Äquator fallen diese Tage mit dem 21. III. und 23. IX. zusammen. Die Orte der Erde, die also die Sonne im Zenit sehen können, liegen zwischen $\varphi = \pm 23^0 5$. Dieser Gürtel heißt die Tropen, ihre nördliche Begrenzung ist der Wendekreis des Krebses, die südliche der Wendekreis des Steinbockes, nach den Tierkreiszeichen, in welchen die Sonne zu dieser Zeit steht (s. S. 47).

Die Sonne kann zirkumpolar werden (Mitternachtssonne), wenn $\delta > 90^0 - \varphi$ wird; da nun δ nicht größer als $23^0 5$ werden kann, so ist der kleinste Wert von φ, bei dem dies möglich ist, $\varphi = 90^0 - 23^0 5 = 66^0 5$ (nördlicher Polarkreis). Diese Situation wird am 21. VI. gerade erreicht. Bei größerer Breite bleibt die Sonne solange zirkumpolar, bis die Deklination wieder auf $90^0 - \varphi$ gesunken ist. Am Pole, wo $\varphi = 90^0$, ist die Sonne solange zirkumpolar, als $\delta > 0$ ist, also vom 21. III. bis 23. IX. Dagegen ist für $\delta < -(90^0 - \varphi)$ die Sonne solange unsichtbar (Polarnacht), bis δ wieder auf $-(90^0 - \varphi)$ gewachsen ist. Für den Pol ist also die Sonne vom 23. IX. bis 21. III. unsichtbar. Auf der Südhalbkugel sind Winter und Sommer vertauscht.

Am Pole gibt es kein Osten und kein Westen, nach allen Seiten ist Süden. Man kann also auch nicht sagen, die Sonne geht im Osten auf. Die Sonne geht in dem Moment auf, in welchem $\delta = 0$ wird und sie kann dabei in einem beliebigen Punkt des Horizontes stehen.

Die Deklination der Sonne ändert sich stetig. Der scheinbare Weg, den die Sonne täglich macht, ist also kein Kreis, sondern eine Schraubenlinie, die sich aus den unendlich kleinen Bogenelementen der aufeinanderfolgenden Tagbogen zusammensetzt.

Wir sehen, wie sich aus dem Wechsel in der Deklination der Sonne die Jahreszeiten erklären. Wir haben diesen Vorgang rein geozentrisch verfolgt, wie er sich uns von der Erde gesehen darbietet. Wir gehen nun zum heliozentrischen Standpunkt über, um die richtige räumliche Vorstellung zu gewinnen. Es sei in Abb. 17 in S die Sonne und E_1, E_2, E_3 und E_4 die Stellung der

Erde zu den vier Zeiten: 21. III., 21. VI., 23. IX., 21. XII; $E_1 P_1$, $E_2 P_2$, $E_3 P_3$ und $E_4 P_4$ die Drehungsachse der Erde, die bei der Bewegung ihre Richtung im Raume stets beibehält. Betrachten wir zunächst die Situation vom 21. VI. (E_2). Wir sehen, daß die Sonne um den Winkel $A_2 E_2 S$ oberhalb des Äquators steht. Sie hat somit positive Deklination, es ist Sommer. Man erkennt auch, daß der Pol P_2 von der Sonne beschienen ist und auch bei der Umdrehung der Erde samt den nächstgelegenen Gegenden aus dem beschienenen Teile nicht herauskommt. Hier herrscht der Polartag. Die nächst südlichen Parallelkreise sind

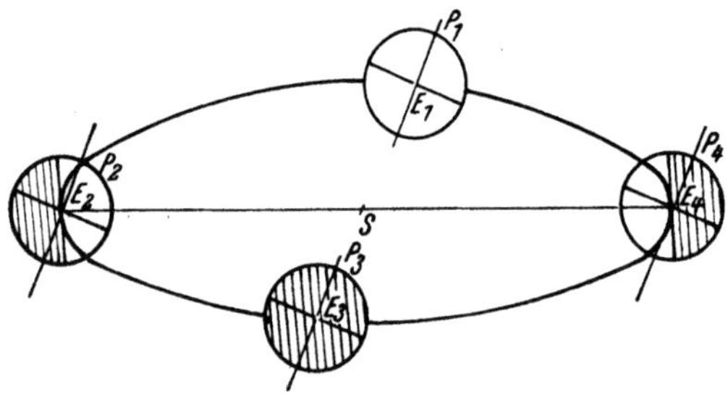

Abb. 17

zum größeren Teile im beleuchteten Gebiete, die Tage sind länger als 12^h. In der Situation E_4 steht die Sonne um den gleichen Winkel südlich des Äquators, sie hat also negative Deklination, es ist Winter. Der Pol P_4 liegt mit seiner Umgebung im unbeleuchteten Teile. Hier herrscht die Polarnacht. Die Parallelkreise der Nordhalbkugel sind nur zum kleineren Teile im beleuchteten Gebiete, die Tage sind also kürzer als 12^h. In E_1 (21. III.) und E_3 (23. IX.) geht die Lichtgrenze durch den Pol und halbiert alle Parallelkreise. Auf der ganzen Erde ist Tag- und Nachtgleiche.

Mit der Änderung der Sonnendeklination ist auch eine Änderung der Rektaszension verbunden. Sie ist nicht so leicht zu konstatieren, wie die der Deklination, weil uns, wie schon oben bemerkt, die Helligkeit der Sonne den Vergleich mit dem Sternhimmel verwehrt. Wenn uns die Sonne aber immer andere Gestirne überblendet, so müssen dafür wieder andere aus dem Glanz heraustreten. Wir erkennen also die Verschiebung der Sonne aus der Veränderung des Nachthimmels. Wenn die Erde z. B. in der Situation zwei (Abb. 17) ist, so kann man offenbar die Sterne die rechts draußen am Himmel stehen, nicht sehen, dagegen die auf der linken Seite, und dies ist für die ganze Erde gleich, d. h. auf dem gleichen Breitekreise hat man in Amerika den gleichen Anblick des Himmels wie in Europa, nur um einige Stunden später. Nach einem halben Jahre steht die Erde in E_4. Jetzt sind die Sterne, die in E_2 am Nachthimmel sichtbar waren, im Glanz der Sonne verschwunden, dafür sieht man jetzt die Sterne, die rechts stehen. Es hat sich also im Laufe des halben Jahres der Anblick des Himmels ganz verändert. Diese Verschiebung geht langsam von Tag zu Tag vor sich und es werden alle Zwischenstadien vorkommen. Die Sonne ändert also ihre Rektaszension von Tag zu Tag und wird sich daher nicht genau so bewegen, wie ein Stern mit konstanter Rektaszension. Es wird bis zur Rückkehr der Sonne in den Meridian ein Zeitraum vergehen, der nicht gleich dem Sterntag ist. Um dies näher zu untersuchen, wollen wir vorläufig die Deklinationsänderung außer acht lassen. Es sei in Abb. 18 S die Sonne, der große Kreis stelle die Erdbahn vor. Wir nehmen nun an, die Erde stünde in E und für einen Erdort M sei die Sonne im Meridian. In der Richtung nach der Sonne stünde weit am Himmel draußen ein Stern, der somit mit der Sonne gleichzeitig kulminiert. Nach einem Sterntag sei die Erde nach E' gekommen, der Punkt M nach M' und steht jetzt wieder in der Richtung nach dem Stern, der nun wieder kulminiert. Die Sonne wird aber noch nicht kulminieren, sondern noch um den Winkel $S\,E'\,M'$ links vom Meridian stehen und wird erst kulminieren, wenn sich die Erde soweit gedreht hat, daß M' nach M'' gekommen ist. Der Sonnentag ist also länger als der Sterntag, um einen Betrag, den wir vorläufig näherungsweise berechnen wollen. Das Jahr hat 365 Tage, in welcher Zeit die Erde die ganzen 360^0 des Kreises zurücklegt; die Erde macht also in einem Tage $360^0/365$ oder etwa 1^0. In unserer Figur ist dies der Winkel $E\,S\,E'$, da aber $E\,S\,E' = S\,E'\,M'$ ist, so muß sich die Erde noch um 1^0 drehen, um die Sonne zur Kulmination zu bringen. Die Erde

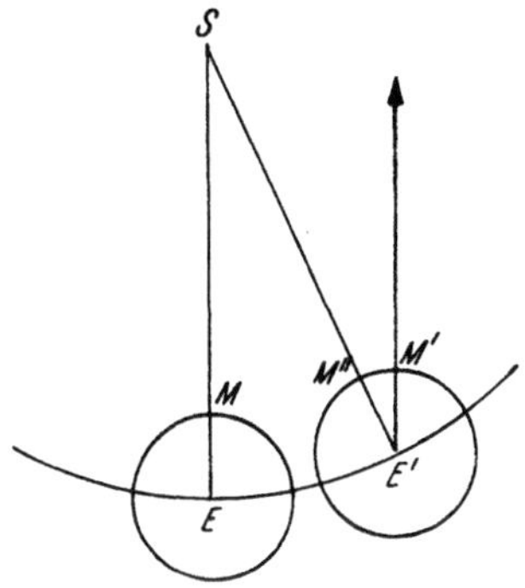

Abb. 18

dreht sich nun in 24^h um 360^0, sie legt also 1^0 in $24^h/360$, das ist 4^m zurück. Der Sonnentag ist also 4^m länger als der Sterntag.

Wir denken uns nun zwei Uhren: von denen gehe die eine nach der Sonnenzeit, die andere nach Sternzeit und wir nehmen an, daß die beiden Uhren an irgendeinem Tage gleichzeitig 0^h zeigen, so daß also in diesem Augenblick die Sonne kulminiert; nach einem Sterntage wird die Sternzeituhr wieder 0^h zeigen, die Sonne wird aber noch nicht kulminieren, sondern es müssen dazu noch 4^m vergehen. Im Augenblicke des Mittags wird also die Sternzeituhr schon 4^m über 0^h zeigen. Sie geht also gegen die Sonnenzeituhr um 4^m voraus; nach zwei Tagen werden es 8^m sein, nach drei Tagen 12^m u. s. w.; nach einem Monat schon 2^h u. s. w.; nach einem halben Jahr sind die beiden Uhren um 12^h auseinander. Wenn wir annehmen, daß die Uhren bis vierundzwanzig geteilte Zifferblätter haben, so stehen nun die Stundenzeiger entgegengesetzt gerichtet. Nach Verlauf eines ganzen Jahres, das ist nach 365,2422 Tagen[1] steht die Sonne wieder bei denselben Sternen und es müssen die Uhren wieder das gleiche zeigen, also bei denselben Stunden und Minuten stehen. Es ist aber klar, daß die Sternzeituhr eine Umdrehung mehr gemacht hat. Wir haben also die Relation:

$$365{,}2422 \text{ Sonnentage} = 366{,}2422 \text{ Sterntage.}$$

Genau so wie die beiden Uhren verhalten sich die Sonne und der Sternenhimmel. Alle Sterne kommen täglich um 4^m früher in den Meridian, gehen aber auch täglich um 4^m früher auf und 4^m früher unter im Verhältnis zur Sonne. Ein Stern, der heute mit der Sonne gleichzeitig kulminiert, kulminiert morgen 4^m vor der Sonne. Wenn er nach einigen Tagen der Sonne weit genug vorausgekommen ist, wird er am Morgenhimmel vor der Sonne sichtbar werden. Die Entfernung von der Sonne vergrößert sich und wird nach drei Monaten 6^h betragen. Der Stern steht nun bei Sonnenaufgang schon im Meridian. Nach einem halben Jahr steht er der Sonne gegenüber, wie oben die Stundenzeiger der beiden Uhren. Er geht unter, wenn die Sonne aufgeht und geht auf, wenn die Sonne untergeht. So wird sich vom Winter zum Sommer der Anblick des Himmels vollständig ändern. Bei uns sehen wir z. B.

---

[1] 365,2422 Sonnentage ist die Dauer des „tropischen" Jahres, siehe S. 110 f.

im Sommer die Sternbilder Leier, Schwan, Adler, die im Winter verschwunden sind, dagegen sehen wir dann den Orion und den Sirius.

Im weiteren Verlauf wird der Stern bei Sonnenuntergang bereits hoch am Himmel, dann schon im Meridian stehen, endlich immer näher an die untergehende Sonne herankommen, um dann von links her in den Strahlen der Sonne zu verschwinden.

Man hat schon in den ältesten Zeiten den Gürtel von Sternen längs der Ekliptik in Sternbilder eingeteilt, und zwar sind es zwölf, wobei diese Zahl zweifellos mit dem Mond zusammenhängt. Sie bilden den sogenannten Tierkreis oder Zodiakus. Sie führen die folgenden Namen, wobei jedem das seit alters übliche Zeichen beigesetzt ist:

Widder (♈), Stier (♉), Zwillinge (♊), Krebs (♋), Löwe (♌), Jungfrau (♍), Waage (♎), Skorpion (♏), Schütze (♐), Steinbock (♑), Wassermann (♒), Fische (♓).

Der Frühlingspunkt, der in alten Zeiten im Sternbilde des Widders stand und daher auch das zugehörige Zeichen trägt, liegt heute längst nicht mehr in diesem Sternbilde, sondern in den Fischen, worüber wir später zu sprechen haben (XII). Es stimmt also jetzt nicht mehr mit den Sternbildern. Man spricht aber doch noch von den Zeichen des Tierkreises, indem man vom Frühlingspunkt angefangen jedes Zeichen mit 30^0 rechnet.

VI. Wahre Zeit und mittlere Zeit.

Wir haben nun der Sternzeit eine Sonnenzeit zur Seite gestellt. Ist die Sternzeit der Stundenwinkel des Frühlingspunktes, so ist die Sonnenzeit der Stundenwinkel der Sonne. Während sich aber der Stundenwinkel des Frühlingspunktes genau proportional der Zeit ändert, ist das beim Stundenwinkel der Sonne nicht der Fall, und zwar aus zwei Gründen: 1. weil die Bewegung der Erde um die Sonne nicht mit gleichmäßiger Geschwindigkeit vor sich geht, 2. weil die Bewegung nicht im Äquator, in welchem die Stundenwinkel gezählt werden, stattfindet, sondern in der Ekliptik. Wollen wir nun die Sonne als Zeitbestimmungsgestirn verwenden, und wir können sie als solches gar nicht entbehren, so müssen wir zunächst feststellen, wie sich ihr Stundenwinkel mit der Zeit ändert.

Die Erde bewegt sich um die Sonne nach den *Kepler*schen Gesetzen und die scheinbare Bewegung der Sonne um die Erde, die nur das Spiegelbild der ersteren ist, folgt daher denselben Gesetzen: Diese lauten:

1. Die Planeten bewegen sich in Ellipsen, in deren einem Brennpunkt die Sonne steht.

2. Der vom Radiusvektor in gleichen Zeiten überstrichene Flächenraum ist konstant.

3. Die Quadrate der Umlaufszeiten der Planeten verhalten sich wie die dritten Potenzen der mittleren Entfernungen.

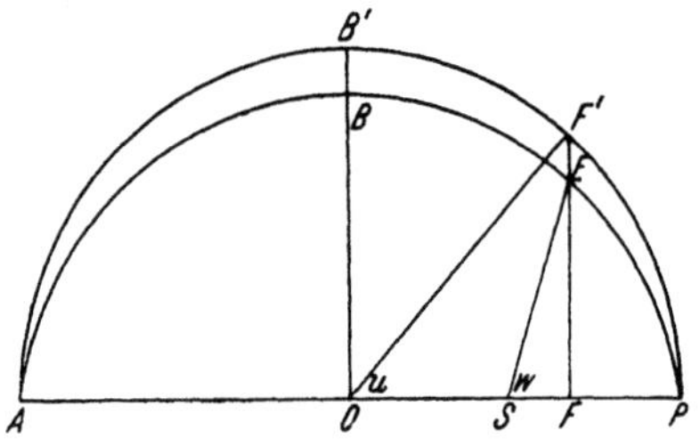

Abb. 19

Die Gl. einer Ellipse in Polarkoordinaten bezogen auf den Brennpunkt und die große Achse lautet:

$$r = \frac{a(1 - e^2)}{1 + e \cos w}. \tag{1}$$

In dieser ist r der Radiusvektor, a die große Achse, e die Exzentrizität und w der Winkel, den r mit der großen Achse einschließt. Ist in Abb. 19 S die Sonne, so bezeichnen wir den Punkt P als Perihel oder Sonnennähe, A als Aphel oder Sonnenferne, w ist dann der Winkel PSE und heißt die wahre Anomalie. Die meisten hier auftretenden Beziehungen erhalten ein wesentlich einfacheres Aussehen, wenn man statt w eine andere Variable einführt. Wir verlängern die Ordinate FE, bis sie den über der großen Achse errichteten Kreis in F' trifft. Die Verbindungslinie OF' bildet mit der großen Achse einen Winkel u, der als exzentrische Anomalie bezeichnet wird. Die rechtwinkligen Koordinaten von E auf S bezogen, sind:

$$\begin{aligned} SF &= x = r \cos w, \\ FE &= y = r \sin w. \end{aligned} \tag{2}$$

Andererseits ist $x = SF = OF - OS = a(\cos u - e)$ und nach einem bekannten Satz über die Ellipse

$$y = EF = F'F \frac{b}{a} = a \sin u \frac{a\sqrt{1-e^2}}{a} = a\sqrt{1-e^2} \sin u. \tag{3}$$

Es ist also

$$r \cos w = \frac{a(1-e^2)}{1+e\cos w}\cos w = a(\cos u - e).$$

Daraus ergibt sich

$$\cos w = \frac{\cos u - e}{1 - e\cos u}. \tag{4}$$

Aus

$$r \sin w = \frac{a(1-e^2)}{1+e\cos w}\sin w = a\sqrt{1-e^2}\sin u$$

findet man mit Hilfe von Gl. (4)

$$\sin w = \frac{\sqrt{1-e^2}\sin u}{1-e^2}(1+e\cos w) = \frac{\sin u}{\sqrt{1-e^2}}\left(1 + e\frac{\cos u - e}{1-e\cos u}\right) =$$
$$= \frac{\sin u\sqrt{1-e^2}}{1-e\cos u}. \tag{5}$$

Zur Umrechnung von w in u kann man auch eine symmetrische Gl. ableiten. Es ist nach Gl. (4)

$$1 - \cos w = \frac{1 - e\cos u - \cos u + e}{1 - e\cos u},$$

$$1 + \cos w = \frac{1 - e\cos u + \cos u - e}{1 - e\cos u}.$$

Daher

$$\frac{1-\cos w}{1+\cos w} = \operatorname{tg}^2\frac{w}{2} = \frac{(1+e)(1-\cos u)}{(1-e)(1+\cos u)} = \frac{1+e}{1-e}\operatorname{tg}^2\frac{u}{2}$$

oder

$$\operatorname{tg}\frac{w}{2} = \sqrt{\frac{1+e}{1-e}}\operatorname{tg}\frac{u}{2}. \tag{6}$$

Unter Verwendung dieses Hilfswinkels wird nun

$$r = \frac{a(1-e^2)}{1+e\cos w} = \frac{a(1-e^2)}{1+e\dfrac{\cos u - e}{1-e\cos u}} = a(1-e\cos u). \tag{7}$$

Wir betrachten nun das zweite Gesetz, das nichts anderes ist als der Ausdruck für den allgemeinen Flächensatz der Mechanik und der darin begründet ist, daß durch eine Kraft, die nur in der Verbindungslinie der beiden Massen wirkt, der Drehungszustand des Systems nicht geändert werden kann. Es äußert sich darin, daß bei kleinem r, also im Perihel die Winkelgeschwindigkeit größer sein muß, als im Aphel, wo r die großen Werte annimmt.[1] Es sei (Abb. 20) S wieder die Sonne, EF ein Element der Erdbahn, so ist SEF das vom Radiusvektor in einer kleinen Zeit überstrichene Flächenstück. Bezeichnen wir den Winkel ESF mit dw, so wird $EG = r\,dw$ und der Flächeninhalt ist

$$df = SEG + GEF = \frac{r^2}{2}\,dw + \frac{1}{2}\,r\,dw\,dr.$$

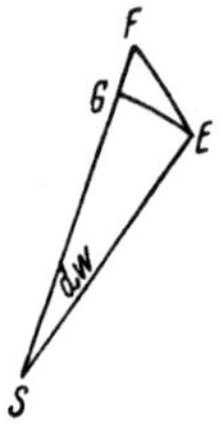

Abb. 20

Das zweite Glied ist zweiter Ordnung und fällt beim Grenzübergang weg und es bleibt

$$df = \frac{r^2}{2}\,dw.$$

Die ganze seit dem Periheldurchgang, der zur Zeit t_0 stattgefunden haben soll, überstrichene Fläche ist also

$$f = \int_0^w \frac{r^2}{2}\,dw,$$

wenn w die in der Zeit $t - t_0$ erreichte wahre Anomalie ist.

Der Flächeninhalt der Ellipse ist $a\,b\,\pi = a^2\,\pi\,\sqrt{1 - e^2}$; wird dieser vom Radiusvektor mit konstanter Flächengeschwindigkeit während der Umlaufszeit T überstrichen, so kommt auf die Zeit $t - t_0$:

$$\frac{a^2\,\pi\,\sqrt{1 - e^2}}{T}\,(t - t_0)$$

und es ist somit

$$\frac{a^2\,\pi\,\sqrt{1 - e^2}}{T}\,(t - t_0) = \frac{1}{2}\int_0^w r^2\,dw. \tag{8}$$

Die Größe $\dfrac{a^2\,\pi\,\sqrt{1 - e^2}}{T}$ heißt die Flächengeschwindigkeit. Wir drücken das Integral auf der rechten Seite durch u aus. Aus

$$\cos w = \frac{\cos u - e}{1 - e\cos u}$$

folgt durch Differentiation

$$-\sin w\,dw = \frac{-\sin u\,(1 - e\cos u) - e\sin u\,(\cos u - e)}{(1 - e\cos u)^2}\,du =$$

$$= -\frac{\sin u\,(1 - e^2)}{(1 - e\cos u)^2}\,du.$$

[1] Daher rührt der Unterschied in der Länge der Jahreszeiten.

Oder unter Benützung von Gl. (5)

$$dw = \frac{\sin u\,(1-e^2)}{(1-e\cos u)^2}\,\frac{1-e\cos u}{\sin u\sqrt{1-e^2}}\,du = \frac{\sqrt{1-e^2}}{1-e\cos u}\,du =$$

$$= \frac{a\sqrt{1-e^2}}{r}\,du. \tag{9}$$

Daher wird aus Gl. (8)

$$\frac{a^2\pi\sqrt{1-e^2}}{T}\,(t-t_0) = \frac{1}{2}\int_0^u a\,r\sqrt{1-e^2}\,du =$$

$$= \frac{1}{2}\int_0^u a^2\,(1-e\cos u)\sqrt{1-e^2}\,du,$$

also

$$\frac{2\pi\,(t-t_0)}{T} = \int_0^u (1-e\cos u)\,du = u - e\sin u. \tag{10}$$

Die Größe $2\pi/T = n$ heißt die mittlere Bewegung, d. i. jene Winkelgeschwindigkeit, die der Planet hätte, wenn er sich mit konstanter Geschwindigkeit in einer Kreisbahn bewegte. Die Form von n ergibt sich aus dem dritten *Kepler*schen Gesetz. Dieses lautet in der Form, wie es sich nach dem *Newton*schen Gravitationsgesetz darstellt:

$$T_1^2 : T_2^2 = \frac{a_1^3}{\mathcal{M}+m_1} : \frac{a_2^3}{\mathcal{M}+m_2},$$

wo T_1 und T_2 die Umlaufzeiten zweier Planeten, a_1 und a_2 die großen Achsen ihrer Bahnen und m_1 und m_2 ihre Massen sind. $\mathcal{M}$ ist die Masse der Sonne, die in der Astronomie als Masseneinheit genommen wird, die m_1 und m_2 bei weitem überwiegt. Es ist daher mit großer Annäherung $\mathcal{M}+m_1 = \mathcal{M}+m_2$ und der Massenfaktor fällt heraus. Zu *Kepler*s Zeit konnte der Einfluß desselben noch gar nicht festgestellt werden. Es ist nun $\frac{T_1^2\,(\mathcal{M}+m_1)}{a_1^3} = \frac{T_2^2\,(\mathcal{M}+m_2)}{a_2^3}$ für alle Planeten gleich einer Konstanten c. Es ist also

$$n = \frac{2\pi}{T} = 2\pi\sqrt{\frac{\mathcal{M}+m}{c\,a^3}}.$$

Die Konstante ergibt sich aus dem Gravitationsgesetz zu $\frac{2\pi}{\sqrt{c}} = k$, wo k die *Gauß*sche Gravitationskonstante ist, bezogen auf die

Sonnenmasse, die astronomische Längeneinheit (nahezu gleich der halben großen Achse der Erdbahn) und den mittleren Tag als Einheiten, sodaß der Ausdruck für n lautet:

$$n = \sqrt{\frac{k^2\,(1 + m)}{a^3}}. \tag{11}$$

$\frac{2\pi}{T}(t - t_0) = n\,(t - t_0)$ heißt die mittlere Anomalie, die wir nun mit M bezeichnen, sie ist also die Entfernung vom Perihel, die bei gleichförmiger Bewegung in der Zeit $t - t_0$ erreicht wird.

Die Gl.

$$M = u - e \sin u \tag{12}$$

heißt die *Kepler*sche Gleichung. Sie ist transzendent, weil sie den Sinus und den Winkel enthält. Eine direkte Auflösung ist daher mit elementaren Mitteln unmöglich.

Um daher aus dieser Gl. das u als Funktion von M auszudrücken, macht man sich den Umstand zu nutze, daß die Größe e für die Planeten und speziell auch für die Erde sehr klein ist (0,017) und verwendet Reihenentwicklungen. Will man diese bis zu sehr großer Genauigkeit treiben, so steigt die Arbeit ins Ungemessene. Wir wollen hier die Entwicklung nur bis zur zweiten Ordnung treiben, also bei e^2 stehen bleiben. Da wir schließlich die Darstellung von w brauchen, so entwickeln wir gleich w und ersparen dann die Umrechnung von u. Es ist also nach *Taylor*:

$$w = w_0 + \left(\frac{dw}{de}\right)_0 e + \left(\frac{d^2 w}{de^2}\right)_0 \frac{e^2}{2}, \tag{13}$$

wo die Werte von w und seinen Differentialquotienten für $e = 0$ zu nehmen sind. Daher ist

$$w_0 = M. \tag{14}$$

Bei der Bildung der Ableitungen von w nach e müssen wir auch die Abhängigkeit der Größe u von e in Rechnung ziehen.

$$\cos w = \frac{\cos u - e}{1 - e \cos u}$$

$$-\sin w \frac{dw}{de} = \frac{-\sin u\,(1 - e\cos u) - e \sin u\,(\cos u - e)}{(1 - e\cos u)^2}\frac{du}{de} +$$

$$+ \frac{-(1 - e\cos u) + \cos u\,(\cos u - e)}{(1 - e\cos u)^2}$$

du/de finden wir aus der Differentiation der *Kepler*schen Gleichung, deren linke Seite von e unabhängig ist:

$$0 = (1 - e\cos u)\frac{du}{de} - \sin u \quad \text{oder} \quad \frac{du}{de} = \frac{\sin u}{1 - e\cos u}.$$

Daher unter Verwendung von Gl. (5)

$$-\frac{\sin u\sqrt{1-e^2}}{1 - e\cos u}\frac{dw}{de} = -\frac{\sin u\,(1-e^2)}{(1 - e\cos u)^2}\frac{\sin u}{1 - e\cos u} - \frac{\sin^2 u}{(1 - e\cos u)^2}$$

$$\frac{dw}{de} = \frac{(1-e^2)\sin u + \sin u\,(1 - e\cos u)}{\sqrt{1-e^2}\,(1 - e\cos u)^2} = \frac{\sin u\,(2 - e\cos u - e^2)}{\sqrt{1-e^2}\,(1 - e\cos u)^2}. \tag{15}$$

Setzen wir nun $e = 0$, so wird

$$\left(\frac{dw}{de}\right)_0 = (2\sin u)_{e=0} = 2\sin M. \tag{16}$$

Um nun d^2w/de^2 zu bilden, haben wir Gl. (15) nochmals nach e zu differenzieren. Der Ausdruck besteht aus vier Faktoren, die wir einzeln differenzieren und mit den übrigen Faktoren zu multiplizieren haben. Da uns aber der vollständige Ausdruck nicht mehr interessiert, weil wir die höheren Glieder nicht mehr entwickeln, so können wir gleich nach der Differentiation $e = 0$ setzen. Wir finden

$$\left[\frac{d\,(\sin u)}{de}\right]_0 = \left(\cos u\,\frac{du}{de}\right)_0 = \left(\frac{\cos u\sin u}{1 - e\cos u}\right)_0 = \sin M\cos M,$$

$$\text{zu multiplizieren mit}\left[\frac{2 - e\cos u - e^2}{\sqrt{1-e^2}\,(1 - e\cos u)^2}\right]_0 = 2,$$

$$\left[\frac{d\,(2 - e\cos u - e^2)}{de}\right] = \left[e\sin u\,\frac{du}{de} - (\cos u + 2e)\right]_0 = -\cos M,$$

$$\text{zu multiplizieren mit}\left[\frac{\sin u}{\sqrt{1-e^2}\,(1 - e\cos u)^2}\right]_0 = \sin M,$$

$$\left[\frac{d}{de}\left(\frac{1}{\sqrt{1-e^2}}\right)\right]_0 = \left[\frac{1}{2}(1-e^2)^{-3/2}\,2e\right]_0 = 0,$$

$$\left[\frac{d}{de}\frac{1}{(1 - e\cos u)^2}\right]_0 = -\left[2\,(1 - e\cos u)^{-3}\left(e\sin u\,\frac{du}{de} - \cos u\right)\right]_0 =$$

$$2\cos M, \text{ zu multiplizieren mit}\left[\frac{\sin u\,(2 - e\cos u - e^2)}{\sqrt{1-e^2}}\right]_0 = 2\sin M.$$

Es wird also

$$\left(\frac{d^2w}{de^2}\right)_0 = 2\sin M\cos M - \sin M\cos M + 4\sin M\cos M =$$

$$= 5\sin M\cos M = \frac{5}{2}\sin 2M. \tag{17}$$

Es ist also

$$w = M + 2e\sin M + \frac{5}{4}e^2\sin 2M.$$

Mit Einschluß höherer Glieder erhält man:

$$\begin{aligned} w = M &+ e\,2\sin M + e^2\frac{5}{4}\sin 2M + \\ &+ e^3\left(\frac{13}{12}\sin 3M - \frac{1}{4}\sin M\right) + \\ &+ e^4\left(\frac{103}{96}\sin 4M - \frac{11}{24}\sin 2M\right) + \\ &+ e^5\left(\frac{1097}{960}\sin 5M - \frac{43}{64}\sin 3M + \frac{5}{96}\sin M\right) + \\ &+ e^6\left(\frac{1223}{960}\sin 6M - \frac{451}{480}\sin 4M + \frac{17}{192}\sin 2M\right). \end{aligned} \quad (18)$$

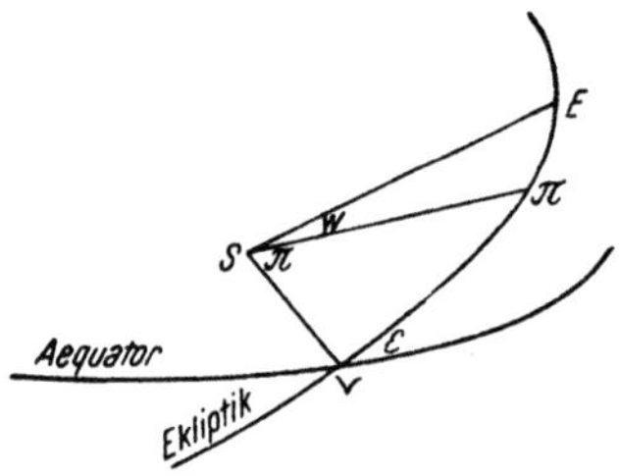

Abb. 21

Von der wahren Anomalie gelangen wir zur wahren Länge durch Hinzufügen der Länge des Perihels π (Abb. 21):

$$\lambda = w + \pi. \quad (19)$$

Bezeichnen wir

$$L = M + \pi \text{ als mittlere Länge,} \quad (20)$$

so wird

$$\lambda = L + 2e\sin(L - \pi) + \frac{5e^2}{4}\sin 2(L - \pi).$$

Wenn man die Funktionen $\sin[k(L - \pi)]$ auflöst, erhält man eine Entwicklung nach der mittleren Länge.

$$\begin{aligned} \lambda = L &+ a_1\sin L + a_2\sin 2L + \ldots \\ &+ a_1'\cos L + a_2'\cos 2L + \ldots \end{aligned} \quad (21)$$

Die Koeffizienten a enthalten e und π.

Um nun von der Länge der Sonne zur Rektaszension zu gelangen, brauchen wir die Transformationsgleichungen III (4), in denen wir, da die Sonne immer in der Ekliptik bleibt $\beta = 0$ setzen können. Durch Division der ersten Gl. durch die zweite erhalten wir:

$$\operatorname{tg}\alpha = \cos\varepsilon\operatorname{tg}\lambda. \quad (22)$$

Es erscheint praktisch, direkt einen Ausdruck für $\alpha - \lambda$ zu suchen. Es ist, wenn wir zur Abkürzung $\cos \varepsilon = n$ setzen,

$$\operatorname{tg}(\alpha - \lambda) = \frac{\operatorname{tg}\alpha - \operatorname{tg}\lambda}{1 + \operatorname{tg}\alpha \operatorname{tg}\lambda} = \frac{n \operatorname{tg}\lambda - \operatorname{tg}\lambda}{1 + n \operatorname{tg}^2\lambda} = \frac{(n-1)\operatorname{tg}\lambda}{1 + n\operatorname{tg}^2\lambda} =$$

$$= \frac{(n-1)\sin\lambda\cos\lambda}{\cos^2\lambda + n\sin^2\lambda} = \frac{(n-1)\sin 2\lambda}{(n+1) - (n-1)\cos 2\lambda} =$$

$$= \frac{\frac{n-1}{n+1}\sin 2\lambda}{1 - \frac{n-1}{n+1}\cos 2\lambda}.$$

Setzen wir also $\frac{n-1}{n+1} = a$ und $2\lambda = x$, so ist:

$$\operatorname{tg}(\alpha - \lambda) = \frac{a \sin x}{1 - a\cos x}, \tag{23}$$

a hat die Bedeutung

$a = \frac{\cos\varepsilon - 1}{\cos\varepsilon + 1} = -\operatorname{tg}^2\frac{\varepsilon}{2}$ mit $\varepsilon = 23{,}5^0$ findet man $\operatorname{tg}^2\frac{\varepsilon}{2} = 0{,}04$,

a ist also eine hinlänglich kleine Größe, nach der wir entwickeln können. Wir finden

$\operatorname{tg}(\alpha - \lambda) = a\sin x(1 - a\cos x)^{-1} = a\sin x(1 + a\cos x + a^2\cos^2 x + \ldots)$

Nun ist

$$\sin x \cos x = \frac{1}{2}\sin 2x,$$

$$\sin x\cos^2 x = \frac{1}{2}\sin 2x\cos x = \frac{1}{4}(\sin 3x + \sin x)$$

daher weiter

$$\operatorname{tg}(\alpha - \lambda) = a\sin x + \frac{a^2}{2}\sin 2x + \frac{a^3}{4}(\sin 3x + \sin x) + \ldots.$$

Um nun von der Tangente auf den Winkel selbst überzugehen, verwenden wir die Reihe:

$$\alpha - \lambda = \operatorname{tg}(\alpha - \lambda) - \frac{1}{3}\operatorname{tg}^3(\alpha - \lambda) + \ldots =$$

$$= a\sin x + \frac{a^2}{2}\sin 2x + \frac{a^3}{4}(\sin 3x + \sin x) -$$

$$- \frac{a^3}{3}\sin^3 x.$$

Nun ist

$$\sin^3 x = \sin x \frac{1}{2}(1 - \cos 2x) = \frac{1}{2}\sin x - \frac{1}{4}(\sin 3x - \sin x) =$$

$$= \frac{3}{4}\sin x - \frac{1}{4}\sin 3x.$$

Es wird also der Koeffizient von a^3:

$$\frac{1}{4}\sin 3x + \frac{1}{4}\sin x + \frac{1}{12}\sin 3x - \frac{1}{4}\sin x = \frac{1}{3}\sin 3x.$$

Daher

$$\alpha - \lambda = a \sin x + \frac{a^2}{2}\sin 2x + \frac{a^3}{3}\sin 3x + \ldots, \tag{24}$$

wobei das Gesetz der Reihe deutlich erkennbar ist. Wir erhalten also:

$$\alpha = \lambda - \operatorname{tg}^2\frac{\varepsilon}{2}\sin 2\lambda + \frac{1}{2}\operatorname{tg}^4\frac{\varepsilon}{2}\sin 4\lambda - \frac{1}{3}\operatorname{tg}^6\frac{\varepsilon}{2}\sin 6\lambda + \ldots \tag{25}$$

Die periodischen Glieder geben die Reduktion auf den Äquator. In diese Gleichung haben wir den Ausdruck Gl. (21) für λ einzuführen. Dadurch erhält man Glieder von der Form:

$$\sin i(L + a_1 \sin L + a_2 \sin 2L + \ldots$$
$$+ a_1' \cos L + a_2' \cos 2L + \ldots)$$

Setzen wir $i(a_1 \sin L + \ldots)$ abkürzungsweise gleich δ, so ist δ eine kleine Größe und daher

$$\sin(iL + \delta) = \sin iL \cos\delta + \cos iL \sin\delta$$
$$= \sin iL\left(1 - \frac{\delta^2}{2} + \ldots\right) + \cos iL\left(\delta - \frac{\delta^3}{3!} + \ldots\right).$$

Bildet man nun z. B. δ^2, so entstehen Glieder mit $\sin^2 L$, $\sin^2 2L$, aber auch mit $\sin L \sin 2L$, $\sin L \sin 3L \ldots$, $\sin 2L \sin 3L \ldots$, $\sin L \cos L$, $\sin L \cos 2L \ldots$ u. s. f.

Alle diese Produkte kann man nach den bekannten Formeln

$$\begin{aligned} 2\sin\varphi\cos\psi &= \sin(\varphi+\psi) + \sin(\varphi-\psi),\\ 2\cos\varphi\sin\psi &= \sin(\varphi+\psi) - \sin(\varphi-\psi),\\ 2\cos\varphi\cos\psi &= \cos(\varphi+\psi) + \cos(\varphi-\psi),\\ -2\sin\varphi\sin\psi &= \cos(\varphi+\psi) - \cos(\varphi-\psi) \end{aligned} \tag{26}$$

in sin und cos der mehrfachen Winkel verwandeln. Nach Multiplikationen mit $\sin iL$ und $\cos iL$ entstehen neuerdings solche

Produkte, die wieder aufgelöst werden können; so bleibt schließlich eine Entwicklung in der Form:

$$\begin{aligned} a = L + b_1 \sin L + b_2 \sin 2L + \ldots \\ + b_1' \cos L + b_2' \cos 2L + \ldots . \end{aligned} \tag{27}$$

Die hier auftretenden Koeffizienten können alle aus den bekannten Erdelementen: der Exzentrizität, der Perihellänge, der Schiefe der Ekliptik und der mittleren Bewegung berechnet werden. Die Größe a und L sind die Rektaszension der Erde und ihre mittlere Länge von der Sonne aus gesehen. Um zum geozentrischen Standpunkte überzugehen, haben wir für a und L die Werte $180^0 + a$ und $180^0 + L$ zu schreiben, denn die Erde steht von der Sonne betrachtet genau in dem entgegengesetzten Punkte der Himmelskugel, wie die Sonne von der Erde aus gesehen. Haben wir a gefunden, so ergibt sich δ aus der ersten und dritten Gl. III (5) mit $\beta = 0$ zu:

$$\operatorname{tg} \delta = \sin a \operatorname{tg} \varepsilon . \tag{28}$$

Setzen wir die numerischen Werte ein, so erhalten wir nach *Hansen* folgende Reihe:

$$\begin{aligned} a = L &+ 86^s 53 \sin L &+ 434^s 15 \cos L, \\ &- 596^s 64 \sin 2L &+ 1^s 69 \cos 2L, \\ &- 3^s 77 \sin 3L &- 18^s 77 \cos 3L, \\ &+ 13^s 23 \sin 4L &- 0^s 19 \cos 4L, \\ &+ 0^s 16 \sin 5L &+ 0^s 82 \cos 5L, \\ &- 0^s 36 \sin 6L &+ 0^s 02 \cos 6L, \\ &- 0^s 01 \sin 7L &- 0^s 04 \cos 7L, \end{aligned} \tag{29}$$

wobei die Genauigkeit auf etwa $0^s 01$ getrieben ist.

Man erkennt aus dieser Reihe, daß die Bewegung der Sonne in Rektaszension und daher auch in Stundenwinkel keineswegs gleichmäßig, sondern periodischen Schwankungen unterworfen ist. Wir können also die Sonne direkt als Zeitbestimmungsgestirn nicht brauchen. Da wir sie aber andererseits nicht entbehren können, weil sie doch unser ganzes Leben beherrscht, so müssen wir die Sonne zwar als Zeitbestimmungsgestirn beibehalten, aber nach einem Mittel suchen, die Unregelmäßigkeiten zu beseitigen. Das geschieht nun folgendermaßen:

Wir denken uns einen idealen Punkt mit einer Winkelgeschwindigkeit, die gleich der mittleren Bewegung der Sonne ist, mit der wahren Sonne gleichzeitig durch das Perihel wandern.

Da nun nach S. 50 f die Bewegung der wahren Sonne im Perihel, wo r am kleinsten ist, am größten wird, so wird zunächst die wahre Sonne gegen den idealen Punkt vorauslaufen, im Aphel aber wird dieser die Sonne wieder einholen; sie gehen also wieder gemeinsam durchs Aphel. Danach wird sich die Sache umkehren; der ideale Punkt läuft voraus. Mit der Annäherung an das Perihel kommt ihm die Sonne nach und im Perihel treffen sie wieder zusammen. Diese erste mittlere Sonne, deren Entfernung vom Perihel gleich der mittleren Anomalie (M), deren Entfernung vom Frühlingspunkt gleich der mittleren Länge (L) ist, ist nun frei von dem Einfluß der Elliptizität, wie sie durch das zweite *Kepler*sche Gesetz bedingt ist, ist aber noch immer nicht als Zeitbestimmungsgestirn zu brauchen, weil sie nicht im Äquator, sondern in der Ekliptik geht.

Wir lassen nun gleichzeitig mit dem ersten idealen Punkt einen zweiten mit derselben Geschwindigkeit durch den Frühlingspunkt im Äquator gehen, so daß beide immer den gleichen Abstand vom Frühlingspunkte haben. Die Rektaszension dieses zweiten Punktes ist also gleich der mittleren Länge der Sonne. Diesen zweiten Punkt heißen wir die mittlere Sonne und ihren

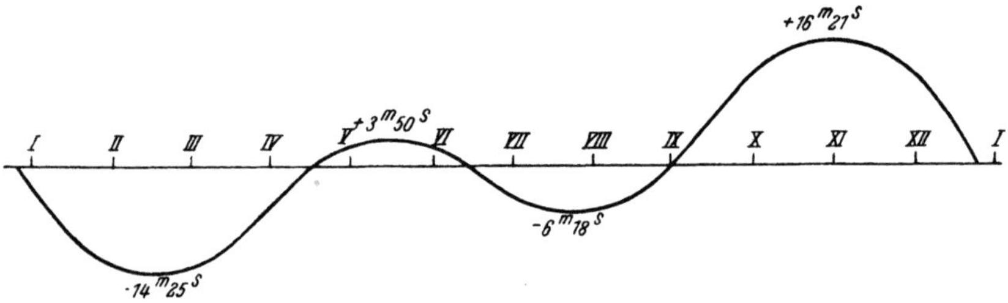

Abb. 22

Stundenwinkel die mittlere Zeit s_m. Nennen wir nun den Stundenwinkel der wahren Sonne die wahre Zeit s_w, so ist nach Gl. II (1)

$$s_m = t - L,$$
$$s_w = t - \alpha,$$

da L identisch ist mit der Rektaszension der mittleren Sonne. Bezeichnen wir nun die Reihe für $L - \alpha$ in Gl. (29) mit z, so wird

$$s_w = s_m + (L - \alpha) = s_m + z \text{ [1]} \tag{30}$$

[1] In den alten Schriften findet man oft $s_m = s_w + z$, seit 1925 nimmt man einheitlich $z = s_w - s_m$.

und die Größe z heißt die Zeitgleichung. Mit ihrer Hilfe kann man also aus der wahren Zeit die mittlere Zeit berechnen, die sich genau der Zeit proportional ändert. Die mittlere Sonne eignet sich daher sehr gut als Zeitbestimmungsgestirn und weicht von der wahren Zeit nur um die Größe z ab.

Der Verlauf der Zeitgleichung in einem Jahr ist aus Abb. 22 zu ersehen. Die zugehörigen Zahlen sind aus folgender Tabelle zu entnehmen:

1. Min.	12. II.	$-14^{m}\ 25^{s}$
	15. IV.	0
1. Max.	14. V.	$+3^{m}\ 50^{s}$
	14. VI.	0
2. Min.	26. VII.	$-6^{m}\ 18^{s}$
	1. IX.	0
2. Max.	4. XI.	$+16^{m}\ 21^{s}$
	25. XII.	0

Die Kurve hat also ein großes und ein kleines Maximum und ein großes und ein kleines Minimum und geht daher viermal durch Null. Die zweifache Periode kommt von der Reduktion auf die Ekliptik. In der Tat ist das erste Glied dieser Reduktion nach Gl. (25) von $2\,L$ abhängig, dem entspricht in Gl. (29) im wesentlichen das Glied mit $-596^{s}64 \sin 2\,L$. Darüber lagert sich eine von der elliptischen Bewegung herrührende einfache Schwingung nach Gl. (21), der in Gl. (29) das große Glied $+434^{s}15 \cos L$ entspricht. Da aber diese beiden Hauptglieder mit verschiedener Phase aufeinanderfallen, indem das eine nach dem Frühlingspunkt, das andere nach dem Perihel orientiert ist, so entsteht die Asymmetrie der Kurve.

Die Zeitgleichung hat eine wesentliche Verschiebung des wahren Mittags gegen den mittleren zur Folge. Ist z. B. im Februar die Zeitgleichung -14^{m}, so geht die mittlere Sonne fast eine Viertelstunde früher durch den Meridian als die wahre Sonne. Da nun unsere Uhren nach mittlerer Zeit gehen, so ist es im wahren Mittag auf unserer Uhr schon $0^{h}\ 14^{m}$. Dementsprechend geht die wahre Sonne auch nach mittlerer Zeit um 14^{m} später unter, aber auch um 14^{m} später auf. Der Nachmittag ist also um 28^{m} länger als der Vormittag. Darum heißt es im Volksmunde: im Februar wachsen die Tage nachmittags. Der mittlere Mittag liegt eben unsymmetrisch zur wahren Tageslänge. Das Umgekehrte tritt im November ein. Nun ist die wahre Sonne voraus, geht also nach unseren Uhren um eine Viertelstunde zu früh unter. Daher im November die kurzen Nachmittage.

Das große Maximum und das große Minimum folgen unmittelbar aufeinander, so daß sich die Zeitgleichung vom November bis Februar um eine halbe Stunde ändert und das kann zu Zeiten mehr ausgeben, als die Änderung der Tageslänge. Wenn man im Kalender den Sonnenauf- und Untergang vom 21. XII. mit den Zahlen vom 31. XII. vergleicht, so findet man:

	Aufgang	Untergang
21. XII.	7 43	16 3
31. XII.	7 46	16 10

Die Sonne geht also bis Ende des Jahres noch immer später auf, während am 21. XII. doch der kürzeste Tag ist. Wenn man aber die Zeitgleichung berücksichtigt, die am 21. XII. $+ 2^{m}$, am 31. XII. $— 3^{m}$ ist, so erhält man in wahrer Zeit

	Aufgang	Untergang
21. XII.	7 45	16 5
31. XII.	7 43	16 7

Es tritt also das Wachstum des Tages deutlich hervor.

Man berechnet die Zeitgleichung heute nicht mehr nach der Formel (29). Sondern man geht so vor, daß man zunächst aus der *Newcomb*schen Sonnentafel die Länge der wahren Sonne berechnet, wobei man auch den stets wechselnden Elementen der Erdbahn infolge der Störungen durch die Planeten und den Mond Rechnung trägt. Aus der Länge rechnet man dann die Rektaszension der Sonne nach Gl. (22) oder mit Hilfe der Reihe Gl. (25), wobei man die momentane Schiefe der Ekliptik einsetzen kann. Man kann auch die Nutation (siehe S. 113 f.) in Rechnung ziehen, was bei dem Fortschritt an der Uhrentechnik bald unerläßlich sein wird. Auch eine Korrektion wegen Aberration (siehe S. 115 ff.) ist zu berücksichtigen.

Wir haben nun drei Zeiten: Sternzeit, mittlere und wahre Zeit. Alle drei Zeiten sind durch den Stundenwinkel des zeitangebenden Gestirnes definiert und daher vom Meridian abhängig. Alle drei Zeiten sind also Ortszeiten und von der geographischen Länge abhängig. Für einen Ort der um k^{h} westlich liegt, sind alle Zeiten um k^{h} kleiner.

Der Stundenwinkel wird in der Astronomie vom südlichen Teil des Meridians gezählt, während die bürgerliche Zeit vom nördlichen Teil, also von Mitternacht gezählt wird. Den sich daraus ergebenden Unterschied zwischen astronomischem und bürgerlichem Tag, wonach von Mitternacht bis Mittag das bürgerliche Datum um einen Tag voraus ist, hat man im Jahre 1925 aufgegeben und zählt also auch astronomisch die mittlere Zeit von Mitternacht, von 0^h—24^h.

Solange der Verkehr noch schwach und auch die Uhren noch nicht so gut waren, begnügte man sich überall mit der Ortzeit. Nach Einführung der Eisenbahnen stellte sich das Bedürfnis nach einer Einheitszeit ein. Jeder Staat orientierte nun seinen Verkehr nach dem Meridian der Hauptstadt oder einem anderen möglichst zentral gelegenen Punkt. Das hatte aber wieder zur Folge, daß an den Grenzen ein Sprung in der Zeit entstand, der sehr verschieden groß ausfiel und daher schwer zu merken war. Das führte zum Übergang auf die Zonenzeit. Man teilt die Erde in Zweiecke von 15^0 Ausdehnung in geographischer Länge. Jede dieser „Zonen“ erhält die Zeit ihres Mittelmeridianes. Man beginnt mit dem Greenwicher Meridian, der die westeuropäische Zeit definiert. Der nächsten „Zone“ mit der Zeit des fünfzehnten Meridianes östlich von Greenwich entspricht die mitteleuropäische Zeit. Daran schließt die Zone mit der osteuropäischen Zeit u. s. w. Dadurch werden die Sprünge an den Grenzen genau 1^h. Natürlich kann man die Grenzen der einzelnen Zonen nicht genau den Meridianen folgen lassen, sondern man muß sich den Landesgrenzen anschließen.

Die bei uns zeitweise eingeführte Sommerzeit ist identisch mit der osteuropäischen Zeit. Für Erscheinungen, die für die ganze Erde gelten, gilt die Greenwicher Zeit als Weltzeit.

Seit 1916 beziehen sich die Angaben aller Jahrbücher auf den Greenwicher Meridian Die Jahrbücher sind nun ganz einheitlich, wodurch auch eine große Arbeitsersparnis erzielt wurde.

Der Zusammenhang zwischen der Zeit und der Länge führt auf die Notwendigkeit der Einführung eines Datumssprunges. Nehmen wir an, es sei in Abb. 23 P der Pol der Erde und PG der Meridian von Greenwich. Es sei nun z. B. in Greenwich 15^h des 1. IV. Dann ist es in $H, J, K \ldots$ 16^h, 17^h, 18^h u. s. w. des 1. IV. in M, das 9^h östlich liegt, ist es 24^h des 1. IV.; daher wäre es in N

3^h früh aber des 2. IV. und wenn wir weitergehen, kommen wir in Greenwich auf 15^h des 2. IV. Diese Umkreisung können wir wiederholen und würden bei jeder Rückkunft nach Greenwich ein neues Datum haben. Man sieht, daß das Datum auf der Erde nicht eindeutig definiert ist, solange wir nicht einen Sprung im Datum einführen. Man hat nun festgesetzt, daß man beim Überschreiten des 180. Meridianes von Greenwich in der Richtung von Westen nach Osten im Datum um einen Tag zurückspringt, in der umgekehrten Richtung um einen Tag vorspringt. Wenn es in Greenwich 12^h Mittag ist, herrscht auf der ganzen Erde das gleiche Datum. Dann beginnt bei 180^0 das neue Datum in einem Zwickel ($N\ P\ M$), der im Laufe des Tages wächst und nach 24^h die ganze Erde einnimmt.

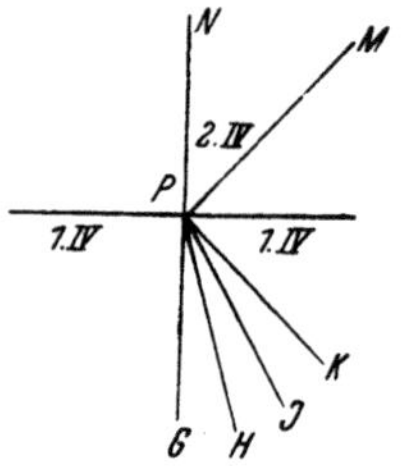

Abb. 23

Der Seemann kann sich mit dem Datumsprung genau an den 180. Meridian halten. Im übrigen aber geht die Datumsgrenze keineswegs gerade und muß sich an das Datum der Inselgruppen halten; doch sind die größten Ausbuchtungen, die noch aus der Entdeckungszeit stammen, schon seit fast 100 Jahren beseitigt.

VII. Verwandlung der Zeiten, Interpolationsrechnung.

Die Verwandlung von mittlerer Zeit in Sternzeit ist sehr einfach, da sich beide ganz regelmäßig ändern, nur mit verschiedener Geschwindigkeit. Ein in Sternzeit ausgedrückter Zeitraum wird nur durch Multiplikation mit einem konstanten Faktor in mittlere Zeit verwandelt und umgekehrt. Diese Proportionalitätsfaktoren ergeben sich aus der Beziehung Gl. V (1)

$$365{,}2422 \text{ mittlere Tage} = 366{,}2422 \text{ Sterntage.} \tag{1}$$

Daraus ergibt sich

$$\text{Ein Sterntag} = \frac{365{,}2422}{366{,}2422} \text{ mittl. Tage} = 0{,}997\,369\,567 \text{ mittl. Tage} = $$
$$= 1 \text{ mittl. Tag} - 3^m\ 55^s909 \quad \text{m. Z.}$$

$$\text{Ein mittl. Tag} = \frac{366{,}2422}{365{,}2422} \text{ Sterntage} = 1{,}002\,737\,909 \text{ Stern.-T.} =$$
$$= 1 \text{ St.-T.} + 3^m\ 56^s555 \text{ St.Z.} \tag{1'}$$

Wir brauchen jetzt noch für irgendeinen Moment die zugehörigen Werte der mittleren Zeit und der Sternzeit, damit wir die Uhren zunächst richtig stellen können. Dies kann nur auf Grund entsprechender Beobachtungen geschehen. Es ist nun nach *Hansen* für den Meridian von Paris für 1850 Jänner 0,0 die mittlere Länge der Sonne gleich

$$T = 18^h\, 39^m\, 9^s26 \text{ [1]}. \tag{2}$$

Jänner 0,0 ist nach alter astronomischer Zählung identisch mit dem mittl. Mittag vom 31. XII.

Da nun nach einem mittleren Tag die Sternzeituhr um $3^m\, 56^s555$ vorausgeht, so ist nach t Tagen die Sternzeit im mittleren Mittag von Paris gegeben durch

$$T = 18^h\, 39^m\, 9^s26 + 3^m\, 56^s555\, t,$$

für einen Ort in der westlichen Länge k von Paris ist die Sternzeit im mittleren Mittag daher

$$T = 18^h\, 39^m\, 9^s26 + 3^m\, 56^s555\, t + \frac{k^h}{24}\, 3^m\, 56^s555. \tag{3}$$

Wenn wir daher auf den Meridian von Greenwich reduzieren, so ist wegen des Längenunterschiedes von $9^m\, 20^s93 = 0^h1558$ eine Korrektion von $+\, 1^s536$ anzubringen. Will man von der astronomischen Zählung auf die bürgerliche übergehen, so ist $\frac{1}{2}\,(3^m\, 56^s555) = 1^m\, 58^s278$ zu subtrahieren.

Um nun die Sternzeit im mittleren Mittag eines beliebigen Tages zu berechnen, braucht man die Zahl der seit 1850 Jän. 0,0 verflossenen mittleren Tage. Bei dieser Berechnung muß man den Umstand berücksichtigen, daß unsere Jahre nicht untereinander gleich sind, sondern Jahre mit 365 Tagen und solche mit 366 Tagen nach der gregorianischen Schaltregel wechseln. Nach dieser Schaltregel, die von Papst Gregor XIII. um 1582 in den katholischen Ländern eingeführt wurde, ist jedes Jahr, dessen Zahl durch vier teilbar ist, ein Schaltjahr, in den Säkularjahren aber, deren Hunderterzahl nicht durch vier teilbar ist, bleibt der Schalttag aus. Diesen Sachverhalt drücken wir in der folgenden Formel für die Jahreszahl N aus:

$$N = 4\,q + r + 100\,(4\,\varrho + \sigma). \tag{4}$$

[1] Das Jahrbuch beruht auf dem moderneren von *Newcomb* gegebenen Datum: 1900 Jän. 0 Greenwich: $T = 18^h\, 38^m\, 45^s836$ (mit Aberration: siehe S. 115 ff.).

Hier kann r die Werte 1, 2, 3, 4, ϱ dagegen die Werte 0, 1, 2, 3 annehmen. Der Grund, warum r nicht gleich Null werden darf, ergibt sich aus folgender Überlegung: Betrachten wir z. B. die Jahreszahl 1852, so ist sie nach der obigen Formel in der Form zu schreiben:

$$1852 = 4 \,.\, 12 + 4 + 100\,(4.4 + 2)$$

oder

$$1852 = 4 \,.\, 13 + 0 + 100\,(4.4 + 2).$$

In der Tat ist aber der Schalttag von 1852 am 1. Jänner noch nicht vorüber, darf also noch nicht mitgezählt werden. Es ist also $q = 12$ und nicht 13, also $r = 4$ und nicht $r = 0$ zu setzen. Die Jahreszahl 1850 ist also zu schreiben:

$$1850 = 4 \,.\, 12 + 2 + 100\,(4.4 + 2) \tag{5}$$

es ist also

$$q = 12, \qquad r = 2, \qquad \varrho = 4, \qquad \sigma = 2.$$

Rechnen wir zunächst die gemeinen Jahre, so sind von 1850 bis N: $(N - 1850)\,.\,365$ Tage vergangen. Dazu kommen die Schalttage der gewöhnlichen (julianischen) Schaltung, die gegeben sind durch

$$\frac{N - r}{4} - \frac{1850 - 2}{4}.$$

Davon sind wegzunehmen die Schalttage der Säkularjahre, von denen 1850 schon achtzehn verflossen waren,

$$4\,\varrho + \sigma = 18,$$

endlich noch hinzuzugeben die Schalttage der Säkularjahre, deren Hunderter durch vier teilbar sind, von den 1850 schon vier verflossen waren,

$$\varrho = 4,$$

somit die Zahl Z der Tage

$$Z = (N - 1850)\,365 + \frac{N - 1850}{4} - \frac{r}{4} + \frac{1}{2} - (4\,\varrho + \sigma - 18) +$$

$$+ (\varrho - 4) = (N - 1850)\,365{,}25 + 14{,}5 - 3\,\varrho - \sigma - \frac{r}{4}. \tag{6}$$

Die immerhin noch ziemlich umständliche Rechnung nach dieser Formel wird vermieden, wenn man eine Tafel der julianischen Tageszahlen verwendet. Diese Tafel stammt von *Justus Joseph Scaliger* (1540—1609); darin sind die Tage vom Beginn der sogenannten Julianischen Periode, d. i. vom Beginn des Jahres -4712 durchnumeriert. Den Namen „julianisch“ führt aber die Tafel zu Ehren des Vaters des Verfassers, der *Julius Caesar Scaliger* geheißen hat. Irgend eine Beziehung zum julianischen Kalender besteht also nicht. Der merkwürdige Anfangspunkt der Zählung hängt mit den alten Kalenderzahlen zusammen. Diese sind:

1. Die goldene Zahl, gegeben durch $Z = \left(\frac{N+1}{19}\right)_r$, wenn N die Jahreszahl bedeutet. Der Index r bedeutet, daß man den bei der Division durch 19 verbleibenden Rest zu nehmen hat. Z hat also eine neunzehnjährige Periode und ist die Nummer des Jahres in dem *Meton*schen Zyklus des griechischen Kalenders, der auf der Tatsache beruht, daß 19 Jahre nahe mit 235 Monaten zusammenfallen.

2. Der Sonnenzirkel $S = \left(\frac{N+9}{28}\right)_r$, d. i. der Rest bei der Division der um 9 vermehrten Jahreszahl durch 28. Sie hat also eine achtundzwanzigjährige Periode, die aus der Kombination der siebentägigen Woche mit der vierjährigen Schaltperiode des julianischen Kalenders entsteht. Nach 28 Jahren fallen alle Wochentage wieder auf das gleiche Datum.

3. Die Römerzinszahl oder die Indiktion $I = \left(\frac{N+3}{15}\right)_r$ hat eine fünfzehnjährige Periode, aber keine astronomische Bedeutung.

Die julianische Periode beträgt $19 . 28 . 15$ Jahre $= 7928$ Jahre. Der Anfang wurde so bestimmt, daß alle drei Kalendergrößen mit 1 anfangen. Er fällt also in sehr frühe Zeit, so daß man für historische Daten keine negativen Zahlen erhält.

Auch bei Verwendung dieser Tafel[1] ist die Berechnung der Sternzeit nach Gl. (3) noch sehr weitläufig und es wäre eine große Belastung für den Astronomen, wenn er sich die Sternzeit immer von neuem berechnen müßte. Darum geben die großen Sternwarten Berlin[2], Paris[3], Greenwich[4], Washington[5], San Fernando[6] Jahrbücher heraus, in denen solche Rechnungen bereits durchgeführt sind. So geben diese Jahrbücher für jeden Tag des Jahres

---

[1] Seit 1925 ist jede Angabe der *Scaliger*schen Tafel um 0,5 Tage zu verkleinern, um sie auf Weltzeit zu beziehen (Mitternacht von Greenwich).

[2] Berliner Jahrbuch. — [3] Connaissance des temps. — [4] Nautical Almanac. — [5] American Ephemeris. — [6] Almanac Nautico.

die Sternzeit für 0^h Weltzeit (Mitternacht in Greenwich). Die in diesen Jahrbüchern einheitlich verwendeten astronomischen Konstanten sind durch internationale Vereinbarung festgesetzt und stellen das Genaueste vor, was bei dem heutigen Stande der Wissenschaft zu erreichen ist. Bezeichnen wir diesen Wert mit S_0, so erhalten wir für die mittlere Zeit M die zugehörige Sternzeit S nach der Formel:

$$S = S_0 + M(1 + \varkappa),$$

wo $1 + \varkappa$ der Proportionalitätsfaktor in der Gl. (1′) ist; da $\varkappa$ eine kleine Größe ist, so schreibt man besser

$$S = S_0 + M + M\varkappa, \tag{7}$$

wo $M\varkappa$ eine immer positive Korrektion ist, die den Wert von $3^m\,56^s555$ nicht übersteigen kann und einer kleinen Tafel entnommen wird.

Kehren wir diese Gl. um, so erhalten wir:

$$M = \frac{S - S_0}{1 + \varkappa}.$$

Da aber $1/(1+\varkappa) = 1 - \varkappa'$ der Proportionalitätsfaktor der Gl. (1) ist, so wird

$$M = (S - S_0)(1 - \varkappa') = S - S_0 - \varkappa'(S - S_0). \tag{8}$$

$S - S_0$ ist die seit der letzten Mitternacht verflossene Sternzeit, das zweite Glied eine kleine, stets negative Korrektion, die einer anderen kleinen Tafel zu entnehmen ist und $3^m\,55^s909$ nicht übersteigen kann.

Rechnet man für einen anderen Meridian mit der Länge k^h w. Greenwich, so ist die Sternzeit nach Gl. (3) zu verbessern.

3. Beispiel: Es soll 1943 Okt. 25. $15^h\,47^m\,13^s\,37$ mittlere Ortszeit Wien (Sternwarte) in Sternzeit verwandelt werden. Die Länge von Wien beträgt $1^h\,5^m\,21^s\,35$ östl. v. Gr. Die Sternzeit von Wien ist also gegen Greenwich um $\frac{1^h\,5^m\,21^s\,35}{24^h}\,3^m\,56^s555 = 0{,}045\,386 \cdot 236^s555 = 10^s73$ zu verkleinern.

Wir müssen also die Sternzeit, die wir dem Jahrbuch entnehmen, um $-\,10^s73$ korrigieren. Statt $2^h\,10^m\,2^s\,13$ also $2^h\,9^m\,51^s\,40$ verwenden. Wir finden also:

Wien 25. X. 1943	$15^h\,47^m\,13^s\,37$	mittl. Zeit
Korr. auf Sternzeit	$+\quad 2^m\,35^s\,60$	
	$15^h\,49^m\,48^s\,97$	
+ Sternzeit für 0^h	$+\ 2^h\ 9^m\,51^s\,40$	
Sternzeit	$17^h\,59^m\,40^s\,37$	

4. Beispiel: Es soll nun 1943 Mai 7, $5^h 18^m 26^s 54$ Sternzeit Wien (Sternwarte) in mittlere Zeit verwandelt werden. Wir entnehmen dem Jahrbuch die Sternzeit für 0^h Greenwich des 7. Mai 1943, korrigieren sie um — $10^s 73$ und haben dann folgende Rechnung:

Wien 1943 Mai 7.	$5^h 18^m 26^s 54$	Sternzeit
— Sternzeit 0^h Wien	— $14^h 55^m 40^s 56$	
	$14^h 22^m 45^s 98$	
Korr. auf mittl. Zeit	— $2^m 21^s 34$	
	$14^h 20^m 24^s 64$	mittlere Zeit Wien.

Die Verwandlung von wahrer Zeit in mittlere und umgekehrt, geschieht durch Anbringung der Zeitgleichung. Diese findet man auch in den Jahrbüchern für 0^h Weltzeit jeden Tages gegeben. Man braucht aber die Zeitgleichung im allgemeinen nicht für 0^h, sondern gerade für den zu verwandelnden Moment und da sie sich nicht proportional der Zeit ändert, sondern viel komplizierter, so muß man ein entsprechendes Interpolationsverfahren anwenden.

Es sei eine veränderliche Größe für Zeitpunkte gegeben, die in gleichen Intervallen aufeinander folgen. Wir bezeichnen diese Momente mit $a - 3\,w$, $a - 2\,w$, $a - w$, a, $a + w$, $a + 2\,w$, $a + 3\,w$, wo also w das konstante Intervall, z. B. einen mittleren Tag bezeichnet. Wenn der Zusammenhang zwischen der Größe und der Zeit durch f ausgedrückt ist, so haben wir die folgenden zusammengehörigen Werte:

$$\begin{array}{lllll}
a - 3\,w & f(a - 3\,w) & & & \\
 & & f^{I}(a - 5/2) & & \\
a - 2\,w & f(a - 2\,w) & & f^{II}(a - 2) & \\
 & & f^{I}(a - 3/2) & & f^{III}(a - 3/2) \\
a - w & f(a - w) & & f^{II}(a - 1) & \\
 & & f^{I}(a - 1/2) & & f^{III}(a - 1/2) \\
a & f(a) & & f^{II}(a) & \\
 & & f^{I}(a + 1/2) & & f^{III}(a + 1/2) \\
a + w & f(a + w) & & f^{II}(a + 1) & \\
 & & f^{I}(a + 3/2) & & f^{III}(a + 3/2) \\
a + 2\,w & f(a + 2\,w) & & f^{II}(a + 2) & \\
 & & f^{I}(a + 5/2) & & \\
a + 3\,w & f(a + 3\,w) & & &
\end{array} \tag{9}$$

Wir fügen die Differenzen im Sinne: folgender Wert minus vorangehender Wert zwischen den Zeilen hinzu und bezeichnen sie mit f^{I}; als Argument nehmen wir das arithmetische Mittel der umschließenden Argumente, wobei man die Größe w meist unterdrückt. Ebenso bildet man die zweiten Differenzen f^{II} u. s. w. Das Verfahren schließt ab, wenn eine Differenzreihe konstant, die nächste also gleich Null wird, oder wenn infolge von Fehleranhäufungen die Differenzen anfangen, unregelmäßig zu gehen, in welchem Falle die Mitnahme weiterer Differenzen keinen Sinn mehr hat und das Resultat verdirbt.

Nehmen wir nun an, die f^{IV} wären alle gleich Null, die f^{III} also konstant, dann können wir durch Aufsummieren das folgende Schema gewinnen:

$$
\begin{array}{llll}
 & & & f(a) \\
 & & f^{I}(a+1/2) & \\
 & f^{II}(a+1) & & f+f^{I} \\
f^{III}(a+3/2) & & f^{I}+f^{II} & \\
 & f^{II}+f^{III} & & f+2f^{I}+f^{II} \\
f^{III} & & f^{I}+2f^{II}+f^{III} & \\
 & f^{II}+2f^{III} & & f+3f^{I}+3f^{II}+f^{III} \\
f^{III} & & f^{I}+3f^{II}+3f^{III} & \\
 & f^{II}+3f^{III} & & f+4f^{I}+6f^{II}+4f^{III} \\
f^{III} & & f^{I}+4f^{II}+6f^{III} & \\
 & f^{II}+4f^{III} & & f+5f^{I}+10f^{II}+10f^{III} \\
 & & f^{I}+5f^{II}+10f^{III} & \\
 & & & f+6f^{I}+15f^{II}+20f^{III}
\end{array}
$$

Wenn wir von irgendeinem Wert $f(a)$ ausgehen, so wird der sechste darauffolgende Wert:

$$f(a+6w) = f(a) + 6f^{I}\left(a+\frac{1}{2}\right) + 15f^{II}(a+1) + 20f^{III}\left(a+\frac{3}{2}\right) + \ldots$$

Die Koeffizienten sind nichts anderes, als die Binomial-Koeffizienten. Wir können also allgemein schreiben:

$$
\begin{aligned}
f(a+nw) = f(a) + n f^{I}\left(a+\frac{1}{2}\right) + \binom{n}{2} f^{II}(a+1) + \\
+ \binom{n}{3} f^{III}\left(a+\frac{3}{2}\right) + \ldots
\end{aligned}
\qquad (10)
$$

und erhalten so die *Newton*sche Interpolationsformel. Diese Formel, die nach der Art ihrer Ableitung zunächst für ganze Zahlen gilt, gilt wegen der Stetigkeit der Funktionen auch für gebrochene und da die ganze Reihe der f vorliegt, können wir uns auf $n < 1$ beschränken. Die Formel enthält die Differenzen, die in obigem Schema (9) von $f(a)$ aus staffelförmig nach rechts unten gehen. Es ist bequemer, die Differenzen längs der horizontalen Linie einzuführen. Es ist

$$f^{II}(a+w) = f^{II}(a) + f^{III}\left(a+\frac{w}{2}\right)$$

$$
\begin{aligned}
f^{III}\left(a+\frac{3}{2}\right) &= f^{III}\left(a+\frac{1}{2}\right) + f^{IV}(a+1), \\
&= f^{III}\left(a+\frac{1}{2}\right) + f^{IV}(a) + f^{V}\left(a+\frac{1}{2}\right), \\
f^{IV}(a+2) &= f^{IV}(a+1) + f^{V}\left(a+\frac{3}{2}\right), \\
&= f^{IV}(a) + 2f^{V}\left(a+\frac{1}{2}\right) + f^{VI}(a+1).
\end{aligned}
$$

Nehmen wir nun an, daß die f^V gleich Null oder unbrauchbar sind, so erhalten wir durch Einsetzen in Gl. (10):

$$f(a + n w) =$$
$$= f(a) + n f^I\left(a + \frac{1}{2}\right) + \binom{n}{2} f^{II}(a) + \binom{n}{2} f^{III}\left(a + \frac{1}{2}\right)$$
$$+ \binom{n}{3} f^{III}\left(a + \frac{1}{2}\right) + \binom{n}{3} f^{IV}(a)$$
$$+ \binom{n}{4} f^{IV}(a).$$

Nun ist

$$\binom{n}{2} + \binom{n}{3} = \frac{n(n-1)}{1 \,.\, 2} + \frac{n(n-1)(n-2)}{1 \,.\, 2 \,.\, 3} =$$
$$= \frac{n(n-1)}{1 \,.\, 2}\left(1 + \frac{n-2}{3}\right) = \frac{(n+1)\,n\,(n-1)}{1 \,.\, 2 \,.\, 3} = \binom{n+1}{3},$$

$$\binom{n}{3} + \binom{n}{4} = \frac{n(n-1)(n-2)}{1 \,.\, 2 \,.\, 3} + \frac{n(n-1)(n-2)(n-3)}{1 \,.\, 2 \,.\, 3 \,.\, 4} =$$
$$= \frac{n(n-1)(n-2)}{1 \,.\, 2 \,.\, 3}\left(1 + \frac{n-3}{4}\right) = \frac{(n+1)\,n\,(n-1)(n-2)}{1 \,.\, 2 \,.\, 3 \,.\, 4} =$$
$$= \binom{n+1}{4}.$$

Somit

$$f(a + n w) = f(a) + n f^I\left(a + \frac{1}{2}\right) + \binom{n}{2} f^{II}(a) +$$
$$+ \binom{n+1}{3} f^{III}\left(a + \frac{1}{2}\right) + \binom{n+1}{4} f^{IV}(a)\,. \tag{11}$$

Die nächsten Glieder haben dann die Koeffizienten $\binom{n+2}{5}$, $\binom{n+2}{6}$ u. s. w. Die Formel läßt sich auch in der für die Rechnung bequemen Form schreiben:

$$f(a + n w) = f(a) + n \left\{ f^I\left(a + \frac{1}{2}\right) + \frac{n-1}{2}\left[f^{II}(a) + \right.\right.$$
$$\left.\left. + \frac{n+1}{3}\left(f^{III}\left(a + \frac{1}{2}\right) + \frac{n-2}{4} f^{IV}(a)\right)\right]\right\}. \tag{12}$$

Mit Hilfe dieser Gl. (10), (11) oder (12) kann man beliebige Zwischenwerte der numerisch gegebenen Funktion f berechnen.

5. Beispiel: Es sei zu 1943 Dez. 1, $17^h\,29^m\,47^s43$ mittlere Zeit Greenwich (Weltzeit) die wahre Zeit zu suchen. Wir entnehmen dem Jahrbuch die folgende Reihe der Zeitgleichung, zu der wir gleich die Differenzen hinzusetzen.

1943 Nov.	29.	$+12^m\ 2^s61$		
			-20^s79	
	30.	$+11^m\,41^s82$		-0^s67
			-21^s46	
Dez.	1.	$+11^m\,20^s36$		-0^s66
			-22^s12	
	2.	$+10^m\,58^s24$		-0^s63
			-22^s75	
	3.	$+10^m\,35^s49.$		

Die Größe n wird $\dfrac{17^h\,29^m\,47^s43}{24^h} = 0{,}7290$[1]; $\dbinom{n}{2} = -0{,}0988.$

Wir erhalten also

$$Z = +11^m\,20^s36 + 0{,}7290\,(-22^s12) - 0{,}0988\,(-0^s66) = \begin{array}{r} +11^m\,20^s36 \\ -\ 16^s12 \\ +\ \ 0^s07 \\ \hline +11^m\ \ 4^s31 \end{array}$$

mittl. Zeit Greenwich	$17^h\,29^m\,47^s43$
wahre Zeit Greenwich	$17^h\,40^m\,51^s74$

6. Beispiel: Es sei nun 1943 Dez. 1, $17^h\,29^m\,47^s43$ mittlere Zeit Wien in wahre Zeit zu verwandeln. Da nun Länge von Wien (Sternwarte) $-1^h\,5^m\,21^s35$ ist, so ist $\dfrac{1^h\,5^m\,21^s35}{24^h} = 0{,}0454$ Tage; um diesen Betrag ist es in Greenwich früher; wir müssen nun $n = 0{,}7290 - 0{,}0454 = 0{,}6836$ nehmen. Wir rechnen nach der Formel (12). Dazu ist

$$n = 0{,}6836, \qquad n-1 = -0{,}3174 \qquad \frac{n-1}{2} = -0{,}1587.$$

Wir finden nun

$$\begin{array}{r} -\dfrac{n-1}{2}\,0^s66 = +\ \ 0^s10 \\ -22^s12 \\ \hline -22^s02 \end{array}$$

$$\begin{array}{r} n\,.\,(-0{,}2202) = -15^s05 \\ +11^m\,20^s36 \\ \hline +11^m\ \ 5^s31 \\ +17^h\,29^m\,47^s43 \\ \hline 17^h\,40^m\,52^s74. \end{array}$$

[1] Zur Verwandlung von Stunden, Minuten und Sekunden in Tagesbruchteile und umgekehrt gibt das Jahrbuch eine Tafel.

7. *Beispiel:* Endlich sei wieder 1943 Dez. 1, $17^h\,29^m\,47^s43$ mitteleuropäische Zeit in wahre Zeit Wien zu verwandeln. Da der mitteleuropäische Meridian gerade eine Stunde von Greenwich und $\frac{1^h}{24^h} = 0{,}04167$ ist, so haben wir nun mit $n = 0{,}7290 - 0{,}0417 = 0{,}6873$ zu rechnen.

$$\text{Also } n = 0{,}6873, \qquad n - 1 = -0{,}3127, \qquad \frac{n-1}{2} = -0{,}1564.$$

Die Zeitgleichung wird nun $+ 11^m\,5^s23$. Es ist also nun $17^h\,29^m\,47^s43$ um $+ 11^m\,5^s23$ zu korrigieren. Wir erhalten die wahre Zeit für den mitteleuropäischen Meridian. Da Wien aber noch um $0^h\,5^m\,21^s35$ östlich liegt, so kommt dieser Betrag noch dazu. Wir haben also

$$\begin{array}{r} 17^h\,29^m\,47^s43 \\ +\ 11^m\ \ 5^s23 \\ +\ \ 5^m\,21^s35 \\ \hline 17^h\,46^m\,14^s01 \end{array} \text{ wahre Zeit Wien.}$$

Die umgekehrte Aufgabe ist insofern komplizierter, als wir die Zeitgleichung nach der mittleren Zeit interpolieren müssen, die wir erst bestimmen sollen. Wir müssen also einen indirekten Weg gehen.

8. *Beispiel:* Es sei 1943 Dez. 1, $7^h\,18^m\,51^s33$ wahre Zeit Wien in mittlere zu verwandeln. Wir nehmen die Länge $1^h\,5^m\,21^s35$ weg und erhalten $6^h\,13^m\,29^s98$; es ist $\frac{6^h\,13^m\,29^s98}{24^h} = 0{,}2593$. Da aber dieser Wert ohnehin nur ein Näherungswert ist, da der Moment, für den interpoliert werden soll, noch nicht bekannt ist, so nehmen wir zunächst näherungsweise $n = 0{,}26$ und interpolieren damit die Zeitgleichung; wir finden mit

$$n = 0{,}26, \qquad n - 1 = -0{,}74, \qquad \binom{n}{2} = -0{,}0962,$$

$$Z = +\,11^m\,4^s67,$$

daher $6^h\,13^m\,29^s98 - 11^m\,14^s67 = 6^h\,2^m\,15^s31$ als Näherungswert für die mittlere Zeit, und nun ist mit $n = \frac{6^h\,2^m\,15^s31}{24^h} = 0{,}2516$ die Rechnung zu wiederholen. Nun erhält man für die Zeitgleichung $+ 11^m\,14^s83$ und damit $7^h\,7^m\,36^s50$ für die gesuchte mittlere Zeit Wien.

Eine Aufgabe, bei der auch die Verwandlung von wahrer Zeit in mittlere eine Rolle spielt, ist die Bestimmung eines Sonnenaufganges. Nach der Gl. IV (5) erhält man den Stundenwinkel des Sonnenauf- oder Unterganges, d. i. gleichzeitig die wahre Zeit. Man muß aber in dieser Formel die Deklination für einen Moment einsetzen, der eben erst gesucht werden soll. Man wird sich also zunächst einen Näherungswert für die zugehörige mittlere Zeit Greenwich verschaffen und mit dieser die Deklination interpolieren. Das neue Resultat, das man nun für s nach der Formel erhält, wird mit dem interpolierten Wert der Zeitgleichung in mittlere Zeit verwandelt. Mit diesem Wert hat man die Interpolation der Deklination und der Zeitgleichung zu wiederholen und erhält nun einen besseren Wert. Ist der erste Näherungswert für δ sehr gut gewesen, so ändert die zweite Rechnung nicht viel und kann auch mitunter unterbleiben, zumal ein Auf- und Untergang der Sonne nie mit großer Genauigkeit gebraucht wird; es genügt die Genauigkeit von Zehntel-Minuten vollständig.

9. *Beispiel:* Wann geht am 25. VIII. 1943 in Abo ($\varphi = 60^0\,26'\,56''8$, $\lambda = -\,1^h\,29^m\,6^s30$) in Finnland die Sonne auf. Wir entnehmen dem Jahrbuch folgende Zahlen und bilden gleich die Differenzen.

	Deklination der Sonne			Zeitgleichung		
1943 August 23.	$+11^0\,49'\,29''6$			$-2^m\,52^s57$		
		$-20'\,14''4$			$+15^s27$	
24.	$+11^0\,29'\,15''2$		$-10''9$	$-2^m\,37^s30$		$+0^s42$
		$-20'\,25''3$			$+15^s69$	
25.	$+11^0\,8'\,49''9$		$-10''7$	$-2^m\,21^s60$		$+0^s41$
		$-20'\,36''0$			$+16^s10$	
26.	$+10^0\,48'\,13''9$		$-10''4$	$-2^m\,5^s51$		$+0^s40$
		$-20'\,46''4$			$+16^s50$	
27.	$+10^0\,27'\,27''5$			$-1^m\,49^s01$		

Wir suchen zunächst einen Näherungswert für δ. Da der 25. VIII. zirka ein Monat vor dem 23. IX. liegt, so dürfte der Sonnenaufgang etwa 5^h früh sein. Bis zu dieser Zeit ändert sich die Deklination um $4'$. Wir nehmen also für den Aufgang $\delta = 11^0\,9' - 4' = 11^0\,5'$, für den Untergang $11^0\,48' + 4' = 10^0\,52'$. Damit erhält man für den Aufgang den Stundenwinkel $s_0 = -\,110^0\,13'$, für den Untergang $+\,109^0\,48'$, somit von Mitternacht gezählt $69^0\,47' = 4^h\,35^m$ und $289^0\,47' = 19^h\,19^m$. Korrigieren wir das wegen des Längenunterschiedes und verwandeln die wahre Zeit in mittlere durch Anbringung der Zeitgleichung mit $+\,2^m$, so erhalten wir die mittlere Zeit Greenwich zu $3^h\,12^m$, resp. $17^h\,52^m$. Wir können also die Rechnung beginnen mit $n = 0{,}13$ und $n = 0{,}74$. Wir finden nun die Deklination für die zwei Augenblicke zu $11^0\,6'\,9''7$ und $10^0\,53'\,36''2$; dazu finden wir die von Mitternacht gezählten Stundenwinkel $4^h\,38^m\,59^s65$ und $19^h\,19^m\,22^s55$. Die Interpolation der Zeitgleichung gibt $2^m\,19^s54$ und $2^m\,9^s74$. Somit der Auf- und Untergang nach mittlerer Zeit Abo:

$$4^h\,41^m\,19^s19 = 4^h\,41^m\,3 \quad \text{und} \quad 19^h\,21^m\,32^s29 = 19^h\,21^m5.$$

Eine Wiederholung der Rechnung mit weiter verbesserten Werten von n ist überflüssig, da sich in den Zehntel-Minuten nichts mehr ändert.

Die Aufgabe, Auf- oder Untergang des Mondes zu berechnen, bietet auf Grund der Zahlen des Jahrbuches keine größeren Schwierigkeiten, doch muß die Rechnung auch hier indirekt geführt werden.

10. Beispiel: Wann geht am 14. August 1943 in Berlin der Mond auf? Das Jahrbuch gibt für 1943 August 14 die Rektaszension des Mondes für den Augenblick seiner Kulmination in Greenwich um $23^h\,16^m1$ Weltzeit zu $20^h\,46^m\,3^s$, mit einer stündlichen Änderung von 164^s. Wegen des Längenunterschiedes Berlin—Greenwich von $-52^m\,25^s09$ kulminiert der Mond in Berlin um $0{,}8737^h$ früher und hatte daher eine um $0{,}8737 \times 164^s = 2^m\,23^s$ kleinere Rektaszension: $20^h\,43^m\,40^s$. Die Deklination, die sich stündlich um $6'9$ ändert, war $-17^0\,20'9 - 6'0 = -17^0\,26'9$. Dann findet sich nach Formel IV (5) für den Stundenwinkel des Aufganges $-4^h\,24^m\,19^s = -4^h4053$; in diesem Augenblicke war die Rektaszension um $4{,}4053 \,.\, 164^s = 12^m\,2^s5$ kleiner, also $20^h\,31^m\,37^s5$, die Deklination um $4{,}4053 \times 6'9 = 30'4$ kleiner, somit $-17^0\,57'7$. Wiederholen wir mit diesem Werte die Rechnung, so finden wir nun $s = -4^h\,21^m\,6^s = -4^h3517$. Die Rektaszension wird nun $20^h\,43^m\,40^s - 11^m\,54^s = 20^h\,31^m\,46^s$. Fügen wir den Stundenwinkel mit $-4^h\,21^m\,6^s$ hinzu, so finden wir die Sternzeit $t = 16^h\,10^m\,40^s$ für Berlin. Verwandeln wir dies in mittlere Zeit Berlin, so finden wir $18^h\,41^m\,36^s$.

VIII. Sonnenuhren.

Eine Sonnenuhr besteht in der Regel aus einem Schattenstab, der in der Richtung nach dem Himmelspol aufgestellt ist. Die Richtung des Schattens auf einer beliebigen Ebene gibt die wahre Zeit. Wir beschränken uns hier auf die häufigsten Spezialfälle, bei welchen die Ebene entweder horizontal oder vertikal steht.

a) Die horizontale Sonnenuhr. Es sei in Abb. 24 $H\,H'$ der Horizont, $O\,P$ die Richtung der Erdachse, zugleich die des Schattenstabes; in S sei die Sonne, in unserer Abb. östlich vom Meridian in einem Stundenwinkel s, d. h. s Stunden vor Mittag. Legen wir durch S und den Schattenstab eine Ebene, der der größte Kreis $S\,P\,T$ entspricht, so ist $O\,T$ offenbar die Richtung des Schattens. $O\,H$, wo H identisch mit dem Nordpunkt ist, ist die Schattenlinie für den wahren Mittag. Der Bogen $H\,T$ oder der Winkel $H\,O\,T$ ist also der Winkel, den der Schatten zur Zeit des Stundenwinkels s mit der Nordrichtung einschließt. Bezeichnen wir diesen Winkel mit a und $H\,T\,P$ mit η und ist wieder $H\,P = \varphi$ und $H\,P\,T = s$, so gelten die Gl. I (6)

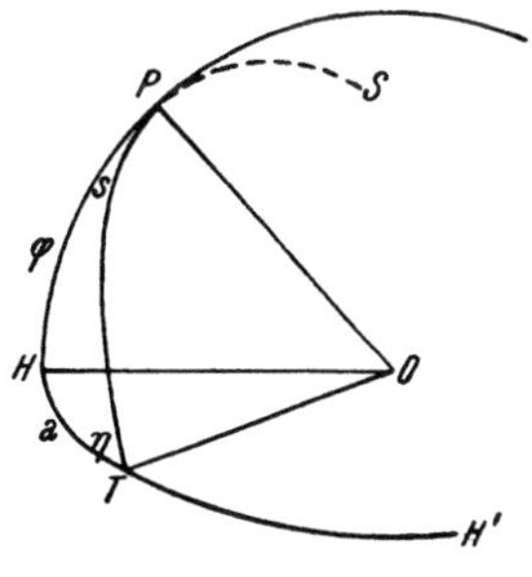

Abb. 24

$$\sin\eta\cos a = \cos s \sin 90^0 + \sin s \cos 90^0 \cos\varphi,$$
$$\sin\eta\sin a = \sin s \sin\varphi.$$

Daher

$$\operatorname{tg} \alpha = \operatorname{tg} s \sin \varphi.$$

Setzt man für s der Reihe nach 15°, 30°, 45° u. s. f., so erhält man die zugehörigen Winkel, welche für die Vormittagsstunden links, für die Nachmittagsstunden rechts von der Nordlinie symmetrisch aufzutragen sind.

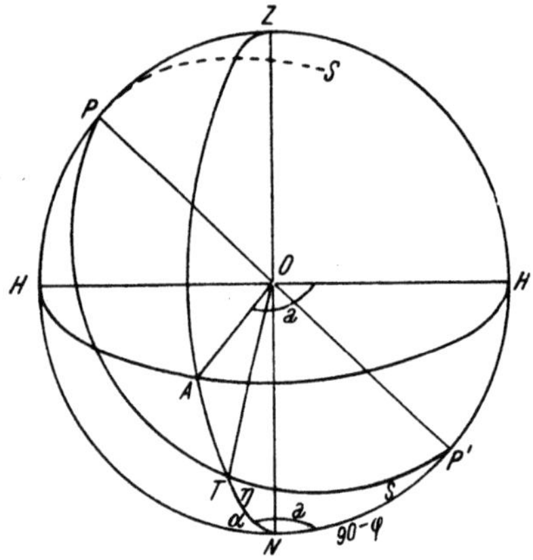

Abb. 25

b) Bevor man an die Ausführung einer Vertikal-Sonnenuhr geht, muß man sich das Azimut der Wand bestimmen, was mit Hilfe einer kleinen Messung und einer Bussole leicht durchzuführen ist. Dieses Azimut wollen wir somit als gegeben betrachten. Es sei nun in Abb. 25 $Z\,A\,N$ der Höhenkreis im Azimut a. Dieser entspricht also der Ebene der Sonnenuhr. Ist dann wieder S die Sonne auf der Aufgangsseite, so ist nun $O\,T$ die Schnittlinie des Deklinationskreises der Sonne mit der Wand, die Schattenrichtung und $T\,O\,N = \alpha$ der Winkel den sie mit $O\,N$ einschließt. $O\,N$ ist aber die Schattenrichtung für den wahren Mittag. Es ist ferner der Winkel $T\,N\,P' = A\,O\,H$ das Azimut der Wand. Setzen wir nun Winkel $N\,T\,P' = \eta$ so gelten die Gl.:

$$\sin \eta \cos \alpha = \cos s \sin a + \sin s \cos a \sin \varphi,$$
$$\sin \eta \sin \alpha = \sin s \cos \varphi.$$

Daher

$$\operatorname{tg} \alpha = \frac{\sin s \cos \varphi}{\cos s \sin a + \sin s \cos a \sin \varphi}.$$

Für die Vormittagsstunden sind die α links von der Vertikalen, für die Nachmittagsstunden rechts davon aufzutragen. Für eine Süduhr ist $a = 90^0$. Wir erhalten

$$\operatorname{tg} \alpha = \operatorname{tg} s \cos \varphi.$$

In diesem Falle, wie in allen Fällen zwischen $a = -90^0$ und $a = +90^0$ ist $O\,P'$ als Zeiger zu nehmen. Für die Norduhr ist $a = 270^0$. Daher

$$\operatorname{tg} \alpha = -\operatorname{tg} s \cos \varphi.$$

Nun ist $O\ P$ der Zeiger und es sind die Vormittagsstunden nach rechts (wieder gegen Westen) aufzutragen. Eine Süduhr funktioniert durch das ganze Jahr; eine Norduhr nur so lange, als eine Nordwand Sonne hat, dies ist aber vom 21. III. bis 23. IX. in den Morgen- und Abendstunden immer der Fall, weil in dieser Zeit Auf- und Untergangspunkt nördlich des ersten Vertikals fallen.

Für eine Ost- oder Westuhr ist $a = 180^0$ oder $a = 0^0$. Wir erhalten $\operatorname{tg} \alpha = \pm \operatorname{ctg} \varphi$. Die Richtung der Stundenlinien ist also von s unabhängig und parallel dem Zeiger. Man muß diesen dann, damit man überhaupt einen Schatten erhält, in einer Entfernung d parallel zur Wand in der Neigung φ stellen. Die Stundenlinien sind dann alle parallel dem Zeiger in der Entfernung

$$d \operatorname{tg} s$$

von der Linie für 6^h abends oder morgens auf der Wand aufzutragen.

Wenn man den Weg verfolgt, den die Spitze des Schattens im Laufe des Tages beschreibt, so erhält man immer einen Kegelschnitt. Denn, wenn man die Punkte des Parallelkreises mit der Spitze des Stabes verbindet, so erhält man einen Kegel, dessen Schnitt mit jeder Ebene ein Kegelschnitt wird. Bei einer horizontalen Sonnenuhr in unseren Breiten wird die Kurve immer eine Hyperbel, deren Asymptoten durch die Richtungen nach dem Auf- und Untergangspunkt bestimmt sind; nur wo die Sonne zirkumpolar ist, entsteht eine Ellipse.

Da die Schattenspitze alle Tage eine andere Kurve beschreibt, so kann man die Sonnenuhr durch entsprechende Beschriftung in einen Datumszeiger verwandeln. Die Schattenspitze gibt dann Tag und Stunde an.

Wenn man nur die Spitze abliest, ist der übrige Stab gleichgültig. Man kann dann auch den senkrechten Stab (Gnomon) benützen. Die Stundenlinien bleiben gerade Linien, die sich in dem Punkte schneiden, wo der gewöhnliche Polstab hätte stehen müssen.

Eine einfache Form der Sonnenuhr ist die Skapha, bei welcher der Polstab der Durchmesser einer Hohl-Halbkugel ist, welche den Schatten auffängt, von der man aber nur jenen Teil braucht, der tatsächlich in Betracht kommt, also nur ein Stück der Zone von 23°5 zu beiden Seiten des Äquators. Die Sonnenuhren waren schon im Altertum in Gebrauch, kamen aber dann zu besonderer Blüte in den islamischen Ländern, begünstigt durch den ewig heiteren Himmel.

IX. Die scheinbare Bewegung des Mondes.

Die Vorgänge der Mondbewegung sind viel leichter zu erkennen als die der Sonne, weil die Helligkeit des Mondes viel geringer ist und wir neben dem Mond immer auch die hellen Fixsterne sehen können, so daß wir den Lauf des Mondes zwischen den Sternen leicht verfolgen können.

Die genaue Vorausbestimmung eines Mondortes auf Grund seiner Elemente ist eine der schwierigsten, kompliziertesten und umfangreichsten Arbeiten der ganzen Astronomie. Wären Mond und Erde allein, so müßte sich der Mond um die Erde auch in einer *Kepler*schen Bahn bewegen, ähnlich wie die Erde um die Sonne. Durch die Anwesenheit der Sonne, die zwar in großer Entfernung steht, dafür aber ein Körper von ungeheurer Masse ist, wird die Bewegung gestört. Dadurch werden die Bahnverhältnisse sehr verwickelt und wir können sie hier nur in großen Zügen behandeln.

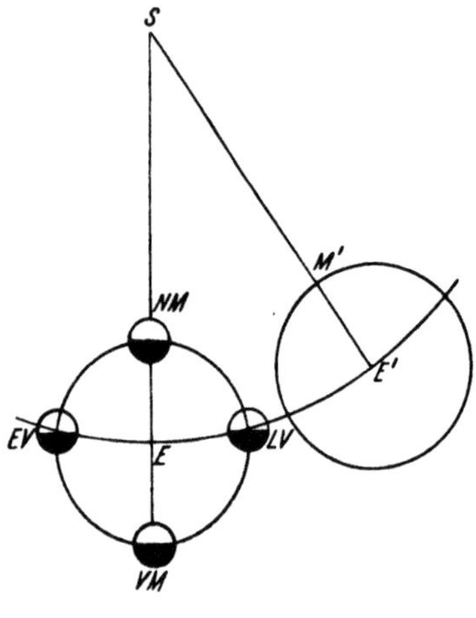

Abb. 26

Der Mond bewegt sich in einer Ebene, die mit der Ekliptik einen Winkel von 5° 8′ einschließt. Er bleibt also immer in der Nähe der Ekliptik; wenn wir vorerst von dieser kleinen Neigung absehen, muß er sich also benehmen wie die Sonne und in einem Monate die gleichen Erscheinungen zeigen, wie die Sonne während des ganzen Jahres. Die siderische Umlaufszeit des Mondes, das ist die Zeit bis er wieder bei den gleichen Sternen anlangt, beträgt $27^d\,7^h\,43^m$. Innerhalb dieser Zeit muß er einmal hoch stehen, wie die Sonne im Sommer, einen halben Monat später tief stehen, wie die Sonne im Winter. Ebenso hat er bei positiver Deklination einen Tagbogen größer als 12^h, bei negativer Deklination aber einen solchen kleiner als 12^h. Gegenüber der Sonne verschiebt sich dies aber von Monat zu Monat, denn während er einen Umlauf macht, verschiebt sich die Sonne in der Ekliptik um den Weg eines Monates, d. i. zirka 30^0, die der Mond noch zurücklegen muß, um wieder zur Sonne zu gelangen. Diese Zeit heißt die synodische Umlaufszeit und beträgt $29^d\ 12^h\ 44^m$ und von ihr hängen die Mondphasen ab.

Wäre in Abb. 26 die Erde E fest, so würden sich die Phasen des Mondes während eines siderischen Monates abspielen. Der

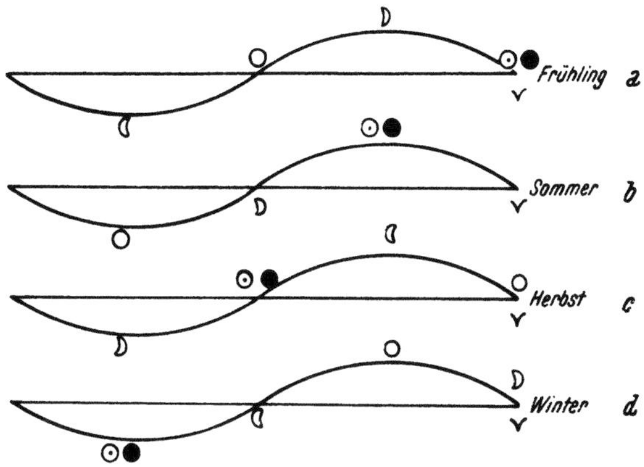

Abb. 27

⊙ = Sonne
● = Neumond
☽ = Erstes Viertel
○ = Vollmond
☾ = Letztes Viertel

Mond wäre immer von der gleichen Seite beleuchtet und je nach der Stellung zur Erde erscheint er als Neumond, erstes Viertel, Vollmond oder letztes Viertel und natürlich auch in allen Zwischenstadien. Wenn aber die Erde während eines Monates nach E' wandert, so tritt der Neumond erst in M' ein, also nach einem synodischen Monat. Die Phasen fallen also in immer andere Teile der Ekliptik.

In Abb. 27a sei die horizontale Linie der Äquator, aufgerollt in eine Ebene. Die Wellenlinie sei dann die Ekliptik. Es sei nun in Abb. 27a die Sonne ⊙ in der Nähe des Frühlingspunktes, daher auch der Neumond ●. Der Frühlingsvollmond ○ fällt dann in die

Nähe des Herbstpunktes. Das erste Viertel steht sehr hoch, geht spät im Nordwesten unter. Das letzte Viertel steht tief und geht spät im Südosten auf.

Im Sommer (Abb. 27b) stehen die Sonne und auch der Neumond hoch. Der Vollmond benimmt sich um die Zeit so wie die Sonne im Winter, steht sehr tief und hat einen kurzen Tagbogen. Die beiden Viertel stehen nahe dem Äquator und haben daher einen Tagbogen von etwa 12^h.

Im Herbst (Abb. 27c) stehen die Sonne und der Neumond beim Herbstpunkt, der Vollmond gerade gegenüber beim Frühlingspunkt. Er geht um 6^h abends auf und um 6^h morgens unter. Nun steht das erste Viertel tief und geht früh im Südwesten unter, das letzte Viertel steht hoch und geht früh im Nordwesten auf.

Im Winter (Abb. 27d) ist der Vollmond hoch wie die Sonne im Sommer, geht also früh auf und spät unter. Das erste und letzte Viertel stehen im Äquator und haben einen Tagbogen von 12^h.

Es ist also z. B. in unseren Breiten bei günstigem Zusammentreffen

	Vollmond		Erstes Viertel	Letztes Viertel
	Aufgang	Untergang	Untergang	Aufgang
Frühjahr	18^h	6^h	2^h	2^h
Sommer	20^h	4^h	0^h	0^h
Herbst	18^h	6^h	22^h	22^h
Winter	16^h	8^h	0^h	0^h

Ziehen wir nun auch die Neigung der Mondbahn in Rechnung, so erkennen wir, daß der Mond sich in jedem Monat bis zu 5^0 über die Ekliptik erhebt und bis zu 5^0 unter die Ekliptik herabgeht.

Es sei in Abb. 28 wieder Äquator und Ekliptik dargestellt, wie in Abb. 27. Der Punkt, in welchem sich die Mondbahn über die Ekliptik erhebt, wird als der aufsteigende Knoten des Mondes bezeichnet, wofür das Zeichen ☊ üblich ist. Der absteigende Knoten, dessen Länge um 180^0 größer ist, wird mit ☋ bezeichnet.

Wäre nun ☊ fest, so würde der Mond in jedem Monat durch dieselben Deklinationen wandern. Infolge der Sonnenstörungen verschiebt sich aber dieser Punkt um etwa $3'$ im Tage, so daß er in 18,6 Jahren einen ganzen Umlauf vollendet. Es können daher im Laufe dieser Periode die zwei in Abb. 29 angedeuteten Extremfälle eintreten.

a) Der aufsteigende Knoten der Mondbahn fällt mit dem Frühlingspunkte zusammen. Es werden alle positiven Deklinationen in der Ekliptik vergrößert, die negativen verkleinert. Der Wintervollmond steigt also noch 5^0 über die Sonnenhöhe im Sommer und der Sommervollmond geht um 5^0 unter der Winterhöhe der Sonne herunter.

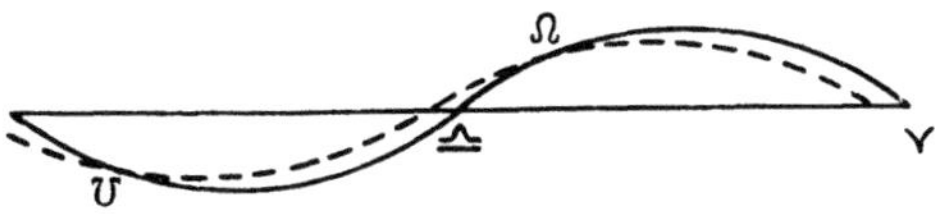

Abb. 28

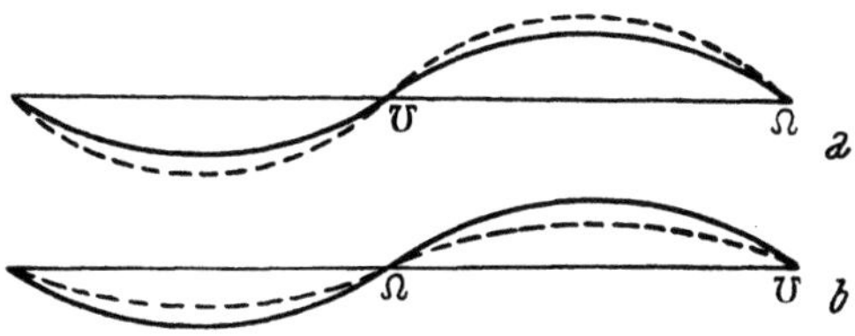

Abb. 29

Z. B. ist $48^0\ 14'$ die Breite von Wien, so ist $41^0\ 46'$ die Äquatorhöhe. Der Mond erreicht

im Winter	$41^0\ 46'$	im Sommer	$41^0\ 46'$
	$+\ 23^0\ 27'$		$-\ 23^0\ 27'$
	$+\ 5^0\ 8'$		$-\ 5^0\ 8'$
	$70^0\ 21'$		$13^0\ 11'$

b) Der absteigende Knoten der Mondbahn fällt in den Herbstpunkt. Dann werden die positiven Deklinationen verkleinert, die negativen vergrößert, die Gegensätze im Ganzen also vermindert; für Wien wird:

im Winter	$65^0\ 13'$	im Sommer	$18^0\ 19'$
	$-\ 5^0\ 8'$		$+\ 5^0\ 8'$
	$60^0\ 5'$		$23^0\ 27'$

Auch diese Extreme in der Mondstellung sind von der Phase unabhängig; es kann also zu Zeiten sehr hohe Wintervollmonde und sehr tiefe Sommervollmonde geben, ein andermal fallen diese Extreme in ein Viertel.

X. Sonnen- und Mondesfinsternisse.

Eine Sonnenfinsternis entsteht, wenn der Schatten des Mondes auf die Erde fällt, eine Mondesfinsternis, wenn der Schatten der Erde auf den Mond fällt. Die erstere ist daher an den Neumond, die letztere an den Vollmond gebunden. Hätte die Mondbahn keine Neigung, so müßte bei jedem Voll- und bei jedem Neumond eine Finsternis eintreten. So aber geht meistens der Schatten des Mondes an der Erde vorbei, ebenso wie der Schatten der Erde den Mond nicht trifft. Da die Sonne und die Erde immer in der Ekliptik stehen, so kann also eine Finsternis nur entstehen, wenn auch der Mond in der Ekliptik steht, also wenn der Mond in einem seiner Knoten steht. Wären nun Sonne und Mond punktförmig, so müßte das Zusammentreffen vollständig genau sein und eine Finsternis wäre unendlich unwahrscheinlich. Die beiden Gestirne sind aber breite Scheiben (Abb. 30), jede von ½° scheinbarem Durchmesser, so daß also ein gewisser Spielraum für das Zustandekommen einer Finsternis entsteht. In der Tat kann eine Finsternis schon entstehen, wenn sich die beiden Scheiben überhaupt erreichen.

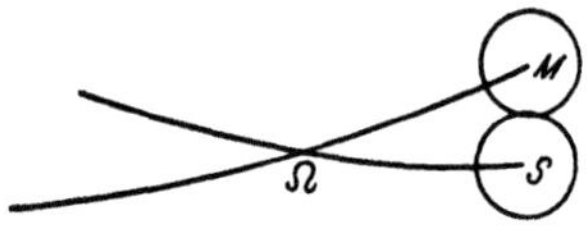

Abb. 30

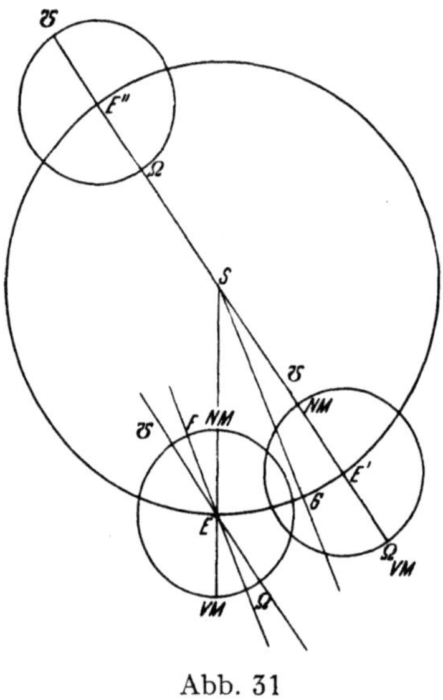

Abb. 31

Es sei in Abb. 31 in S die Sonne und der große Kreis stelle die Erdbahn vor. Die Erde stehe in E, der kleine Kreis sei die Mondbahn, deren Knoten in ☊ und ☋ stehen. Neumond und Vollmond treten also in $N\,M$ und $V\,M$ weit von den Knoten auf. Eine Finsternis kann also unter diesen Verhältnissen nicht entstehen, denn in $N\,M$ befindet sich der Mond oberhalb der Ekliptik, in $V\,M$ aber unterhalb. Wenn aber nach einiger Zeit die Erde nach E' gekommen ist, wo die Knotenlinie gegen die Sonne weist, so ist die Möglichkeit einer Finsternis gegeben. Wegen des Spielraumes kann die Finsternis schon eintreten, bevor die Erde in E' ist oder auch einiges später. Der Spielraum ist aber so groß, daß nicht nur eine Sonnenfinsternis, sondern 14 Tage später eine Mondesfinsternis stattfinden kann oder umgekehrt; bei günstigen Verhältnissen kann sogar noch eine zweite Sonnenfinsternis stattfinden. Es gibt folgende Möglichkeiten (S = Sonnenfinsternis, M = Mondesfinsternis):

$$M, S \text{ oder } S, M, \qquad S, M, S \text{ oder } S \text{ allein.}$$

Die Kombination M, S, M ist nicht möglich, weil auf der Seite der Mondesfinsternisse der Spielraum kleiner ist. Dies erklärt sich in einfacher Weise aus der Abb. 32. Ist S die Sonne, E die Erde, so kann eine Sonnenfinsternis nur eintreten, wenn der Mond zwischen M_1 und M_2, eine Mondesfinsternis nur, wenn er zwischen M_3 und M_4 steht. Es ist aber $M_1 M_2 > M_3 M_4$. Daher liegen die Verhältnisse für Sonnenfinsternisse günstiger.

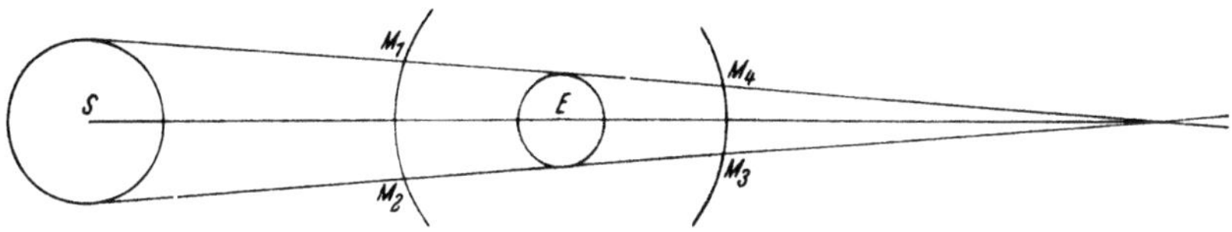

Abb. 32

Man sieht aus Abb. 31 sofort, daß nach etwa einem halben Jahre, wenn die Erde in E'' steht, die Situation für die Entstehung einer Finsternis wieder günstig ist, weil hier die Knotenlinie wieder gegen die Sonne weist. Es werden also auch hier wieder mehrere Finsternisse entstehen können. Waren die Sonnenfinsternisse in E' im absteigenden, so sind sie in E'' im aufsteigenden Knoten und umgekehrt bei den Mondesfinsternissen. Der Unterschied besteht in der Richtung, in der sich der Mond vor der Sonnenscheibe oder der Mond durch den Erdschatten verschiebt. Im aufsteigenden Knoten von rechts unten nach links oben, im absteigenden von rechts oben nach links unten.

Wenn also zum Beispiel in einem Jahre im April Finsternisse stattgefunden haben, so kann man weitere Finsternisse erst im Oktober oder Ende September erwarten; im Juni oder im Juli können dann keine Finsternisse eintreten.

Wären nun die Knoten fest, so wäre das Auftreten von Finsternissen immer an die gleichen Monate gebunden. Nun sind sie aber beweglich und schieben sich unaufhörlich zurück. Das hat zur Folge, daß im nächsten Jahre die Knotenlinie z. B. nach EF fällt und daher die für die Finsternisse günstige Situation schon in G erreicht wird, also einige Tage früher. Die Daten für die Finsternisse rücken also von Jahr zu Jahr nach vorn. So haben wir zum Beispiel folgende Reihe von Finsternissen:

(M = Mondesfinsternis, S = Sonnenfinsternis)

1909	VI. 4. *M*;	VI. 17./18. *S*;	XI. 27. *M*;	XII. 12. *S*;
1910	V. 9. *S*;	V. 24. *M*;	XI. 2. *S*;	XI. 16./17. *M*;
1911	IV. 28./29. *S*;	V. 13. *M*;	X. 22. *S*;	XI. 6. *M*;
1912	IV. 1. *M*;	IV. 16./17. *S*;	IX. 25./26. *M*;	X. 9. *S*.

Nach Verlauf von 18,6 Jahren kommt die Knotenlinie wieder in die gleiche Situation. Daraus folgt aber noch nicht, daß auch wieder eine Finsternis eintreten muß, denn es muß dazu auch gleichzeitig wieder Neumond oder Vollmond sein. Das heißt, eine Finsternis wird dann wieder eintreten, wenn der Neu- oder Vollmond wieder mit dem Knotendurchgang des Mondes zusammenfällt. Die Zeit, die der Mond braucht, um vom aufsteigenden Knoten wieder zum aufsteigenden Knoten zu kommen, heißt der Drachenmonat oder drakonitischer Monat und beträgt $27^d\,5^h\,5^m\,36^s$, ist also etwas kürzer als der siderische Monat, weil der Knoten dem Mond ein Stück entgegenkommt. Der Name Drachenmonat stammt aus der chinesischen Astronomie, wo der Mondknoten Drache heißt. Es ist wohl jener Drache gemeint, der nach mythologischen Vorstellungen bei der Finsternis die Sonne verschlingt.

Wenn nun heute eine Finsternis war, so wird wieder eine Finsternis eintreten, wenn eine ganze Anzahl von synodischen Monaten und eine ganze Anzahl von drakonitischen den Mond wieder zu einem Neumond im Knoten bringt. Die Bedingung dafür lautet:

$$m \,.\, 29{,}53060^d = n \,.\, 27{,}21222^d,$$

wo m und n ganze Zahlen sind, und zwar handelt es sich darum, möglichst kleine Zahlen zu finden, die noch eine brauchbare Näherung geben. Durch Kettendivision erhält man:

$$\frac{m}{n} = \frac{27{,}21222}{29{,}53060} = \cfrac{1}{1 + \cfrac{1}{11 + \cfrac{1}{1 + \cfrac{1}{2 + \cfrac{1}{1 + \cfrac{1}{4}}}}}}$$

und daraus die Näherungsbrüche:

$$1, \frac{11}{12}, \frac{12}{13}, \frac{35}{38}, \frac{47}{51}, \frac{223}{242},$$

d. h. also, auf eine Finsternis folgt nach einem synodischen Monat vielleicht eine zweite, sicherer schon nach elf oder zwölf Monaten. Keine dieser Näherungen reicht für eine dritte Finsternis derselben Gattung hin. Eine gute Näherung ergibt sich erst nach 223 synodischen Monaten = 242 siderischen Monaten. In der Tat ist:

$$\begin{array}{r} 223 \;.\; 29{,}530\,60 = 6585{,}323\,80 \\ 242 \;.\; 27{,}212\,22 = \underline{6585{,}357\,24} \\ 0{,}033\,44 \end{array}$$

d. h. nach 6585 Tagen = $18^a\ 11^d$ fällt nach einer Finsternis wieder eine gleiche Finsternis. Z. B.: am 17. IV. 1912 war eine Sonnenfinsternis; der zugehörige julianische Tag (siehe S. 65) hat die Zahl 2419510. Es ist also

$$\begin{array}{r} 2419510 \\ \underline{6585} \\ 2426095 \end{array} = 1930 \text{ IV. } 28. \text{ wieder eine Sonnenfinsternis.}$$

Diese Periode von $18^a\ 11^d$ heißt der Saros-Zyklus, der schon im frühesten Altertum bekannt war und zur Vorhersage von Finsternissen verwendet wurde, zu einer Zeit, wo man das Wesen der Finsternisse noch gar nicht erkannt hatte. In einem solchen Zyklus treten 41 Sonnenfinsternisse und 29 Mondesfinsternisse auf, die sich im nächsten Zyklus in der gleichen Reihenfolge wiederholen, mit kleinen sukzessiven Veränderungen, infolge deren eine Finsternis des Zyklus im Laufe der Zeit ausscheiden kann, während an anderer Stelle eine neue auftritt und im späteren Zyklus wieder stärker wird. Man kann also die Prophezeiung nur über wenige Zyklen ausdehnen.

Da die 223 synodischen Monate um $0{,}32^d$ länger sind als 6585^d, so wird die entsprechende Finsternis des nächsten Zyklus um etwa 8^h später stattfinden, sie kann also vielleicht in die Nacht fallen und daher unsichtbar bleiben. Darum hat man schon sehr früh erkannt, daß der dreifache Zyklus eine Voraussage mit noch größerer Sicherheit erlaubt.

Die Vorausberechnung einer Sonnenfinsternis ist ein ziemlich kompliziertes geometrisches Problem, denn es handelt sich um den Durchstoß eines bewegten Kegels (Mondschatten) durch ein

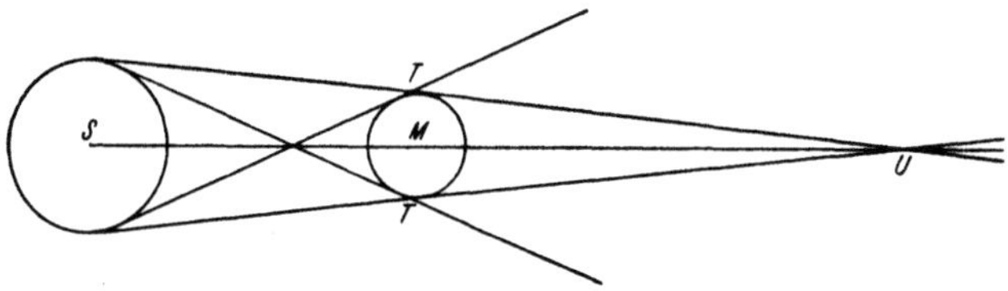

Abb. 33

rotierendes Rotationsellipsoid (Erde). Es können hier daher nur im allgemeinen die Vorgänge bei einer Finsternis beschrieben werden.

Es sei in Abb. 33 M der Mond, S die Sonne; wenn wir zu diesen zwei Kugeln den äußeren und den inneren Berührungskegel ziehen, so ist der Raum hinter dem Mond von $T\,T'$ bis U der Kernschatten des Mondes; ein Punkt innerhalb dieses Raumes sieht die Sonne nicht; hier ist also die Finsternis total. Ein Punkt hinter U sieht rund um den Mond einen Ring der Sonne; die Finsternis ist also hier ringförmig. Die Gebiete seitlich des Kernschattens zwischen den beiden Kegeln sind der Halbschatten. Ein Punkt im Halbschatten sieht die Sonne teilweise verdeckt, hat also eine partielle Verfinsterung. Punkte außerhalb des Schattens sehen keine Finsternis.

Nun ist der scheinbare Durchmesser von Sonne und Mond von der Erde aus gesehen zufällig fast gleich. Die kleinen Variationen in den Entfernungen der beiden Gestirne lassen also bald den Mond, bald die Sonne größer erscheinen.

Der scheinbare Halbmesser der Sonne schwankt zwischen

$$16'\,16'' \text{ und } 15'\,44''.$$

Der scheinbare Halbmesser des Mondes schwankt zwischen

$$16'\,44'' \text{ und } 14'\,41''.$$

Scheint nun die Sonne kleiner als der Mond, so wird für Punkte auf der Zentrallinie die Finsternis total, scheint der Mond aber kleiner als die Sonne, so wird für solche Punkte die Finsternis ringförmig. Im ersteren Falle dringt die Spitze des Mondschattens in die Erde ein (Abb. 34a), im zweiten Falle ist der Schatten so

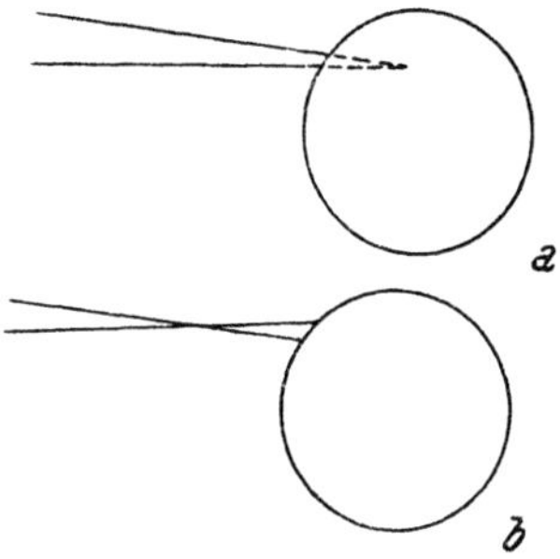

Abb. 34

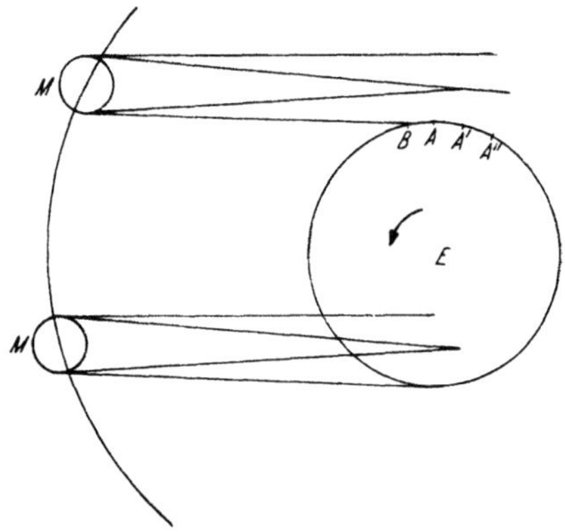

Abb. 35

kurz, daß er nicht bis zur Erde reicht (Abb. 34b). Es sei nun in Abb. 35 wieder M der Mond, der auf seiner Bahn um die Erde soweit gekommen sei, daß der vordere Rand des Halbschattens gerade die Erde E berührt. Der Berührungspunkt A ist offenbar der erste Punkt auf der ganzen Erde, der die Finsternis beginnen sieht und da der letzte Sonnenstrahl, der noch am Mond vorbeifindet, die Erde in A berührt, so hat dieser Punkt Sonnenaufgang.

Die Erde, die in Abb. 35 vom Pol aus gesehen ist, dreht sich in der Richtung des Pfeiles. Während nun der Mond weiter rückt und in die Situation kommt, wo die Mittellinie die Erde berührt, ist der Punkt A nach B gerückt und an seine Stelle ist ein Punkt A' getreten, der westlicher als A liegt; und wenn endlich die Rückseite des Halbschattens zur Erde kommt, berührt sie in einem Punkte, der früher in A'' war.

Man kann die drei Punkte in eine Landkarte eintragen und erhält ein Bild, wie in Abb. 36.

Wenn der Halbschatten bei A in die Erde eintritt, so berührt er zuerst in einem Punkte, dann aber in zwei, die immer weiter auseinanderrücken. Es schließt sich also an den Punkt A eine Kurve, die sich nach Norden und Süden erstreckt und lauter

Punkte enthält, die den Beginn der Finsternis bei Sonnenaufgang sehen; ebenso für die Rückseite des Halbschattens. Es entsteht also ein Oval, wie in Abb. 36 am linken Rand, das soweit reicht wie der Halbschatten. Im nördlichsten und südlichsten Punkt fällt Anfang und Ende der Finsternis zusammen. Mitten durch dieses Oval geht die Kurve, die alle Punkte verbindet, die die Mitte der Finsternis bei Sonnenaufgang sehen. Die drei Kurven sind in Abb. 36 mit $A\,A$, $M\,A$, $E\,A$ (Anfang, Mitte und Ende bei Sonnenaufgang) bezeichnet. Von diesem Oval aus läuft der Mondschatten über die Erde. Da die Richtung der Mondbewegung und die der Erddrehung dieselbe ist, der Mond aber und daher auch sein Schatten etwa doppelt so geschwind sind, so kommt der Schatten der Erddrehung vor und läuft also von West nach Ost über die Erde, bis dann die Situation eintritt, bei der der Schatten beginnt, wieder aus der Erde zu treten. Hier bildet sich ein zweites Oval, welches aus den Punkten besteht, die Anfang und Ende bei Sonnenuntergang sehen. In $A\,U$, $M\,U$, $E\,U$ der Abb. 36: Anfang, Mitte und Ende bei Sonnenuntergang.

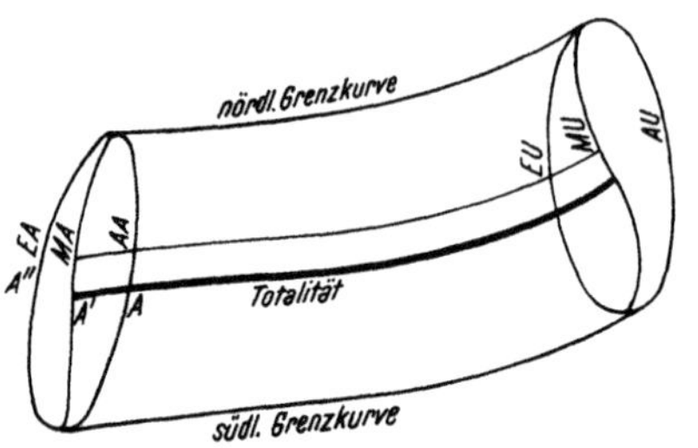

Abb. 36

So breit als der Kernschatten auf der Erde ist, zieht sich ein Streifen, der alle Punkte enthält, in welchen die Finsternis total oder den Umständen entsprechend ringförmig ist. Zu beiden Seiten liegen die Gegenden, welche nur eine partielle Finsternis sehen. Man pflegt den Sonnendurchmesser in zwölf Teile zu teilen, die man Zoll heißt und spricht von einer Finsternis von 11 Zoll, 10 Zoll u. s. w., wenn im Maximum $^{11}/_{12}$, $^{10}/_{12}$ u. s. w. der Sonne bedeckt erscheinen. Man kann sich Linien in dem Diagramm ziehen, die die Punkte verbinden, in denen die Verfinsterung gleich groß wird. Die nördliche und die südliche Grenzkurve begrenzen den Raum, in welchem überhaupt von der Finsternis etwas sichtbar ist.

Nicht immer erscheinen die Finsterniskurven so vollständig ausgebildet, wie in Abb. 36. Wenn zum Beispiel der Schatten so nördlich wandert, daß seine Begrenzung oberhalb des Poles vorbeigeht, so verschwindet die nördliche Grenzkurve und es entsteht ein Bild wie in Abb. 37. Für jede Sonnenfinsternis wird ein solches Diagramm vorausberechnet und in den Jahrbüchern publiziert, so daß man sich rechtzeitig informieren kann, wo eine Finsternis günstige Beobachtungsbedingungen bietet. Das ist deshalb notwendig, weil die Sonnenfinsternisse für das Studium der Sonnenvorgänge so wichtig sind, daß man kostspielige Expeditionen zu ihrer Beobachtung ausrüstet. Es reicht aber nicht hin, daß die Finsternis überhaupt sichtbar ist, es muß auch dort um diese Zeit schönes Wetter zu erwarten und der Ort gut zu erreichen sein, muß günstige Lebensbedingungen und auch sonst noch vieles bieten, was eine Expedition braucht.

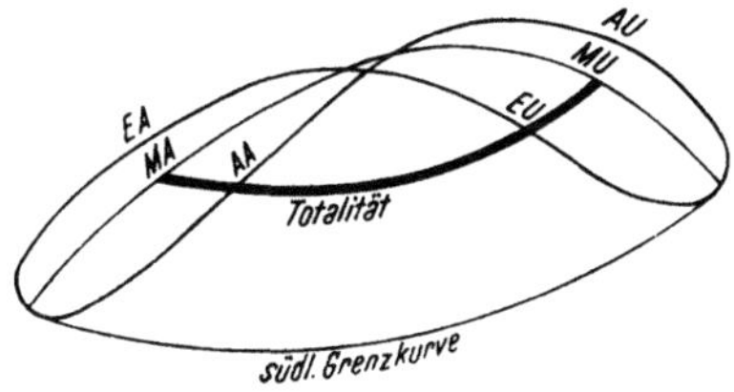

Abb. 37

Es ist ein merkwürdiger Zufall, daß die Scheiben, die uns Sonne und Mond zeigen, so gleich sind. Es kann also der Mond die Sonne gerade knapp verdecken. Aus diesem Grunde ist die Dauer der Finsternis sehr kurz und die ganze Beobachtung drängt sich auf die wenigen Minuten zusammen, in welchen der Mond das helle Licht der Sonne abblendet und der äußerste Rand und die Sonnenatmosphäre, die Korona, sichtbar wird, ein Moment von unerhörter Großartigkeit. Erst in neuester Zeit gelingt die Photographie der Sonnenatmosphäre auch außerhalb der Finsternisse.

Viel einfacher ist die Berechnung einer Mondesfinsternis, weil ihr Verlauf nicht vom Beobachtungspunkt abhängig ist. Alle Punkte, die überhaupt den Mond über dem Horizonte haben, also eine ganze Halbkugel, sehen den gleichen Verlauf. Man braucht also kein solches Diagramm zu zeichnen, wie bei einer Sonnenfinsternis. Aber auch eine totale Mondesfinsternis ist eine eindrucksvolle Erscheinung, weil sich der Mond in dem Maße als er in den Erdschatten eintritt, rot färbt und während der Totalität als kupferrote Scheibe am Himmel steht, die in schönem Kontrast zu dem eben verschwindenden oder eben wieder auftauchenden hell beleuchteten Mondrand tritt. Diese Rotfärbung rührt davon her, daß während der Finsternis keine direkten Sonnenstrahlen den Mond treffen, sondern nur solche, die beim Durchgang durch die Erdatmosphäre in den Schattenraum abgelenkt werden, wobei die roten Strahlen weniger zerstreut werden als die blauen.

Die Sonnen- und Mondesfinsternisse haben eine große Bedeutung für die Geschichtsforschung, denn die Berichte über solche Erscheinungen geben Daten von unumstößlicher Sicherheit. Zur Erleichterung der Berechnung dient der Kanon der Finsternisse von *Theodor von Oppolzer*, der die genäherten Elemente aller Finsternisse vom Jahre — 1207 bis + 2161 enthält. Für jede Finsternis sind die Punkte für Anfang, Mitte und Ende der Totalität berechnet, in Karten eingetragen und durch einen Kreisbogen miteinander verbunden. Jede Karte enthält die Finsternisse eines ganzen Zyklus. Zur genaueren Berechnung bedient man sich der Tafeln von *Schram*. Demselben Zweck dient auch *Ginzel*: Spezieller Kanon der Finsternisse, der speziell die Finsternisse des Altertums und der alten Welt behandelt.

XI. Die scheinbare Bewegung der Planeten und Kometen.

Außer der Erde kreisen um die Sonne noch eine Zahl von anderen Körpern, so daß die Reihe der Planeten lautet:

Merkur, Venus, Erde, Mars, Jupiter, Saturn,
Uranus, Neptun, Pluto.

Die hellsten von ihnen: Venus, Mars, Jupiter und Saturn, dazu noch Merkur, der unter günstigen Bedingungen auch als heller Stern erscheinen kann, waren schon im Altertum bekannt. Uranus wurde 1781 entdeckt, Neptun 1846, Pluto 1930. Die heliozentrischen Bahnen sind bei allen (bis auf Pluto) sehr nahe Kreise. Zwischen Mars und Jupiter kreisen die kleinen Planeten, von denen etwa 1500 als sicher bestimmt gelten können. Der erste von ihnen (Ceres) wurde 1801 entdeckt.

Die geozentrischen Bewegungen, d. s. also die Bewegungen, wie wir sie von der selbstbewegten Erde aus sehen, sind sehr kompliziert und ihre Erklärung hat im Altertum die größten Schwierigkeiten gemacht. Da das von *Aristarch* stammende heliozentrische System damals offenbar nicht verstanden wurde, mußte man sich mit einer geometrischen Lösung auf Grund der Theorie der Epizyklen begnügen, bis *Kopernikus* (1473—1543) wieder auf das heliozentrische System zurückgriff, wodurch sich alle Schwierigkeiten lösten. Die Bedeutung des kopernikanischen Systems liegt aber nicht allein in der Verschiebung des Koordinatenanfangspunktes in die Sonne, sondern in der weltanschaulichen Umwälzung, die darin liegt, daß die Erde nicht mehr den Mittelpunkt des Systems und daher auch nicht mehr den Mittelpunkt der Welt bildet. Nachdem noch *Kepler* (1571—1630) seine Gesetze gefunden und *Newton* (1643—1727) ihnen durch das Gravitationsgesetz die physikalische Begründung gegeben, war man zum vollen Verständnis der Planetenbewegung vorgedrungen.

Der scheinbare geozentrische Lauf der Planeten sieht für diejenigen, die innerhalb der Erdbahn kreisen (Merkur, Venus) anders aus, als für die, die außen kreisen. Wir müssen also diese beiden Fälle getrennt behandeln.

a) Innere Planeten. Wir nehmen als Beispiel einen Planeten, der sich etwa wie Venus bewegt. Die Umlaufszeiten von Venus und Erde verhalten sich beiläufig wie 8 : 13. Um eine einfachere Abbildung zu erhalten, wählen wir statt dessen 8 : 12, so daß drei Umläufe der Venus mit zwei der Erde zusammenfallen. Diesen Umlaufszeiten entsprechend müssen wir den Radius der Venusbahn etwa zu $^3/_4$ von dem der Erdbahn nehmen (Abb. 38). Wir teilen nun den äußeren Kreis in zwölf, den inneren in acht Teile, so daß jeder Teil einem Monat entspricht und numerieren die Teilungspunkte der beiden Kreise von *0—24*.

Wir beginnen mit der Stellung *0—0*. Die Venus steht von der Erde gesehen in der Richtung zur Sonne. Diese Situation heißt die untere Konjunktion. Gehen wir nun zu *1—1*, so hat sich die Gesichtslinie nach rechts verdreht, also im Sinne der abnehmenden Rektaszensionen. Wir sagen, der Planet ist rückläufig.

Vergleichen wir *1—1* mit der Richtung nach der Sonne, so steht die Venus nun um einen kleinen Winkel rechts von der Sonne. Nachdem sie in *0—0* unsichtbar war, einerseits wegen der großen Helligkeit der Sonne, andererseits, weil wir sie in dieser Situation von der unbeleuchteten Seite sehen, tritt sie nach rechts aus der Sonne heraus, geht somit der Sonne voraus; sie ist Morgenstern.

Beim Übergang von *1—1* zu *2—2* hat sich die Gesichtslinie wieder nach links gedreht, der Planet ist jetzt rechtläufig geworden. Bei dem Übergang von der Rückläufigkeit in die Rechtläufigkeit scheint der Planet kurze Zeit stille zu stehen; er ist stationär. Der Winkel, um den der Planet der Sonne vorausgeht, ist größer geworden.

Die Linie *3—3* ist Tangente an die Planetenbahn. Es ist klar, daß hier der Planet die größtmöglichste Winkeldistanz von der Sonne erreicht; wir sprechen von der größten westlichen Elongation. Von hier aus wird der Winkel mit der Richtung zur Sonne wieder kleiner, der Planet bleibt rechtläufig. In der Situation *11—11* steht der Planet wieder nahe der Sonne, um bei *12—12*

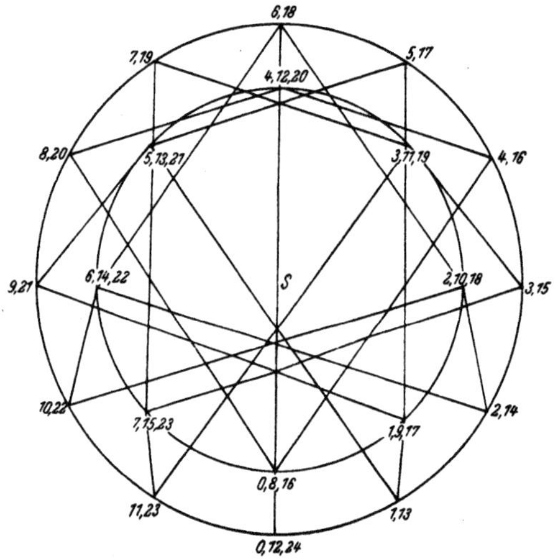

Abb. 38

von rechts in den Sonnenstrahlen zu verschwinden. Er wendet uns zwar jetzt seine vollbeleuchtete Seite zu, ist aber wegen der Helligkeit des Himmels doch unsichtbar. Von der Erde betrachtet, steht er hinter der Sonne in der „oberen Konjunktion". In *13—13* erscheint der Planet nun links von der Sonne als Abendstern. Er entfernt sich langsam von der Sonne, steht also bei Sonnenuntergang immer höher am Himmel, bis er in *21—21* die größte östliche Elongation erreicht. Nun nähert er sich wieder der Sonne; zwischen *22—22* und *23—23* wird er stationär und dann rückläufig, um bei *24—24* wieder die untere Konjunktion zu erreichen.

Von der größten Elongation als Abendstern zu der größten Elongation als Morgenstern dauert es also in unserem schematisierten Beispiel von *21* bis *3*, also sechs Monate. Dagegen von der größten Elongation als Morgenstern bis zur größten Elongation als Abendstern achtzehn Monate.

Ferner ergibt sich, daß der Planet Phasen zeigen muß wie der Mond, eine der ersten Entdeckungen, die *Galilei* (1564—1642) mit dem neuerfundenen Fernrohr machte. In der unteren Konjunktion zeigt er uns die unbeleuchtete Seite, in der oberen die vollbeleuchtete Seite. In den Elongationen erscheint er wie der Halbmond. In den beiden Konjunktionen bleibt uns der Planet unsichtbar, er muß also dazwischen irgendwo ein Maximum der scheinbaren Helligkeit erreichen. Es konkurrieren hier mehrere Einflüsse. Zunächst muß der Planet immer deutlicher werden, je mehr er aus den Sonnenstrahlen tritt. In dieser Hinsicht wären die größten Elongationen die günstigste Situation. Je näher aber der Planet der unteren Konjunktion kommt, desto geringer wird seine Distanz von uns, aus diesem Grunde müßte seine Helligkeit wachsen, andererseits wird gleichzeitig die beleuchtete Sichel immer schmäler, was der Helligkeit entgegenwirkt. Das Maximum kommt einige Tage nach der größten Elongation als Abendstern und kurz vor der größten Elongation als Morgenstern zustande.

Wäre die Neigung der Venusbahn gleich Null, so müßte der Planet bei jeder unteren Konjunktion vor der Sonnenscheibe vorbeigehen und uns als schwarzer Kreis auf der Sonne sichtbar werden. Wegen der Bahnneigung tritt dies aber nur ein, wenn die untere Konjunktion in die Nähe eines der Knoten der Venusbahn fällt. Eine solche Erscheinung heißt ein Venusdurchgang. Zum Eintritt eines solchen ist es also notwendig, daß sich Sonne und Venus wieder im Knoten treffen; dazu muß die Sonne sowohl wie die Venus eine ganze Anzahl von Umläufen gemacht haben. Der Zwischenraum zwischen zwei Durchgängen ist also durch eine Gleichung von der Form gegeben:

$$m \,.\, 365{,}26 = n \,.\, 224{,}70 \text{ oder } \frac{m}{n} = \frac{224{,}70}{365{,}26}, \tag{1}$$

wo 365,26 und 224,70 die siderischen Umlaufzeiten von Erde und Venus sind und m und n nicht zu große ganze Zahlen sein sollen. Wir entwickeln wieder in einen Kettenbruch und erhalten:

$$\frac{224,70}{365,26} = \cfrac{1}{1+\cfrac{1}{1+\cfrac{1}{1+\cfrac{1}{1+\cfrac{1}{2+\cfrac{1}{28}}}}}}$$

dazu die Näherungsbrüche:

$$1,\ \frac{1}{2},\ \frac{2}{3},\ \frac{3}{5},\ \frac{8}{13},\ \frac{227}{369}.$$

Während die ersten Näherungsbrüche noch zu ungenau sind, gibt $^8/_{13}$ schon eine brauchbare Annäherung: Acht Erdjahre sind schon so nahe gleich dreizehn Venusumläufen, daß nach einem Venusdurchgang nach acht Jahren ein zweiter kommen kann; für einen weiteren Durchgang aber reicht die Näherung nicht aus. Wir müssen jetzt 227 Jahre = 369 Venusumläufe warten. Die so gefundenen Durchgänge gelten aber alle für den gleichen Knoten. Es können aber auch Durchgänge beim gegenüberliegenden Knoten eintreten. Dazu müssen aber Erde und Venus nach einer gewissen Anzahl von ganzen Umläufen noch je einen halben machen. Die Bedingung lautet also jetzt

$$\left(m + \frac{1}{2}\right) 365,26 = \left(n + \frac{1}{2}\right) 224,70.$$

Multiplizieren wir diese Gl. mit zwei und setzen $2\,m + 1 = m'$, $2\,n + 1 = n'$, so finden wir

$$m'\,365,26 = n' \,.\, 224,70. \tag{2}$$

Das ist aber dieselbe Gl. wie (1), führt daher auf die gleichen Näherungsbrüche, nur daß jetzt noch die Bedingung dazu tritt, daß m und n ungerade Zahlen sein müssen. Wir können also den letzten Bruch verwenden und finden aus $2\,m + 1 = 227$

$m = 113$ Jahre. Die Venusdurchgänge treten also paarweise in einem Zeitraum von acht Jahren, dann aber erst wieder nach $113\frac{1}{2}$ Jahren auf oder acht Jahre früher oder später. Die Reihe der Venusdurchgänge lautet:

1761	VI.	9.	absteigender Knoten,
1769	VI.	2.	
1874	XII.	9.	aufsteigender Knoten,
1882	XII.	6.	
2004	VI.	7.	absteigender Knoten,
2012	VI.	5.	
2117	XII.	10.	aufsteigender Knoten,
2125	XII.	8.	

Da der Knoten der Venusbahn sich nur wenig verschiebt, so treten die Venusdurchgänge immer nur im Dezember oder Juni ein.

Der Planet Merkur zeigt dieselben Erscheinungen wie die Venus, nur in anderem Maßstabe. Ebenso gibt es auch Merkurdurchgänge, deren Reihenfolge aus der Entwicklung des Bruches $\frac{87,97}{365,26}$ folgt, wo $87,97^d$ die siderische Umlaufszeit des Merkur ist. Nun ist:

$$\frac{87,97}{365,26} = \cfrac{1}{4 + \cfrac{1}{6 + \cfrac{1}{1 + \cfrac{1}{1 + \cfrac{1}{2 + \cfrac{1}{1}}}}}}$$

mit den Näherungsbrüchen

$$\frac{1}{4},\ \frac{6}{25},\ \frac{7}{29},\ \frac{13}{54},\ \frac{33}{137},\ \frac{46}{191}.$$

Es gibt hier eine ganze Reihe von Brüchen mit nur langsam wachsender Genauigkeit, darum kommen bei Merkur mehrere verschiedene Zwischenzeiten vor, von 6, 7, 13, 33 und 46 Jahren. Dazu noch die Durchgänge beim anderen Knoten, die nach $7/2 = 3,5$ Jahren oder $33/2 = 16,5$ Jahren auftreten. Nach

46 Jahren kehren die Durchgänge in der gleichen Reihenfolge wieder, wie die folgende Aufzählung zeigt:

		Jahre			Jahre			Jahre
1802	XI.	13	1848	XI.	13	1894	XI.	13
1815	XI.	7	1861	XI.	7	1907	XI.	7
1822	XI.	$9\frac{1}{2} = 13 - 3\frac{1}{2}$	1868	XI.	$9\frac{1}{2}$	1914	XI.	$9\frac{1}{2}$
1832	V.	$3\frac{1}{2}$	1878	V.	$3\frac{1}{2}$	1924	V.	$3\frac{1}{2}$
1835	XI.	$9\frac{1}{2}$	1881	XI.	$9\frac{1}{2}$	1927	XI.	$9\frac{1}{2}$
1845	V.	$3\frac{1}{2}$	1891	V.	$3\frac{1}{2}$	1937	V.	$3\frac{1}{2}$
1848	XI.		1894	XI.		1940	XI.	

Hier fallen alle Durchgänge immer in Mai und November.

Über die Wichtigkeit der Venusdurchgänge für die Bestimmung der Sonnenentfernung und über den Grund, warum die Merkurdurchgänge sich hiefür nicht eignen, wird im Kapitel XVIII über die Parallaxe gesprochen werden.

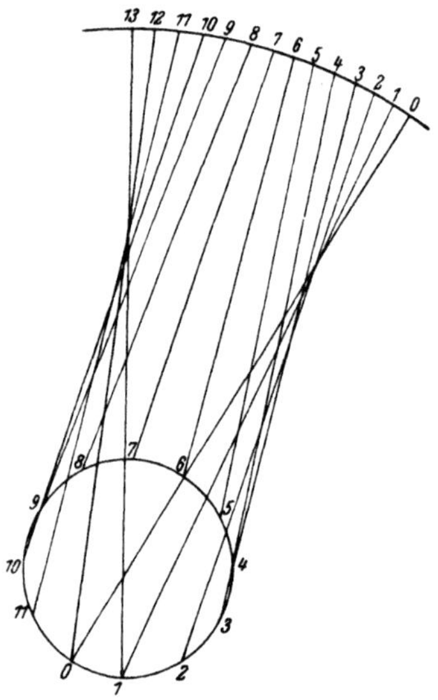

Abb. 39

b) Äußere Planeten: Wir nehmen als Beispiel Jupiter, der bei einer mittleren Entfernung von der Sonne, die etwa fünfmal so groß ist, wie die der Erde, eine Umlaufszeit von zwölf Jahren hat und daher in einem Jahre 30⁰ seiner Bahn zurücklegt. Der kleine Kreis (Abb. 39) stellt die Erdbahn vor, in zwölf Monate geteilt, der große Kreis zeigt die entsprechenden Punkte der Jupiterbahn.

Wir beginnen mit der Situation *0—0*. Jupiter steht hinter der Sonne und ist wegen der Helligkeit der Sonne unsichtbar: er ist in Konjunktion. Nach der Konjunktion (*1—1*) tritt der Planet rechts aus der Sonne, steht also am Morgenhimmel; er ist rechtläufig, denn die Gesichtslinie dreht sich im Sinne wachsender Rektaszension. In *4—4* ist der Winkel zwischen Sonne und Jupiter 90^0. Diese Stellung heißt Quadratur. Die Gesichtslinien *4—4* und *5—5* sind nahezu parallel, weisen also auf die gleichen Sterne: der Planet ist stationär und wird nun rückläufig, bis er bei *8—8* wieder stationär wird. Zwischen *6—6* und *7—7* steht der Planet der Sonne gerade gegenüber, er ist in Opposition. Er kulminiert um Mitternacht und ist die ganze Nacht sichtbar. Er wird nun wieder rechtläufig, erreicht in *9—9* wieder eine Quadratur, nähert sich von links wieder der Sonne, um dann in der Abenddämmerung zu verschwinden. Die Zeit vom Sichtbarwerden am Morgenhimmel bis zum Verschwinden am Abendhimmel heißt eine Erscheinung.

Die inneren Planeten haben also eine obere und untere Konjunktion, eine östliche und westliche größte Elongation, die äußeren Planeten haben eine Konjunktion, eine Opposition und eine östliche und westliche Quadratur.

Fielen die Ebenen aller Planeten mit der Ekliptik zusammen, so müßten die Planeten alle scheinbar in der Ekliptik gehen und bei der Rückläufigkeit ein Stück des gleichen Weges wieder zurückwandern. Da die Planetenbahnen aber kleine Neigungen haben, so gehen sie einen anderen Weg zurück und die scheinbaren Bahnen werden Schleifen und Schlingen bilden, etwa, wie sie Abb. 40 zeigt.

Abb. 40

Jede dieser Schlingen ist ein Abbild der Erdbahn, von deren Bewegung wir nichts fühlen und die wir mit umgekehrtem Vorzeichen auf den Planeten übertragen. Nur sehen wir wegen der kleinen Neigungen der Planetenbahnen alles unter sehr flachen Winkeln.

Noch eine Eigenschaft dieser scheinbaren Bahnen muß erwähnt werden. Es sei (Abb. 41) S die Sonne, $A_1\, B_1$, $A_2\, B_2$, $A_3\, B_3$, drei Paare von gleichzeitigen Orten zweier Planeten. Betrachten wir nun den äußeren Planeten von dem inneren aus, nehmen wir also diesen als fest, so erhalten wir die Abb. 41b. Betrachten wir aber den inneren vom äußeren, so erhalten wir Abb. 41c. Im ersten Fall ist also die scheinbare Bahn konvex zur Sonne, im zweiten Fall konkav. Wir erhalten so den *Lambert*schen Satz von der Krümmung des geozentrischen Laufes. Danach wendet ein äußerer Planet immer die konvexe Seite seiner scheinbaren Bahn zur Sonne, ein innerer die konkave. Dieser Satz, der darauf beruht, daß die äußere Bahn schwächer gekrümmt ist, als die innere, läßt sich auch in ein mathematisches Gewand kleiden und endlich zu einer direkten Bestimmung der Entfernung ausgestalten, ein Punkt, der für die Bahnbestimmung von großer Wichtigkeit ist.

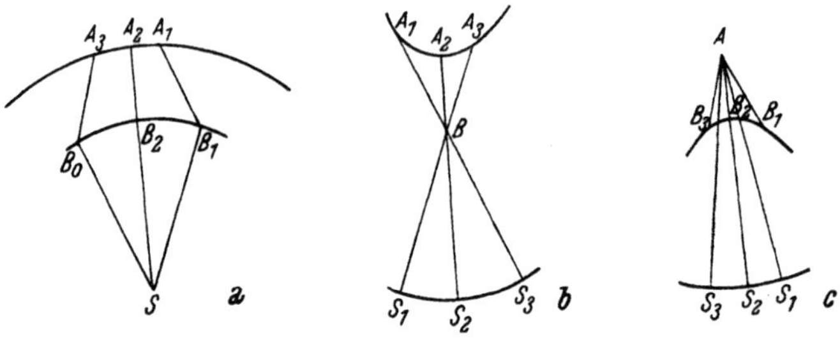

Abb. 41

Noch verwickeltere geozentrische Bahnen zeigen die Kometen, und zwar aus mehreren Gründen. Erstens kommen bei den Kometen auch große Neigungen vor. Sie bleiben also gewöhnlich nicht in der Nähe der Ekliptik. Manche sind sogar rückläufig; sie bewegen sich in der entgegengesetzten Richtung wie die Erde und die beiden Bewegungsrichtungen schließen dann einen Winkel $> 90^0$ ein. Zweitens sind die Bahnen Parabeln oder langgestreckte Ellipsen, die auch die Erdbahn kreuzen können, so daß sich die Kometen zeitweise wie äußere Planeten, zeitweise wie innere benehmen können.

Als Beispiel betrachten wir den *Halley*schen Kometen von 1910. Er ist ein periodischer Komet, der alle 75 Jahre die Sonnennähe passiert und eine stark elliptische Bahn beschreibt, die ihn in der Sonnenferne bis über die Neptunbahn hinausbringt.

Es ist einer der berühmtesten Kometen und ist im Laufe der Geschichte seit dem Jahre 87 v. Chr. bei jeder Wiederkehr beobachtet worden. Er ist rückläufig und besitzt eine Bahnneigung von 18^0 (oder, nach obiger Definition, 162^0).

Auf Grund genauer Berechnungen konnte der Komet an der berechneten Stelle schon im Herbst 1909 mit dem Fernrohr entdeckt werden; damals stand die Erde etwa im Frühlingspunkte.

In Abb. 42 ist die Bahn des Kometen im Verhältnis zur Erdbahn eingezeichnet. Am 20. I. ging der Komet durch den aufsteigenden Knoten seiner Bahn, hatte also etwa im Dezember eine Opposition zur Sonne passiert. Er stand nun in einer östlichen Quadratur und näherte sich von links der Sonne; war also ein Abendkomet. Am 26. III. ging der Komet hinter der Sonne vorbei, zeigte also eine obere Konjunktion und trat dann nach rechts als

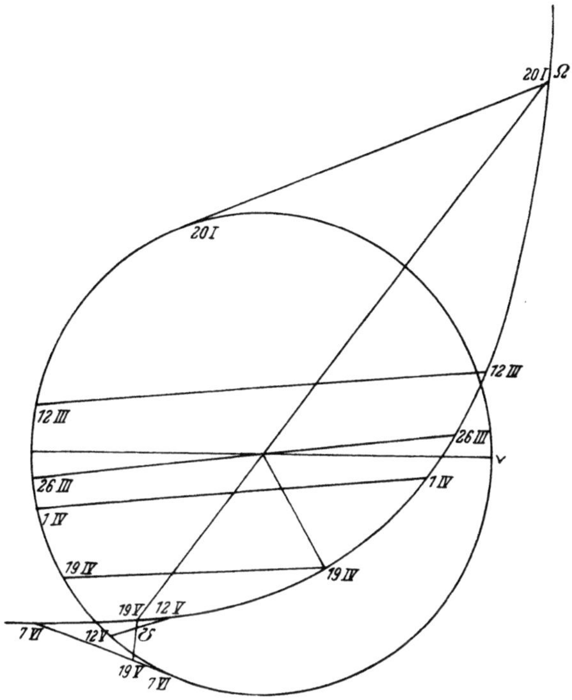

Abb. 42

Morgenkomet aus der Sonne. Es war dies die Zeit, da er einen ungeheuer langen Schweif entwickelte, der vom östlichen Horizont bis weit nach Westen reichte und etwa 150^0 lang war. Er war aber sehr lichtschwach, so daß bei Aufgang des Kometenkopfes der Schweif schon verblaßt war. Zwischen 12. und 19. V. 1910 passierte der Komet seinen absteigenden Knoten und näherte sich der Erde bis auf 23 Millionen km. Er ging vor der Sonnenscheibe vorbei, zeigte also eine untere Konjunktion und gleichzeitig einen Durchgang. Der Schweif des Kometen, der bei den meisten Kometen gerade von der Sonne weggewendet ist, mußte damals die Erde gestreift haben. Aber weder wurde der Komet vor der Sonne gesehen, noch konnte irgendeine Einwirkung des Schweifes auf die Zusammensetzung der Atmosphäre beobachtet werden.

Nach der unteren Konjunktion war er wieder ein Abendkomet, war einige Zeit gut sichtbar, entfernte sich nun aber rasch von der Erde und verschwand dann in der Ferne.

XII. Präzession und Nutation.

Wir haben bisher angenommen, daß unsere Fundamentalebenen: der Äquator und die Ekliptik im Raume fest sind. Dies ist aber nicht richtig; sowohl der Äquator wie die Ekliptik verschieben sich mit der Zeit, daher auch der Frühlingspunkt.

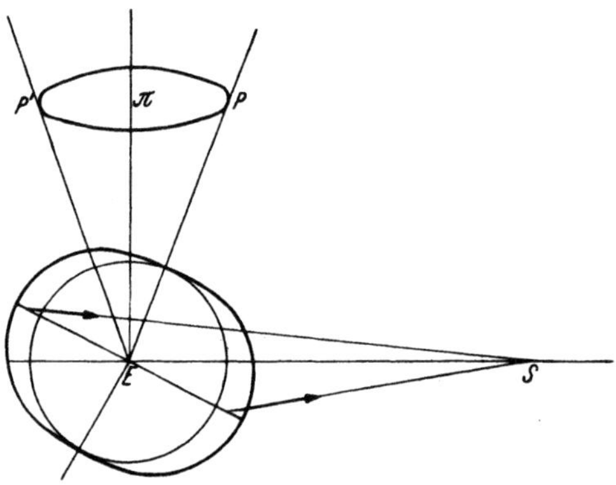

Abb. 43

Die Verschiebung des Äquators hat ihren Grund in der Anziehung von Sonne und Mond auf die abgeplattete Erde. Es sei (Abb. 43) *E* die abgeplattete Erde, in *S* die Sonne; dann ist die Anziehung auf den näher gelegenen Teil des Wulstes größer als die auf den ferner gelegenen Teil, daraus entsteht ein Drehmoment, welches den Äquator in die Ebene der Sonnenbahn, also die Ekliptik, zu verdrehen strebt.

Wäre die Erde eine Kugel, so würde ein solches Drehmoment nicht auftreten, denn die Anziehung auf eine Kugel wirkt so, als ob die ganze Masse im Schwerpunkt vereinigt wäre. Dieser bekannte Satz ist aber keineswegs selbstverständlich, denn auch die Kugel hat eine Vorderseite, die stärker angezogen wird als die Hinterseite. Erst die genaue Berechnung durch ein Integral klärt darüber auf. Für die abgeplattete Kugel aber vereinigt sich die Anziehung nicht mehr im Mittelpunkt, daher entsteht ein Drehmoment.

Hätte die Erde keine Rotation, so würde sie dem Drehmoment nachgeben und die Schiefe der Ekliptik würde abnehmen; da aber die Erde sich um ihre Achse dreht und dabei ein ungeheures Trägheitsmoment entwickelt, treten die Erscheinungen auf, die man als Kreisel- oder gyroskopische Erscheinungen bezeichnet. Sie bestehen darin, daß die Achse sich nicht aufrichten läßt, sondern nach der Seite ausweicht. Bei konstanter Kraft beschreibt die Achse bei gleichbleibender Neigung einen Kegel um eine Senkrechte zur Ekliptik als Achse.

Dazu wirkt außer der Sonne auch der Mond, der auch ein Körper ist, der die Erde im wesentlichen in der Ekliptik umkreist und der daher für sich allein dieselbe Erscheinung der Achsenbewegung, aber mit einer anderen Geschwindigkeit, erzeugen würde. Mit der Verschiebung der Achse verschiebt sich auch der Äquator und damit der Frühlingspunkt.

Da aber die Kräfte nicht konstant sind, weil die Sonne zu Zeiten näher steht, zu Zeiten aber ferner, ebenso wie der Mond, dessen Bahn nicht mit der Ekliptik zusammenfällt und der daher bald oberhalb der Ekliptik steht, bald unterhalb und überdies Knoten hat, die sich verschieben, entstehen periodische Schwankungen in der Schiefe der Ekliptik und in der Bewegung des Frühlingspunktes. Wir fassen den der Zeit proportionalen Teil dieser Erscheinung unter dem Namen Präzession zusammen, während wir die sämtlichen periodischen Glieder als Nutation bezeichnen.

Soweit die Präzession nur von Sonne und Mond abhängt, wird sie als Lunisolarpräzession bezeichnet und betrifft nur den Äquator. Aber auch die Ekliptik erleidet eine kleine Verschiebung, die durch Störungen von seiten der Planeten herbeigeführt wird. Sie beträgt etwa 0,5″ im Jahre, eine Größe, die sich mit den bekannten Planetenmaßen berechnen läßt, während sich die Lunisolar-Präzession wegen unserer Unkenntnis der Trägheitsmomente der

Erde nur aus Beobachtungen gewinnen läßt. Beide Erscheinungen zusammen heißen die allgemeine Präzession.

Da unsere Instrumente fest mit der Erde verbunden sind, so machen sie alle Veränderungen der Fundamentalebenen mit. Jede Beobachtung bezieht sich daher auf die momentane Lage der Fundamentalebenen und des Frühlingspunktes. Jede Beobachtung gehört also zu einem anderen Koordinatensystem und wir müssen daher Mittel besitzen, alle Beobachtungen auf das gleiche Koordinatensystem zu reduzieren.

Es seien in Abb. 44 A_0 und E_0 der Äquator und die Ekliptik zur Zeit $t = 0$, Υ_0 der zugehörige Frühlingspunkt. Infolge der Lunisolarpräzession (die Nutation lassen wir vorläufig außer acht)

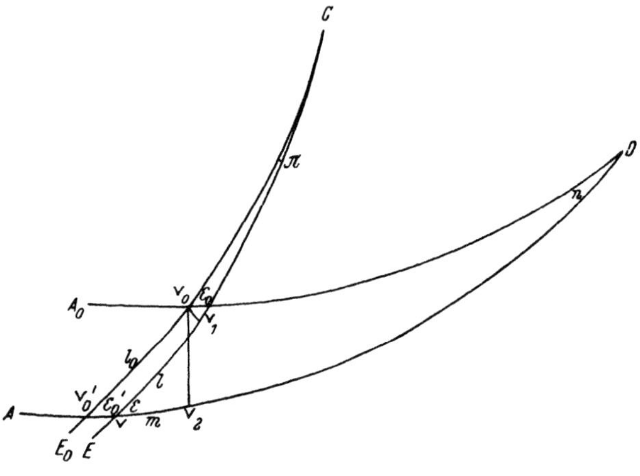

Abb. 44

verschiebt sich der Äquator während der Zeit t bis A und der Frühlingspunkt gelangt nach Υ_0', während die Schiefe der Ekliptik unverändert bleibt. Es sei

$$\Upsilon_0 \Upsilon_0' = l_0 = \lambda_0 t; \quad \varepsilon_0' = \varepsilon_0 = \text{const.} \tag{1}$$

Infolge der Planetenstörungen gelangt die Ekliptik in der gleichen Zeit nach E und der Frühlingspunkt nach Υ. Aus dieser kleinen Änderung der Schiefe folgt eine Änderung der Präzessionskraft und λ_0 und ε_0' bleiben nicht konstant. Es entstehen kleine Veränderungen zweiter Ordnung und aus Gl. (1) wird:

$$\begin{aligned} l_0 &= \lambda_0' t + \lambda_0'' t^2, \\ \varepsilon_0' &= \varepsilon_0 + \eta_0'' t^2. \end{aligned} \tag{2}$$

Die endgültigen Werte auf Grund der allgemeinen Präzession haben dann die Form:

$$\begin{aligned} \varepsilon &= \varepsilon_0 + \eta' t + \eta'' t^2, \\ l &= \lambda' t + \lambda'' t^2. \end{aligned} \tag{3}$$

Die Koeffizienten in diesen Ausdrücken können bis auf das η' nur aus Beobachtungen gewonnen werden und es ist nach *Oppolzer*, wenn t von 1850,0 in Julianischen Jahrhunderten von 36 525 Tagen gerechnet wird:

$$\begin{aligned} l &= 5023''\,572\,t + 1''\,1291\,t^2, \\ l_0 &= 5037''\,032\,t - 1''\,0888\,t^2, \\ \varepsilon &= 23^0\,27'\,31''\,83 - 47''592\,t - 0''\,0143\,t^2, \\ \varepsilon_0' &= 23^0\,27'\,31''\,83 \qquad\qquad + 0''\,0713\,t^2. \end{aligned} \tag{3'}$$

Bezeichnen wir den Bogen $C\,\Upsilon_0$ mit Π und drehen ihn um C, bis sein Ende nach Υ_1 kommt, so ist $\Upsilon_1\Upsilon = l$ die allgemeine Präzession. Ist ferner $\Upsilon\,\Upsilon_0' = c$ und der Winkel bei C gleich π, so geben die *Napier*schen Analogien nach der Substitution

$$\begin{aligned} a &= \Pi + l_0, & A &= 180^0 - \varepsilon, \\ b &= \Pi + l, & B &= \varepsilon_0', \\ c &= c, & C &= \pi, \end{aligned}$$

angewendet auf das sphärische Dreieck $C\,\Upsilon_0'\,\Upsilon$

$$\operatorname{ctg}\frac{\varepsilon - \varepsilon_0'}{2} = \frac{\cos\frac{1}{2}(l_0 - l)}{\cos\left(\Pi + \frac{l_0 + l}{2}\right)}\operatorname{ctg}\frac{\pi}{2},$$

$$\operatorname{ctg}\frac{\varepsilon + \varepsilon_0'}{2} = \frac{\sin\frac{1}{2}(l_0 - l)}{\sin\frac{1}{2}\left(\Pi + \frac{l_0 + l}{2}\right)}\operatorname{ctg}\frac{\pi}{2}$$

oder

$$\begin{aligned} \operatorname{tg}\frac{\pi}{2}\cos\left(\Pi + \frac{l_0 + l}{2}\right) &= \cos\frac{1}{2}(l_0 - l)\operatorname{tg}\frac{\varepsilon - \varepsilon_0'}{2}, \\ \operatorname{tg}\frac{\pi}{2}\sin\left(\Pi + \frac{l_0 + l}{2}\right) &= \sin\frac{1}{2}(l_0 - l)\operatorname{tg}\frac{\varepsilon + \varepsilon_0'}{2}. \end{aligned} \tag{4}$$

und abgekürzt wegen der Kleinheit der Winkel π, $l_0 - l$ und $\varepsilon - \varepsilon_0'$

$$\begin{aligned} \pi\cos\left(\Pi + \frac{l_0 + l}{2}\right) &= \varepsilon - \varepsilon_0', \\ \pi\sin\left(\Pi + \frac{l_0 + l}{2}\right) &= (l_0 - l)\operatorname{tg}\frac{\varepsilon + \varepsilon_0'}{2}. \end{aligned} \tag{5}$$

Nun ist nach Gl. (2) und (3)

$$\varepsilon - \varepsilon_0' = \eta' t + (\eta'' - \eta_0'') t^2 = A t + A' t^2,$$

$$\operatorname{tg} \frac{\varepsilon + \varepsilon_0}{2} = \operatorname{tg}\left(\varepsilon_0 + \frac{\eta'}{2} t + \frac{\eta'' + \eta_0''}{2} t^2\right) =$$

$$= \operatorname{tg} \varepsilon_0 + \frac{1}{\cos^2 \varepsilon_0}\left(\frac{\eta'}{2} t + \frac{\eta'' + \eta_0''}{2} t^2\right),$$

daher

$$l_0 - l = (\lambda_0' - \lambda') t + (\lambda_0'' - \lambda'') t^2,$$

$$(l_0 - l) \operatorname{tg} \frac{\varepsilon + \varepsilon_0'}{2} = (\lambda_0' - \lambda') \operatorname{tg} \varepsilon_0 \, . \, t + (\lambda_0'' - \lambda'') \operatorname{tg} \varepsilon_0 \, . \, t^2 +$$

$$+ \frac{(\lambda_0' - \lambda')}{2 \cos^2 \varepsilon_0} \eta' t^2 = B t + B' t^2.$$

Es ist daher

$$\begin{aligned} \pi \cos\left(\Pi + \frac{l_0 + l}{2}\right) &= A t + A' t^2, \\ \pi \sin\left(\Pi + \frac{l_0 + l}{2}\right) &= B t + B' t^2 \end{aligned} \tag{6}$$

daher

$$\pi^2 = (A t + A' t^2)^2 + (B t + B' t^2)^2 = (A^2 + B^2) t^2 + 2 (A A' +$$

$$+ B B') t^3 = (A^2 + B^2) t^2 \left(1 + 2 \frac{A A' + B B'}{A^2 + B^2} t\right)$$

oder

$$\pi = \sqrt{A^2 + B^2}\, t \left(1 + \frac{A A' + B B'}{A^2 + B^2} t\right). \tag{7}$$

Ferner aus Gl. (6)

$$\operatorname{tg}\left(\Pi + \frac{l + l_0}{2}\right) = \frac{B t + B' t^2}{A t + A' t^2} = \frac{B}{A} \frac{1 + \frac{B'}{B} t}{1 + \frac{A'}{A} t} =$$

$$= \frac{B}{A}\left(1 + \frac{B'}{B} t - \frac{A'}{A} t\right) = \frac{B}{A}\left(1 + \frac{A B' - A' B}{A B} t + \ldots\right).$$

Setzen wir nun

$$\Pi + \frac{l + l_0}{2} = \Pi_0 + \Delta \Pi,$$

so wird

$$\operatorname{tg}\left(\Pi + \frac{l + l_0}{2}\right) = \operatorname{tg}(\Pi_0 + \Delta \Pi) = \operatorname{tg} \Pi_0 + \frac{\Delta \Pi}{\cos^2 \Pi_0} =$$

$$= \frac{B}{A} + \frac{A B' - A' B}{A^2} t.$$

Ist also

$$\operatorname{tg} \Pi_0 = \frac{B}{A} \quad \text{so wird } \Delta \Pi = \frac{A B' - A' B}{A^2} \cos^2 \Pi_0 . t,$$

$\cos^2 \Pi_0$ können wir ersetzen durch

$$\cos^2 \Pi_0 = \frac{1}{1 + \operatorname{tg}^2 \Pi_0} = \frac{A^2}{A^2 + B^2},$$

somit

$$\Delta \Pi = \frac{A B' - A' B}{A^2 + B^2} t.$$

Endlich

$$\begin{aligned} \Pi + \frac{l + l_0}{2} &= \Pi_0 + \frac{A B' - A' B}{A^2 + B^2} t, \\ \Pi &= \Pi_0 + \frac{A B' - A' B}{A^2 + B^2} t - \frac{1}{2} (\lambda' + \lambda_0') t. \end{aligned} \tag{8}$$

Nun bleibt noch c zu entwickeln. Es ist

$$\begin{aligned} \sin c : \sin (\Pi + l) &= \sin \pi : \sin \varepsilon_0', \\ \sin c &= \frac{\sin \pi \sin (\Pi + l)}{\sin \varepsilon_0'}, \end{aligned} \tag{9}$$

$\sin \pi \sin (\Pi + l)$ können wir ersetzen durch

$$\pi \sin \left(\Pi + \frac{l + l_0}{2} + \frac{l - l_0}{2} \right) =$$

$$= \pi \left[\sin \left(\Pi + \frac{l + l_0}{2} \right) + \cos \left(\Pi + \frac{l + l_0}{2} \right) \sin \frac{l - l_0}{2} \right]$$

oder nach Gl. (4)

$$= (l_0 - l) \operatorname{tg} \frac{\varepsilon + \varepsilon_0'}{2} + (\varepsilon - \varepsilon_0') \frac{l - l_0}{2} =$$

$$= (l_0 - l) \left(\operatorname{tg} \frac{\varepsilon + \varepsilon_0'}{2} - \frac{\varepsilon - \varepsilon_0'}{2} \right).$$

Ersetzen wir $(\varepsilon - \varepsilon_0')/2$ durch $\operatorname{tg} (\varepsilon - \varepsilon_0')/2$, wodurch nur die Glieder dritter Ordnung betroffen werden, so finden wir weiter

$$= (l_0 - l) \frac{\sin \varepsilon_0'}{\cos \frac{\varepsilon + \varepsilon_0'}{2} \cos \frac{\varepsilon - \varepsilon_0'}{2}} = \frac{(l_0 - l) \sin \varepsilon_0'}{\cos \frac{\varepsilon + \varepsilon_0'}{2}}$$

Daher nach Gl. (8)

$$c = \frac{l_0 - l}{\cos\frac{\varepsilon + \varepsilon_0'}{2}} = \frac{(\lambda_0' - \lambda')\,t + (\lambda_0'' - \lambda'')\,t^2}{\cos\left(\varepsilon_0 + \frac{\eta'}{2}\,t + \frac{\eta'' + \eta_0''}{2}\,t^2\right)} =$$

$$= \frac{(\lambda_0' - \lambda')\,t + (\lambda_0'' - \lambda'')\,t^2}{\cos\varepsilon_0 - \sin\varepsilon_0\left(\frac{\eta'}{2}\,t \ldots\right)} = \tag{10}$$

$$= \frac{(\lambda_0' - \lambda')\,t}{\cos\varepsilon_0}\left(1 + \operatorname{tg}\varepsilon_0\,\frac{\eta'}{2}\,t\right) + \frac{\lambda_0'' - \lambda''}{\cos\varepsilon_0}\,t^2.$$

Setzen wir die numerischen Werte Gl. (3′) ein, so wird aus Gl. (7), (9) und (10)

$$\begin{aligned} \Pi &= 173^0\,0'\,12'' - 868''\,3\,t + 0''11\,t^2, \\ \pi &= 47''\,951\,t - 0''0325\,t^2, \\ c &= 14''673\,t - 2''4184\,t^2. \end{aligned} \tag{11}$$

Wir führen nun eine ähnliche Rechnung für den Äquator durch. Es sei $D\Upsilon_0 = P$. Legen wir P auf den Äquator hinunter, so daß der Endpunkt nach Υ_2 kommt und bezeichnen $\Upsilon\,\Upsilon_2$ mit m, so ist $D\,\Upsilon_0' = P + m + c$. Durch die Substitution:

$$\begin{aligned} a &= P + c + m, \qquad & A &= 180^0 - \varepsilon_0, \\ b &= P, & B &= \varepsilon_0', \\ c &= l_0, & C &= n \end{aligned}$$

werden die Gl. I (16)

$$\begin{aligned} \operatorname{tg}\left(P + \frac{m+c}{2}\right) &= \frac{\sin\frac{\varepsilon_0 + \varepsilon_0'}{2}}{\sin\frac{\varepsilon_0 - \varepsilon_0'}{2}}\,\operatorname{tg}\frac{l_0}{2} \\ \operatorname{tg}\frac{m+c}{2} &= \frac{\cos\frac{\varepsilon_0 + \varepsilon_0'}{2}}{\cos\frac{\varepsilon_0 - \varepsilon_0'}{2}}\,\operatorname{tg}\frac{l_0}{2}. \end{aligned} \tag{12}$$

Wegen des kleinen Divisors $\sin(\varepsilon_0 - \varepsilon_0')/2$, der von der zweiten Ordnung ist, wird $\operatorname{tg}[P + (m+c)/2]$ sehr groß, P also nahe 90^0. Wir setzen $P = 90^0 - p$ und erhalten mit Hilfe von Gl. (2) und (3)

$$\operatorname{tg}\left(p-\frac{m+c}{2}\right)=\frac{\sin\frac{\varepsilon_0-\varepsilon_0'}{2}}{\sin\frac{\varepsilon_0+\varepsilon_0'}{2}}\operatorname{ctg}\frac{l_0}{2}=\frac{-\frac{\eta_0''}{2}t^2}{\sin\left(\varepsilon_0+\frac{\eta_0''}{2}t^2\right)}\,\frac{1}{\frac{\lambda_0'}{2}t+\frac{\lambda_0''}{2}t^2}=$$

$$=-\frac{\eta_0''t}{\sin\varepsilon_0\,\lambda_0'\left(1+\frac{\lambda_0''}{\lambda_0'}t\right)}=-\frac{\eta_0''\,t}{\lambda_0'\sin\varepsilon_0}\left(1-\frac{\lambda_0''}{\lambda_0'}t\right).$$

Aus der zweiten Gl. (12) folgt:

$$m+c=\frac{\cos\left(\varepsilon_0+\frac{\eta_0''}{2}t^2\right)}{\cos\frac{\eta_0''}{2}t^2}\,l_0=\cos\varepsilon_0\,(\lambda_0'\,t+\lambda_0''\,t^2).$$

Daher nach Gl. (10)

$$m=\cos\varepsilon_0\,(\lambda_0'\,t+\lambda_0''\,t^2)-\frac{(\lambda_0'-\lambda')\,t}{\cos\varepsilon_0}\left(1+\operatorname{tg}\varepsilon_0\frac{\eta'}{2}t\right)-$$
$$-\frac{\lambda_0''-\lambda''}{\cos\varepsilon_0}t^2 \qquad (13)$$

und

$$p=-\frac{\eta_0''\,t}{\lambda_0'\sin\varepsilon_0}\left(1-\frac{\lambda_0''}{\lambda_0'}t\right)+\cos\varepsilon_0\,(\lambda_0'\,t+\lambda_0''\,t^2). \qquad (14)$$

Endlich ist noch

$$\sin P:\ \sin l_0=\sin\varepsilon_0':\sin n$$

oder

$$n=\frac{l_0\sin\varepsilon_0'}{\sin P}=\frac{(\lambda_0'\,t+\lambda_0''\,t^2)\left(\sin\varepsilon_0+\frac{\eta_0''}{2}t^2\right)}{\cos p}=(\lambda_0't+\lambda_0''\,t^2)\sin\varepsilon_0. \qquad (15)$$

Setzen wir die numerischen Werte ein, so finden wir

$$\begin{aligned}P&=90^0-2303''\,0\,t-0''31\,t^2,\\ m&=4606''\,29\,t+1''4196\,t^2,\\ n&=2005''\,193\,t-0''4334\,t^2.\end{aligned} \qquad (16)$$

Diese Größen Π, π, c und P, m, n, die nun alle nach der Zeit entwickelt sind, werden als Präzessionsgrößen bezeichnet und bilden die Grundlagen für die Berechnung der Veränderungen der Koordinaten.

Es sei in Abb. 45 E_0 und E die Lage der Ekliptik zur Zeit 0 und zur Zeit t, F_0 und F die zugehörigen Pole. C derselbe Schnittpunkt wie in Abb. 44; dann sind die Bogen $F_0\,C$ und $F\,C$ gleich 90^0, aber auch die Winkel $C F_0 F$ und $C F F_0$ sind 90^0. Geht man auf E_0 von C um Π zurück, so kommt man nach Abb. 44 auf Υ_0, gehen wir dagegen auf E um $\Pi + l$ zurück, so kommt man auf Υ.

Ist nun S ein beliebiger Stern, so steht der Bogen $F_0 S$ auf E_0 in T_0 senkrecht; $S T_0$ ist die Breite β_0 und $\Upsilon_0 T_0$ die Länge λ_0

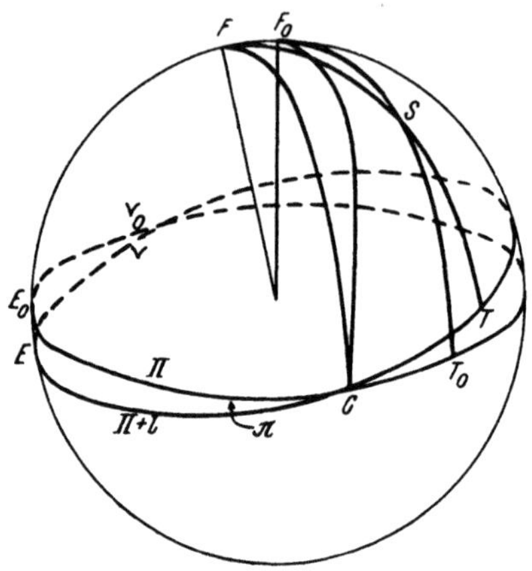

Abb. 45

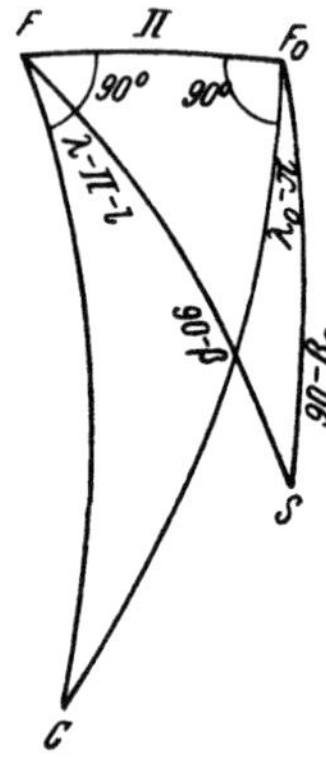

Abb. 46

und der Bogen $C T_0$ oder der Winkel $C F_0 T_0 = \lambda_0 - \Pi$. Ebenso ist $S T = \beta$; $\Upsilon T = \lambda$ und $C T = \lambda - (\Pi + l)$. Es ist daher in dem Dreiecke $F F_0 S$ (Abb. 46) der Winkel bei F_0 : $90^0 + (\lambda_0 - \Pi)$, bei F : $90^0 - (\lambda - \Pi - l)$; ferner ist $F F_0 = T C T_0 = \pi$ und $S F_0 = 90^0 - \beta_0$, $S F = 90^0 - \beta$. Damit finden wir nach den Gl. I (2)

$$\begin{aligned} \cos\beta \sin(\lambda - \Pi - l) &= \sin\beta_0 \sin\pi + \cos\beta_0 \cos\pi \sin(\lambda_0 - \Pi), \\ \cos\beta \cos(\lambda - \Pi - l) &= \cos\beta_0 \cos(\lambda_0 - \Pi), \\ \sin\beta &= \sin\beta_0 \cos\pi - \cos\beta_0 \sin\pi \sin(\lambda_0 - \Pi). \end{aligned} \tag{17}$$

Man kann in allen Fällen in diesen Formeln $\cos\pi = 1$ setzen; man kann sie dann immer noch als ganz streng betrachten und die Präzession auf mehrere Jahrtausende berechnen. Für kleinere Zeiträume aber kann man noch weitere Vernachlässigungen vornehmen. Wir multiplizieren die erste Gl. mit $\cos(\lambda_0 - \Pi)$, die zweite mit $\sin(\lambda_0 - \Pi)$ und subtrahieren die untere von der oberen; dann multiplizieren wir mit $\sin(\lambda_0 - \Pi)$, resp. $\cos(\lambda_0 - \Pi)$ und addieren, so wird:

$$\cos\beta \sin(\lambda - \Pi - l - \lambda_0 + \Pi) = \sin\beta_0 \sin\pi \cos(\lambda_0 - \Pi),$$
$$\cos\beta \cos(\lambda - \Pi - l - \lambda_0 + \Pi) = \cos\beta_0 + \sin\pi \sin\beta_0 \sin(\lambda_0 - \Pi),$$
$$\sin\beta = \sin\beta_0 - \sin\pi \cos\beta_0 \sin(\lambda_0 - \Pi) \tag{18}$$

oder mit einigen Vernachlässigungen

$$\cos\beta(\lambda - l - \lambda_0) = \pi \sin\beta_0 \cos(\lambda_0 - \Pi),$$
$$\lambda - l - \lambda_0 = \pi \operatorname{tg}\beta_0 \cos(\lambda_0 - \Pi),$$

wobei wir $\cos\beta$ mit $\cos\beta_0$ vertauschen dürfen. Aus der dritten Gl. (18) bilden wir:

$$\sin\beta = \sin(\beta_0 + \Delta\beta) = \sin\beta_0 + \cos\beta_0 \Delta\beta =$$
$$= \sin\beta_0 - \pi \cos\beta_0 \sin(\lambda_0 - \Pi),$$

somit haben wir

$$\Delta\lambda = \lambda - \lambda_0 = l + \pi \operatorname{tg}\beta_0 \cos(\lambda_0 - \Pi),$$
$$\Delta\beta = \beta - \beta_0 = -\pi \sin(\lambda_0 - \Pi). \tag{19}$$

Wenn wir π ganz vernachlässigen, uns also auf die Lunisolar-Präzession beschränken, so bleibt uns

$$\lambda - \lambda_0 = l = l_0,$$
$$\beta - \beta_0 = 0. \tag{20}$$

Wenn es auf keine große Genauigkeit ankommt, so kann man mit diesen letzten Gl. die Präzession selbst auf lange Zeiten berechnen, z. B. zum Vergleich mit antiken oder chinesischen Beobachtungen, die selbst keine große Genauigkeit haben.

11. Beispiel: Welche Rektaszension und Deklination hatte α crucis vor 4 000 Jahren? Wir können uns hier auf eine Genauigkeit von einigen Zehntel Graden beschränken. Das Jahrbuch 1943 gibt für α crucis die Koordinaten $= 12^h\, 23^m\, 25^s = 185^0 9$, $\delta = -62^0 8$. In Ekliptik-Koordinaten $\lambda = 221^0 1$, $\beta = -52^0 9$. Die Längenänderung in 4 000 Jahren ist $5\ 037''032 \cdot 40 = 55^0 9$, um welchen Betrag die Länge damals kleiner war. Wenn wir nun die Koordinaten $\lambda = 221^0 1 - 55^0 9 = 165^0 2$ und $\beta = -52^0 9$ wieder in Rektaszension und Deklination zurückverwandeln, erhalten wir:

$$\alpha = 141^0 7 = 9^h\, 45^m \qquad \delta = -42^0 0.$$

Die Deklination war also fast 21⁰ kleiner; südlich von 48⁰ nördlicher Breite war also das südliche Kreuz nicht mehr unsichtbar, während man heute bis in die Breite des mittleren Ägypten reisen muß, um das schöne Sternbild tief am Südhimmel zu sehen.

Will man die entsprechenden Formeln in Rektaszension und Deklination ableiten, so brauchen wir nur die Buchstaben zu verändern. Wir ersetzen der Reihe nach

$$\lambda\, \beta\, \lambda_0\, \beta_0\, \Pi\, \pi\, l$$

durch

$$\alpha\, \delta\, \alpha_0\, \delta_0\, P\, n\, m$$

und erhalten

$$\begin{aligned} \cos\delta \sin(\alpha - P - m) &= \sin\delta_0 \sin n + \cos\delta_0 \cos n \sin(\alpha_0 - P), \\ \cos\delta \cos(\alpha - P - m) &= \cos\delta_0 \cos(\alpha_0 - P), \\ \sin\delta &= \sin\delta_0 \cos n - \cos\delta_0 \sin n \sin(\alpha_0 - P). \end{aligned} \tag{21}$$

Für längere Zeit und für Sterne, die näher am Pole liegen, darf man diese Gl. nicht weiter abkürzen, denn die Größe n ist nicht so klein wie das π. Für kürzere Zeiträume aber erhält man nach Gl. (19)

$$\begin{aligned} \alpha - \alpha_0 &= m + n \operatorname{tg}\delta \cos(\alpha_0 - P), \\ \delta - \delta_0 &= -n \sin(\alpha_0 - P). \end{aligned}$$

Da nun P nahe gleich 90^0 ist, so folgt

$$\begin{aligned} \alpha - \alpha_0 &= m + n \operatorname{tg}\delta_0 \sin\alpha_0, \\ \delta - \delta_0 &= -n \cos\alpha_0. \end{aligned} \tag{22}$$

Die hier aufgestellten Formeln gestatten die Präzession zu berechnen für einen beliebigen Zeitpunkt, gerechnet von 1850,0. Wir wollen nun Formeln ableiten, die die Präzession von einem beliebigen anderen Ausgangspunkt abzuleiten gestatten, so daß also m und n erst in diesem Zeitpunkt von Null beginnen. Es sei also für zwei Zeitpunkte t_1 und t_2

$$\begin{aligned} m_1 &= \mu' t_1 + \mu'' t_1^2, \\ m_2 &= \mu' t_2 + \mu'' t_2^2. \end{aligned}$$

Die Werte von m beginnen im Jahre 1850 mit 0. Dann ist, beginnend mit t_1,

$$\begin{aligned} m = m_2 - m_1 &= \mu'(t_2 - t_1) + \mu''(t_2^2 - t_1^2). \\ &= \mu'(t_2 - t_1) + \mu''(t_2^2 - 2t_2 t_1 + t_1^2 + 2t_2 t_1 - 2t_1^2), \\ &= \mu'(t_2 - t_1) + \mu''[(t_2 - t_1)^2 + 2t_1(t_2 - t_1)] = \\ &= (t_2 - t_1)(\mu' + 2\mu'' t_1) + \mu''(t_2 - t_1)^2. \end{aligned}$$

Hier wird also für $t_2 = t_1$: $m = 0$.

Führt man diese Rechnung auch für die anderen Größen durch, so erhält man die folgenden Ausdrücke, in denen nun das tropische Jahr als Zeiteinheit gewählt ist:

$$m = [46'' \, 059\,31 + 0'' \, 000\,283\,91\, t_1 + 0'' \, 000\,000\,000\,88\, t_1^2]\,(t_2 - t_1) + $$
$$+ [0'' \, 000\,141\,95 + 0'' \, 000\,000\,000\,88\, t_1]\,(t_2 - t_1)^2 +$$
$$+ 0'' \, 000\,000\,365\,7\,(t_2 - t_1)^3.$$
$$n = [20'' \, 051\,50 - 0'' \, 000\,086\,69\, t_1 - 0'' \, 000\,000\,000\,48\, t_1^2]\,(t_2 - t_1)$$
$$+ [- 0'' \, 000\,043\,34 - 0'' \, 000\,000\,000\,48\, t_1]\,(t_2 - t_1)^2 -$$
$$- 0'' \, 000\,000\,041\,82\,(t_2 - t_1)^3.$$
$$P = 90^0 + (- 23'' \, 030 - 0{,}000\,142\, t_1)\,(t_2 - t_1) - 0{,}000\,031\,(t_2 - t_1)^2. \qquad (23)$$

Hier sind auch die höheren Glieder nach *Oppolzer* angesetzt, auf die auch der Umstand Einfluß nimmt, daß die zwei Größen m_1 und m_2 nicht in der gleichen Ebene liegen und die Winkel n_1 und n_2 nicht die gleichen Scheitel haben.

Mit Hilfe der Formel (22) können wir für kurze Zeit zum Beispiel für ein Jahr die Präzession mit hinlänglicher Genauigkeit berechnen. Man kann aber durch Einführung eines Integrationsverfahrens die Brauchbarkeit der Formel sehr viel weiter ausdehnen. Wir setzen die Präzession für kurze Zeit als Differential an:

$$d\alpha = (m + n \operatorname{tg} \delta \sin \alpha)\, dt,$$

wo wir m und n aus Gl. (23) für $t_2 - t_1 = 1$ Jahr nehmen. Ebenso sei

$$d\delta = n \cos \alpha \, dt.$$

Wenn wir nun $d\alpha/dt$ und $d\delta/dt$ als Funktion der Zeit betrachten, derart, daß wir für jeden Augenblick die zugehörigen Werte nehmen, erhalten wir:

$$\alpha_2 - \alpha_1 = \int_{t_1}^{t_2} \frac{d\alpha}{dt}\, dt = \int_{t_1}^{t_2} (m + n \operatorname{tg} \delta \sin \alpha)\, dt.$$

Wir entwickeln nun die Funktion $f(t) = m + n \operatorname{tg} \delta \sin \alpha$ in eine *Taylor*sche Reihe:

$$f(t) = f(t_1) + (t - t_1)\, f'(t_1) + \frac{1}{2}(t - t_1)^2 f''(t_1) + \ldots.$$

Durch Integration ergibt sich dann

$$\alpha_2 - \alpha_1 = f(t_1)\,(t_2 - t_1) + \frac{(t_2 - t_1)^2}{2} f'(t_1) + \frac{(t_2 - t_1)^3}{6} f''(t_1) + \ldots$$

Es wird nun

$$f'(t_1) = m' + n' \operatorname{tg} \delta \sin \alpha + \frac{n}{\cos^2 \delta} \sin \alpha \frac{d\delta}{dt} + n \operatorname{tg} \delta \cos \alpha \frac{d\alpha}{dt}.$$

Für $d\alpha/dt$ und $d\delta/dt$ führen wir wieder die Werte aus Gl. (22) ein:

$$\begin{aligned} f'(t_1) &= m' + n' \operatorname{tg} \delta \sin \alpha + \frac{n}{\cos^2 \delta} \sin \alpha \, . \, n \cos \alpha + \\ &\quad + n \operatorname{tg} \delta \cos \alpha \, (m + n \operatorname{tg} \delta \sin \alpha) = \\ &= m' + n' \operatorname{tg} \delta \sin \alpha + n^2 \sin \alpha \cos \alpha \, (1 + \operatorname{tg}^2 \delta) + \\ &\quad + n \operatorname{tg} \delta \cos \alpha \, (m + n \operatorname{tg} \delta \sin \alpha) = \\ &= m' + n^2 \sin \alpha \cos \alpha + \operatorname{tg} \delta \, (n' \sin \alpha + n \, m \cos \alpha) + \\ &\quad + \operatorname{tg}^2 \delta \, 2 \, n^2 \sin \alpha \cos \alpha. \end{aligned} \tag{24}$$

Wenn wir die numerischen Werte aus Gl. (23) nehmen, so müssen die quadratischen Glieder in m und n den Faktor $1/\omega = 1/206\,265$ erhalten. Ebenso wird für:

$$\begin{aligned} f(t) &= n \cos \alpha, \\ f'(t) &= n' \cos \alpha - n \sin \alpha \, (m + n \operatorname{tg} \delta \sin \alpha), \\ &= n' \cos \alpha - n \, m \sin \alpha - n^2 \sin^2 \alpha \operatorname{tg} \delta. \end{aligned} \tag{25}$$

Wir setzen

$$\begin{aligned} m + n \operatorname{tg} \delta \sin \alpha &= p_1, \\ m' + n^2 \sin \alpha \cos \alpha + \operatorname{tg} \delta \, (n' \sin \alpha + n \, m \cos \alpha) &+ \\ + \operatorname{tg}^2 \delta \, . \, 2 \, n^2 \sin \alpha \cos \alpha = \frac{p_2}{200}, \qquad n \cos \alpha &= q_1 \end{aligned} \tag{26}$$

und

$$n' \cos \alpha - n \, m \sin \alpha - n^2 \sin^2 \alpha \operatorname{tg} \delta = \frac{q_2}{100}.$$

Entwickelt man noch die Glieder dritter Ordnung, so erhält man endlich

$$\begin{aligned} \alpha_2 &= \alpha_1 + p_1 (t_2 - t_1) + \frac{p_2}{200} (t_2 - t_1)^2 + \frac{p_3}{6000} (t_2 - t_1)^3, \\ \delta_2 &= \delta_1 + q_1 (t_2 - t_1) + \frac{q_2}{200} (t_2 - t_1)^2 + \frac{q_3}{6000} (t_2 - t_1)^3. \end{aligned} \tag{27}$$

p_1 und q_1 werden als variatio annua bezeichnet, p_2 und q_2 als variatio saecularis, das dritte Glied spielt wegen des Auftretens von $\operatorname{tg} \delta$ nur bei Sternen in der Nähe des Poles eine Rolle. Die Einführung der Divisoren 100 und 1000 bezweckt nur eine Platzersparnis.

Mit Hilfe der gegebenen Formeln berechnet man in sehr einfacher Weise die Präzession für ganze Jahre; man braucht aber auch die Präzession für Jahrbruchteile. Hier stößt man aber auf die Schwierigkeit, daß unsere Kalenderjahre verschieden lang sind. Als Einheit wählen wir das tropische Jahr, das ist die Zeit, die die Sonne braucht, um wieder zum Frühlingspunkt zurückzukommen. Diese Zeit ist etwas kürzer als das siderische Jahr, nach welchem die Sonne zu denselben Sternen zurückkehrt, da der Frühlingspunkt entgegenrückt. In der Tat ist für die Sonne

das siderische Jahr 365,2564 mittl. Tage,
das tropische Jahr 365,2422 mittl. Tage.

Der Anfang des tropischen Jahres, der den Ausgangspunkt für die Zählung der Jahresbruchteile bilden soll, fällt alle Jahre auf eine andere Tagesstunde, die also vorerst bestimmt werden muß. Es muß aber zunächst definiert werden, was man unter dem Anfang des tropischen Jahres zu verstehen hat. Wir setzen fest, daß das tropische Jahr beginnt, wenn die mittlere Länge der Sonne 280^0 beträgt.

Nach *Leverrier* ist die mittlere Länge der Sonne für Paris 1850 Jan. 1,0:

$$280^0\,46'\,43''\,51. \qquad (28)$$

Die mittlere Länge der Sonne ist also in diesem Augenblick um $2803''\,51$ größer als 280^0. Nun ist die mittlere tropische Bewegung der Sonne $= 3548''\,19$. Der Beginn des tropischen Jahres liegt somit um $\frac{2803,51}{3548,19} = 0,7901$ Tage vor Jän. 1,0, somit bei Jän. 0,2099. Daher fallen die weiteren Anfänge auf

$$\text{Jän. } 0,2099 + 365^d\,2422\,(N - 1850), \qquad (29)$$

wo N die Jahreszahl ist. Um Stunde und Datum herauszubekommen, brauchen wir wieder die Zahl der verflossenen Tage, für die wir den Ausdruck Gl. VII (6) abgeleitet haben:

$$(N - 1850)\,365,25 + 14,5 - 3\varrho - \sigma - \frac{r}{4}. \qquad (30)$$

Wenn wir diesen Ausdruck von Gl. (29) subtrahieren, so erhalten wir das Datum und den Tagesbruchteil für den Anfang des tropischen Jahres:

$$s = \left(0,2099 - 0,0078\,(N - 1850) - 14,5 + 3\varrho + \sigma + \frac{r}{4}\right)$$

Jänner Pariser-Zeit.

Nach Greenwichzeit ist der Beginn um $9^m\,21^s$ früher: das gibt eine Korrektion von $-0,0064$ Tagen.

Es ist also für Greenwich:

$$s = 0,2034 - 0,0078\,(N - 1850) - 14,5 + 3\varrho + \sigma + \frac{r}{4}. \qquad (31)$$

Der Beginn des tropischen Jahres wird als annus fictus bezeichnet. Von hier also sind die Jahresbruchteile zu rechnen. Man findet sie für 0^h 0 Weltzeit jeden Tages im Jahrbuch.

Wenn wir das tropische Jahr zur Grundlage des Kalenders machen, so geschieht dies deshalb, weil nur so die Jahreszeiten und der Jahresanfang in der gleichen Beziehung bleiben. Da die Sternzeit der Stundenwinkel des Frühlingspunktes ist, dieser aber durch die Präzession verschoben wird, so folgt, daß in die Sternzeit die Präzession eingerechnet ist.

Durch die Präzession ändert sich der Anblick des Himmels im Laufe der Jahrhunderte sehr bedeutend. Der Frühlingspunkt rückt jährlich um zirka $50''$ zurück, so daß alle Längen um diesen Betrag wachsen. Daher haben die Alten dieser Erscheinung den Namen Präzession, d. i. Vorrückung, gegeben. 26 000 Jahre, ein sogenanntes Platonisches Jahr, dauert es, bis der Frühlingspunkt die ganze Ekliptik durchwandert hat und wieder im Ausgangspunkt anlangt. Er steht heute in den Fischen, während er im Altertum noch im Widder stand. Daher werden die Sterne, die heute im Sommer am Himmel sichtbar sind, zu Wintergestirnen werden und umgekehrt. Da aber dabei im wesentlichen sich der Äquator bewegt, während die Ekliptik feststeht, so bleibt der Pol der Ekliptik immer bei den gleichen Sternen, dagegen beschreibt der Pol des Äquators einen Kreis von $23^{\circ}\!\!'5$ Radius, in dessen Mitte der Pol der Ekliptik fällt. Die Achse der Erde wird daher nicht immer nach unserem jetzigen Polarstern (α ursae minoris) weisen. Heute rückt dieser Stern noch immer näher an den Pol, dann aber wird er wieder abrücken und es werden andere Sterne so nahe an den Pol kommen, daß man sie als Polsterne bezeichnen kann. Darunter werden auch sehr helle Sterne sein. Es kommen der Reihe nach: γ, β, α Cephei, α cygni, α lyrae, ι, τ Herculis, ι, α, $\varkappa$ Draconis. Dann würde, wenn sich die Sterne nicht durch ihre Eigenbewegung verschoben hätten, wieder α ursae min. Polarstern werden. Wir sehen, daß der Pol zu Sternen kommt, die heute eine ziemlich kleine Deklination besitzen. Es werden sich daher die Deklinationen aller Sterne ändern. Da $d\delta = n \cos \alpha \,.\, d t$ ist, so werden alle Sterne zwischen 6^h und 18^h ihre Deklination verkleinern, die anderen vergrößern. So wird z. B. bei Homer erzählt, daß den Sternen der großen Bärin versagt ist, sich im Ozean zu baden; sie waren also damals in Griechenland zirkumpolar, heute gilt dies nicht mehr. Wenn wir bedenken, daß nach Verlauf einer halben Periode, also von 13 000 Jahren, der Deklinationsunterschied auf $2 \times 23^0 5 = 47^0$ ansteigen wird, so wird der Himmel einen Anblick bieten, wie wenn wir ihn uns so verdreht denken, daß α lyrae in den Pol kommt. Da müssen im Sommer Gestirne auftauchen, die heute unsichtbar sind, etwa die Gegend des südlichen Kreuzes, während das schöne Wintergestirn des Orion und der Sirius für uns versunken wären.

Die Nutation ist die gleiche physikalische Erscheinung wie die Präzession, nur sammeln wir darin alle Glieder, die von den periodischen Veränderungen der störenden Kräfte herrühren. Die Hauptglieder sind nach *Peters* für 1900.

$$\begin{aligned}\Delta\lambda = &- 17''2577 \sin \text{☊} + 0''\,2073 \sin 2\,\text{☊} - 1''\,2693 \sin 2\odot - \\ &- 0''\,2041 \sin 2\,\text{☾} + 0''\,1275 \sin(\odot - \pi) - \\ &- 0''\,0213 \sin(\odot + \pi) + 0''0677 \sin(\text{☾} - \pi). \qquad (32)\\ \Delta\varepsilon = &\quad 9''\,2240 \cos \text{☊} - 0''\,0896 \cos 2\,\text{☊} + 0''\,5506 \cos 2\odot + \\ &+ 0''\,0886 \cos 2\,\text{☾} + 0''\,0092 \cos(\odot + \pi).\end{aligned}$$

☊ = Länge des Mondknotens,
$\odot$ = mittlere Länge der Sonne,
☾ = mittlere Länge des Mondes,
π = Länge des Perigäums des Mondes.

Der Koeffizient von cos ☊ in $\Delta\varepsilon$ wird als Nutationskonstante bezeichnet.

Abb. 47

Oppolzer gibt in seiner großen Arbeit über die Präzession und Nutation[1] für $\Delta\lambda$ 23, für $\Delta\varepsilon$ 15 Glieder. Infolge dieser kleinen Störungen beschreibt der Pol um seine Mittellage eine kleine Ellipse mit den Achsen $10''\,05 \cos 2\varepsilon$ und $10''\,05 \cos\varepsilon$ und einer Periode von 18,6 Jahren, d. i. die Zeit, die der Mondknoten braucht, um einen vollen Umlauf zu machen. Diese Bewegung lagert sich über die Präzessionsbewegung. Infolgedessen beschreibt der Pol keinen genauen Kreis, sondern eine Wellenlinie (Abb. 47).

[1] *Oppolzer Th. v.*, Lehrbuch zur Bahnbestimmung von Planeten und Kometen, 1. Bd., 2. Aufl.

Da alle diese Glieder nur von Sonne und Mond abhängen, so bewirken sie keine Änderung der Ekliptik. Die Breite bleibt also konstant, die Länge ändert sich um $\Delta\,\lambda$.

Um die Veränderungen in Rektaszension und Deklination zu finden, verwenden wir das Dreieck aus Abb. 10 und die Differentialformeln I (17) und (18).

Man findet

$$\begin{aligned} d\delta &= \sin\alpha\,\Delta\,\varepsilon + \cos\alpha\sin\varepsilon\,\Delta\,\lambda, \\ \cos\delta\,d\alpha &= -\sin\delta\cos\alpha\,\Delta\,\varepsilon + \cos\eta\cos\beta\,\Delta\,\lambda \end{aligned} \tag{33}$$

oder nach Gl. III (3)

$$\cos\delta\,d\alpha = -\sin\delta\cos\alpha\,\Delta\,\varepsilon + (\cos\varepsilon\cos\delta + \sin\varepsilon\sin\delta\,\sin\alpha)\,\Delta\,\lambda$$

und somit

$$d\alpha = -\operatorname{tg}\delta\cos\alpha\,\Delta\,\varepsilon + (\cos\varepsilon + \sin\varepsilon\operatorname{tg}\delta\sin\alpha)\,\Delta\,\lambda. \tag{33'}$$

Der Frühlingspunkt bewegt sich also nicht gleichmäßig, aber diese kleine Unregelmäßigkeit, die dadurch in der Sternzeit entsteht und die auf etwa $\pm\ 1^s$ in 18,6 Jahren steigt, hat man bisher vernachlässigt, da unsere Uhren nicht genau genug gehen, doch hofft man, daß die neuen Quarz- und Short-Uhren diesen Fehler in der Sternzeit werden konstatieren lassen. Dann wird man die Sternzeit in diesem Sinne korrigieren müssen.

Die Theorie zeigt, daß alle von der Sonne abhängigen Glieder den Faktor $\frac{C-A}{C}\frac{S}{r'^5}$, die vom Monde abhängigen den Faktor $\frac{C-A}{C}\frac{M}{r^5}$ haben, wo C und A die Hauptträgheitsmomente der Erde sind und S die Masse der Sonne, M die des Mondes und r und r' deren Entfernungen von der Erde sind. In der Präzession wirken beide zusammen, in der Nutation sind aber gerade die Hauptglieder nur vom Monde abhängig. Man kann daher den Mondfaktor aus den Beobachtungen ableiten und seinen Anteil an der Präzession feststellen. Der Rest gehört dann der Sonne an. So findet man, daß von der Lunisolar-Präzession von 50″37 dem Monde 34″48, der Sonne 15″49 zuzuschreiben sind. Die Wirkung des Mondes ist also mehr als doppelt so groß, wie die der Sonne, was natürlich mit seiner außerordentlichen Nähe zusammenhängt.

XIII. Aberration.

Die Erscheinung der Aberration ist eigentlich eine optische Täuschung. Soweit sie in der Astronomie eine Rolle spielt, erklärt sie sich in einfacher Weise aus der Tatsache, daß sich das Licht geradlinig mit einer wohl sehr großen, aber doch endlichen Geschwindigkeit fortpflanzt.

Das Licht, das von irgend einem Sterne kommt, erreiche (Abb. 48) das Objektiv eines Fernrohrs in der Richtung *SO*. Wenn nun die Erde in Ruhe wäre und das Instrument auch in der Richtung *SO* steht, so gelangte das Licht in das Okular des Fernrohrs. Nun bewegt sich aber die Erde mitsamt dem Fernrohr und während das Licht den Weg *O A* durcheilt, ist das Okular nach *A'* gekommen. Das Licht findet also (übertrieben ausgedrückt) das Okular nicht mehr vor und wir müssen das Instrument so stellen, daß das Okular, während das Licht von *O* nach *A* geht, gerade in *A* einrückt. Damit also das Instrument das ankommende Licht auffängt, muß das Instrument verdreht werden. Der Jäger nennt dies Vorhalten. Diese Erscheinung tritt bei jedem optischen Instrument, auch beim Auge auf.

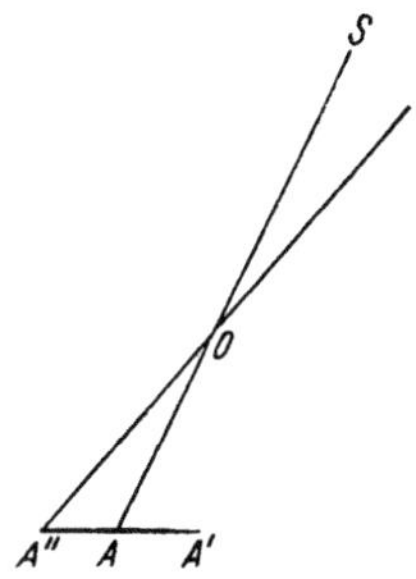

Abb. 48

Eine einfache Methode, sich die Aberration anschaulich zu machen, gibt das Beispiel eines Schiffes, das in der Strömung hingleitend von der Seite beschossen wird (Abb. 49). Während das Geschoß, das bei *A* die Bordwand durchschlägt, die Breite des Schiffes durcheilt, bewegt sich das Schiff von *B* nach *A'*, so daß der Ausschuß nicht gegenüber von *A*, sondern in *B* entsteht. Es sieht also so aus, als ob *A B* die Richtung des Schusses gewesen wäre. Wir erhalten für die scheinbare Ablenkung die Formel $\operatorname{tg} B A A' = \frac{B A'}{A A'} = \frac{v}{V}$, wenn v und V die Geschwindigkeiten des Schiffes und des Geschoßes sind. Die Erscheinung hängt also im wesentlichen von dem Verhältnis der Geschwindigkeiten ab.

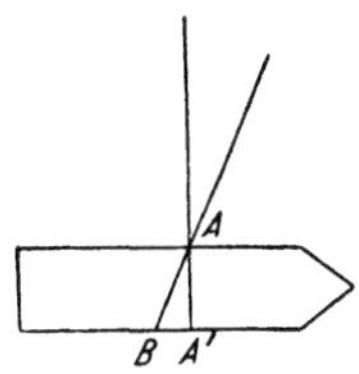

Abb. 49

Es sei in Abb. 50 E die Erde und die Koordinatenebene $E\,x\,y$ die Ekliptik; ist dann $E\,E'$ die Geschwindigkeit der Erde, die auch in der Ekliptik liegt, so sind die Koordinaten von E' gegeben durch ξ und η, die Projektionen von $E\,E'$ auf die x und y Achse, während ζ gleich Null ist.

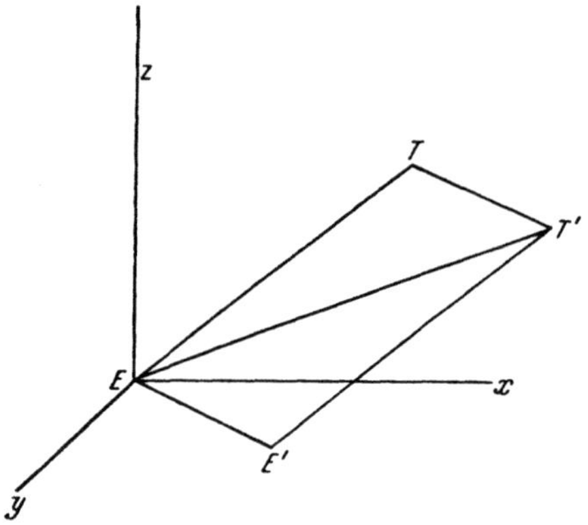

Abb. 50

$E\,T$ sei die Lichtgeschwindigkeit V; daher sind die Koordinaten von T:

$$x = V \cos\beta \cos\lambda,$$
$$y = V \cos\beta \sin\lambda,$$
$$z = V \sin\beta,$$

wenn β und λ Breite und Länge des Punktes sind, aus welchem der Lichtstrahl kommt. Wir finden die Richtung, aus welcher das Licht infolge der Aberration zu kommen scheint, wenn wir die Diagonale der Parallelogramme $E\,E'\,T\,T'$ ziehen. T' ist dann der Punkt des Himmels, aus welchem das Licht zu kommen scheint. Bezeichnen wir $E\,T'$ mit V', so sind die Koordinaten von T' gegeben durch

$$x' = V' \cos\beta' \cos\lambda',$$
$$y' = V' \cos\beta' \sin\lambda',$$
$$z' = V' \sin\beta'.$$

Daher

$$\begin{aligned} V' \cos\beta' \cos\lambda' &= V \cos\beta \cos\lambda + \xi, \\ V' \cos\beta' \sin\lambda' &= V \cos\beta \sin\lambda + \eta, \\ V' \sin\beta' &= V \sin\beta. \end{aligned} \tag{1}$$

Wir suchen Ausdrücke für $\lambda' - \lambda$ und $\beta' - \beta$ zu gewinnen. Wir multiplizieren die erste Gl. mit $\sin\lambda$, die zweite mit $\cos\lambda$ und erhalten durch Subtraktion

$$V' \cos\beta' \sin(\lambda' - \lambda) = \eta \cos\lambda - \xi \sin\lambda.$$

Daher

$$\lambda' - \lambda = \frac{\omega}{V' \cos\beta'} (\eta \cos\lambda - \xi \sin\lambda),$$

wo ω wieder der Faktor 206 265 ist.

Multiplizieren wir dagegen mit $\cos\lambda$ und $\sin\lambda'$ und addieren, so finden wir

$$V'\cos\beta' = V\cos\beta\cos(\lambda'-\lambda) + \xi\cos\lambda' + \eta\sin\lambda'.$$

Da nun $\lambda'-\lambda$ ein sehr kleiner Winkel ist, dessen cos gleich Eins gesetzt werden kann, so erhalten wir zusammen mit der dritten Gl.

$$V'\cos\beta' = V\cos\beta + \xi\cos\lambda' + \eta\sin\lambda',$$
$$V'\sin\beta' = V\sin\beta$$

und daraus ähnlich wie oben

$$V'\sin(\beta'-\beta) = -(\xi\cos\lambda' + \eta\sin\lambda')\sin\beta.$$

Wir erhalten also die beiden Gleichungen

$$\begin{aligned} \lambda'-\lambda &= \frac{\omega}{V}\sec\beta\,(\eta\cos\lambda - \xi\sin\lambda), \\ \beta'-\beta &= -\frac{\omega}{V}\sin\beta\,(\xi\cos\lambda + \eta\sin\lambda), \end{aligned} \tag{2}$$

wobei es gleichgültig ist, ob wir rechts β und λ oder β' und λ' verwenden.

Wir brauchen nun die Geschwindigkeitskomponenten der Erde. Es ist nach Abb. 2

$$\begin{aligned} x &= r\cos(w+\pi), \\ y &= r\sin(w+\pi), \\ z &= 0, \end{aligned} \tag{3}$$

daher

$$\begin{aligned} \xi &= \frac{dx}{dt} = \cos(w+\pi)\frac{dr}{dt} - r\sin(w+\pi)\frac{dw}{dt}, \\ \eta &= \frac{dy}{dt} = \sin(w+\pi)\frac{dr}{dt} + r\cos(w+\pi)\frac{dw}{dt}. \end{aligned} \tag{4}$$

Zur Bestimmung von dw/dt verwenden wir den Flächensatz Gl. VI (8); danach ist

$$\frac{1}{2}r^2\frac{dw}{dt} = \frac{a^2\sqrt{1-e^2}}{T}\pi.$$

Die mittlere Bewegung ist nach Gl. VI (11): $n = \sqrt{\frac{k^2\mu}{a^3}}$, daher

$$T = \frac{2\pi}{n} = 2\pi\sqrt{\frac{a^3}{k^2\mu}},$$

$$\frac{1}{2}r^2\frac{dw}{dt} = \frac{a^2\sqrt{1-e^2}}{2}\sqrt{\frac{k^2\mu}{a^3}} = \frac{1}{2}\sqrt{k^2\mu a(1-e^2)} \quad \text{und}$$

$$r\frac{dw}{dt} = \frac{\sqrt{k^2\mu a(1-e^2)}}{r}.$$

Setzen wir hier für $r = \dfrac{a\,(1-e^2)}{1+e\cos w}$ und $k^2\mu = n^2 a^3$,

so wird

$$r\frac{dw}{dt} = \frac{a\,n}{\sqrt{1-e^2}}(1+e\cos w). \tag{5}$$

Wir brauchen dann noch dr/dt; wir finden durch Differentiation von Gl. VI (1):

$$\frac{dr}{dt} = -\frac{a\,(1-e^2)}{(1+e\cos w)^2}\left(-e\sin w\right)\frac{dw}{dt} =$$

$$= \frac{a\,e\,(1-e^2)\sin w}{(1+e\cos w)^2}\,\frac{a\,n}{\sqrt{1-e^2}}\,\frac{1+e\cos w}{r} = \tag{6}$$

$$= \frac{a^2 n\,e\sqrt{1-e^2}}{1+e\cos w}\sin w\,\frac{1+e\cos w}{a\,(1-e^2)} = \frac{a\,n\,e}{\sqrt{1-e^2}}\sin w.$$

Wir erhalten also

$$\xi = \cos(w+\pi)\frac{a\,n\,e}{\sqrt{1-e^2}}\sin w - \sin(w+\pi)\frac{a\,n}{\sqrt{1-e^2}}(1+e\cos w) =$$

$$= \frac{a\,n}{\sqrt{1-e^2}}\left[e\cos(w+\pi)\sin w - \sin(w+\pi) - e\sin(w+\pi)\cos w\right] =$$

$$= \frac{a\,n}{\sqrt{1-e^2}}\left[-e\sin\pi - \sin(w+\pi)\right] \tag{7}$$

Ebenso finden wir:

$$\eta = \frac{a\,n}{\sqrt{1-e^2}}\left[e\cos\pi + \cos(w+\pi)\right]. \tag{7'}$$

Wenn wir vom heliozentrischen Standpunkte auf den geozentrischen übergehen und die Länge der Sonne, bezw. ihres Perihels mit ⊙ und Π bezeichnen, so ist

$$= w + \pi + 180^0, \qquad \Pi = \pi + 180^0.$$

Daher wird nun

$$\xi = \frac{a\,n}{\sqrt{1-e^2}}(\sin\odot + e\sin\Pi),$$
$$\eta = -\frac{a\,n}{\sqrt{1-e^2}}(\cos\odot + e\cos\Pi), \tag{8}$$

somit

$$\lambda' - \lambda = \frac{a\,n\,\omega}{V\sqrt{1-e^2}}\sec\beta\,(-\cos\odot\cos\lambda - e\cos\Pi\cos\lambda - \sin\odot\sin\lambda -$$

$$-e\sin\Pi\sin\lambda) = -\frac{a\,n\,\omega}{V\sqrt{1-e^2}}\sec\beta\left[\cos(\odot-\lambda) + e\cos(\Pi-\lambda)\right]. \tag{9}$$

Ebenso

$$\beta' - \beta = -\frac{a\,n\,\omega}{V\sqrt{1-e^2}} \sin\beta\,[\sin(\odot - \lambda) + e\sin(\Pi - \lambda)].$$

Die Glieder mit e sind konstant und stellen eine konstante Verschiebung des Sternes vor. Wir vereinigen sie mit dem Ort des Sternes und berücksichtigen sie weiter nicht. Die Größe $\frac{a\,n\,\omega}{V\sqrt{1-e^2}} = k$ ist die Aberrationskonstante. Ihre Größenordnung können wir leicht finden. Es ist $n\,\omega = 3548''$ pro Tag; daher $\frac{3\,548''}{86\,400}$ pro Sekunde;

$$a = 1{,}5 \,.\, 10^8 \text{ km}, \quad V = 3 \,.\, 10^5 \text{ km}.$$

Somit $k = \frac{3{,}5 \,.\, 10^3}{8{,}6 \,.\, 10^4} \frac{15 \,.\, 10^8}{3 \,.\, 10^5} =$ zirka $20''$. Der aus den Beobachtungen abgeleitete, heute als der beste geltende Wert ist $20''463$. Daher:

$$\lambda' - \lambda = -20''463 \sec\beta \cos(\odot - \lambda),$$
$$\beta' - \beta = -20''463 \sin\beta \sin(\odot - \lambda). \qquad (10)$$

Die Verschiebung hat also die Periode eines Jahres, weshalb die Erscheinung auch als jährliche Aberration bezeichnet wird und der Stern beschreibt eine kleine Bahn um seine mittlere Lage. Wir legen die $x-y$ Ebene eines rechtwinkeligen Koordinatensystems tangential an die Himmelskugel mit dem Anfangspunkt in dem Stern, die x Achse in die Richtung der wachsenden Längen, die y Achse in die Richtung zum Pol der Ekliptik (Abb. 51). S' sei die Stelle, wo wir den Stern sehen, S seine mittlere Lage. Wir legen nun einen Bogen größten Kreises $S\,T$ senkrecht auf $S\,P$, der natürlich sehr nahe mit der x Achse unseres Koordinatensystems zusammenfallen wird. Es ist daher auch $S\,U = T\,V$ nahe gleich β. In dem sphärischen Dreiecke $P\,S\,T$ wird daher

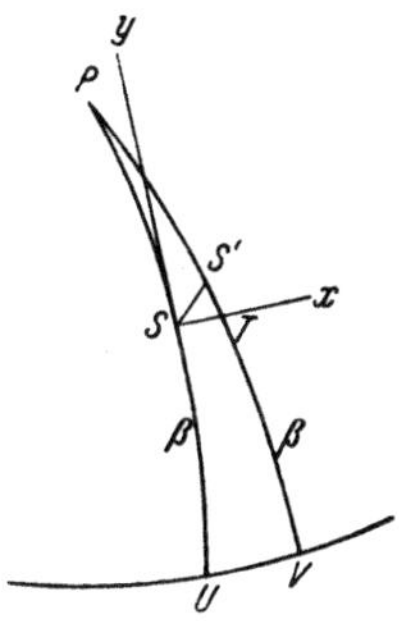

Abb. 51

$$\cos S\,T = \sin^2\beta + \cos^2\beta \cos(\lambda' - \lambda)$$

oder:
$$1 - 2\sin^2\frac{S\,T}{2} = \sin^2\beta + \cos^2\beta\left(1 - 2\sin^2\frac{\lambda' - \lambda}{2}\right)$$

daher

$$\sin\frac{S\,T}{2} = \cos\beta \sin\frac{\lambda' - \lambda}{2}$$

oder

$$S\,T = \cos\beta\,(\lambda' - \lambda) = x,$$
$$S'\,T = y.$$

Es wird also

$$x = -k\cos(\odot - \lambda),$$
$$y = -k\sin\beta\sin(\odot - \lambda)$$

oder

$$x^2 + \frac{y^2}{\sin^2\beta} = k^2. \tag{11}$$

Der Stern beschreibt also während eines Jahres um seine mittlere Lage eine Ellipse mit den Achsen k und $k\sin\beta$. Die große Achse ist für alle Sterne gleich und fällt in die Richtung parallel zur Ekliptik. Die kleine Achse ist im Verhältnis $\sin\beta$ kleiner. Für Sterne in der Ekliptik ($\beta = 0$) degeneriert die Ellipse zu einer geraden Linie. Der Stern wandert also in der x Achse zwischen $+k$ und $-k$ hin und her. Für einen Stern im Pole der Ekliptik ($\beta = 90^0$) wird die Bahn ein Kreis.

Im allgemeinen ist:

$$\begin{array}{llll} \text{für } \odot - \lambda = 0^0 & x = -k, & y = 0, & \\ \odot - \lambda = 90^0, & x = 0, & y = -k\sin\beta, & \\ \odot - \lambda = 180^0, & x = +k, & y = 0, & (12) \\ \odot - \lambda = 270^0, & x = 0, & y = +k\sin\beta. & \end{array}$$

Der Stern hat also, wenn $\odot = \lambda$ ist, die kleinste Länge und wandert gegen den Sinn des Uhrzeigers um seine mittlere Position. Für den Beobachter auf der Erde, der die Himmelskugel von innen sieht, steht der Stern für $\odot = \lambda$ am westlichen Ende der Ellipse und wandert im Sinne des Uhrzeigers herum. Da sich die Erde stets in der Ekliptik und immer gegen die Sonne gesehen, nach rechts bewegt, erscheint die Sonne immer um $20''$ nach rechts verschoben.

Um den Einfluß der Aberration auf Rektaszension und Deklination zu bestimmen, gehen wir von Gl. I (17) aus:

$$\begin{aligned} d\delta &= \cos\eta\,d\beta + \sin\eta\cos\beta\,d\lambda = k\cos\eta\sin\beta\sin(\odot - \lambda) - \\ &\quad - k\sin\eta\,(\cos[\odot - \lambda]), \\ &= -k\,[\cos\eta\sin\beta\,(\sin\odot\cos\lambda - \cos\odot\sin\lambda) + \sin\eta\,(\cos\odot\cos\lambda + \\ &\quad + \sin\odot\sin\lambda)], \\ &= -k\,[\cos\odot\,(\sin\eta\cos\lambda - \cos\eta\sin\lambda\sin\beta) + \\ &\quad + \sin\odot\,(\sin\eta\sin\lambda + \cos\eta\cos\lambda\sin\beta)] \end{aligned}$$

oder nach Gl. I (9) und I (6)

$$d\delta = -k\,[\cos \odot\,(\sin\varepsilon\cos\delta - \cos\varepsilon\sin\delta\sin\alpha) + \sin\odot\sin\delta\cos\alpha]. \tag{13}$$

Ferner nach Gl. I (18)

$$\begin{aligned}\cos\delta\,d\alpha &= -\sin\eta\,d\beta + \cos\beta\cos\eta\,d\lambda = \\ &= k\sin\eta\sin\beta\sin(\odot - \lambda) - k\cos\eta\cos(\odot - \lambda), \\ &= k\,[\cos\odot\,(-\cos\eta\cos\lambda - \sin\eta\sin\lambda\sin\beta) + \\ &\quad + \sin\odot\,(-\cos\eta\sin\lambda + \sin\eta\cos\lambda\sin\beta)]\end{aligned}$$

oder nach Gl. I (6)

$$\cos\delta\,d\alpha = -k\,(\cos\odot\cos\varepsilon\cos\alpha - \sin\odot\sin\alpha), \tag{13'}$$

wo die Koeffizienten außer $\odot$ und ε nur α und δ enthalten. Setzt man

$$\begin{aligned}-\cos\varepsilon\cos\alpha &= a\sin A, \\ -\sin\alpha &= a\cos A, \\ \sin\alpha\sin\delta\cos\varepsilon - \cos\delta\sin\varepsilon &= b\sin B, \\ -\cos\alpha\sin\delta &= b\cos B,\end{aligned} \tag{14}$$

so haben wir

$$\begin{aligned}d\alpha &= k\,a\sec\delta\sin(\odot + A), \\ d\delta &= k\,b\sin(\odot + B).\end{aligned} \tag{15}$$

Wir wissen, daß das Licht viele Jahre braucht, um von den Fixsternen zu uns zu kommen. Wenn wir den Stern erblicken, steht er längst an einer anderen Stelle. Um seine wahre Position für einen gegebenen Augenblick zu finden, müßten wir die Entfernungen wissen, die aber in den meisten Fällen ganz unbekannt sind. Diese können uns aber auch ganz gleichgültig sein, denn über die Bewegungsgesetze im Fixsternsystem sind wir so wenig unterrichtet, daß es uns vorläufig nichts ausmacht, welchem Zeitpunkt die Stellung des Sternes entspricht. Man begnügt sich daher bei den Fixsternen damit, die scheinbare Position mit Hilfe der oben abgeleiteten Größen $d\alpha$ und $d\delta$ auf eine mittlere Position zu reduzieren. Wir nennen diese Größen daher die Fixsternaberration.

Anders ist es bei den Planeten; bei diesen beträgt die Lichtzeit nur einige Minuten. Aber die Gesetze der Planetenbewegung sind uns so genau bekannt, daß ein solcher Zeitfehler ganz unstatthaft ist. Wir müssen also in diesem Falle die Lichtzeit und die in dieser Zeit stattfindende Planetenbewegung in Rechnung ziehen. Es sei (Abb. 52) zur Zeit t der Planet in P, die Erde in E.

Das in diesem Augenblicke von P ausgehende Licht erreicht die Erde zur Zeit t' an der Stelle E', wenn $E\,E'$ der von der Erde während der Zeit $t' - t$ zurückgelegte Weg ist. Wir dürfen aber das Fernrohr, um den Planeten zu sehen, nicht in die Richtung $E'\,A'$ stellen, weil während der kleinen Zeit $t'' - t'$, die das Licht braucht um von E' nach A' zu kommen, das Okular nach A'' weiter gewandert ist. Wir müssen also das Okular nach A stellen; der Lichtstrahl scheint daher aus der Richtung $A\,E'$ zu kommen und wir sehen den Planeten in P'. Ist nun v die Geschwindigkeit der Erde, V die des Lichtes, so ist

$$P\,E' = V\,(t' - t), \qquad E'\,A' = V\,(t'' - t'),$$
$$E\,E' = v\,(t' - t), \qquad A\,A' = v\,(t'' - t').$$

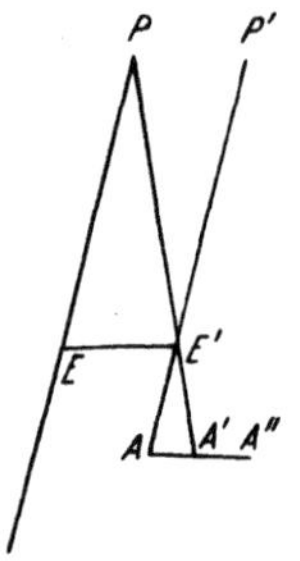

Abb. 52

Die Dreiecke $P\,E\,E'$ und $E'\,A\,A'$ sind daher ähnlich und da $E\,E'$ und $A\,A'$ parallel sind, weil E und A der Erde angehören, so ist auch $A\,P'$ parallel $E\,P$.

Wir sehen also zur Zeit t' den Planeten in derselben Richtung, wie wir ihn zur Zeit t gesehen hätten, wenn das Licht eine unendliche Geschwindigkeit hätte.

Es ergeben sich daher folgende Methoden um Planetenbeobachtungen vom Einfluß der Aberration zu befreien:

1. Man korrigiert die Beobachtungszeit um die Lichtzeit, reduziert also auf den Moment, wo das Licht vom Planeten ausgegangen ist und läßt die Beobachtungen ungeändert. Ist die Entfernung des Planeten ϱ, ausgedrückt in Erdbahnradien, so ist die Lichtzeit $493^s\,\varrho$.

2. Man läßt die Beobachtungszeit ungeändert und korrigiert die Beobachtung um die in der Zeit $t' - t$ vom Planeten zurückgelegten Verschiebungen $d\alpha$ und $d\delta$.

3. Man befreit von der Fixsternaberration, reduziert also von der Richtung $E'\,P'$ auf $E'\,P$. Diese verbindet aber den Planetenort zur Zeit t mit dem Erdort zur Zeit t'. Man hat dann durchwegs für den Planeten mit anderen Zeiten zu rechnen, wie für die Erde.

Bei allen drei Methoden muß die Entfernung des Planeten von der Erde bekannt sein. Bei der Bahnbestimmung eines noch unbekannten Objektes kann man also die Aberration erst in Rechnung ziehen, wenn die Distanz genau genug bekannt geworden ist.

Außer der jährlichen Aberration, die von der Geschwindigkeit der Erde in ihrer Bahn abhängt, gibt es auch eine tägliche Aberration, die davon herrührt, daß auch die Rotationsgeschwindigkeit der Erde gegenüber der Lichtgeschwindigkeit nicht vernachlässigt werden darf. Die Formel hiezu können wir leicht aus (2) gewinnen, wenn wir uns statt der Ekliptik den Äquator als Fundamentalebene denken und für ξ und η die Geschwindigkeit eines Punktes parallel zum Äquator nehmen.

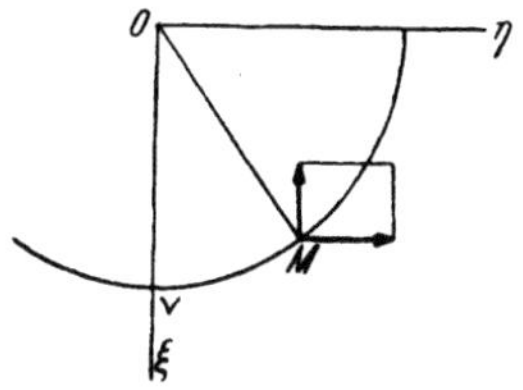

Abb. 53

Es sei (Abb. 53) O der Mittelpunkt des Parallelkreises der Breite φ, sein Radius ist $a \cos\varphi$, wenn a der Erdhalbmesser ist. Die Geschwindigkeit pro mittlere Sekunde des Punktes M ist dann $\frac{2\,a\,\pi}{86\,164^s}\cos\varphi$, da der Sterntag $86\,164^s$ hat. Ist $O\,\Upsilon$ die Richtung nach dem Frühlingspunkt, so ist $\Upsilon\,O\,M$ gleich der Sternzeit ϑ und es ist dann

$$\xi = -\frac{2\,a\,\pi}{86\,164^s}\cos\varphi\sin\vartheta,$$

$$\eta = \frac{2\,a\,\pi}{86\,164^s}\cos\varphi\cos\vartheta.$$

Daher

$$\begin{aligned}\eta\cos\alpha - \xi\sin\alpha &= \frac{2\,a\,\pi}{86\,164^s}\cos\varphi\cos(\vartheta-\alpha) = \frac{2\,a\,\pi}{86\,164^s}\cos\varphi\cos s,\\ \xi\cos\alpha + \eta\sin\alpha &= -\frac{2\,a\,\pi}{86\,164^s}\cos\varphi\sin(\vartheta-\alpha) = -\frac{2\,a\,\pi}{86\,164^s}\cos\varphi\sin s,\end{aligned} \qquad (16)$$

wenn s der Stundenwinkel ist.

Wir erhalten daher statt Gl. (10)

$$\begin{aligned}\alpha' - \alpha &= \frac{2\,a\,\pi}{86\,164^s}\,\frac{\omega}{V}\sec\delta\cos\varphi\cos s,\\ \delta' - \delta &= \frac{2\,a\,\pi}{86\,164^s}\,\frac{\omega}{V}\sin\delta\cos\varphi\sin s.\end{aligned} \qquad (17)$$

Die Konstante der täglichen Aberration ergibt sich zu $0''310 = 0^s021$.

Im Meridian wird $s = 0$, daher

$$\alpha' - \alpha = 0^s 021 \sec\delta \cos\varphi,$$
$$\delta' - \delta = 0. \qquad (18)$$

Daraus folgt, daß bei Sternen in der Nähe des Poles die tägliche Aberration den Betrag von einigen Zehntel einer Zeitsekunde erreichen kann und dann nicht vernachlässigt werden darf.

XIV. Scheinbarer, wahrer und mittlerer Ort eines Sternes.

Der Ort, wo uns der durch die Aberration verschobene Stern zu stehen scheint, heißt der scheinbare Ort. Befreit man ihn durch Anbringung der Korrektionen [Gl. XIII (13)] mit umgekehrten Zeichen von der Aberration, so erhält man den wahren Ort, nimmt man auch die Nutation fort, so erhält man den mittleren Ort für den gegebenen Moment; nimmt man endlich den dem Jahresbruchteil entsprechenden Teil der Präzession weg, so erhält man den mittleren Ort für den Jahresanfang, d. i. für den Beginn des tropischen Jahres. Man pflegt diese Korrektionen alle in eine Formel zusammenzufassen und hat daher für den Unterschied:

scheinbarer Ort — mittlerer Ort für den Jahresanfang

nach den Formeln XII (22), (33), XIII (13), wenn τ der Jahresbruchteil ist.

$$\alpha' - \alpha = (m + n \operatorname{tg}\delta \sin\alpha)\,\tau + (\cos\varepsilon + \sin\varepsilon \operatorname{tg}\delta \sin\alpha)\,\Delta\lambda -$$
$$- \operatorname{tg}\delta \cos\alpha \,.\, \Delta\varepsilon - k \sec\delta\,(\cos\odot \cos\alpha \cos\varepsilon - \sin\odot \sin\alpha),$$
$$\delta' - \delta = n \cos\alpha \,.\, \tau + \cos\alpha \sin\varepsilon \,.\, \Delta\lambda + \sin\alpha \,.\, \Delta\varepsilon -$$
$$- k\,[\cos\odot\,(\sin\varepsilon\cos\delta - \cos\varepsilon \sin\delta \sin\alpha) + \sin\odot \sin\delta \cos\alpha]. \qquad (1)$$

Die hier auftretenden Größen sind teils von der Zeit abhängig und rasch veränderlich, teils vom Sternort und daher für lange Zeit konstant. Diese Größen lassen sich in einfacher Weise trennen. Wir setzen

$$\sin\varepsilon = n\,\varkappa,$$
$$\cos\varepsilon = m\,\varkappa + \varkappa'. \qquad (2)$$

Aus diesen beiden Gl. kann man immer $\varkappa$ und $\varkappa'$ bestimmen. Durch diese Substitution wird das Glied mit $\Delta\lambda$ in der ersten Gl.:

$$(m + n \operatorname{tg}\delta \sin\alpha)\,\varkappa\,\Delta\lambda + \varkappa'\,\Delta\lambda,$$

in der zweiten

$$n \cos\alpha\,\varkappa\,\Delta\lambda,$$

so daß man diese mit den ersten Gliedern vereinigen kann. Wenn wir nun setzen:

$$\begin{aligned} m + n \operatorname{tg} \delta \sin \alpha &= a, & n \cos \alpha &= a', \\ \operatorname{tg} \delta \cos \alpha &= b, & -\sin \alpha &= b', \\ \sec \delta \cos \alpha &= c, & \cos \delta \operatorname{tg} \varepsilon - \sin \delta \sin \alpha &= c', \\ \sec \delta \sin \alpha &= d, & \sin \delta \cos \alpha &= d', \end{aligned}$$

$$\begin{aligned} \tau + \varkappa \Delta \lambda &= A, \\ -\Delta \varepsilon &= B, \\ -k \cos \odot \cos \varepsilon &= C, \\ -k \sin \odot &= D, \\ \varkappa' \Delta \lambda &= E, \end{aligned} \tag{3}$$

so finden wir die Formeln von *Bessel*:

$$\begin{aligned} \alpha' - \alpha &= A\, a + B\, b + C\, c + D\, d + E, \\ \delta' - \delta &= A\, a' + B\, b' + C\, c' + D\, d'. \end{aligned} \tag{4}$$

Die Größen a, b, c, d, a', b', c', d' sind nur von den Koordinaten des Sternes abhängig und können nach den Formeln (3) leicht berechnet werden, sie bleiben für lange Zeit konstant; die Größen A, B, C, D und E sind von Tag zu Tag verschieden, ihre Werte werden in den Jahrbüchern gegeben, womit die ganze weitläufige Berechnung der Nutationsglieder wegfällt.

Andere bequeme Formeln erhält man durch die Substitution

$$\begin{aligned} A\, n &= g \cos G, & C &= h \sin H, \\ B &= g \sin G, & D &= h \cos H, \\ m A + E &= f, & C \operatorname{tg} \varepsilon &= i. \end{aligned} \tag{5}$$

Man erhält:

$$\begin{aligned} \alpha' - \alpha &= A\,(m + n \operatorname{tg} \delta \sin \alpha) + B \operatorname{tg} \delta \cos \alpha + C \sec \delta \cos \alpha + \\ &\quad + D \sec \delta \sin \alpha + E = \\ &= f + g \cos G \operatorname{tg} \delta \sin \alpha + g \sin G \operatorname{tg} \delta \cos \alpha + \\ &\quad + h \sin H \sec \delta \cos \alpha + h \cos H \sec \delta \sin \alpha = \\ &= f + g \operatorname{tg} \delta \sin (G + \alpha) + h \sec \delta \sin (H + \alpha), \\ \delta' - \delta &= A\, n \cos \alpha - B \sin \alpha + C\,(\cos \delta \operatorname{tg} \varepsilon - \sin \delta \sin \alpha) + \\ &\quad + D \sin \delta \cos \alpha = \\ &= g \cos G \cos \alpha - g \sin G \sin \alpha + \\ &\quad + h \sin H\,(\cos \delta \operatorname{tg} \varepsilon - \sin \delta \sin \alpha) + h \cos H \sin \delta \cos \alpha = \\ &= g \cos (G + \alpha) + h \sin \delta \cos (H + \alpha) + i \cos \delta. \end{aligned} \tag{6}$$

Diese Formeln sind sehr bequem, wenn man wenige Sterne für den gleichen Tag zu reduzieren hat, während die Formeln (4) bequemer sind, wenn man viele Sterne für viele Tage zu reduzieren hat.

Um auf den Anfang eines anderen Jahres zu reduzieren, dienen die Formeln XII (27).

12. Beispiel: Dem Second Greenwich Catalogue of stars for 1925 (London 1934) entnehmen wir die folgenden Angaben:

Stern Nr. 5 274 $B\,D$ 54,1573 8^m4 F 5.

$\alpha = 13^h\,4^m\,55^s81$	praec. $+\,2^s5594$	var. saec.	$-\,0{,}0206$
$\delta = 53^0\,57'\,36''3$	$-\,19''246$		$+\,0{,}112$ Epoche 1927,6
	Eigen-Bewegung	Rek.	$+\,0^s0033$
		Dekl.	$+\,0''030$

Welches ist der scheinbare Ort des Sternes am 10. April 1945?

Wir berechnen zuerst die Präzession vom Beginn des Jahres 1925 bis zum Beginn des Jahres 1943 nach der Formel XII (27).

Wir finden

$\alpha =$	$13^h\,4^m\,55^s81$	$\delta = +\,5$	$53^0\,57'\,36''3$
$+\,2{,}5594\,.\,18 =$	46^s0692	$-\,19{,}246\,.\,18$	$-\,5'\,46''428$
$-\,0{,}206\,.\,\dfrac{18^2}{200} =$	$-\,0^s0375$	$+\,0{,}112\,.\,\dfrac{18^2}{200}$	$+\,0''204$
mittl. Ort f. 1943,0 $=$	$13^h\,5^m\,41^s84$		$53^0\,51'\,50''1$

Wir berechnen die Hilfsgrößen nach Gl. XIV (3) und entnehmen die Größen A, B, C, D, E dem Jahrbuch. Wir finden

$\log a = +\,9{,}40829$	$\log a' = 1_n28434$	$\log A = 8{,}64118$	Jahres-
$\log b = -\,8_n94277$	$\log b' = 9{,}44753$	$\log B = 0{,}83696$	bruch-
$\log c = 9_n03518$	$\log c' = 9{,}68495$	$\log C = 1_n24881$	teil
$\log d = 8_n50467$	$\log d' = 9_n88911$	$\log D = 0_n82853$	0,2703
		$E = -\,0{,}0016$	

somit	$A\,a = 0^s1021$	$A\,a' = -\,0''842$
	$B\,b = -\,0^s6022$	$B\,b' = +\,1''925$
	$C\,c = 1^s9230$	$C\,c' = -\,8''585$
	$D\,d = 0^s2154$	$D\,d' = +\,5''220$
	$E = -\,0^s0016$	$-\,2''282$
	$+\,1^s6467$	

Rechnen wir nach der Formel XIV (6), so stellt sich die Rechnung wie folgt: Das Jahrbuch gibt

$f = +\,0{,}133$	$\log i = 0_n8858$
$\log g = -\,0{,}8405$	$\log h = 1.2781$
$G = 5^h\,30^m\,8$	$H = 16^h\,36^m\,6$
$G + \alpha = 18^h\,36^m\,5$	$H + \alpha = 5^h\,42^m\,3$

$\frac{1}{15} g \sin(G + a) \operatorname{tg} \delta$	$= -0{,}624$	$g \cos(G + a)$	$= +1{,}098$
f	$= +0{,}133$	$h \cos(H + a) \sin \delta$	$= +1{,}182$
$\frac{1}{15} h \sin(H + a) \sec \delta$	$= +2{,}138$	$i \cos \delta$	$= -4{,}534$
	$+1{,}647$		$-2{,}254$

Der kleine Unterschied in den letzten Stellen rührt daher, daß die erste Rechnung für 12^h Sternzeit gilt, die zweite für 0^h Weltzeit. Die beiden Zeitpunkte sind am 10. April um $1^h\,5^m$ verschieden. Fügen wir noch die Eigenbewegung für die Zeit von der Epoche 1927,6 bis zum 10. April 1943 = 1943,27 hinzu, mit

$$\Delta a = +0{,}0518 \qquad \Delta \delta = +0{,}471,$$

so erhalten wir für den scheinbaren Ort

$$\begin{array}{rr} a = & 13^h\,5^m\,41^s84 \\ + & 1^s65 \\ + & 0^s05 \\ \hline & 13^h\,5^m\,43^s\,5 \end{array} \qquad \begin{array}{rr} \delta = & 53^0\,51'\,50''1 \\ - & 2''3 \\ + & 0''5 \\ \hline & 53^0\,51'\,48''3 \end{array}$$

Bei sehr genauen Rechnungen ist noch der Einfluß der kleinen Mondglieder zu berücksichtigen. Sie lassen sich nicht in die Haupttafel aufnehmen, da sie wegen ihrer raschen Veränderlichkeit eine Interpolation unmöglich machen. Man findet daher im Jahrbuch eine entsprechende Zusatztafel.

XV. Bestimmung der Schiefe der Ekliptik und des Frühlingspunktes.

In allen astronomischen Unternehmungen treten gewisse konstante Größen auf, die nur aus Beobachtungen abgeleitet werden können. Sie hängen wohl mit Zufälligkeiten oder uns unbekannten Gesetzen bei der Entstehung und Entwicklung der Weltkörper zusammen und müssen als gegeben betrachtet werden. Um sie zu bestimmen, wird man Methoden anwenden, die gerade die gesuchte Größe besonders sicher zu berechnen gestatten, bei denen also die Fehler, die in den anderen Größen vorhanden sind, möglichst wenig einwirken. Für diese Größen werden also Näherungswerte genügen. Doch wird es gut sein, als solche die besten Werte zu verwenden, die man besitzt; so erhält man das System der Konstanten immer mit der Genauigkeit, die dem augenblicklichen Stande unserer Kenntnisse und der Höhe der Beobachtungskunst und des Instrumentenbaues entspricht.

Die Schiefe der Ekliptik und der Frühlingspunkt definieren die Sonnenbahn; sie können daher auch nur aus Sonnenbeobachtungen gefunden werden, und zwar beobachtet man die Sonnenhöhe im Meridian, aus der sich bei bekannter Breite die Sonnendeklination ergibt.

Es sei (Abb. 54) $\Upsilon\, U$ die Ekliptik, $\Upsilon\, V$ der Äquator. Es sei U der Punkt der Ekliptik, der 90^0 vom Frühlingspunkte entfernt ist, ebenso V der entsprechende Punkt des Äquators. U ist dann der Solstitialpunkt, $U\,V = \varepsilon$ und die Winkel bei U und V gleich 90^0. Die Sonne befinde sich in T. Ihre Rektaszension sei A, ihre Deklination D. Dann ist in dem Dreiecke, das bei W rechtwinklig ist, nach Gl. III (4) mit $\beta = 0$:

$$\cos D \sin A = \cos U\,T \cos \varepsilon,$$
$$\sin D = \cos U\,T \sin \varepsilon$$

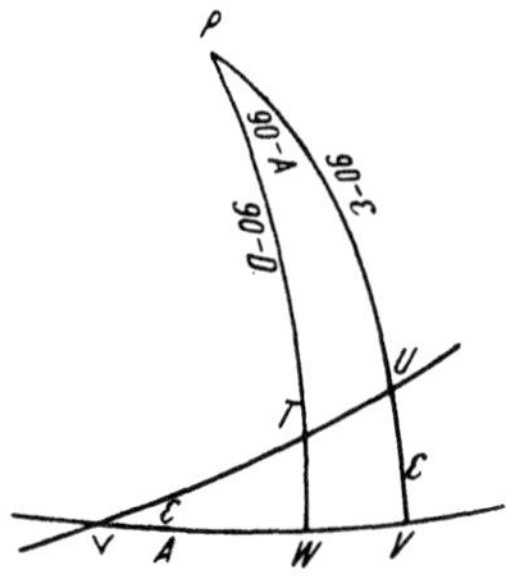

Abb. 54

und daher

$$\operatorname{tg} \varepsilon \sin A = \operatorname{tg} D. \tag{1}$$

Aus dieser Gl. kann man bei gegebenem D zu jedem A das zugehörige ε oder zu jedem ε das zugehörige A berechnen. Es ist aber für die Sicherheit der Bestimmung nicht gleichgültig, wo die Deklination beobachtet wird. Man sieht sofort ein, daß dies in der Nähe des Solstitiums geschehen muß. Wir differenzieren Gl. (1) logarithmisch und finden dann

$$d\varepsilon = -\frac{1}{2} \operatorname{ctg} A \sin 2\,\varepsilon\, dA + \frac{\sin 2\,\varepsilon}{\sin 2\,D}\, dD. \tag{2}$$

Wir beobachten also eine Reihe von Deklinationen der Sonne in der Nähe der Solstitien. Diese Beobachtungen werden von der Nutation, der Parallaxe und dem Einfluß der Breite der Sonne befreit, die wegen der Planetenstörungen immer kleine Abweichungen von der Ekliptik zeigt, die wir dem Jahrbuch entnehmen können. Dazu finden wir aus der zweiten Gl. I (17) unter Anwendung der Substition von S. 27

$$d\delta = \cos \eta\, d\beta.$$

Mit $\beta = 0$ aber folgt aus der vierten Gl. III (4)

$$\cos \delta \cos \eta = \cos \varepsilon.$$

Daher

$$d\delta = \frac{\cos \varepsilon}{\cos \delta}\, d\beta. \tag{3}$$

Mithin ist, wenn B die Breite der Sonne ist, die Deklination zu korrigieren um $-\frac{\cos\varepsilon}{\cos\delta}B$. Das Weglassen der Korrektion für Aberration, mit der Begründung, daß die Aberration nur den Ort der Sonne in der Ekliptik ändert und daher keinen Einfluß auf die Schiefe hat, ist nur dann berechtigt, wenn auch die Größe A ohne Aberration verwendet wird.

Ist die Sonne nahe am Solstitium beobachtet, so ist $90^0 - A = x$ eine kleine Größe und wir können die Gl. (1) für $\operatorname{tg}\varepsilon$ in der Form schreiben:

$$\operatorname{tg}\varepsilon = \frac{\operatorname{tg} D}{\cos x}. \tag{1'}$$

Diese Gl. hat dieselbe Form wie Gl. VI (22), nur haben wir statt $\cos\varepsilon$: $1/\cos x$. Es ist daher

$$a = \frac{\frac{1}{\cos x} - 1}{\frac{1}{\cos x} + 1} = \frac{1 - \cos x}{1 + \cos x} = \operatorname{tg}^2\frac{x}{2}. \tag{4}$$

Daher, wie in Gl. VI (25)

$$\varepsilon = D + \operatorname{tg}^2\frac{x}{2}\sin 2D + \frac{1}{2}\operatorname{tg}^4\frac{x}{2}\sin 4D + \ldots \tag{5}$$

Ist ε' die nach dieser Formel gerechnete Schiefe und muß man mit der Möglichkeit rechnen, daß in x und D konstante Fehler stecken: $D' = D + \Delta D$, $x' = x + \Delta x$, so gibt nach Gl. (2) jede Beobachtung eine Bedingungsgleichung der Form

$$\varepsilon - \varepsilon' = \frac{1}{2}\operatorname{tg} x \sin 2\varepsilon\,\Delta x + \frac{2\,dD}{\sin 2D}. \tag{6}$$

Aus einer größeren Anzahl von Beobachtungen kann man nach der Methode der kleinsten Quadrate (siehe Anhang) die wahrscheinlichsten Werte von Δx und ΔD bestimmen.

Liegt der Grund des Fehlers in D in einem Fehler von φ, so wird man einer Serie von Sommerbeobachtungen eine solche von Winterbeobachtungen anfügen.

Wenn man die Bestimmung der Schiefe der Ekliptik in größeren Intervallen wiederholt, so läßt sich daraus der Koeffizient der säkularen Änderung berechnen [η' in Gl. XII (3)].

Kennt man die Schiefe der Ekliptik, so gibt jede Beobachtung einer Sonnendeklination einen Wert für die zugehörige Rektaszension nach der Gl.

$$\sin A \operatorname{tg} \varepsilon = \operatorname{tg} D$$

oder

$$A = \arcsin\left(\frac{\operatorname{tg} D}{\operatorname{tg} \varepsilon}\right). \tag{7}$$

Rechnet man aus Gl. (2) dA aus, um die Rektaszension der Sonne zu bestimmen, so erhält man

$$dA = -2\frac{\operatorname{tg} A}{\sin 2\,\varepsilon}\,d\varepsilon + \frac{2 \operatorname{tg} A}{\sin 2\,D}\,dD. \tag{8}$$

Man erkennt, daß man die Beobachtungen in der Nähe der Äquinoktien machen muß, weil hier A klein ist. Im letzten Glied aber werden Zähler und Nenner klein. Man muß also untersuchen, welchem Grenzwert der Koeffizient zustrebt. Wir finden nach bekannten Regeln:

$$\frac{2 \operatorname{tg} A}{\sin 2\,D} = \frac{2}{\cos^2 A \cos 2\,D}\,\frac{dA}{dD}. \tag{9}$$

Nun nähert sich dA/dD in der Nähe des Frühlingspunktes dem Wert $\operatorname{ctg} \varepsilon$; $\cos A$ und $\cos 2\,D$ werden gleich 1. Der Koeffizient wird also höchstens gleich $\operatorname{ctg} \varepsilon = 2{,}3$.

Der Fehler der Deklination geht also immer vergrößert in die Rektaszension ein, eine Folge der Kleinheit des Winkels ε und des daher unsicheren Schnittpunktes. Man wird die Unsicherheit dadurch vermindern, daß man die Beobachtungen vor und nach dem Äquinoktium macht und Beobachtungen im Frühlingspunkte und Herbstpunkte kombiniert.

Wählt man nun einen hellen Stern in der Nähe der Sonne, den man auch bei Tag, also gleichzeitig mit der Sonne beobachten kann und geht dieser Stern zur Zeit t durch den Meridian, die Sonne zur Zeit T, so ist $t - T$ der Rektaszensionsunterschied zwischen Sonne und Stern. Wir finden also aus Gl. (7):

$$\alpha = A + (t - T) = \arcsin\left(\frac{\operatorname{tg} D}{\operatorname{tg} \varepsilon}\right) + (t - T). \tag{10}$$

Damit ist die Rektaszension eines Sternes gefunden, an welchen dann alle weiteren Sterne angeschlossen werden können. Die Deklinationen erhält man aus Meridian-Zenitdistanzen, die mittelst eines Meridiankreises bestimmt werden. So entsteht endlich ein Sternverzeichnis.

XVI. Sternkataloge, Eigenbewegungen, Bestimmung der Präzessionskonstanten.

Sternkataloge oder Sternverzeichnisse enthalten die mittleren Orte einer Anzahl von Sternen, alle auf den Anfang des gleichen Jahres reduziert. Man findet in einem Sternkataloge nach der laufenden Nummer des Sternes meist seine Helligkeit in Größenklassen, die Spektralklasse, dann den mittleren Ort in Rektaszension, die variatio annua, die hundertfache variatio saecularis, das tausendfache dritte Glied der Präzession nur bei Sternen in der Nähe des Poles, dann die gleichen Größen für die Deklination, endlich die Beobachtungszeit und zur Identifizierung des Sternes, meist seine Nummer in der Bonner Durchmusterung, einem Verzeichnis von einer halben Million genäherter Positionen von den Sternen bis zur Größe $9{,}5^{m}$ oder die Nummer eines anderen Sternverzeichnisses. Um das Zurückgehen auf die Originalbeobachtungen zu erleichtern, wird die „Zone“ angegeben. Man teilt das Gebiet des Kataloges in Streifen (Zonen) von einer gewissen Ausdehnung in Rektaszension und einer gewissen Breite in Deklination, so bemessen, daß man eine solche Zone in einem beobachten kann. Zum besseren Anschluß müssen sich die Zonen teilweise überdecken.

Vergleicht man nun etwa zwei solche Sternverzeichnisse, die der Zeit nach weit auseinanderliegen und die viele Sterne gemeinsam haben, untereinander, nachdem man sie auf das gleiche Äquinoktium reduziert hat, so findet man Unterschiede, die einerseits von den Fehlern des Verzeichnisses herrühren, dann von den Fehlern der angewendeten Präzessionskonstanten, endlich von den tatsächlichen Bewegungen der Sterne im Weltraume, den sogenannten Eigenbewegungen (E.B.). Die Fehler der Verzeichnisse werden zum Teil systematisch mit der Rektaszension und der Deklination veränderlich sein. Nach dem Vergleich der beiden Sternverzeichnisse kann man das eine auf das andere reduzieren, eventuell, wenn man mit mehreren Verzeichnissen zu tun hat, alle auf eines reduzieren. Nimmt man nun noch an, daß die Präzessionskonstanten fehlerfrei sind, so bleibt nur noch die Eigenbewegung, die man nun aus den mit der Zeit fortschreitenden Unterschieden bestimmen kann. Solche Arbeiten werden wesentlich erleichtert durch die von der preuß. Akademie der Wissenschaften herausgegebene „Geschichte des Fixsternhimmels“, die alle mittleren Orte aus etwa 500 Sternkatalogen des 18. und 19. Jahrhunderts reduziert auf 1875 enthält. Für neuere Zeiten haben wir die Arbeiten der Sternwarte Hamburg-Bergedorf: Index der Sternörter 1900—1925 und das Eigenbewegungs-Lexikon.

Die Eigenbewegungen sind sehr klein und erreichen nur bei näheren Sternen einige Hundertstel Zeitsekunden in Rektaszension oder einige Zehntel Bogensekunden in Deklination. Doch gibt es auch Schnelläufer mit Eigenbewegungen bis zu 10″ im Jahre.

Die Jahrbücher bringen alljährlich die auf den Anfang des zugehörigen Jahres bezogenen mittleren Orte der Sterne des sogenannten Fundamentalkataloges. Derselbe enthält etwa 900 der am öftesten und am genauesten beobachteten Sterne, von denen auch Eigenbewegungen bestimmt sind. Sie bilden das Fundamentalsystem und die Grundlage für alle modernen Katalogarbeiten.

Will man die Konstante der Präzession verbessern, so wähle man z. B. wieder zwei weitauseinanderliegende Kataloge. Der eine sei auf das Äquinoktium von t_1, der andere auf t_2 reduziert. Berechnet man nun die Größen $(m + n \operatorname{tg} \delta \sin \alpha)$ und $n \cos \alpha$ für das Mittel aus den beiden Zeiten, so ist

$$\begin{aligned} &(m + n \operatorname{tg} \delta \sin \alpha)(t_2 - t_1) \\ &n \cos \alpha \, (t_2 - t_1) \end{aligned} \tag{1}$$

der Wert der Präzession von t_1 bis t_2, und zwar mit großer Genauigkeit, weil bei dieser Rechnung für das Mittel der Zeiten die Größen zweiter Ordnung herausfallen. Vergleicht man eine größere Anzahl von Sternen, so lassen sich aus den Differenzen die Konstanten m und n berechnen, und zwar sollten aus allen Sternen die gleichen Werte resultieren. Wenn nun das nicht zutrifft, so sind daran die Eigenbewegungen schuld. Bezeichnen wir diese mit ν und ν' in Rektaszension und Deklination, so liefert jeder Stern zwei Gl. zur Bestimmung der Verbesserungen von m und n. Sind m_0 und n_0 die Ausgangswerte, Δm und Δn ihre Verbesserungen und endlich $\Delta \alpha$ und $\Delta \delta$ die konstanten Unterschiede der beiden Verzeichnisse, so gelten die Gl.

$$\begin{aligned} \alpha_2 - \alpha_1 &= (m_0 + n_0 \operatorname{tg} \delta \sin \alpha)(t_2 - t_1) + \Delta m \, (t_2 - t_1) + \\ &+ \Delta n \operatorname{tg} \delta \sin \alpha \, (t_2 - t_1) + \nu \, (t_2 - t_1) + \Delta \alpha, \\ \delta_2 - \delta_1 &= n_0 \cos \alpha \, (t_2 - t_1) + \Delta n \cos \alpha \, (t_2 - t_1) + \nu' \, (t_2 - t_1) + \Delta \delta. \end{aligned} \tag{2}$$

In diesen Gl., deren Zahl zweimal so groß ist wie die Zahl der verwendeten Sterne, sind außer Δm, Δn, $\Delta \alpha$ und $\Delta \delta$ noch die Eigenbewegungen unbekannt, die von Stern zu Stern verschieden sind. Sind nun diese Eigenbewegungen nur nach dem Zufall verteilt und nimmt man eine größere Anzahl der Gl. in ein Mittel, so werden sich die Eigenbewegungen gegenseitig tilgen und keinen Einfluß mehr üben. Gerade das ist aber nicht der Fall. Schon *W. Herschel* hat festgestellt, daß in den Eigenbewegungen systematische Erscheinungen auftreten und hat auch den richtigen Grund dafür angegeben. Da die Sonne selbst ein Fixstern ist, so muß sie auch eine Eigenbewegung haben. Indem sich nun die Sonne gegen einen bestimmten Punkt, den Apex, bewegt, scheinen die Sterne dort auseinander zu rücken, seitlich zurückzuweichen und im Gegenpunkte, dem Antiapex, wieder zusammenzurücken. Man kann versuchen, diese scheinbare Bewegung der Sterne, die man den motus parallacticus heißt, in Rechnung zu bringen; was dann von den Eigenbewegungen noch bleibt, heißt der motus peculiaris.

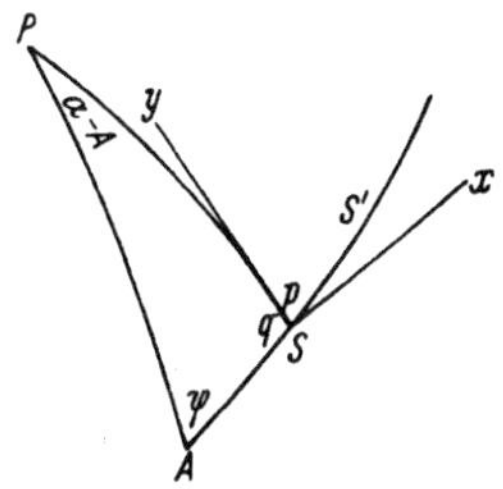

Abb. 55

Es sei nun in Abb. 55 P der Pol und S ein Stern mit den Koordinaten α, δ, der sich infolge seiner gesamten Eigenbewegung in einer gewissen Zeit unter dem Positionswinkel p nach S' mit den Koordinaten α' δ' bewegt. Da alle Sterne vom Apex weggehen, so müssen wir den Apex in der entgegengesetzten Richtung etwa in A suchen und es sei $A\,S = \Delta$. Ist der Bogen $A\,P = D$, so ist in dem sphärischen Dreiecke $A\,P\,S$, wenn wir $180^0 - p = q$ setzen

$$\begin{aligned} \sin \Delta \sin q &= \sin (\alpha - A) \cos D, \\ \sin \Delta \cos q &= \sin D \cos \delta - \cos D \sin \delta \cos (\alpha - A). \end{aligned} \qquad (3)$$

Legen wir, wie schon mehrmals, ein Koordinatensystem mit dem Anfang in S und der y-Achse nach Norden, so ist

$$\begin{aligned} x &= (\alpha' - \alpha) \cos \delta, \\ y &= \delta' - \delta \end{aligned} \qquad (4)$$

und daher

$$\operatorname{tg} p = \frac{x}{y} = \frac{(\alpha' - \alpha) \cos \delta}{\delta' - \delta} \quad \text{oder} \quad \operatorname{tg} q = -\frac{(\alpha' - \alpha) \cos \delta}{\delta' - \delta}. \qquad (4')$$

Zeichnen wir nun zu jedem Stern den größten Kreis unter dem Winkel q gegen den Meridian, so müßten alle diese Kreise durch den gleichen Punkt A gehen, wenn die parallaktische Bewegung die einzige Bewegung der Sterne wäre. Da dies nicht der Fall ist, werden die Kreise recht unregelmäßig durcheinandergehen, zum Teil gar nicht in das System passen. Immerhin wird man die Gegend des Apex näherungsweise erkennen. Sind nun A, D die Näherungswerte seiner Koordinaten, so erhalten wir nach den Differentialformeln I (18) für das sphärische Dreieck $A\,P\,S$:

$$\sin \Delta \, dq = -\sin \psi \, dD + \cos D \cos \psi \, dA,$$

wo ψ der Winkel bei A ist.

Zur Elimination von ψ finden wir aus dem obigen Dreiecke:

$$\begin{aligned} \sin \Delta \sin \psi &= \cos \delta \sin (\alpha - A), \\ \sin \Delta \cos \psi &= \sin \delta \cos D - \cos \delta \sin D \cos (\alpha - A), \end{aligned}$$

somit

$$dp = -dq = \frac{\cos \delta \sin (\alpha - A)}{\sin^2 \Delta} dD -$$

$$-\frac{\cos D}{\sin^2 \Delta} [\sin \delta \cos D - \cos \delta \sin D \cos (\alpha - A)] \, dA. \tag{5}$$

Wir können nun p auf zwei Arten berechnen, einerseits aus A, D, α, δ, ein Wert, der der Korrektion dp bedarf, wenn A und D um dA und dD geändert werden, andererseits ein Wert p' aus der Formel (4'); dann sollte $p + dp = p'$ sein oder $dp = p' - p$. Im einzelnen wird dies nicht zutreffen; hat man aber eine größere Anzahl von Sternen, so kann man nach der Methode der kleinsten Quadrate, die besten Werte von dA und dD damit von A und D bestimmen.

Diese Werte für den Apex sind ausschließlich aus den Richtungen der Eigenbewegungen bestimmt; wollen wir aber den Einfluß der parallaktischen Bewegung bestimmen, so brauchen wir nicht nur die Richtung, sondern auch die Größe der Sonnenbewegung.

Um diese zu bestimmen, gehen wir von folgendem Ansatz aus: Es seien X, Y, Z die rechtwinkeligen und α, δ, r die Polarkoordinaten eines Sternes im Äquatorsystem. Es ist dann

$$\begin{aligned} X &= r \cos \delta \cos \alpha, \\ Y &= r \cos \delta \sin \alpha, \\ Z &= r \sin \delta. \end{aligned} \tag{6}$$

Daher durch Differentiation:

$$\begin{aligned}
dX &= dr\cos\delta\cos\alpha - d\delta\, r\sin\delta\cos\alpha - d\alpha\, r\cos\delta\sin\alpha \\
dY &= dr\cos\delta\sin\alpha - d\delta\, r\sin\delta\sin\alpha + d\alpha\, r\cos\delta\cos\alpha \\
dZ &= dr\sin\delta \qquad\qquad + d\delta\, r\cos\delta
\end{aligned}$$

I	II	III
$-\frac{\sin\alpha}{r}$ —	$\frac{\cos\alpha\sin\delta}{r}$	$\cos\delta\cos\alpha$
$\frac{\cos\alpha}{r}$ —	$\frac{\sin\alpha\sin\delta}{r}$	$\cos\delta\sin\alpha$
	$\frac{\cos\delta}{r}$	$\sin\delta$

Multipliziert man diese Gl. der Reihe nach mit den unter I, II und III gegebenen Faktoren, so erhält man die Gl.:

$$\begin{aligned}
\cos\delta\, d\alpha &= -\frac{dX}{r}\sin\alpha + \frac{dY}{r}\cos\alpha, \\
d\delta &= -\frac{dX}{r}\cos\delta\cos\alpha - \frac{dY}{r}\sin\delta\sin\alpha + \frac{dZ}{r}\cos\delta, \qquad (7) \\
dr &= dX\cos\delta\cos\alpha + dY\cos\delta\sin\alpha + dZ\sin\delta.
\end{aligned}$$

Wir bleiben zunächst bei den ersten beiden Gl.; $d\alpha$ und $d\delta$ ist die Eigenbewegung, die sich aus dem motus peculiaris und dem motus parallacticus zusammensetzt. Nimmt man aber eine größere Anzahl solcher Gl. zusammen, so heben sich die nach dem Zufall verteilten motus peculiares weg und die neue Gl. gibt für ein mittleres α und δ der zusammengezogenen Sterngruppe. dX, dY, dZ sind dann nur noch die parallaktische Bewegung:

$$\begin{aligned}
dX &= -V_\odot\cos D\cos A, \\
dY &= -V_\odot\cos D\sin A, \qquad (8) \\
dZ &= -V_\odot\sin D,
\end{aligned}$$

wo $V_\odot$ die Geschwindigkeit der Sonne ist und wo das Minuszeichen daher rührt, daß die scheinbare parallaktische Bewegung der Sonnenbewegung entgegengesetzt ist. Man kann aber unter Verwendung einer größeren Anzahl von Sterngruppen aus den beiden ersten Gl. (7) nur dX/r, dY/r und dZ/r berechnen, wobei r unbekannt ist. Die Lösung wird also nur einen Sinn haben, wenn man r nach irgendeiner Hypothese annimmt oder die Sterne nach

Helligkeit und Eigenbewegung in Gruppen teilt. Dagegen läßt sich der Apex bestimmen, ohne Kenntnis von r. Es ist

$$\operatorname{tg} A = \frac{dY}{dX} = \frac{\frac{dY}{r}}{\frac{dX}{r}}, \quad \operatorname{tg} D = \frac{dZ}{\sqrt{dX^2 + dY^2}} = \frac{\frac{dZ}{dr}}{\sqrt{\left(\frac{dX}{r}\right)^2 + \left(\frac{dY}{r}\right)^2}}. \tag{9}$$

Nun haben wir noch die dritte Gl. (7), die das r nicht enthält, die man deshalb ausnützen kann, weil man die Größen dr mit Hilfe der Radialgeschwindigkeiten bestimmen kann. Diese werden auf Grund des *Doppler*schen Prinzipes gefunden, welches etwa in der folgenden Weise plausibel gemacht werden kann. Wenn ein Stern (Abb. 56a) im ruhenden Zustand Wellen einer gewissen Wellenlänge aussendet, so wird er, wenn er sich mit einer gewissen Geschwindigkeit auf uns zu bewegt, gewissermaßen seinen eigenen Wellen nachdrängen, wodurch sie kürzer (Abb. 56b), im Gegenfalle (Abb. 56c) länger werden.

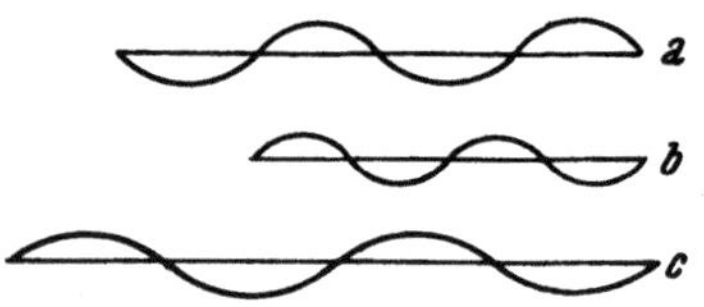

Abb. 56

Mit der Wellenlänge ändert sich auch der Brechungsexponent und die Farbe. Da aber eine Absorptionslinie ihre Farbe nicht ändern kann, weil sie schwarz ist und also gar keine Farbe hat, so wird sie nun zwischen anderen Farben an einer Stelle stehen, wo sie scheinbar nicht hingehört. Es entsteht also eine Linienverschiebung, die der Geschwindigkeit proportional ist, die daraus bestimmt werden kann. Der große Vorteil der Radialbewegungen besteht darin, daß man sie in irdischen Maßeinheiten, z. B. in km pro sec. erhält. Ferner sind die Ergebnisse ganz unabhängig von der Entfernung, endlich sind sie auch vollständig unabhängig von dem Koordinatensystem. Daher kann man auch aus den Radialgeschwindigkeiten die Präzession nicht bestimmen, wohl aber den Apex.

Man kann aber die ganze Sache auch umkehren, die Sterne nach Helligkeit und Eigenbewegung in Gruppen teilen und für jede Gruppe die Größe r berechnen. Der Parallaxenwert, der zu den einzelnen r gehört, wird als säkulare Parallaxe bezeichnet.

Dabei hat man den Vorteil, daß die zu messende Größe mit der Zeit beständig wächst.

Will man gleichzeitig den Apex und eine Korrektion der Präzessionskonstante bestimmen, so muß man die Gl. (2) und (7) zusammennehmen. Somit

$$\alpha_2 - \alpha_1 = (m_0 + n \operatorname{tg} \delta \sin \alpha)(t_2 - t_1) + \Delta m (t_2 - t_1) +$$
$$+ \Delta n \operatorname{tg} \delta \sin \alpha (t_2 - t_1) + \left[-\frac{dX}{r} \frac{\sin \alpha}{\cos \delta} + \frac{dY}{dr} \frac{\cos \alpha}{\cos \delta} \right] (t_2 - t_1) + \Delta \alpha$$

$$\delta_2 - \delta_1 = n_0 \cos \alpha (t_2 - t_1) + \Delta n \cos \alpha (t_2 - t_1) +$$
$$+ \left[-\frac{dX}{r} \cos \alpha \sin \delta - \frac{dY}{r} \sin \alpha \sin \delta + \frac{dZ}{dr} \cos \delta \right] (t_2 - t_1) + \Delta \delta. \tag{10}$$

Die Gl. sind nach der Methode der kleinsten Quadrate nach Δm, Δn, dX/r, dY/r, dZ/r, $\Delta \alpha$ und $\Delta \delta$ aufzulösen. Hier stecken aber wieder die r drinnen. Es scheint also besser, die Δx, Δy und Δz aus den dritten Gl. (7) zu bestimmen, in die Gl. (10) einzusetzen und die Gl. dann gruppenweise aufzulösen, wobei man für jede Gruppe ein mittleres r bekommt.

Für die Präzessionskonstante gelten nach *de Sitter*[1] die folgenden Bestimmungen als die besten:

Newcomb (mit Verbesserungen von *Hough* und *Holm*)	50″2486
Boss	50″2511
Dyson und *Tackeray*	50″2503

im Mittel

$$50''2500 \pm 0''0010 \text{ gültig für } 1850.$$

Die Lunisolarpräzession wird 50″3731.

Für die Lage des Apex und die Größe der Sonnengeschwindigkeit nimmt man heute an

$$A = 270^0,$$
$$D = + 30^0,$$
$$V_{\odot} = 20 \text{ km/sec.}$$

[1] Koninglijke Akademie van Wetenschappen in Amsterdam. Naturkunde-Abteilung, 1915, Bd. 23.

XVII. Bestimmung der Nutations- und Aberrationskonstanten.

Zur Bestimmung der Aberrationskonstanten kann man sowohl Rektaszensionen wie Deklinationen verwenden und stützt sich dabei auf die Gl. XIII (13) oder (15). Ist $\alpha - \alpha_0$, resp. $\delta - \delta_0$ der gefundene Koordinaten-Unterschied gegenüber dem Ausgangspunkt und k die angenommene Aberrationskonstante, die der Korrektion dk bedarf, sind endlich $\Delta\,\alpha$ und $\Delta\,\delta$ die Korrektionen des Ausgangswertes, so lauten die Gl.

$$\begin{aligned} \alpha &= \alpha_0 + \Delta\,\alpha + k\,a \sin(\odot + A) \sec\delta + \Delta\,k\,a \sin(\odot + A) \sec\delta, \\ \delta &= \delta_0 + \Delta\,\delta + k\,b \sin(\odot + B) \qquad + \Delta\,k\,b \sin(\odot + B). \end{aligned} \tag{1}$$

Da auch die Parallaxe (S. 139 ff.) eine jährliche Periode hat, so kann man noch die Glieder von Gl. XVIII (31) hinzufügen

$$\begin{aligned} &\pi\,a \cos(\odot + A) \sec\delta, \\ &\pi\,b \cos(\odot + B) \end{aligned} \tag{2}$$

und eine Bestimmung der Parallaxe versuchen, obwohl wir dafür bessere Methoden haben.

Verwendet man Rektaszensionen, so beobachtet man am besten den Polaris, der wegen des großen Faktors sec δ sehr langsam geht und einen größeren Rektaszensionsunterschied zeigt. Da aber die Langsamkeit der Bewegung die Genauigkeit der Beobachtung beeinträchtigt, ist es vielleicht besser, Sterne nicht so nahe am Pole zu wählen. Bei Verwendung von Deklinationen kann man von einer solchen Vergrößerung nichts profitieren (hier kommt kein Faktor sec δ vor). Man kann eine größere Genauigkeit nur durch Steigerung der Zahl der Beobachtungen erreichen. Hier bietet nun der seit fast 50 Jahren organisierte internationale Polhöhendienst mit seinen fortlaufenden Deklinationsbestimmungen zur Feststellung der Veränderlichkeit der geographischen Breite ein fast unabsehbares Beobachtungsmaterial. Aus dem Zweck dieser riesigen Beobachtungsreihe ersieht man, daß man zur Gewinnung richtiger Deklinationen die Veränderlichkeit der Breite in Rechnung stellen muß. Leider ist aber das Problem der Polhöhe noch nicht gelöst. Bei der Reduktion haben sich merkwürdige und noch immer rätselhafte Mißstimmigkeiten gezeigt. So kann man den Resultaten nicht das volle Vertrauen entgegenbringen[1] (siehe auch S. 250). Als Wert der Aberrationskonstanten nimmt man heute 20″47.

Die Bestimmung der Nutationskonstante geschieht nach der gleichen Methode, nur muß die Beobachtungszeit mindestens eine ganze Periode des Mondknotens, das sind 18,6 Jahre oder wenigstens einen großen Bruchteil dieser Zeit umfassen. Man wird daher auch beide Konstanten gleichzeitig bestimmen können. Ist N die Nutationskonstante und dN ihre Verbesserung, so finden wir, wenn wir nur das Hauptglied ansetzen, wenn wir die bekannten Glieder alle in p und q zusammenfassen, aus Gl. XII (33) und XVII (1)

$$p = \Delta k a \sin(\odot + A) \sec\delta + \pi a \cos(\odot + A) -$$
$$- dN [\operatorname{tg}\delta \cos\alpha \cos \Omega + (1{,}7159 + 0{,}7446 \operatorname{tg}\delta \sin\alpha) \sin \Omega] + \Delta\alpha,$$
$$q = \Delta k b \sin(\odot + B) + \pi b \sin(\odot + B) +$$
$$+ dN [\sin\alpha \cos \Omega - 0{,}7446 \cos\alpha \sin \Omega] + \Delta\delta$$

mit

$$p = \alpha - \alpha_0 - k a \sin(\odot + A) \sec\delta +$$
$$+ N [\operatorname{tg}\delta \cos\alpha \cos \Omega + (1{,}7159 + 0{,}7446 \operatorname{tg}\delta \sin\alpha) \sin \Omega],$$
$$q = \delta - \delta_0 - k b \sin(\odot + B) - N [\sin\alpha \cos \Omega - 0{,}7446 \operatorname{tg}\alpha \sin \Omega],$$

da $\frac{17{,}2577}{9{,}2240} \cos\varepsilon = 1{,}7159, \qquad \frac{17{,}2577}{9{,}2240} \sin\varepsilon = 0{,}7446.$

Der derzeit im Jahrbuch angenommene Wert der Nutationskonstante ist 9″21.

XVIII. Parallaxe.

Unter Parallaxe versteht man die scheinbare Verschiebung eines Gegenstandes durch Veränderung des Standpunktes der Beobachtung. Diese scheinbare Verschiebung kann durch den Winkel gemessen werden, den die beiden Sehstrahlen am Objekte miteinander einschließen. Er ist gleichzeitig der Winkel, unter welchem der Abstand der beiden Beobachtungspunkte, die Standlinie $A\,B$, vom Objekte S aus erscheint (Abb. 57).

---

[1] *Schumann R.:* Numerische Untersuchung über Polschwankung und Aberrationskonstante (Astronomische Abhandlungen als Ergänzungshefte zu den Astr. Nachr. Nr. 11). — *Przybyllok E.:* Die Nutationskonstante abgeleitet aus den Beobachtungen des internationalen Breitedienstes. (Zentralb. der internationalen Erdmessung N.F. 36.)

Die Parallaxe ist also von der Größe und der Richtung der Standlinie abhängig. In der Astronomie bezeichnen wir als Parallaxe die scheinbare Verschiebung, die dadurch entsteht, daß wir uns den Standpunkt von der Erdoberfläche in den Erdmittelpunkt verlegt denken. Als Standlinie tritt also der zum Beobachtungspunkt gehörige Erdradius auf.

Abb. 57

Die Parallaxe kommt nur in Betracht bei der Sonne und den Mitgliedern des Planetensystems, hauptsächlich aber beim Mond. Es sei (Abb. 58) O der Erdmittelpunkt, M der Beobachtungspunkt, von welchem wir das Objekt S in der Zenitdistanz z' sehen. Vom Erdmittelpunkt aus sehen wir das gleiche Objekt in der Zenitdistanz z; $z' - z$ ist der Einfluß der Parallaxe. Es ist immer

$$z' > z.$$

Der Einfluß der Parallaxe ist für M am größten, wenn S eben im Auf- oder Untergang begriffen ist (S'). Man nennt den zugehörigen Betrag der Parallaxe die Horizontal-Parallaxe. Das ist aber noch nicht der größte Wert, den die Parallaxe von S erreichen kann. Diesen erhält man, wenn man als Basis einen Äquatorhalbmesser wählt und erhält dann die Äquatoreal-Horizontal-Parallaxe. Da der Äquator-Radius eine bekannte Größe ist, so hängt die Größe der Äquatoreal-Horizontal-Parallaxe nur noch von der Entfernung ab. Daher ist es in der Astronomie Brauch, die Parallaxe direkt als Maß der Entfernung zu verwenden.

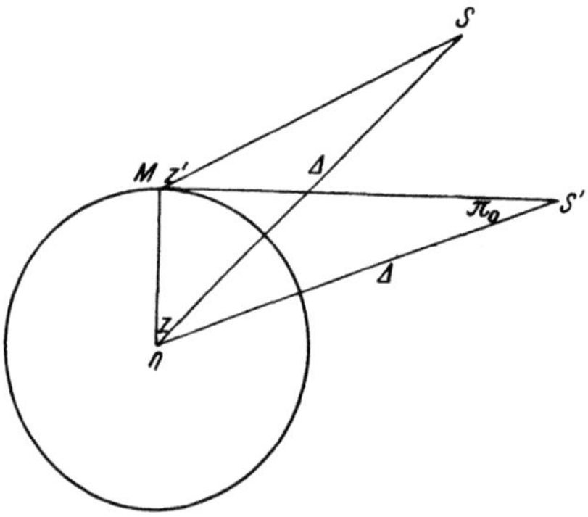

Abb. 58

Um den Einfluß der Parallaxe zu bestimmen, brauchen wir die Größe der Entfernung der einzelnen Punkte der Meridianellipse vom Erdmittelpunkte.

Es sei (Abb. 59) O der Erdmittelpunkt, $A\ M\ B$ die Meridianellipse der abgeplatteten Erde, M ein Punkt der Erdoberfläche. Dann ist der Winkel $M\ O\ A$, den der Radiusvektor $O\ M$ mit dem Äquator einschließt, die geozentrische Breite. Die Normale zur Ellipse schließt mit dem Äquator den Winkel $M\ N\ A$ ein, der als geographische Breite B bezeichnet wird. Diesen erhält man aus den astronomischen Beobachtungen, da alle unsere Instrumente nach der Normalen zur Erde, d. i. gleichzeitig die Schwererichtung orientiert werden.

Schlägt man um O einen Kreis, dessen Radius gleich $O\ A$, dem Äquatorradius ist, verlängert die Ordinate $R\ M$ bis M', so wird der Winkel $M'\ O\ A$ als reduzierte Breite β bezeichnet. Er spielt namentlich in der Geodäsie eine ähnliche Rolle, wie die exzentrische Anomalie in der Planetenbewegung. Durch seine Einführung werden die Formeln meist einfacher und handlicher.

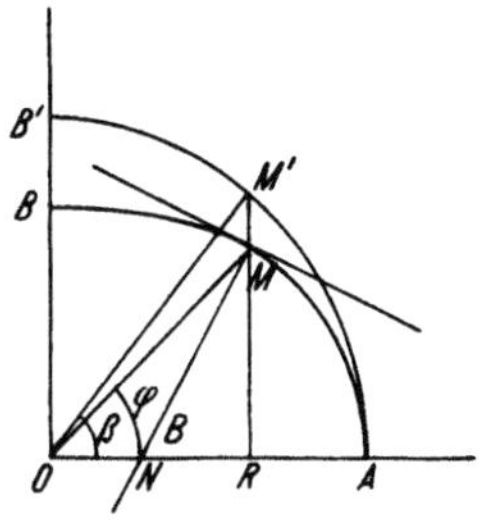

Abb. 59

Die Beziehungen zwischen diesen drei Definitionen der Breite sind sehr einfach. Ist

$$\frac{x^2}{a^2} + \frac{y^2}{b^2} = 1$$

die Gl. der Meridianellipse, so ist die Richtung der Normalen gegeben durch

$$\operatorname{tg} B = -\frac{1}{\frac{dy}{dx}} = \frac{a^2\, y}{b^2\, x} = \frac{a^2}{b^2} \operatorname{tg} \varphi\,,$$

oder wenn wir die Exzentrizität mit e bezeichnen

$$\operatorname{tg} \varphi = (1 - e^2) \operatorname{tg} B. \tag{1}$$

Ferner ist

$$x = a \cos \beta,$$
$$R\ M' = a \sin \beta.$$

Nach den Gesetzen der Ellipse ist aber $R\ M = y = \frac{b}{a} R\ M'$, daher

$$x = a \cos \beta,$$
$$y = b \sin \beta. \tag{2}$$

Daher

$$\frac{y}{x} = \frac{b}{a} \operatorname{tg} \beta = \sqrt{1 - e^2} \operatorname{tg} \beta.$$

Es ist also

$$\operatorname{tg}\varphi = \sqrt{1-e^2}\operatorname{tg}\beta = (1-e^2)\operatorname{tg}B \tag{3}$$

oder wegen der Kleinheit von e in eine Reihe entwickelt:

$$\operatorname{tg}\varphi = \left(1-\frac{e^2}{2}\right)\operatorname{tg}\beta = (1-e^2)\operatorname{tg}B. \tag{4}$$

Die Größe $\frac{a-b}{a}$ wird als die Abplattung $\mathfrak{a}$ bezeichnet. Somit ist

$$\frac{b}{a} = 1-\mathfrak{a}, \qquad \frac{b^2}{a^2} = 1-2\,\mathfrak{a}$$

unter Vernachlässigung von Gliedern der Ordnung $\mathfrak{a}^2$, und

$$\operatorname{tg}\varphi = (1-\mathfrak{a})\operatorname{tg}\beta = (1-2\,\mathfrak{a})\operatorname{tg}B. \tag{5}$$

Für den Unterschied $B-\varphi$ finden wir

$$\operatorname{tg}(B-\varphi) = \frac{\operatorname{tg}B - \operatorname{tg}\varphi}{1+\operatorname{tg}B\operatorname{tg}\varphi} = \frac{\operatorname{tg}B-(1-2\,\mathfrak{a})\operatorname{tg}B}{1+(1-2\,\mathfrak{a})\operatorname{tg}^2 B} = \frac{2\,\mathfrak{a}\operatorname{tg}B}{1+\operatorname{tg}^2 B} =$$
$$= 2\,\mathfrak{a}\operatorname{tg}B\cos^2 B = \mathfrak{a}\sin 2\,B.$$

Es ist also

$$\begin{aligned} B-\varphi &= \omega\,\mathfrak{a}\sin 2\,B \\ B-\beta &= \omega\frac{\mathfrak{a}}{2}\sin 2\,B. \end{aligned} \tag{6}$$

Der größte Unterschied ist für $B = 45^0$, und zwar wird mit

$$\frac{a-b}{a} = \mathfrak{a} = \frac{1}{299{,}3}$$

$$\begin{aligned} B-\varphi &= 11'\,27'', \\ B-\beta &= 5'\,44''. \end{aligned} \tag{7}$$

Endlich ist

$$\varrho^2 = x^2+y^2 = a^2\cos^2\beta + b^2\sin^2\beta = a^2\cos^2\beta + a^2(1-2\,\mathfrak{a})\sin^2\beta =$$
$$= a^2(1-2\,\mathfrak{a}\sin^2\beta). \tag{8}$$

Ist nun (Abb. 60) $O\,x\,z$ die Meridianebene des Erdpunktes M und h' und a' Höhe und Azimut von S, von M aus gesehen, h und a Höhe und Azimut von S von O aus gesehen, sind ferner Δ und Δ' die Entfernungen $O\,S$ und $M\,S$ und endlich

$$\begin{aligned} O\,R &= \varrho\sin(B-\varphi), \\ R\,M &= \varrho\cos(B-\varphi) \end{aligned}$$

die Koordinaten von M, bezogen auf O, so ist

$$\begin{aligned} \Delta'\cos h'\cos a' &= \Delta\cos h\cos a - \varrho\sin(B-\varphi), \\ \Delta'\cos h'\sin a' &= \Delta\cos h\sin a\,, \\ \Delta'\sin h' &= \Delta\sin h \qquad - \varrho\cos(B-\varphi). \end{aligned} \tag{9}$$

Daraus finden wir durch Multiplikation der ersten beiden Gl. mit sin a, resp. cos a und Subtraktion, ferner durch Multiplikation mit cos a, resp. sin a und Addition

$$\begin{aligned} \Delta' \cos h' \sin (a' - a) &= \varrho \sin (B - \varphi) \sin a, \\ \Delta' \cos h' \cos (a' - a) &= \Delta \cos h - \varrho \sin (B - \varphi) \cos a, \\ \Delta' \sin h' &= \Delta \sin h - \varrho \cos (B - \varphi). \end{aligned} \tag{10}$$

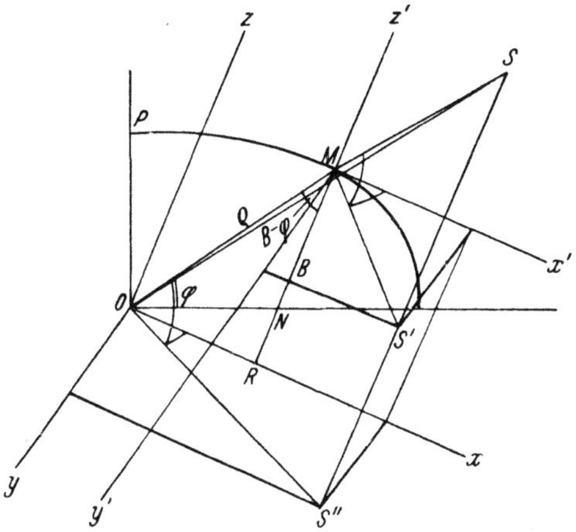

Abb. 60

Multiplizieren wir nun hier die erste Gl. mit sin ½ $(a' - a)$, die zweite mit cos ½ $(a' - a)$, so finden wir

$$\Delta' \cos h' \cos \frac{1}{2} (a' - a) = \Delta \cos h \cos \frac{1}{2} (a' - a) -$$

$$- \varrho \sin (B - \varphi) \cos \frac{1}{2} (a' + a)$$

oder

$$\Delta' \cos h' = \Delta \cos h - \varrho \sin (B - \varphi) \frac{\cos \frac{1}{2} (a' + a)}{\cos \frac{1}{2} (a' - a)} .$$

Wir setzen

$$\frac{\cos \frac{1}{2} (a' + a)}{\cos \frac{1}{2} (a' - a)} \operatorname{tg} (B - \varphi) = \operatorname{tg} \gamma, \tag{11}$$

wo γ ein Winkel von der gleichen Größenordnung wie $B - \varphi$ ist.

So wird, wenn wir nun zu Zenitdistanzen übergehen

$$\Delta \sin z' = \Delta \sin z - \varrho \cos (B - \varphi) \operatorname{tg} \gamma$$

und

$$\Delta \cos z' = \Delta \cos z - \varrho \cos (B - \varphi).$$

Daraus finden wir leicht

$$\Delta' \sin (z' - z) = - \varrho \cos (B - \varphi) (\operatorname{tg} \gamma \cos z - \sin z) = \\ = \varrho \cos (B - \varphi) \frac{\sin (z - \gamma)}{\cos \gamma}$$

$$\Delta' \cos (z' - z) = \Delta - \varrho \cos (B - \varphi) (\operatorname{tg} \gamma \sin z + \cos z) = \\ = \Delta - \varrho \cos (B - \varphi) \frac{\cos (z - \gamma)}{\cos \gamma}. \qquad (12)$$

Wollen wir endlich noch Δ' haben, so multiplizieren wir die letzten Gl. mit $\sin 1/2 (z' - z)$, resp. $\cos 1/2 (z' - z)$ und finden durch Addition

$$\Delta' \cos 1/2 (z' - z) = \Delta \cos 1/2 (z' - z) + \\ + \frac{\varrho \cos (B - \varphi)}{\cos \gamma} \left[\sin (z - \gamma) \sin 1/2 (z' - z) - \cos (z - \gamma) \cos 1/2 (z' - z) \right]$$

oder

$$\Delta' = \Delta - \varrho \frac{\cos (B - \varphi)}{\cos \gamma \cos \frac{1}{2} (z' - z)} \cos \left[z - \gamma + \frac{1}{2} (z' - z) \right] = \\ = \Delta - \varrho \frac{\cos (B - \varphi)}{\cos \gamma \cos \frac{1}{2} (z' - z)} \cos \left[\frac{1}{2} (z' + z) - \gamma \right]. \qquad (13)$$

Ist Δ die Entfernung des Gestirnes in Einheiten des Äquatorhalbmessers, so ist

$$\frac{1}{\Delta} = \sin \pi$$

und π die Äquatoreal-Horizontal-Parallaxe. Es sind somit die genauen Formeln für den Einfluß der Parallaxe auf Azimut, Höhe und Entfernung

$$\operatorname{tg} (a' - a) = \frac{\frac{\varrho \sin \pi \sin (B - \varphi) \sin a}{\sin z}}{1 - \frac{\varrho \sin \pi \sin (B - \varphi) \cos a}{\sin z}} \qquad (14)$$

$$\operatorname{tg} (z' - z) = \frac{\varrho \sin \pi \cos (B - \varphi) \frac{\sin (z - \gamma)}{\cos \gamma}}{1 - \varrho \sin \pi \cos (B - \varphi) \frac{\cos (z - \gamma)}{\cos \gamma}} \qquad (15)$$

$$\frac{\varDelta'}{\varDelta} = 1 - \frac{\varrho \sin \pi \cos (B - \varphi) \cos \left[\frac{1}{2}(z' + z) - \gamma\right]}{\cos \frac{1}{2}(z' - z) \cos \gamma}. \tag{16}$$

Diese ganz strengen Formeln finden nur beim Monde Anwendung oder in den seltenen Fällen, daß ein kleiner Planet eine besonders große Annäherung an die Erde zeigt. In allen anderen Fällen kann man weitgehende Vernachlässigungen vornehmen.

In tg $(a' - a)$ ist der Zähler schon ein Glied zweiter Ordnung, weil die kleinen Glieder $\sin (B - \varphi)$ und $\sin \pi$ miteinander multipliziert sind. Das zweite Glied im Nenner ist aber ebenfalls zweiter Ordnung. Wenn wir also den Nenner gleich Eins setzen, machen wir nur einen Fehler vierter Ordnung.

Es wird also

$$a' - a = \frac{\omega \varrho \sin \pi \sin (B - \varphi)}{\sin z} \sin a \tag{17}$$

Nur, wenn auch $\sin z$ von der Größenordnung von π oder $B - \varphi$ wird, dann wird der Ausdruck von der ersten Ordnung und kann für $z = 0$ sogar unendlich werden. Liegt das Objekt gerade zwischen den zwei Achsen $O\,z$ und $O\,z'$, so ist $a = 0$ und $a' = 180^0$. Man wird also die unmittelbare Nähe des Zenites vermeiden. In allen anderen Fällen wird man bis auf Größen erster Ordnung

$$a' - a = 0 \tag{18}$$

setzen können. Ferner erhalten wir mit derselben Genauigkeit

$$z' - z = \omega \varrho \sin \pi \sin (z - \gamma), \tag{19}$$

wobei für γ der einfache Ausdruck $\gamma = (B - \varphi) \cos a$ genommen werden kann, da sowohl $\cos (B - \varphi)$ wie $\cos \gamma$ sich nur um Größen zweiter Ordnung von der Einheit unterscheiden. Wenn man aber bedenkt, daß $\sin \pi$ aber auch γ eine kleine Größe ist, so vernachlässigt man, wenn man $\gamma = 0$ setzt, nur Größen zweiter Ordnung. Wir können also einfach annehmen

$$z' - z = \omega \varrho \sin \pi \sin z. \tag{20}$$

Endlich wird

$$\frac{\varDelta'}{\varDelta} = 1 - \varrho \sin \pi \cos \left[\frac{1}{2}(z' + z) - \gamma\right]. \tag{21}$$

Da $\omega\,\varrho \sin \pi = \pi_0''$ der Ausdruck für die Horizontal-Äquatoreal-Parallaxe ist, so können wir die Gl. (18) bis (21) auch einfach schreiben

$$a' - a = 0. \tag{18'}$$

$$z' - z = \pi_0 \sin z. \tag{20'}$$

$$\frac{\Delta'}{\Delta} = 1 - \pi_0 \cos\left[\frac{1}{2}(z' + z) - \gamma\right]. \tag{21'}$$

13. Beispiel: Der Mond sei in der Zenitdistanz $z' = 30^0$ und dem Azimut $a' = 50^0$ bei einer geographischen Breite von $47^0\,16'\,6''5$ (Innsbruck) beobachtet worden. Das Jahrbuch gibt die geozentrische Breite von Innsbruck mit $47^0\,4'\,32''8$, so daß $B - \varphi = 11'\,33''7$. Der zugehörige Radiusvektor ist nach *Helmert* gegeben durch

$$\varrho = a\left(1 - \frac{\delta}{2}\sin^2\varphi\right) \quad \text{mit} \quad \delta = \frac{e^2}{1 - e^2} = 0{,}006\,719\,2.$$

Daraus folgt $\log \varrho = 9{,}999\,235$. Der Wert der Parallaxe des Mondes sei $59'$; er kann für jeden Tag dem Jahrbuch entnommen werden. Nach Formel (14) oder (17) erhält man dann $a' - a = 18''2$; die Berücksichtigung des Nenners ändert das Resultat nicht mehr. Der Einfluß der Abplattung darf aber nicht vernachlässigt werden. Mit $a' - a = 18''2$ und $a' = 50^0$ findet man $a = 49^0\,59'\,41''8$ und $(a' - a)/2 = 9''1$; $(a' + a)/2 = 49^0\,59'\,50''9$; nach Formel (11) findet man dann $\gamma = 7'\,25''92$; $z' - \gamma = 29^0\,52'\,34''1$; da z zunächst noch nicht bekannt ist, verwenden wir statt dessen z' und finden nun nach Formel (15) $z' - z = 29'\,46''67$. Daher ist nun $z = 29^0\,30'\,13''33$; mit diesem Werte wird nun richtig $z - \gamma = 29^0\,22'\,47''41$ und die Rechnung nach Gl. (15) ist nun zu wiederholen; wir finden $z' - z = 29'\,19''79$; eine weitere Wiederholung führt endlich auf den Endwert $z' - z = 29'\,20''20$. Damit gibt endlich die Formel (16) $\Delta'/\Delta = 0{,}9851$. Der scheinbare Durchmesser des Mondes erscheint also im Verhältnis $1/0{,}9851 = 1{,}015\,12$ vergrößert.

Um den Einfluß der Parallaxe auf Rektaszension und Deklination zu berechnen, brauchen wir wieder die Differentialformel. Unter der Verwendung der Substitution zu Gl. II (1) geben die Formeln I (17) und I (18):

$$d\delta = -\cos p\, dz,$$
$$\cos\delta\, ds = \sin p\, dz,$$

dabei kann $d\varphi$ und da wegbleiben. Setzen wir $dz = \varrho\,\pi \sin z$, so finden wir nach Gl. III (3)

$$\begin{aligned} d\delta &= -\cos p\,\varrho\,\pi \sin z = -\varrho\,\pi(\sin\varphi\cos\delta - \cos\varphi\sin\delta\cos s) = \\ &= -\varrho\,\pi\,[\sin\varphi\cos\delta - \cos\varphi\sin\delta\cos(t - \alpha)], \\ \cos\delta\, d\alpha &= \sin p\,\varrho\,\pi\sin z = \varrho\,\pi\cos\varphi\sin s = \varrho\,\pi\cos\varphi\sin(t - \alpha). \end{aligned} \tag{22}$$

Der Bestimmung einer Parallaxe muß die Bestimmung der Gestalt und Größe der Erde vorausgehen. Diese ist der schwierige Gegenstand, den sich die höhere Geodäsie zum Ziele gesetzt hat. Von dem Gedanken, daß es möglich sei, die ganze Erde durch ein Rotationsellipsoid darzustellen, ist man längst abgekommen. Die Geodäsie sieht sich der Aufgabe gegenüber, alle Verbiegungen der theoretischen Erdoberfläche einzeln zu bestimmen. In der Astronomie aber reicht es aus, für die Erde eine Näherungsfigur zu verwenden, wie eine solche *Bessel* im Jahre 1841 aus den damals besten Gradmessungen abgeleitet hat und dessen heute noch vielfach verwendeten Dimensionen die folgenden Werte haben:

$$a = 6\,377\,397{,}16\,\mathrm{m} \qquad b = 6\,356\,078{,}96\,\mathrm{m} \qquad \frac{a-b}{a} = \mathfrak{a} = \frac{1}{299{,}3}.$$

Zur Bestimmung der Parallaxe oder was auf dasselbe hinauskommt, der Entfernung eines Gestirnes, verwendet man dieselbe Methode, wie immer, wenn es sich darum handelt, die Entfernung eines Gegenstandes zu bestimmen, zu dem man nicht hingelangen kann. Man bestimmt eine Basis und mißt in dem zwischen den Basispunkten und dem zu bestimmenden Objekt entstehenden Dreiecke die Winkel an der Basis, woraus man den dritten Winkel und auch die zwei anderen Seiten bestimmen kann. In der Astronomie wählt man also zunächst zwei Sternwarten als Beobachtungspunkte, deren gegenseitige Lage aus ihren geographischen Koordinaten und der Größe der Erde berechnet werden kann. Am besten ist es, wenn die zwei Beobachtungspunkte im gleichen Meridian, der eine auf der Nordhalbkugel, der andere auf der Südhalbkugel liegen.

Setzt man der Einfachheit halber voraus, daß die Beobachtungsorte M_1 und M_2 mit den geozentrischen Breiten φ_1 und φ_2 im gleichen Meridian liegen, z_1 und z_2 die beobachteten Zenitdistanzen sind und δ endlich die Deklination des Gestirnes (Mond) sei, so ist (Abb. 61) in dem Vierecke $E\,M_1\,S\,M_2$:

$$\pi_1 + \pi_2 + (\varphi_1 + \varphi_2) + (180^0 - z_1) + (180^0 - z_2) = 360^0$$

oder

$$\pi_1 + \pi_2 + (\varphi_1 + \varphi_2) - (z_1 + z_2) = 0. \tag{23}$$

Andererseits ist in den Dreiecken $E\,M_1\,S$ und $E\,M_2\,S$

$$\varphi_1 - \delta + (180^0 - z_1) + \pi_1 = 180^0,$$
$$\varphi_2 + \delta + (180^0 - z_2) + \pi_2 = 180^0. \tag{24}$$

Endlich ist in denselben Dreiecken bei Vernachlässigung der Abplattung

$$a : \Delta = \sin \pi_1 : \sin z_1,$$
$$a : \Delta = \sin \pi_2 : \sin z_2. \tag{25}$$

Da wir nur auf der Oberfläche der Erde beobachten können und alle diese Beobachtungen mit der Parallaxe behaftet sind, so muß man damit rechnen, daß in der Mondbahn und daher auch in der

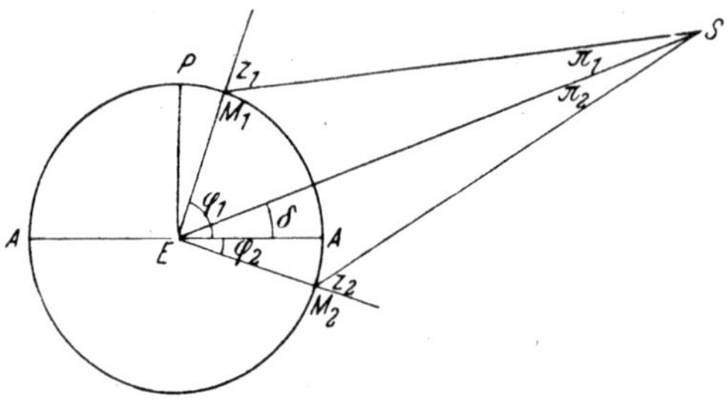

Abb. 61

Deklination Fehler stecken, die von der Parallaxe herrühren. Wir müssen daher aus Gl. (24) und (25) das δ eliminieren. Es folgt aus Gl. (25)

$$\sin \pi_1 : \sin z_1 = \sin \pi_2 : \sin z_2.$$

Daher

$$(\sin \pi_1 + \sin \pi_2) : (\sin \pi_1 - \sin \pi_2) = (\sin z_1 + \sin z_2) : (\sin z_1 - \sin z_2)$$

oder

$$2 \sin \frac{\pi_1 + \pi_2}{2} \cos \frac{\pi_1 - \pi_2}{2} : 2 \cos \frac{\pi_1 + \pi_2}{2} \sin \frac{\pi_1 - \pi_2}{2} =$$
$$= 2 \sin \frac{z_1 + z_2}{2} \cos \frac{z_1 - z_2}{2} : 2 \cos \frac{z_1 + z_2}{2} \sin \frac{z_1 - z_2}{2}$$

und

$$\operatorname{tg} \frac{\pi_1 - \pi_2}{2} = \frac{\operatorname{tg} \frac{z_1 - z_2}{2}}{\operatorname{tg} \frac{z_1 + z_2}{2}} \operatorname{tg} \frac{\pi_1 + \pi_2}{2}$$

Im Verein mit Gl. (23) erhalten wir nun π_1 und π_2 und dann aus Gl. (25)

$$\Delta = a \frac{\sin \pi_1}{\sin z_1} = a \frac{\sin \pi_2}{\sin z_2}, \qquad \pi = \frac{1}{\Delta}.$$

Der Umstand, daß die beiden Punkte nicht im gleichen Meridian liegen und die Beobachtungen auch nicht gleichzeitig sein werden sowie die Berücksichtigung der Abplattung, machen die Berechnung natürlich viel komplizierter. Die Hauptschwierigkeit entsteht daraus, daß das Dreieck zwischen den zwei Beobachtungspunkten sehr schmal und lang sein wird. Bei dem Mond geht es noch verhältnismäßig leicht; hier ist das Verhältnis der Basis zur Entfernung noch etwa 1 : 60 und der Winkel am Mond von der Ordnung 1^0. Doch entstehen weitere Schwierigkeiten daraus, daß der Mond eine breite Scheibe ist und wir nur den Rand beobachten können; dies macht eine Reduktion auf den Mittelpunkt notwendig, die ihrerseits wieder von der scheinbaren Größe und daher von der Entfernung des Mondes abhängig ist.

Wenn wir nun aber einen Versuch nach der gleichen Methode bei der Sonne machen, so sind hier die Schwierigkeiten vielmal größer. Das Verhältnis von Basis zur Entfernung wird jetzt 1 : 24 000, so daß der Winkel an der Sonne auf $9''$ heruntergeht und es also der höchsten Genauigkeit bedarf, um den kleinen parallaktischen Unterschied genau zu messen. Der scheinbare Halbmesser ist auch hier zu berücksichtigen, doch ist er wegen der Helligkeit der Sonne und der damit auftretenden Irradiationserscheinungen viel schwerer zu bestimmen. Auch ist der Rand wegen der Bewegungen der warmen Luft der Erdatmosphäre in ständigen Wallungen begriffen. Die direkte Beobachtung der Sonne ist also äußerst mißlich.

Über die Schwierigkeit hilft uns aber das dritte *Kepler*sche Gesetz hinüber. Die mittlere Bewegung zweier Planeten ist gegeben durch

$$n_1 = \sqrt{\frac{k^2 (M + m_1)}{a_1^3}}, \quad n_2 = \sqrt{\frac{k^2 (M + m_2)}{a_2^3}}.^1 \tag{26}$$

Aus diesen Gl. findet man

$$\frac{n_1^2 a_1^3}{M + m_1} = \frac{n_2^2 a_2^3}{M + m_2} \tag{27}$$

---

[1] Bei der Erde ist zu bedenken, daß sie einen großen Mond besitzt. Es bewegt sich also nicht der Schwerpunkt der Erde in einer *Kepler*schen Ellipse, sondern der gemeinsame Schwerpunkt von Erde und Mond. Wir haben also die Parallaxe auf diesen Punkt zu reduzieren.

oder

$$n_2^2 a_2^3 = n_1^2 a_1^2 \frac{1 + \frac{m_1}{M}}{1 + \frac{m_2}{M}}.$$

Wir nehmen für den ersten Planeten die Erde mit $a_1 = 1$, $M = 1$, $n_1 = 3548''$ in einem mittleren Tag. Da nun n_2 für den anderen Planeten bekannt ist, wie überhaupt die mittleren Bewegungen für die großen Planeten aus der Umlaufszeit schon seit dem Altertum bekannt sind, da ferner m_1/M und m_2/M sehr kleine Größen sind, die vernachlässigt werden können, so läßt sich aus der obigen Gl. a_2 bestimmen, wobei die halbe große Achse der Erdbahn als Einheit dient. Da nun a_1 und a_2, aber auch die übrigen Elemente beider Planeten bekannt sind, so läßt sich für beide Planeten für jeden Augenblick ihre Position bestimmen und daher auch ihre gegenseitige Entfernung durch die große Halbachse der Erdbahn ausdrücken. Wir können sämtliche Positionen aller Planeten mit der sprichwörtlich gewordenen astronomischen Genauigkeit berechnen, ohne daß wir die Dimensionen des Systems in irdischen Einheiten, z. B. km, kennen, indem wir alle Entfernungen durch die große Halbachse der Erdbahn ausdrücken. Daraus folgt, daß wir nur irgendeine Distanz im Planetensystem zu bestimmen brauchen, damit sofort alle bekannt werden, daher auch die Entfernung Sonne — Erde.

Zur Bestimmung dieser Größe brauchen wir also gar nicht die Sonne zu beobachten, sondern wir können jedes andere Mitglied des Planetensystems verwenden, welches günstiger ist und uns in erster Linie auch näher steht, so daß die Parallaxe leichter bestimmt werden kann. Von den großen Planeten boten sich hier unsere nächsten Nachbarn nach beiden Seiten dar, Mars und Venus.

Besonders günstige Verhältnisse scheint Mars zu bieten; er kann sich uns bis auf etwa 57 Millionen Kilometer nähern; die zu messende Parallaxe erreicht also den dreifachen Wert der Sonnenparallaxe. Überdies steht Mars zu dieser Zeit in seiner Opposition, steht also mitten in der Nacht am Himmel und wendet uns seine vollbeleuchtete Seite zu. Darum wurden auch schon 1671 die ersten Versuche der Parallaxenbestimmung an Mars gemacht.

Venus kommt uns bis auf 41 Millionen Kilometer nahe, also noch näher wie Mars, wendet uns aber zur kritischen Zeit die unbeleuchtete Seite zu und ist daher unsichtbar. Nur in den seltenen Fällen, daß der Planet gerade vor der Sonnenscheibe vorübergeht, also bei einem Venusdurchgang, wird er als kleiner schwarzer Kreis vor der Sonnenscheibe sichtbar und kann dann auch zur Parallaxenbestimmung verwendet werden.

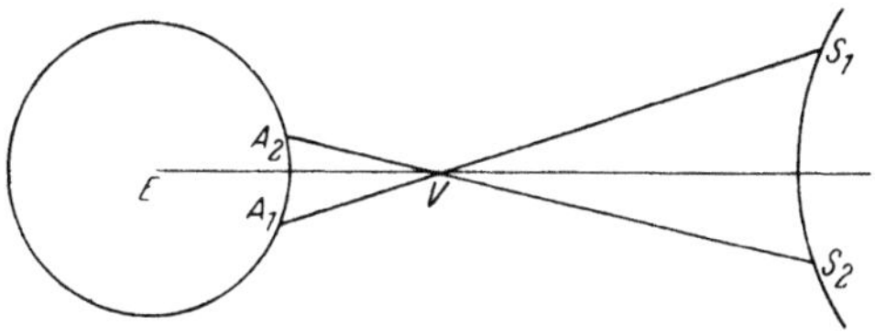

Abb. 62

Es sei (Abb. 62) E die Erde und V die Venus. Aus den zwei Beobachtungspunkten A_1 und A_2 wird Venus in den Punkten S_1 und S_2 der Sonne gesehen. Sind dann e und v die Entfernungen von Erde und Venus von der Sonne, so ist

$$A_1 A_2 : S_1 S_2 = e - v : v,$$

$$S_1 S_2 = \frac{v}{e-v} A_1 A_2 = \frac{0{,}7}{1-0{,}7} A_1 A_2 = \frac{7}{3} A_1 A_2.$$

Ist nun $A_1 A_2 = \varkappa a$, wenn a der Erdradius ist, so erscheint $A_1 A_2$ von der Sonne gesehen unter dem Winkel $\varkappa \pi$ und $S_1 S_2$ von E gesehen unter $7/3\, \varkappa \pi$; ist also $S_1 S_2$ in Bogensekunden gemessen gleich s'', so ist $s'' = \frac{7}{3} \varkappa \pi$ und $\pi = \frac{3}{7 \varkappa} s''$. Um also π zu bekommen, ist der gemessene Winkel mit $3/7$ zu multiplizieren, der Fehler wird also verkleinert.

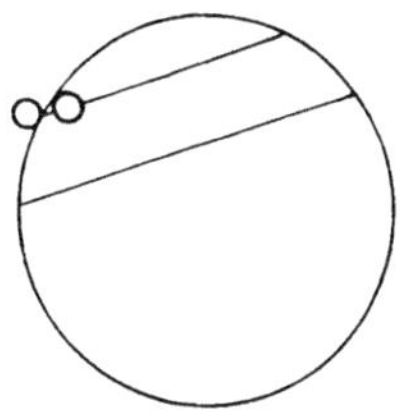

Abb. 63

Macht man dieselbe Überlegung für den Merkur, so wird statt $\frac{3}{7}$ der Faktor $\frac{1-0{,}4}{0{,}4} = \frac{3}{2}$. Hier würde also der Fehler vergrößert. Merkurdurchgänge eignen sich also nicht zur Bestimmung der Sonnenparallaxe.

Man beobachtet bei einem solchen Vorübergang, wie der Planet in einer Sehne die Sonnenscheibe durchzieht (Abb. 63).

Der Abstand der zwei den beiden Beobachtungspunkten entsprechenden Sehnen muß gemessen werden. Zu diesem Zweck werden die Berührungszeiten beim Eintritt und beim Austritt beobachtet und daraus die Lage der Sehne zum Sonnenrand berechnet. Da dieser selbst auch eine parallaktische Verschiebung erfährt, mißt man bei dieser Methode eigentlich die Differenz zwischen den Parallaxen von Sonne und Venus. Da diese noch immer größer ist als die Sonnenparallaxe, so ist die Methode günstig. Bei Merkur aber ist die Differenz kleiner; Merkur steht eben schon zu nahe der Sonne.

Abb. 64

Man hat seinerzeit, zuletzt 1874 und 1882, große Hoffnungen auf diese Art der Parallaxenbestimmung gesetzt und damals weite Expeditionen ausgerüstet, um das Ereignis zu beobachten. Die Hoffnungen wurden aber enttäuscht. Die Berührungen ließen sich wegen der Irradiationserscheinungen schlecht beobachten. Es entstand zwischen dem Sonnenrand und dem Planeten ein „Tropfen" und als die Verbindung riß, war der Planet schon in die Sonnenscheibe eingetreten (Abb. 64).

Der nächste Venusdurchgang findet erst 2004 statt; bis dahin werden wohl die Methoden verbessert sein, wahrscheinlich wird man nun photographische verwenden und einwandfreie Resultate erhalten.

Glücklicherweise sind wir heute nicht mehr auf Mars und Venus angewiesen. Im System der kleinen Planeten gibt es einige Objekte (Albertgruppe), deren Mitglieder (Alinda, Ganymed) uns bis auf 0,2 nahe kommen können. Noch näher kommt uns Eros (0,15). Man beobachtet nun nicht mehr Zenitdistanzen, wie in alter Zeit, sondern man vergleicht die Position des Objektes mit den umgebenden Fixsternen. Man kann dabei große Instrumente verwenden und die Unterschiede mikrometrisch, eventuell auf der photographischen Platte messen. Der Umstand, daß diese kleinen Planeten nicht so hell sind und punktförmig wie die Fixsterne erscheinen, kommt ihrer Verwendung sehr zu statten. Ohne Hindernisse geht es auch hier nicht ab; so zeigte Eros bei seiner letzten Erscheinung Helligkeitsschwankungen, die darauf schließen liessen, daß er nicht kugelförmig ist. Die Sonnenparallaxe wird jetzt mit 8''80 gegeben.

Fixsternparallaxe.

Für die Entfernungsbestimmung bei Fixsternen reicht eine Basis, die wir auf der Erde nehmen können, nicht aus. Man hat daher statt der Dimensionen der Erde die Dimensionen der Erdbahn zugrunde gelegt. Man war aber sehr enttäuscht, als man trotzdem keine Fixsternparallaxe entdecken konnte und man hat diesen Umstand als Gegenbeweis gegen die Kopernikanische Lehre aufgefaßt. Die Astronomen des 18. Jahrhunderts haben eifrig danach gesucht, aber vergeblich. In erster Linie *Bradley*, der dabei die Nutation und die Aberration entdeckte. Erst im 19. Jahrhundert gelang es, eine Fixsternparallaxe zu finden, und zwar 1836, gleichzeitig den Astronomen an drei verschiedenen Orten: *Bessel* an 61 cygni in Königsberg, *Struve* an α Lyrae in Dorpat und *Henderson* und *Maclear* an α Centauri am Kap der guten Hoffnung.

Bezeichnen wir mit Δ, λ, β die Koordinaten eines Sternes von der Sonne aus gesehen, bezogen auf die Ekliptik, mit Δ', λ', β' die durch die Parallaxe geänderten Koordinaten, wie sie also von der Erde aus beobachtet werden, und sind R und L der Radiusvektor und die Länge der Erde, so haben wir

$$\begin{aligned}
\Delta \cos\beta \cos\lambda &= \Delta' \cos\beta' \cos\lambda' + R\cos L = \Delta' \cos\beta' \cos\lambda' - R\cos\odot,\\
\Delta \cos\beta \sin\lambda &= \Delta' \cos\beta' \sin\lambda' + R\sin L = \Delta' \cos\beta' \sin\lambda' - R\sin\odot,\\
\Delta \sin\beta &= \Delta' \sin\beta' = \Delta' \sin\beta',
\end{aligned}$$

wenn wieder $\odot = 180^0 + L$ die Länge der Sonne von der Erde gesehen bedeutet. Daraus findet man leicht

$$\Delta \cos\beta \sin(\lambda' - \lambda) = -R\sin(\lambda' - \odot)$$

oder

$$\lambda' - \lambda = -\omega \frac{R}{\Delta} \sec\beta \sin(\lambda' - \odot).$$

Ebenso findet man

$$\Delta \cos\beta \cos(\lambda' - \lambda) = \Delta' \cos\beta' - R\cos(\lambda' - \odot)$$

oder wegen der Kleinheit von $\lambda' - \lambda$

$$\Delta \cos\beta = \Delta' \cos\beta' - R\cos(\lambda' - \odot).$$

Dazu die dritte Gl.:

$$\Delta \sin\beta = \Delta' \sin\beta'.$$

Daraus wie früher

$$\Delta \sin(\beta' - \beta) = -R\cos(\lambda' - \odot)\sin\beta'$$

oder

$$\beta' - \beta = -\omega \frac{R}{\Delta} \cos(\lambda - \odot) \sin \beta'.$$

$\omega\, R/\Delta$ ist die in Bogensekunden ausgedrückte Parallaxe π; somit

$$\begin{aligned} \lambda' - \lambda &= -\pi \sec \beta \sin(\lambda - \odot), \\ \beta' - \beta &= -\pi \sin \beta \cos(\lambda - \odot), \end{aligned} \qquad (28)$$

wobei rechter Hand ohne weiteres für β' und λ' auch β und λ gesetzt wurde. R ist $150 \,.\, 10^6$ km; $\omega\, R = 3 \,.\, 10^{13}$ km ist die Entfernung, die einer Parallaxe von $\pi = 1''$ entspricht. Diese Größe heißt eine Sternweite oder 1 parsec. In der Fixsternastronomie verwendet man oft als Einheit: 10 parsec, einer Parallaxe von $0''1$ entsprechend.

Die Entfernungen der Fixsterne rechnet man auch oft nach Lichtjahren; ein Lichtjahr ist der Weg, den das Licht in einem Jahr zurücklegt, und zwar ist 1 parsec = 3,26 Lichtjahre oder 1 Lichtjahr = $9 \,.\, 10^{12}$ km. Mitunter wird auch das Siriometer verwendet: 1 Siriometer = $10^6 R = 1{,}5 \,.\, 10^{14}$ km. Als adäquate Zeiteinheit verwendet man dann das Sternjahr = 10^6 Jahre.

Infolge der Parallaxe beschreibt der Stern um seine mittlere Lage eine kleine Ellipse, welche, wenn wir wie auf S. 120

$$\begin{aligned} (\lambda' - \lambda) \cos \beta &= x, \\ \beta' - \beta &= y \end{aligned}$$

setzen, die Gl. hat

$$\frac{x^2}{\pi^2} + \frac{y^2}{\pi^2 \sin^2 \beta} = 1.$$

Diese Ellipse hat die gleiche Exzentrizität, wie die, die von der Aberration herrührt.

Für:

$$\begin{array}{llll} \odot - \lambda = 0 & \text{wird} \quad x = 0, & y = -\pi \sin \beta, & \\ \odot - \lambda = 90^0 & \phantom{\text{wird}} \quad x = \pi, & y = 0, & \\ \odot - \lambda = 180^0 & \phantom{\text{wird}} \quad x = 0, & y = +\pi \sin \beta, & (29) \\ \odot - \lambda = 270^0 & \phantom{\text{wird}} \quad x = -\pi, & y = 0. & \end{array}$$

Die Ellipse wird also in demselben Sinne durchlaufen, wie bei der Aberration, doch ist der Stern bei der Parallaxe um einen Quadranten voraus. Aus diesem Umstande und daraus, daß bei der Aberration die große Achse immer gleich $20''$, bei der Parallaxe aber individuell verschieden sein muß, erkannte *Bradley* sofort, daß die von ihm gefundene Erscheinung unmöglich die gesuchte Fixsternparallaxe sein kann.

Will man die Verschiebungen in Rektaszension und Deklination finden, so gehen wir von Gl. I (17) und I (18) aus und setzen für $d\lambda$ und $d\beta$ die Werte aus Gl. (28):

Wir finden

$$d\delta = \cos\eta\, d\beta + \sin\eta \cos\beta\, d\lambda = -\pi \cos\eta \sin\beta \cos(\lambda - \odot) - \\ - \pi \sin\eta \sin(\lambda - \odot),$$

$$\cos\delta\, d\alpha = -\sin\eta\, d\beta + \cos\eta \cos\beta\, d\lambda = \pi \sin\eta \sin\beta \cos(\lambda - \odot) - \\ - \pi \cos\eta \sin(\lambda - \odot)$$

oder

$$d\delta = \pi \cos\odot\, (-\cos\eta \sin\beta \cos\lambda - \sin\eta \sin\lambda) + \\ + \pi \sin\odot\, (-\cos\eta \sin\beta \sin\lambda + \sin\eta \cos\lambda),$$

$$\cos\delta\, d\alpha = \pi \cos\odot\, (\sin\eta \sin\beta \cos\lambda - \cos\eta \sin\lambda) + \\ + \pi \sin\odot\, (\sin\eta \sin\beta \sin\lambda - \cos\eta \cos\lambda)$$

und unter Verwendung der Gl. I (6) und I (9):

$$d\delta = \pi\, (-\cos\odot \sin\delta \cos\alpha + \sin\odot\, (\sin\varepsilon \cos\delta - \cos\varepsilon \sin\delta \sin\alpha)],$$

$$\cos\delta\, d\alpha = \pi\, [\cos\odot \sin\alpha + \sin\odot \cos\varepsilon \cos\alpha]. \qquad (30)$$

Durch dieselbe Substitution, wie auf S. 121, Gl. XIII (14) werden die Formeln:

$$d\delta = \pi\, b \cos(\odot + B),$$

$$d\alpha = \pi\, a \cos(\odot + A) \sec\delta. \qquad (31)$$

Um die jährliche Parallaxe eines Sternes zu bestimmen, vergleicht man seine Position mit der der Sterne seiner Umgebung und sucht die jährliche Veränderung. Dabei wählt man als Vergleichssterne kleine Sterne, da man annehmen kann, daß diese sehr weit entfernt sind und daher keine parallaktische Verschiebungen zeigen. Ist doch ein Stern mit größerer Parallaxe dabei, so wird sich das bei der Berechnung zeigen und der betreffende Vergleichsstern muß herausfallen oder selbst auf Parallaxe untersucht werden. Da der Stern nach einem halben Jahr am anderen Ende eines Ellipsendurchmessers steht, so wird man die Beobachtung nach einem halben Jahr wiederholen; nach einem zweiten Halbjahr soll der Stern in seine erste Position zurückkehren. Ein kleiner Unterschied ist einer Eigenbewegung zuzuschreiben, die man dadurch eliminieren kann.

XIX. Refraktion und Dämmerung.

Die astronomische Strahlenbrechung oder die Refraktion rührt daher, daß der von einem Stern kommende Lichtstrahl die atmosphärischen Schichten durchlaufen muß, wobei er nach den optischen Gesetzen gebrochen wird. Wir sehen den Stern endlich in der Richtung, in der der Lichtstrahl in unser Auge gelangt. Um nun genau zu berechnen, um wieviel der Lichtstrahl von seiner ursprünglichen Richtung abgelenkt wird, müßten wir längs seines ganzen Verlaufes die meteorologischen Bedingungen: Druck, Temperatur und Feuchtigkeit kennen, weil von diesen Größen das Brechungsvermögen der Luft abhängt. Diese Größen sind nicht nur in größeren Höhen ganz unbekannt, sondern überdies beständig veränderlich mit der Tages- und Jahreszeit. Es wird also unsere Aufgabe sein, zu zeigen, wie weit man sich von diesen unbekannten Größen unabhängig machen kann, wie weit es also doch möglich ist, die Refraktion wenigstens für einen mittleren Zustand der Atmosphäre zu bestimmen. Ausgeschlossen bleibt es dabei nicht, daß in irgendeinem speziellen Falle infolge außergewöhnlicher Luftzustände das Resultat unrichtig wird. Solche außergewöhnliche Verhältnisse sind oft der Grund, warum einzelne Beobachtungen aus der Reihe herausspringen. Die Grundgleichung der Refraktion kann leicht abgeleitet werden. Wir denken uns (Abb. 65) die Atmosphäre aus einer großen Anzahl einander umschließender kugelförmiger Schichten zusammengesetzt. Die Dichte dieser Schichten soll gegen den Boden zu wachsen, innerhalb der einzelnen Schichten aber konstant sein. Der von außen kommende Lichtstrahl wird von Schicht zu Schicht zum Lote gebrochen. Wenn wir aber dann die Schichten unendlich dünn werden lassen, beschreibt der Lichtstrahl eine Kurve und der Stern wird in der Richtung der letzten Tangente erblickt.

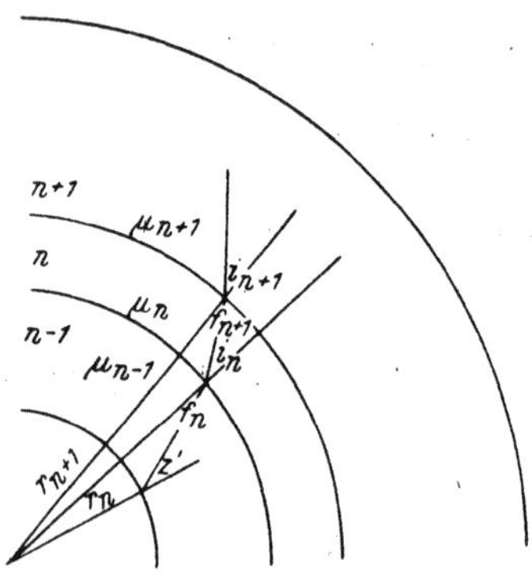

Abb. 65

Es sei μ_n der Brechungsexponent für den Übergang des Lichtstrahles vom leeren Raum in die Dichte der n-ten Schicht.

Bezeichnen wir die Einfallswinkel und die gebrochenen Winkel der Reihe nach mit i_n und f_n, so ist

$$\sin i_{n+1} : \sin f_{n+1} = \mu_n : \mu_{n+1}$$

oder

$$\sin f_{n+1} = \frac{\mu_{n+1} \sin i_{n+1}}{\mu_n}$$

In dem schmalen Dreieck zwischen r_n und r_{n+1} ist

$$r_n : r_{n+1} = \sin f_{n+1} : \sin i_n$$

oder

$$\sin f_{n+1} = \frac{r_n \sin i_n}{r_{n+1}}.$$

Es ist also

$$\frac{\mu_{n+1} \sin i_{n+1}}{\mu_n} = \frac{r_n \sin i_n}{r_{n+1}}$$

und daher

$$r_{n+1}\, \mu_{n+1} \sin i_{n+1} = r_n\, \mu_n \sin i_n.$$

Das Produkt der drei zusammengehörigen r, μ und $\sin i$ ist also längs des Lichtstrahles konstant, daher ist

$$r\, \mu \sin i = \text{const} = a\, \mu_0 \sin i_0, \tag{1}$$

wo a der Erdradius, μ_0 der Brechungsexponent der untersten Schicht und i_0 der letzte Einfallswinkel und somit die Zenitdistanz ist, in der wir den Stern sehen.

Wenn wir μ als Funktion der Dichte ausdrücken könnten und uns die Änderung der Dichte mit der Höhe bekannt wäre, so erhielten wir eine Gleichung zwischen r und i, mit Hilfe deren wir den Verlauf des Einfallswinkels längs des Lichtstrahles berechnen könnten.

Die Änderung der Dichte mit der Höhe ist uns aber nur näherungsweise bekannt. In der Annahme für einen analytischen Zusammenhang unterscheiden sich die einzelnen Refraktionstheorien voneinander. Die Wahl der Refraktionstheorie spielt aber nur eine Rolle bei Lichtstrahlen, die sehr flach verlaufen, wie in der Geodäsie. In der Astronomie, wo immer steilere Visuren vorkommen, können wir aber zeigen, daß wir in weiten Grenzen von dem Dichtegesetz unabhängig sind.

Wenn die atmosphärischen Schichten eben wären, mit anderen Worten, wenn wir die Krümmung der Erde vernachlässigen könnten, so könnte man die Atmosphäre als ein System planparalleler

Platten auffassen; in einem solchen erfolgt die Lichtbrechung so, als ob der Lichtstrahl unmittelbar aus dem ersten in das letzte Mittel übergegangen wäre.

Es gelten dann (Abb. 66) der Reihe nach die Gl.:

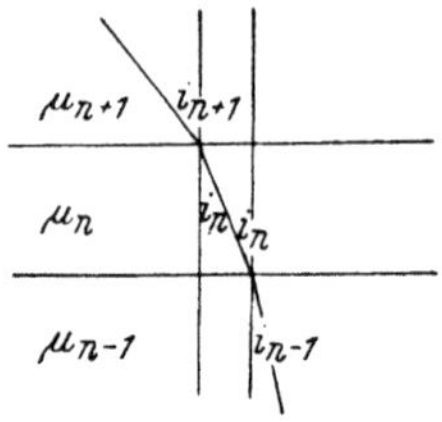

Abb. 66

$$\sin i_n = \frac{\mu_{n-1}}{\mu_n} \sin i_{n-1},$$

$$\sin i_{n-1} = \frac{\mu_{n-2}}{\mu_{n-1}} \sin i_{n-2},$$

....

$$\sin i_2 = \frac{\mu_1}{\mu_2} \sin i_1 ,$$

$$\sin i_1 = \frac{\mu_0}{\mu_1} \sin i_0,$$

da jeder gebrochene Winkel gleich dem nächsten Einfallswinkel ist. Multipliziert man alle diese Gl. miteinander, so finden wir

$$\sin i_n = \frac{\mu_0}{\mu_n} \sin i_0.$$

μ_n ist der Brechungsexponent der äußersten Schichte der Atmosphäre; hier muß die Dichte gleich Null, μ_n also $= 1$ angenommen werden; i_n ist der erste Einfallswinkel, die wahre Zenitdistanz z, i_0 der letzte Einfallswinkel gleich der scheinbaren Zenitdistanz z'. Somit

$$\sin z = \mu_0 \sin z'. \tag{2}$$

Durch die Refraktion werden alle Zenitdistanzen verkleinert. Es ist daher, wenn r die Refraktion ist,

$$z = z' + r$$

oder

$$\sin (z' + r) = \mu_0 \sin z'$$

oder, da r ein kleiner Winkel ist,

$$\sin z' + r \cos z' = \mu_0 \sin z',$$

$$r = (\mu_0 - 1) \operatorname{tg} z'. \tag{3}$$

In diesem Falle ist also die Refraktion von der Schichtung der Atmosphäre ganz unabhängig und proportional der Tangente der Zenitdistanz. Bis zu einer Zenitdistanz von 45^0 genügt diese Annahme vollständig. Dies rührt eben daher, daß die atmosphärische Luft im Verhältnis zum Erdradius sehr nieder ist; etwa nur bis zu $a/100$ kommt sie in Betracht, während die höheren Schichten zur Refraktion ohnehin nichts beitragen.

Für größere Zenitdistanzen korrigiert man die Formel (3) durch Einführung von Konstanten, die aus den Beobachtungen bestimmt werden müssen. Wir setzen mit *Simpson* statt Gl. (2)

$$\sin(z' + M r) = N \sin z'. \tag{4}$$

Addieren und subtrahieren wir die identische Gl.

$$\sin z' = \sin z',$$

so wird

$$2 \sin\left(z' + \frac{M r}{2}\right) \cos \frac{M r}{2} = (N + 1) \sin z',$$

$$2 \cos\left(z' + \frac{M r}{2}\right) \sin \frac{M r}{2} = (N - 1) \sin z'.$$

Daher

$$\operatorname{ctg}\left(z' + \frac{M r}{2}\right) \operatorname{tg} \frac{M r}{2} = \frac{N - 1}{N + 1}$$

oder unter Einführung neuer Bezeichnungen für die Konstanten:

$$\operatorname{tg} A r = B \operatorname{tg}(z' + A r) \tag{5}$$

die Formel von *Bradley*.

Da es noch unbequem ist, daß die gesuchte Größe r auf der rechten Seite noch einmal vorkommt, suchen wir eine direkte Formel für $\operatorname{tg} A r$ zu gewinnen. Es ist

$$\operatorname{tg} A r = B \frac{\operatorname{tg} z' + \operatorname{tg} A r}{1 - \operatorname{tg} z' \operatorname{tg} A r}. \tag{6}$$

$A r$ ist eine kleine Größe von der Ordnung der Refraktion, ebenso B. Es ist also in erster Annäherung

$$\operatorname{tg} A r = B \operatorname{tg} z',$$

welche Gl. wir in den kleinen Gliedern von Gl. (6) benützen; es werden dabei erst Glieder dritter Ordnung vernachlässigt. Somit

$$\begin{aligned}\operatorname{tg} A r &= B \frac{\operatorname{tg} z' + B \operatorname{tg} z'}{1 - B \operatorname{tg}^2 z'} = B(B + 1) \frac{\operatorname{tg} z'}{1 - B \operatorname{tg}^2 z'} = \\ &= B(B + 1) \operatorname{tg} z' (1 + B \operatorname{tg}^2 z') = \\ &= B(B + 1) \operatorname{tg} z' + B^2 (B + 1) \operatorname{tg}^3 z'.\end{aligned}$$

Ersetzen wir hier $\operatorname{tg} A r$ durch die Entwicklung

$$A r = \operatorname{tg} A r - \frac{1}{3} \operatorname{tg}^3 A r,$$

so erhalten wir schließlich die Form

$$A r = P \operatorname{tg} z' + Q \operatorname{tg}^3 z',$$

also

$$r = P' \operatorname{tg} z' + Q' \operatorname{tg}^3 z'. \tag{7}$$

Aus Beobachtungen findet *Bessel* den Ausdruck:

$$r = 57''\,523 \operatorname{tg} z' - 0{,}066\,365 \operatorname{tg}^3 z'. \tag{7'}$$

In einer Zenitdistanz von $z' = 45^0$ ist also die Refraktion beiläufig $1'$.

Die Gl. (7) gibt bis zu Zenitdistanzen von etwa 75^0 gute Resultate. Bei größeren Zenitdistanzen weichen nicht nur die einzelnen Theorien systematisch sehr stark voneinander ab, sondern es werden auch die Störungen, die von der unregelmäßigen Lagerung der Atmosphäre herrühren, so groß und so wechselnd, daß an eine sichere Bestimmung der Refraktion gar nicht zu denken ist. In unmittelbarer Nähe des Horizontes macht sich auch eine kleine, von der Abplattung herrührende Seitenrefraktion geltend.

Für genaue oder fundamentale Bestimmungen kommen diese großen Zenitdistanzen somit überhaupt nicht in Betracht.

In der höheren Geodäsie, wo die Lichtstrahlen, die von einem Triangulierungspunkt zu einem anderen gehen, immer in der Nähe des Bodens verlaufen, spielen diese unteren Schichten der Atmosphäre eine große Rolle und es wird der „terrestrischen Refraktion" eine besondere Aufmerksamkeit zugewendet.

Der Betrag der Refraktion ist von Temperatur und Druck abhängig, und zwar nimmt er bei höherer Temperatur und geringerem Druck ab. Man kann aber nur die Verhältnisse an der Oberfläche der Erde in Rechnung ziehen und muß im übrigen durchschnittliche Verhältnisse annehmen.

Bessel macht folgenden Ansatz:

$$\log R = \log (\alpha \operatorname{tg} z') + A (\log B + \log T) + \lambda \log \gamma.$$

Hier ist R die Refraktion; α ist im wesentlichen die Refraktionskonstante; sie ist aber noch von z' abhängig, denn sie enthält ein noch kleines von $\operatorname{tg}^2 z'$ abhängiges Glied. Ebenso ist A und λ von z' abhängig, doch sind beide nahe gleich 1. Für alle drei Größen werden Tafeln gegeben. B ist vom Luftdruck, T von der Temperatur im Barometer, γ von der Außentemperatur abhängig. Eine Tafel für $\log (\alpha \operatorname{tg} z)$ gibt die Logarithmen der mittleren Refraktion; die anderen Größen erscheinen dann als Korrektionen ausgedrückt in Einheiten der fünften Stelle des Logarithmus.

14. Beispiel: Es sei $z' = 80^0$, Barometerstand 750 mm, Temperatur innerhalb 25^0, Lufttemperatur 20^0.

Dazu finden wir

$$\begin{array}{lll}
\log r = 2{,}49991 & & \\
\lambda = 1{,}0420 & \log \gamma = -1607 & \\
A = 1{,}0041 & \log T = -\ \ 140 & \\
 & \log B = -\ \ \ 87 & \log B + \log T = -227
\end{array}$$

$$\begin{array}{rl}
 & 2{,}499\,91 \\
-\ \ 227 \,.\, 1{,}0041 = & 228 \\
-1607 \,.\, 1{,}0420 = & 1674 \\
\hline
\log r = & 2{,}48089 \\
r = & 302''2 = 5'\,2''2
\end{array}$$

Ist der Barometerstand schon wegen Temperatur korrigiert, so fällt das Glied mit T weg. Für geringere Genauigkeit verwendet man vereinfachte Tafeln.

Die Refraktion ist im allgemeinen eine kleine Größe, wächst aber gegen den Horizont sehr bedeutend an und erreicht daselbst einen Wert von etwa $35'$. Sterne im Horizont werden also um einen halben Grad höher zu stehen scheinen, als sie wirklich sind. Es werden daher Sterne bis zum Horizont emporgehoben, die noch einen halben Grad darunter stehen. Dadurch wird der Aufgang eines jeden Gestirns um einen gewissen Betrag verfrüht, der Untergang ebensoviel verspätet. Es wird also dadurch die Zahl der Zirkumpolarsterne vermehrt, die Zahl der unsichtbaren Sterne vermindert.

Die Grenze der Zirkumpolarsterne ist gegeben

ohne Refraktion mit $\delta > 90^0 - \varphi$,
mit Refraktion mit $\delta > 90^0 - \varphi - r$,

unsichtbar sind Sterne

ohne Refraktion mit $\delta < -(90^0 - \varphi)$,
mit Refraktion mit $\delta < -(90^0 - \varphi + r)$.

Es ist also z. B.	ohne Refraktion Zirkump.	ohne Refraktion unsichtbar	mit Refraktion Zirkump.	mit Refraktion unsichtbar
für Wien $\varphi = 48^0\,14'$	$\delta > 41^0\,46'$	$\delta < -41^0\,46'$	$\delta > 41^0\,11'$	$\delta < -42^0\,21'$
für Prag $\varphi = 50^0\ \ 5'$	$\delta > 39^0\,55'$	$\delta < -39^0\,55'$	$\delta > 39^0\,20'$	$\delta < -40^0\,30'$
für Berlin $\varphi = 52^0\,24'$	$\delta > 37^0\,36'$	$\delta < -37^0\,36'$	$\delta > 37^0\ \ 1'$	$\delta < -38^0\,11'$

Von wesentlich einschneidenderer Wirkung ist die Sache bei der Sonne. Es kommt hier noch der Umstand dazu, daß die Sonne kein Punkt, sondern eine Scheibe von etwa $16'$ Radius ist und daß wir den Sonnenaufgang dann ansetzen müssen, wenn der obere Rand der Sonne sich über den Horizont erhebt. Dann hat aber der Mittelpunkt die Zenitdistanz $90^0 + 16'$ und wenn man noch die Refraktion mit $35'$ rechnet, so geht die Sonne für uns auf in dem Momente, als ihre Zenitdistanz noch $90^0 + 51'$ ist. Dadurch vergrößert sich die Tageslänge für alle Orte der Erde. Die Verlängerung des Tages um die Zeit, die die Sonne braucht, um sich um $c = 51'$ zu heben, erhält man aus der Gl.

$$\cos(90^0 + c) = -\sin c = \sin\varphi\sin\delta + \cos\varphi\cos\delta\cos s,$$

$$\cos s = -\operatorname{tg}\varphi\operatorname{tg}\delta - \frac{\sin c}{\cos\varphi\cos\delta},$$

$$= \cos s_0 - \frac{\sin c}{\cos\varphi\cos\delta}$$

Setzen wir

$$s = s_0 + \Delta s,$$

so wird

$$\cos s_0 - \sin s_0 \Delta s = \cos s_0 - \frac{c}{\cos\varphi\cos\delta},$$

somit

$$\Delta s = \frac{c}{\cos\varphi\cos\delta\sin s_0}.$$

Wenn c in Zeitminuten ausgedrückt ist, so wird auch Δs in Zeitminuten erhalten. Am Äquator, wo die Sonne senkrecht emporsteigt, gibt die Verfrühung $3^m\,20^s$ aus, für den ganzen Tag eine Verlängerung von $6^m\,40^s$. Bei uns, wo die Sonne schief aufgeht, erhalten wir etwa 9^m und der Betrag nimmt mit der Breite zu, weil die Sonne je nördlicher desto flacher heraufsteigt.

Die Grenze der Zirkumpolarität der Sonne wird um $51'$ heruntergerückt, von $66^0\,33'$ auf $65^0\,42'$. Unsichtbar aber wird die Sonne erst bei $66^0\,33' + 0^0\,51' = 67^0\,24'$.

Dies wirkt sich auch in der Länge des Polartages aus:

Nordkap $\varphi = 71^0\,30'$

Sonne	ohne Refraktion	mit Refraktion und Radius
zirkumpolar für	$\delta > 18^0\,30'$: 14. V.—31. VII.	$\delta > 17^0\,39'$: 11. V.—3. VIII.
unsichtbar für	$\delta < -18^0\,30'$: 16. XI.—28. I.	$\delta < -19^0\,21'$: 19. XI—24. I.

Dies gibt also jedesmal 3—4 Tage aus.

Nordpol $\varphi = 90^0$

	ohne Refraktion	mit Refraktion und Radius
zirkumpolar für	$\delta > 0^0$: 21. III.—23. IX.	19. III.—25. XII.
unsichtbar für	$\delta < 0^0$: 23. IX.—21. III.	25. XII.—19. III.

Hier gibt es wieder weniger aus, weil sich zu den Äquinoktien die Deklination am schnellsten ändert. Beim Mond tritt diese Erscheinung nicht auf. Er hat eine große Parallaxe (57′), während diese bei der Sonne keine Rolle spielt. Infolge der Parallaxe aber scheint der Mond nach Gl. XVIII (19) um den Betrag der Parallaxe tiefer zu stehen, im Horizont also um 57′; dieser Betrag aber hebt sich gegen Refraktion und den scheinbaren Radius fast weg. Der obere Rand des Mondes geht also fast in demselben Moment durch den scheinbaren Horizont, in welchem der Mittelpunkt durch den wahren geht.

Zur Bestimmung der Konstanten der Refraktion verwendet man polnahe Sterne, die man in oberer und unterer Kulmination beobachten kann. Es sei δ die scheinbare Deklination eines solchen Sternes, die man aus dem Jahrbuch entnimmt, r die Refraktion, die man aus den zur Zeit bekannten besten Näherungswerten der Konstanten berechnet. Ist ferner φ die geographische Breite, z die gemessene Zenitdistanz, so ist für die obere Kulmination

$$z = \varphi - \delta - r \quad \text{Kulm. südl. des Zenites} \quad \delta < \varphi,$$
$$z = \delta - \varphi - r \quad \text{Kulm. nördl. des Zenites} \quad \delta > \varphi,$$

somit

$$\varphi = z + \delta + r \quad \text{für} \quad \delta < \varphi,$$
$$\varphi = \delta - z + r \quad \text{für} \quad \delta > \varphi,$$

wo für φ die bekannte geographische Breite resultieren soll. Für untere Kulmination ist

$$z = 180^0 - \varphi - \delta' - r',$$
$$\varphi = 180^0 - z - \delta' - r',$$

hier ist z die beobachtete Zenitdistanz und δ' entspricht dem scheinbaren Ort in der zweiten Beobachtung, der sich von dem ersten nur durch die kleinen Veränderungen von Präzession, Nutation und Aberration unterscheidet. Der Wert von φ soll wieder der gleiche werden.

Die Refraktion hat nun die folgende Form

$$r = (P \operatorname{tg} z + Q \operatorname{tg}^3 z)\,(B\,T)^A\,\gamma^{-\lambda} = r_0\,(B\,T)^A\,\gamma^{-\lambda}.$$

Daher wird die durch Verbesserung der Konstanten bedingte veränderte Refraktion die Form haben

$$r_0 + (\operatorname{tg} z\,\Delta P + \operatorname{tg}^3 z\,\Delta Q)\,(B\,T)^A\,\gamma^{-\lambda} + r_0\,(B\,T)^A \,.\, -\lambda\,\gamma^{-\lambda-1}\frac{\partial\gamma}{\partial\varepsilon}\Delta\varepsilon,$$

wo ε der Ausdehnungskoeffizient der Luft, der in γ enthalten ist und r_0 die mittlere Refraktion ist. Fügen wir noch eine Verbesserung der geographischen Breite hinzu $\varphi = \varphi_0 + \varDelta\,\varphi$, so erhalten wir die Gl.:

$$\pm\,\varphi_0 \mp \delta \mp z = \mp\,\varDelta\,\varphi + \frac{r}{r_0}(\operatorname{tg} z\,\varDelta\,P + \operatorname{tg}^3 z\,\varDelta\,Q) - \frac{r\lambda}{\gamma}\frac{\partial\gamma}{\partial\varepsilon}\varDelta\,\varepsilon + r_0,$$

und

$$180^0 - \varphi_0 - \delta' - z' = +\,\varDelta\,\varphi + \frac{r'}{r_0}(\operatorname{tg} z\,\varDelta\,P + \operatorname{tg}^3 z\,\varDelta\,Q) -$$

$$- \frac{r'\lambda}{\gamma'}\frac{\partial\gamma}{\partial\varepsilon}\varDelta\,\varepsilon + r_0'.$$

Man wird nun eine größere Anzahl solcher Sterne beobachten und daraus nach der Methode der kleinsten Quadrate die Unbekannten $\varDelta\,\varphi$, $\varDelta\,P$, $\varDelta\,Q$ und $\varDelta\,\varepsilon$ bestimmen.

Eine Erscheinung, die mit der Refraktion insofern verwandt ist, als sie auch von der Konstitution der Atmosphäre abhängt, ist die Dämmerung. Sie entsteht dadurch, daß die Sonne nach ihrem Untergange und auch vor ihrem Aufgange die oberen Schichten der Atmosphäre beleuchtet und diese noch einige Strahlen der Sonne zurückwerfen. Man unterscheidet zwei Arten von Dämmerung, die bürgerliche und die astronomische. Die bürgerliche dauert so lange, als man im Freien oder in einem nach Norden offenen Raum noch arbeiten oder lesen kann. Eine feste Grenze kann dafür nicht gegeben werden, da viele Umstände mitspielen, wie die Durchsichtigkeit der Luft, die Bewölkung im Westen u. s. w. Man nimmt in der Regel an, daß die bürgerliche Dämmerung endet, wenn die Sonne $6^0 30'$ unter den Horizont gesunken ist.

Die astronomische Dämmerung dauert so lange, als man am Nordwest- oder Nordhimmel noch einen hellen Schein sehen kann. Sie endet, wenn die Sonne 18^0 unter dem Horizont steht.

Die Dämmerung wirkt in gleicher Weise wie die Refraktion in der Richtung einer Verlängerung der hellen Zeit. Am Äquator erhalten wir eine Verlängerung von 30^m, resp. $1^h\,12^m$, in unseren Breiten $45^m - 1^h\,40^m$.

Die Orte, wo am längsten Tag um Mitternacht noch bürgerliche Dämmerung herrscht, finden wir in der Breite

$$66^0\,33' - 6^0\,30' = 60^0\;\;3',$$

für astronomische Dämmerung $66^0\,33' - 18^0 = 48^0\,33'$.

Das geht also fast bis zur Breite von Wien herunter. In Prag ($\varphi = 50^0\,5'$) ist es schon sehr deutlich, daß die Juninächte nicht mehr finster werden.

Die Orte, wo auch am kürzesten Tag zu Mittag noch bürgerliche Dämmerung herrscht, liegen bei

$$66^0\,33' + \ 6^0\,30' = 73^0\ \ 5',$$

für astronomische Dämmerung $66^0\,33' + 18^0 \quad = 84^0\,33'$.

Unter 84^0 wird also auch im tiefsten Winter noch ein heller Schein am Südhimmel zu sehen sein.

Am Nordkap: $\varphi = 71^0\,30'$

bürgl. Dämmerung für $\delta > 90^0 - \varphi - 6^0\,30' = 12^0$, d. i. vom 21. IV. bis 21. VIII. astronom. Dämmerung für $\delta > 90^0 - \varphi - 18^0 = 0^0\,30'$, d. i. vom 22. III. bis 22. IX.	Im Sommer zu Mitternacht

bürgl. Dämmerung

für $\delta < -(90^0 - \varphi) - 6^0\,30' = -25^0\,40'$

Da die Sonne eine größere negative Deklination als $23^0\,33'$ nicht erreichen kann, so gibt es auf dem Nordkap keinen Tag, wo nicht wenigstens zu Mittag noch bürgerliche Dämmerung eintritt.

Nordpol: Beginn und Ende der astronomischen Dämmerung

bei $\delta = -18^0$, Beginn 29. I., Ende 14. XI., 289 Tage

bürgerl. Dämmerung

bei $\delta = -\ 6^0\,30'$, Beginn 4. III., Ende 10. X., 222 Tage

Sonne im Horizont

$\delta = -\ 0^0\,51'$, Aufgang 19. III., Untergang 25. IX., 190 Tage

Selbst am Pole gibt es also nur 365 — 289 = 76 Tage, die ganz finster sind.

Zweiter Teil.

Die astronomischen Instrumente.

XX. Das Niveau.

Die Theorie der Instrumente hat den Zweck, die Vorrichtungen und Methoden zu untersuchen, die wir brauchen, um die Instrumente aufzustellen und zu berichtigen und zu zeigen, wie wir übrigbleibende Fehler in Rechnung ziehen können, damit das Resultat der Beobachtung tatsächlich der Natur entspricht.

Wir orientieren alle Instrumente nach der im Beobachtungsorte herrschenden Schwerelinie, welche auch das Zenit definiert. Wir brauchen also ein Hilfsmittel, mit dem wir die Achse eines Instrumentes genau senkrecht oder genau horizontal stellen können. Dieses Instrument ist das Niveau, Libelle oder Wasserwaage.

Dieses Instrument besteht aus einem Glasrohr, das schwach kreis- oder tonnenförmig ausgeschliffen ist. Es wird gewöhnlich mit Äther gefüllt, bis auf einen kleinen Raum, der sich mit Äthergas füllt und eine Blase bildet. Diese Blase stellt sich auf den höchsten Punkt des Bogens ein; hebt man das eine Ende etwas in die Höhe, so rückt die Blase in eine andere Stellung, indem sie wieder die höchste Stellung aufsucht. Das Glasrohr wird mit einer Einteilung versehen, an der man die Größe der Verschiebung ablesen kann. Sie ist gleich einem Winkel, der die Verschiebung zum Bogen und den Radius der Krümmung des Glasrohres zum Halbmesser hat. Verschiebt sich die Blase um a mm und ist r der Radius, so ist $a = r\,\alpha$ oder in Bogensekunden $\alpha'' = a/r\,.\,\omega$. Je größer der Radius, um so kleiner ist bei gegebenem a der zugehörige Winkel, umso empfindlicher ist das Niveau. Haben die Teilstriche eine Entfernung von 2 mm voneinander und soll dies einem Winkel von 10″ entsprechen, so ist

$$10'' = \frac{2}{r}\,206\,265 \quad \text{oder} \quad r = 41\,253{,}0\,\text{mm} = 41{,}253\,\text{m}.$$

Soll aber ein Teilstrich nur 0,5″ ausgeben, so muß der Radius 825,06 m sein. Man sieht, wie fein dieser Schliff sein muß, denn bei etwa 500 m Krümmungsradius und 10 cm Länge des Niveaus beträgt die Pfeilhöhe nur 0,01 mm.

Die Länge der Blase hängt stark von der Temperatur ab. Wenn sich die Flüssigkeit im Sommer ausdehnt, wird die Blase kürzer, im Winter länger; das kann so weit führen, daß das Ende nicht mehr abgelesen werden kann. Um dies zu vermeiden, wird das Niveau mit einem Reservoir ausgestattet, indem durch eine senkrechte Wand, die unten eine Öffnung hat, ein kleiner Raum abgetrennt wird, in den man den Überschuß der Blase hineinschütteln kann.

Das Niveau bekommt eine Fassung zum Schutze und um es auf eine Fläche oder eine Achse aufzusetzen oder aufzuhängen.

Abb. 67

Die Oberseite wird mit einer Teilung versehen. Diese Teilung hat entweder den Nullpunkt in der Mitte oder sie läuft durch (Abb. 67). Die beiden Fälle müssen verschieden behandelt werden. Wir besprechen zuerst den Fall des aus der Mitte geteilten Niveaus. Wenn wir das Niveau auf eine genau horizontale Fläche aufsetzen, so sollte es Null zeigen, d. h. es müssen die Enden der Blase rechts und links bei den gleichen Ziffern stehen. Ist die Länge der Blase $2\,l$, so liest man rechts und links l ab. Zeigt das Niveau nicht Null, so spricht man von einem Stützenfehler σ. Wir lesen also, wenn die rechte Seite höher ist, ab:

$$A = l - \sigma \text{ linkes Ende,} \qquad B = l + \sigma \text{ rechtes Ende.}$$

Hat nun die Ebene die Neigung α, so daß wieder das rechte Ende höher steht, so lesen wir ab:

$$A = l - \sigma - \alpha, \qquad B = l + \sigma + \alpha,$$

dabei seien l und σ in Teilen des Niveaus ausgedrückt. Nun stellen wir das Niveau um 180^0 um; dann hätten wir für $\alpha = 0$,

$$\text{links } A' = l + \sigma, \qquad \text{rechts } B' = l - \sigma$$

und da nun α in gleicher Richtung wirkt wie früher

$$\text{links } A' = l + \sigma - \alpha, \qquad \text{rechts } B' = l - \sigma + \alpha.$$

Aus diesen vier Lesungen finden wir

$$A + A' = 2\,l - 2\,\alpha, \qquad B + B' = 2\,l + 2\,\alpha,$$

daher

$$(B + B') - (A + A') = 4\,\alpha, \qquad \alpha = \frac{1}{4}\,[(B + B') - (A + A')] \quad (1)$$

in Teilen des Niveaus, α ist die gesuchte Neigung der Unterlage.

Für den Stützenfehler finden wir $\sigma = \frac{A' - A}{2} = \frac{B - B'}{2}$ und zur Kontrolle erhält man die Blasenlänge $2\,l = A + B = A' + B'$, die während der Ablesungen konstant bleiben soll.

Bei einem durchgeteilten Niveau stehe die Mitte der Blase für $\alpha = 0$ auf M, wo M den Stützenfehler schon enthält. Wir lesen dann, wenn die Ziffrierung nach rechts steigt, ab:

$$\text{links: } M - l, \qquad \text{rechts: } M + l$$

und wenn die Neigung α wie im früheren Falle wirkt:

$$\text{links } A = M - l + \alpha, \qquad \text{rechts } B = M + l + \alpha.$$

Setzen wir jetzt das Niveau um, so steigt die Ziffrierung nach links und wir lesen ab:

$$\text{links } A' = M + l - \alpha, \qquad \text{rechts } B' = M - l - \alpha$$

und finden nun

$$A' - A = 2\,l - 2\,\alpha, \qquad B - B' = 2\,l + 2\,\alpha$$

somit

$$\alpha = \frac{1}{4}\,[(A - A') + (B - B')] = \frac{1}{4}\,[(A + B) - (A' + B')], \quad (2)$$

dazu der Nullpunkt: $2\,M = A + A' = B + B'$ und die Blasenlänge $2\,l = B - A = A' - B'$.

15. Beispiel:

1. aus der Mitte geteilt links	rechts	2. durchgeteilt links	rechts
$A = 15{,}3$	$B = 17{,}4$	$A = 14{,}7$	$B = 47{,}4$
$A' = 18{,}1$	$B' = 14{,}7$	$A' = 48{,}1$	$B' = 15{,}3$
$A + A' = 33{,}4$	$B + B' = 32{,}1$	$A - A' = -33{,}4$	$B - B' = 32{,}1$

$$\alpha = -\frac{1}{4}\,1{,}3 = -0^p\,325 \qquad \alpha = -\frac{1}{4}\,1{,}3 = -0^p\,325.$$

Die Fläche ist also so geneigt, daß sie links höher ist

$$2\sigma = 2^p8 \quad 2^p7 \qquad 2M = 62{,}8 \quad 62{,}7,$$
$$2l = 32^p7 \quad 32^p8 \qquad 2l = 32{,}7 \quad 32{,}8.$$

Wenn der Stützenfehler zu groß ist oder M zu exzentrisch wird, so muß man das Niveau korrigieren, indem man das eine Ende in der Fassung hebt oder senkt. Dazu ist diese mit einer einfachen Stellschraube, bei größeren Instrumenten auch mit einer Gegenschraube, versehen. Das Gehäuse des Niveaus endet dann in einem prismatischen Körper, der von oben und unten durch je eine Schraube gefaßt wird (Abb. 68). Man lüftet immer die eine Schraube und zieht die andere nach. Zum Schlusse müssen beide Schrauben fest sein, aber doch nicht so, daß elastische Nachwirkungen entstehen. Manche Instrumente bewirken das Gleiche mit einer Zug- und einer Druckschraube (Abb. 69). Die Schraube A geht glatt durch den Rahmen und ist in dem prismatischen Körper eingeschraubt; die Schraube B hat im Rahmen ein Gewinde und steht auf dem Prisma auf. Lüftet man A, so kann man B hineinschrauben und damit den Balken senken; lüftet man B, so kann man A hineinschrauben und den Balken heben.

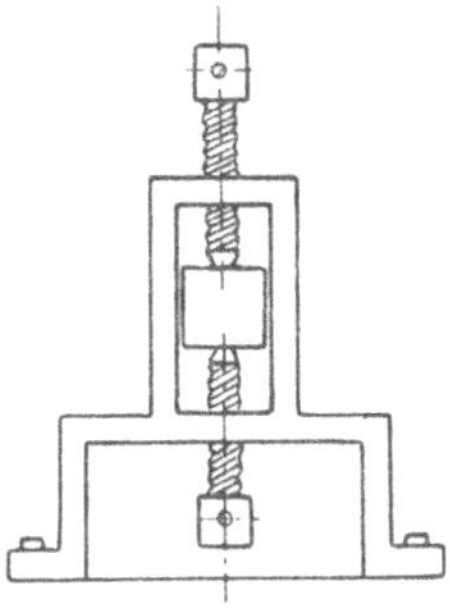
Abb. 68

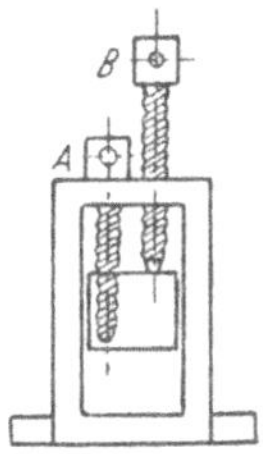

Abb. 69

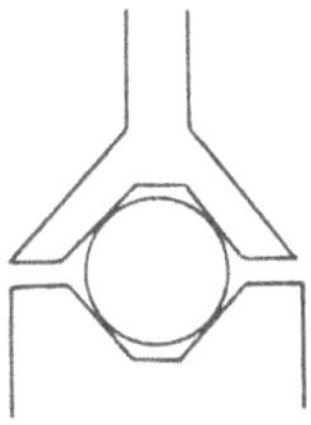
Abb. 70

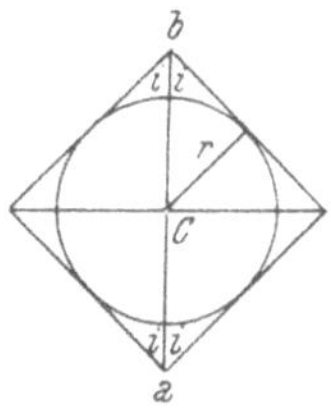

Abb. 71

Besondere Vorrichtungen sind notwendig, wenn das Niveau, wie in den meisten Fällen der Astronomie, auf eine runde Achse aufgesetzt werden soll. Man gibt zu diesem Zwecke dem Fuß des Niveaus die Form eines Y und auch das Achsenende liegt in einem ähnlich geformten Lager. Abb. 70 und 71 zeigt die Anordnung schematisch. Zu bestimmen ist die Neigung der Mittellinie der Achse. Diese wird gleich sein der Neigung sämtlicher Seiten des

Achsenzylinders, aber nur dann, wenn die Achse wirklich zylindrisch ist; ist dies nicht der Fall, so spricht man von einem Zapfenfehler, der natürlich auch bestimmt werden muß.

Ist (Abb. 71) r der Radius des Zapfens und i und i' die Winkel im Schnittpunkte der Y-Lager, die man als gleich annehmen kann, so ist

$$a\,C = b\,C = \frac{r}{\sin i}\,.$$

Ist aber der Zapfenradius r' des anderen Endes größer als r, so wird dort die Achse nicht so tief im Lager liegen, ebenso wird das aufgesetzte Niveau höher zu stehen kommen. Wenn wir also die

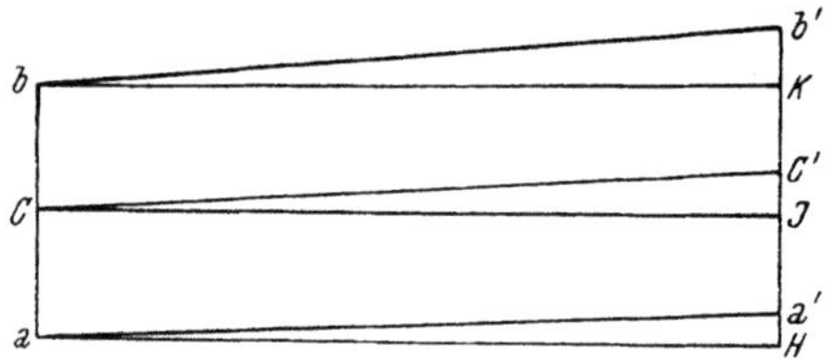

Abb. 72

Größen für das zweite Ende mit einem Strich bezeichnen, so wird für $r' > r$

$$a'\,C' = b'\,C' = \frac{r'}{\sin i} > b\,C.$$

Ist nun in Abb. 72 $a\,a'$ die Verbindungslinie der unteren Schnittpunkte a und a' mit der Neigung x gegen die Horizontale $a\,H$; $C\,C'$ die Mittellinie der Achse mit der gesuchten Neigung α gegen die Horizontale $C\,J$, endlich $b\,b'$ die Verbindungslinie der oberen Schnittpunkte aus Abb. 71 mit der Neigung n gegen die Horizontale $b\,K$, die der Beobachtung zugänglich ist und aus den Angaben des Niveaus gefunden werden kann, endlich L die Länge der Achse, so ist

$$a'\,H = L \sin x, \qquad J\,C' = L \sin \alpha, \qquad b'\,K = L \sin n.$$

Nun ist wegen $H\,K = a\,b$ und $J\,H = C\,a$

$$b'\,K = b'\,H - H\,K = a'\,b' - a\,b + a'\,H,$$
$$C'\,J = C'\,a' - C\,a + a'\,H.$$

Daraus

$$a'\,b' - a\,b = L \sin n - L \sin x,$$
$$C'\,a' - C\,a = L \sin \alpha - L \sin x$$

und

$$n = \frac{a'\,b' - a\,b + L \sin x}{L}\,\omega, \qquad \alpha = \frac{C'\,a' - C\,a + L \sin x}{L}\,\omega,$$
$$n - \alpha = \frac{(a'\,b' - a\,b) - (C'\,a' - C\,a)}{L}\,\omega. \tag{3}$$

Nun ist aber

$$a'\,b' = a'\,C' + C'\,b' = \frac{2\,r'}{\sin i},$$
$$a\,b = \frac{2\,r}{\sin i},$$

also

$$a'\,b' - a\,b = 2\,\frac{(r' - r)}{\sin i.}$$

Ferner

$$a'\,C' - a\,C = \frac{r'}{\sin i} - \frac{r}{\sin i} = \frac{r' - r}{\sin i},$$

somit

$$n - \alpha = \frac{r' - r}{L \sin i}\,\omega. \tag{4}$$

Legen wir nun die Achse um, so daß das andere Ende auf das linke Lager kommt und umgekehrt, so vertauscht sich $a'\,b'$ mit $a\,b$, $C'\,a'$ mit $C\,a$ und r mit r', das sind alles Größen, die von der Achse abhängen, dagegen bleiben x und i ungeändert, da sie von den Lagern abhängen. Es wird also nun

$$n' = \frac{a\,b - a'\,b' + L \sin x}{L}\,\omega, \qquad \alpha' = \frac{C\,a - C'\,a' + L \sin x}{L}\,\omega \tag{5}$$

$$n' - \alpha' = -\frac{r' - r}{L \sin i}\,\omega. \tag{6}$$

Nun ist aber nach Gl. (3) und (5)

$$\frac{n - n'}{2} = \frac{2\,(a'\,b' - a\,b)}{L}\,\omega = 2\,\frac{r' - r}{L \sin i}\,\omega \tag{7}$$

der Ausdruck für den Zapfenfehler k, somit

$$n - \alpha = k - \frac{r' - r}{L \sin \omega}\,\omega = k - \frac{k}{2} = \frac{k}{2}, \tag{8}$$

somit

$$\alpha = n - \frac{k}{2}$$

und

$$a' = n' + \frac{k}{2}.$$

Das Niveau muß parallel zur Achse stehen oder hängen. Ist das nicht der Fall, so sagt man, das Niveau ist gekreuzt. Man prüft dies dadurch, daß man das Niveau senkrecht zur Achse hin- und herbewegt. Hiebei darf sich die Blasenstellung nicht ändern. Um diesen Fehler zu beseitigen, hat man Korrektionsschrauben um das Niveau in der Querrichtung zu drehen. Sie sind am anderen Ende des Niveaus angebracht, ebenso eingerichtet, wie Abb. 68 und 69 zeigen, aber um 90 Grad verdreht.

Der Vorgang bei der Bestimmung einer Achsenneigung ist der folgende: Man setzt zunächst das Niveau auf. Hierauf läßt man eine kleine Zeit verstreichen, um dem Niveau Zeit zu lassen, sich zu beruhigen und richtig einzuspielen. Man vermeide, mit der Beobachtungslampe oder auch nur mit dem Hauche dem Niveau zu nahe zu kommen, denn diese Instrumente sind äußerst temperaturenpfindlich. Nach der Ablesung setzt man das Niveau um und bestimmt nach den Vorschriften von Gl. (1) oder (2) die Neigung n. Dann wird die Achse umgelegt, wozu alle Instrumente entsprechende Einrichtungen besitzen und in der gleichen Weise n' bestimmt. Die Größe $(n-n')/2$ ist der Zapfenfehler, er ist konstant und kann durch zahlreiche Neigungsbeobachtungen ein für alle Male bestimmt werden. Ist er bekannt, so findet man die Achsenneigung durch

$$a = n \pm \frac{k}{2}.$$

Ist der Zapfenfehler gleich Null, so müssen die zwei a Werte gleich ausfallen.

Ob das Niveau Füße hat, um es auf die Achse aufzustellen oder Träger, um es auf die Achse aufzuhängen, ist für den Vorgang der Neigungsbestimmung gleichgültig. Das Hängeniveau hat den Vorteil, daß es bei den verschiedenen Stellungen des Instrumentes nicht abgenommen werden muß.

Die Größen n oder n' und daher auch a, werden in Teilen der auf dem Niveau angebrachten Teilung erhalten. Wir müssen sie nun in Bogensekunden umsetzen. Dazu muß man den Wert eines Teiles, den Parswert in Bogensekunden kennen oder ihn mittels eines Niveauprüfers bestimmen. Dieser besteht aus einer festen

Schiene oder Stange von etwa 1 m Länge, auf welche man das Niveau aufsetzen oder aufhängen kann. Sie ist an dem einen Ende um eine horizontale Achse drehbar, während das andere Ende durch eine kräftige Mikrometerschraube gehoben oder gesenkt werden kann. Diese hat einen breiten etwa in 100 oder 60 Teile geteilten Kopf, daneben einen kleinen Maßstab, an welchem die ganzen Umdrehungen der Schraube abgelesen werden können. Man ist bestrebt, das Niveau in jener Situation zu prüfen, in der es sich auch während der Beobachtung befindet. Darum hat man auch Niveauprüfer konstruiert, auf welche man das ganze Instrument aufsetzen kann. Da dieses aber schwer ist, so würde die Mikrometerschraube geklemmt werden; dadurch würde nicht nur die Schraube leiden, sondern sich auch schwer drehen lassen. Man konstruiert daher solche Niveauprüfer als Waagebalken mit einem Gegengewicht und reguliert die Sache so ein, daß das Instrument nur mit einem kleinen Übergewichte auf der Schraube aufruht.

Der Vorgang bei der Niveauprüfung ist der folgende: Man setzt das Niveau auf und läßt es auf die Mitte einspielen. Dann macht man die Ablesungen an Niveau und Schraube. Dann dreht man die Mikrometerschraube, bis die Blase des Niveaus um einen Teilstrich weitergeht und liest neuerlich den Schraubenkopf ab. Dann geht man wieder auf die erste Stellung zurück, um sich zu überzeugen, ob sich nichts geändert hat und um eine mit der Zeit fortschreitende Änderung zu eliminieren; dann geht man nach der anderen Seite um einen Teil hinaus und kehrt wieder zurück; dann macht man das gleiche mit zwei, drei, vier .... Teilen, bei beständiger Rückkehr zur Ausgangsstellung, bis das ganze Niveau durchgemessen ist. Auf Grund dieser Messungen kann man nun den Teilwert des Niveaus durch den des Niveauprüfers ausdrücken. Nun muß dieser in Bogensekunden umgesetzt werden. Dazu bestimmt man zunächst die Höhe des Schraubenganges der Mikrometerschraube, indem man sich auf weichem Papier einen Abdruck der Schraube macht und eine ganze Anzahl von Schraubengängen mit dem Zirkel abmißt. Ist nun h die Ganghöhe und L die Länge des Niveauprüfers, gemessen von der Achse bis zur Mitte der Schraubenspindel, so entspricht einem Schraubengang der Winkel

$$\varkappa'' = \frac{h}{L}\,\omega. \tag{9}$$

Ist der Kopf in 100 Teile geteilt, so entspricht einem Teil der Winkel $\frac{\varkappa''}{100} = \frac{h}{100} L\,\omega$. Man richtet es meist so ein, daß $\frac{\varkappa''}{100}$ etwa $1''$ wird. Mit diesem Faktor sind dann alle Angaben des Niveaus zu multiplizieren. Auf vielen Niveaus ist übrigens der Teilwert in Bogensekunden schon angegeben.

Es ist selbstverständlich, daß die Mikrometerschraube vor dem Gebrauch sowohl auf fortschreitende, wie periodische Fehler genau untersucht sein muß.

XXI. Kreise.

Die größten Kreise, die wir uns auf dem Himmelsgewölbe gezogen denken, werden bei unseren Instrumenten durch geteilte Kreise dargestellt, an denen wir die Winkel ablesen können. Die Genauigkeit, die wir anstreben, geht aber weit über das hinaus, was durch direkte Kreisteilung erreicht werden kann. Nehmen wir z. B. einen Kreis von 1 m Durchmesser, so hat er einen Umfang von 3,14 m. Da nun der ganze Kreis $1\,296\,000''$ hat, so müßten etwa 400 Striche auf den Millimeter kommen, wenn man direkt Sekunden ablesen wollte. Das ist also nicht möglich. Wir müssen die Zahl der Teilungsstriche vermindern und doch die kleinen Teile mit der nötigen Genauigkeit ablesen können.

Abb. 73

Eine solche Vorrichtung ist der Nonius.

Neben dem abzulesenden Kreise wird auf einem am Instrument feststehenden Bestandteil eine Alhidade angebracht, bestehend aus einem Nullpunkt oder Index und daran schließend eine kleine Teilung, bei welcher $n - 1$ Teile des Kreises in n Teile auf der Alhidade geteilt sind (Abb. 73). Diese Teile haben also die Größe $\frac{n-1}{n} = 1 - \frac{1}{n}$ und sind daher um $1/n$ kleiner, als die Teile des Kreises. Wenn man also die zwei Teilungen miteinander vergleicht, so bleibt die Alhidade gegen die Hauptteilung von Strich zu Strich um $1/n$ zurück. Wenn also der Nullpunkt der Alhidade gegen den vorhergehenden Strich des Kreises um x voraus ist, so ist der nächste nur noch $x - 1/n$ voraus, der zweite $x - 2/n$. Kommen wir so zu einer Stelle a, wo die Striche zusammenfallen, so ist $x - a/n = 0$ und daher $x = a/n$. Man braucht also nur soweit zu zählen, bis die Striche zusammenfallen. Ist ein Teil des Kreises gleich k, so heißt k/n die Angabe des Nonius und man wird es immer so einrichten, daß man dafür eine bequeme Größe erhält.

Beispiele:

Hauptteilung	Man nimmt	Angabe
von 10′ zu 10′	59 Teile des Kreises = 60 auf dem Nonius	$\frac{10'}{60} = 10''$
„ 5′ „ 5′	29 „ „ „ = 30 „ „ „	$\frac{5'}{30} = 10''$
„ 5′ „ 5′	4 „ „ „ = 5 „ „ „	$\frac{5'}{5} = 1'$
„ $\frac{1^m}{2}$ „ $\frac{1^m}{2}$	29 „ „ „ = 30 „ „ „	$\frac{30^s}{30} = 1^s$

Diese Methode der Ablesung verwendet man heute nur noch bei Einstellkreisen, das sind solche, die nur dazu dienen, die Gegend des Himmels aufzusuchen oder bei Instrumenten, die ihrer Natur nach nur geringere Genauigkeit erlauben, z. B. beim Sextanten.

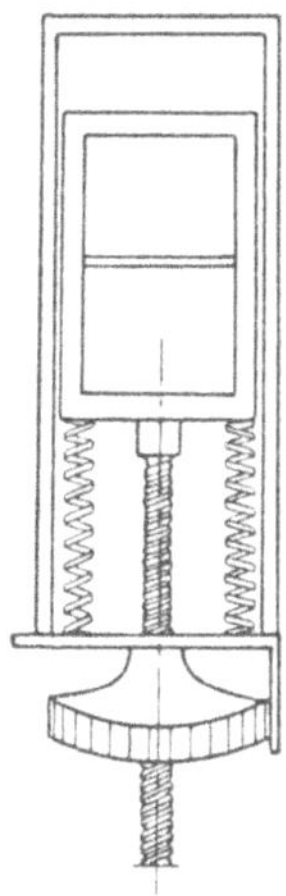

Abb. 74

Für genauere Messungen verwendet man durchwegs Mikroskope mit Mikrometerschrauben, die senkrecht zum Kreise montiert sind. Die Einrichtung ist folgende: Im Brennpunkte des Okulares des Mikroskopes befindet sich ein enger Doppelfaden, der über einen Schlitten gespannt ist, der durch die Mikrometerschraube bewegt wird. Zwei Gegenfedern besorgen die Rückbewegung des Fadens bei Nachlassen der Schraube (Abb. 74). Wenn man durch das Mikroskop blickt, so soll man nicht nur den Doppelfaden, sondern auch die Teilung des Kreises scharf sehen, was durch Änderung der Entfernung des ganzen Mikroskopes vom Kreise erzielt wird. Wir denken uns nun zunächst den Doppelfaden so eingestellt, daß das Mikrometer Null zeigt, dann drehen wir auch den Kreis so, daß ein Teilstrich genau zwischen dem Doppelfaden steht. Drehen wir nun den Kopf des Mikrometers, so rückt der Doppelfaden vor, und nun soll das Mikroskop so gerichtet sein, daß, wenn der Kopf wieder auf Null steht, dann der Doppelfaden von selbst gerade über den nächsten Teilstrich zu stehen kommt. Dazu genügt aber meist eine Umdrehung der Schraube nicht, sondern gewöhnlich fünf.

Um nun die Zahl der ganzen Umdrehungen der Schraube leicht kontrollieren zu können, ist im Brennpunkte des Okulars eine Art Rechen oder Kamm angebracht (Abb. 75). Die Entfernung von zwei Spitzen entspricht einer Umdrehung der Schraube; die Spitze, von der aus gezählt wird, ist durch ein kleines Loch kenntlich. Wenn die Entfernung zweier Teilstriche voneinander größer oder kleiner ist als fünf Umdrehungen der Schraube, so muß man die Vergrößerung der Mikroskope ändern. Man verstärkt die Vergrößerung, wenn man das Mikroskop verlängert, man verringert sie durch Verkürzung. Danach muß aber das ganze Mikroskop wieder so geschoben werden, daß die Kreisteilung scharf erscheint. Das Einstellen eines solchen Mikroskopes ist eine sehr mühevolle Arbeit und es wird eine vollständige Übereinstimmung kaum erreicht werden. Den letzten Rest bringt man als ,,Run" in Rechnung. Man mißt die Entfernung zweier Teilstriche mit der Schraube und findet z. B. fünf Umdrehungen und drei Teile, das wären 303 Teile. Die fünf Umdrehungen geben aber nur 300 Teile. Wir haben also dann alle Lesungen am Mikroskope mit 300/303 zu multiplizieren.

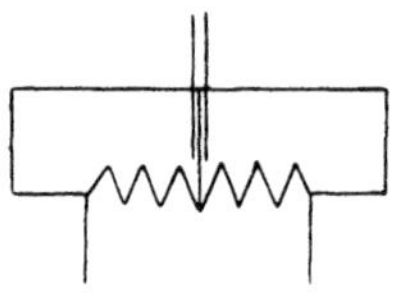

Abb. 75

Die mikroskopische Ablesung gibt nur die kleinen Teile, z. B. die einzelnen Minuten und die Bogensekunden; zur Ablesung der Grade und der Zehnerminuten ist neben dem Kreise ein Indexstrich mit Lupe angebracht.

Damit die durch das Mikroskop gewonnenen Ablesungen tatsächlich der Drehung des Kreises entsprechen, muß sich der Kreis genau um seinen Mittelpunkt drehen, sonst entsteht der Fehler der Exzentrizität.

Es sei Abb. 76 bei einer gewissen Stellung des Kreises C_1 sein Mittelpunkt, dagegen sei M der Mittelpunkt der Drehung. Es gibt nun gewiß eine Stellung, bei welcher die Exzentrizität keinen Einfluß hat, d. i., wenn die Verbindungslinie des Mittelpunktes der Drehung und der des Kreises durch den Indexstrich geht. Dann stehe der Mittelpunkt des Kreises in C_0. Drehen wir von dieser Situation aus das Instrument, so daß C_0 nach C_1 kommt, so ist die wirkliche Drehung $\alpha = J_0 M C_1$, während wir am Kreise $\alpha' = J_1 C_1 K$ ablesen; $\alpha' - \alpha$ ist der Einfluß der Exzentrizität. Der Spalt zwischen J_0 und J_1 ist unvermeidlich und kann bei großer Exzentrizität störend werden.

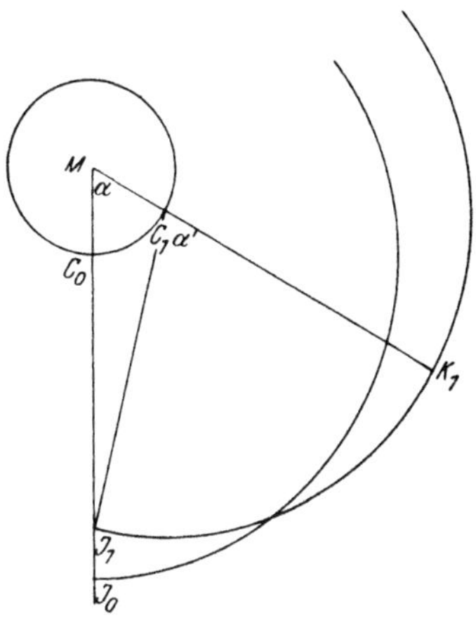

Abb. 76

Es sei nun

$$M C_1 = e, \quad M J_1 = r', \quad C_1 J_1 = r$$

und

$$M J_1 C_1 = \alpha' - \alpha,$$

so ist

$$r \cos(\alpha' - \alpha) = r' - e \cos \alpha,$$
$$r \sin(\alpha' - \alpha) = e \sin \alpha,$$

daher

$$\operatorname{tg}(\alpha' - \alpha) = \frac{e \sin \alpha}{r' - e \cos \alpha} =$$
$$= \frac{e' \sin \alpha}{1 - e' \cos \alpha}, \quad e' = \frac{e}{r'}.$$

Diese Gl. entwickeln wir wie VI (23) und finden nach VI (24)

$$\alpha' - \alpha = e' \sin \alpha + \frac{e'^2}{2} \sin 2\alpha + \frac{e'^3}{3} \sin 3\alpha + \frac{e'^4}{4} \sin 4\alpha + \dots \quad (10)$$

Wäre e' und der Ausgangspunkt der Zählung von α bekannt, so könnten wir nach dieser Formel den Unterschied $\alpha' - \alpha$ für jeden Winkel berechnen. Ist die zur Stellung C_0 gehörige Lesung N, so haben wir für zwei Stellungen die Lesungen

$$L_1 = N + \alpha + e' \sin \alpha + \dots,$$
$$L_2 = N + \beta + e' \sin \beta + \dots,$$

wobei wir zunächst die höheren Glieder weglassen.

L_2 sei nun die Lesung an einem zweiten Mikroskop, welches um nahezu 180° vom ersten entfernt ist. Es sei also

$$\beta = 180^0 + \alpha + \delta,$$

wo δ ein kleiner Winkel ist, so wird

$$L_2 - L_1 = 180^0 + \delta - e' \sin \alpha + e' \sin(180^0 + \alpha),$$
$$= 180^0 + \delta - 2 e' \sin \alpha \dots,$$
$$= 180^0 + \delta - 2 e' \sin(L_1 - N).$$

Setzen wir nun

$$L_2 - L_1 = 180^0 + n, \qquad 2\,e' \cos N = x, \qquad 2\,e' \sin N = y,$$

so erhalten wir

$$n = \delta - x \sin L_1 + y \cos L_1. \tag{11}$$

Aus einer größeren Anzahl von Ablesungen an beiden Mikroskopen können wir die Unbekannten x, y und δ bestimmen.

Noch besser aber wäre es, eine Methode zu finden, mit deren Hilfe man den Einfluß ganz oder wenigstens zum größten Teil eliminieren kann.

Wir denken uns wieder ein zweites Mikroskop aufgestellt und die Ablesung gemacht, dann ist

$$\beta' - \beta = e' \sin \beta + \frac{e'^2}{2} \sin 2\,\beta + \frac{e'^3}{3} \sin 3\,\beta + \frac{e'^4}{4} \sin 4\,\beta + \ldots \tag{12}$$

Bilden wir das arithmetische Mittel aus Gl. (10) und (1), so wird

$$\frac{\alpha' + \beta'}{2} = \frac{\alpha + \beta}{2} + \frac{e'}{2} (\sin \alpha + \sin \beta) + \frac{e'^2}{4} (\sin 2\,\alpha + \sin 2\,\beta) +$$

$$+ \frac{e'^3}{6} (\sin 3\,\alpha + \sin 3\,\beta) + \frac{e'^4}{8} (\sin 4\,\alpha + \sin 4\,\beta) = \frac{\alpha + \beta}{2} +$$

$$+ e' \sin \frac{\alpha + \beta}{2} \cos \frac{\alpha - \beta}{2} + \frac{e'^2}{2} \sin (\alpha + \beta) \cos (\alpha - \beta) +$$

$$+ \frac{e'^3}{3} \sin \frac{3}{2} (\alpha + \beta) \cos \frac{3}{2} (\alpha - \beta) + \frac{e'^4}{4} \sin 2\,(\alpha + \beta) \cos 2\,(\alpha - \beta).$$

Stellen wir nun das zweite Mikroskop in die Entfernung 180^0 vom ersten, so ist $\beta = 180^0 + \alpha$, $\frac{\beta - \alpha}{2} = 90^0$ und es ist daher

$$\cos \frac{\alpha - \beta}{2} = \cos \frac{3\,(\alpha - \beta)}{2} = \cos \frac{5\,(\alpha - \beta)}{2} = 0.$$

Es fallen dann aus der obigen Reihe alle ungeraden Glieder hinaus. Durch Ablesung an zwei diametral gegenüberstehenden Mikroskopen kann man also den größten Teil der Exzentrizitätsfehler eliminieren.

Bringen wir noch zwei Mikroskope an, die um 90^0 von den beiden anderen und daher auch 180^0 voneinander abstehen, so ist für die beiden Paare:

$$\frac{\alpha' + \beta'}{2} = \frac{\alpha + \beta}{2} - \frac{e'^2}{2} \sin (\alpha + \beta) + \frac{e'^4}{4} \sin 2\,(\alpha + \beta),$$

$$\frac{\gamma' + \delta'}{2} = \frac{\gamma + \delta}{2} - \frac{e'^2}{2} \sin (\gamma + \delta) + \frac{e'^4}{4} \sin 2\,(\gamma + \delta).$$

Nehmen wir wieder das arithmetische Mittel, so wird

$$\frac{\alpha' + \beta' + \gamma' + \delta'}{4} = \frac{\alpha + \beta + \gamma + \delta}{4} -$$

$$- \frac{e'^2}{2} \sin \frac{\alpha + \beta + \gamma + \delta}{2} \cos \frac{\alpha + \beta - \gamma - \delta}{2} +$$

$$+ \frac{e'^4}{4} \sin (\alpha + \beta + \gamma + \delta) \cos (\alpha + \beta - \gamma - \delta) +$$

$$+ \frac{e'^6}{6} \sin \frac{3}{2} (\alpha + \beta + \gamma + \delta) \cos \frac{3}{2} (\alpha + \beta - \gamma - \delta).$$

Nun ist

$$\begin{aligned} \beta &= \alpha + 180^0 \quad \text{daher} \quad \alpha + \beta + \gamma + \delta = 4\,\alpha + 6\,R, \\ \gamma &= \alpha + \ \ 90^0 \qquad\qquad\ \ \alpha + \beta - \gamma - \delta = \quad -2\,R, \\ \delta &= \alpha + 270^0. \end{aligned}$$

Es fallen also nun die Glieder zweiter und sechster Ordnung weg und es bleiben nur noch die Glieder vierter Ordnung. Also

$$\frac{\alpha' + \beta' + \gamma' + \delta'}{4} = \alpha + \frac{3}{2} R - \frac{e'^4}{4} \sin 4\,\alpha.$$

Die kleinen Abweichungen von den genauen Positionen der Mikroskope gehen als Konstante ein; da jeder Winkel aus zwei Ablesungen zusammenkommt, so fällt die Konstante heraus, nur darf man nicht versäumen, immer alle Mikroskope abzulesen.

Sind also L_1, L_2, L_3 und L_4 die vier Lesungen, so bildet man

$$\frac{L_1 + L_2 + L_3 + L_4}{4} - \frac{3}{2} R$$

und hat die Exzentrizität bis Glieder vierter Ordnung eliminiert.

Man pflegt bei der Ablesung an zwei Mikroskopen die Teilung auf den Trommeln der Mikrometerschrauben so einzurichten, daß sie nur den halben Wert angeben. Man hat dann statt des arithmetischen Mittels nur die Summe der beiden Angaben zu bilden.

Eine vollständige Lesung an beiden Mikroskopen sieht dann folgendermaßen aus

Index		$28^0\,40'$
Erstes Mikroskop		$3'\ 45''\,4$
Run	+	$2''\,7$
Zweites Mikroskop		$3'\ 48''\,2$
Run	—	$1''\,7$
		$28^0\,47'\,34''\,6$

Teilungsfehler entstehen dadurch, daß infolge zufälliger oder systematischer Fehler die Teilstriche des Kreises nicht an jenen Stellen stehen, wo sie hingehören. Wenn man nun den Kreis an einer größeren Anzahl von Stellen abliest, so wird im Mittel der Einfluß der Teilungsfehler jedenfalls verringert, weil doch nicht anzunehmen ist, daß alle Teilstriche gleich fehlerhaft sind. Sind die Teilungsfehler als zufällige Fehler aufzufassen, so wird ein Mittel aus einer größeren Anzahl von Ablesungen jedenfalls besser sein, als eine einzige Ablesung. Es werden aber auch systematische Fehler vorkommen und diese werden wir immer in die Form setzen können

$$a + a_1 \cos A + a_2 \cos 2A + \ldots + b_1 \sin A + b_2 \sin 2A + \ldots.$$

Es genügt wenige Glieder zu entwickeln und wir können zeigen, daß die systematischen Fehler durch Ablesung an mehreren Mikroskopen hinausgeworfen werden. Nehmen wir an, wir hätten i Nonien oder Mikroskope, so erfolgen die Ablesungen an den Stellen des Kreises:

$$A,\quad A + \frac{2\pi}{i},\qquad A + 2\frac{2\pi}{i}\ \ldots,\qquad A + (i-1)\frac{2\pi}{i},$$

und zwar erhalten wir die Lesungen

$$a + a_1 \cos A + a_2 \cos 2A + \ldots + b_1 \sin A + b_2 \sin 2A + \ldots,$$

$$a + a_1 \cos\left(A + \frac{2\pi}{i}\right) + a_2 \cos 2\left(A + \frac{2\pi}{i}\right) + \ldots +$$
$$+ b_1 \sin\left(A + \frac{2\pi}{i}\right) + b_2 \cos 2\left(A + \frac{2\pi}{i}\right) + \ldots$$

. . . .

$$a + a_1 \cos\left(A + (i-1)\frac{2\pi}{i}\right) + a_2 \cos 2\left(A + (i-1)\frac{2\pi}{i}\right) + \ldots +$$
$$+ b_1 \sin\left(A + (i-1)\frac{2\pi}{i}\right) + b_2 \sin\left(A + (i-1)\frac{2\pi}{i}\right).$$

Nehmen wir nun das arithmetische Mittel aus allen diesen Gl., so gibt das erste Glied a. Dieses darf jedenfalls nicht fortgelassen werden, denn es wird der erste verwendete Teilstrich auch einen Fehler haben. Das zweite Glied wird

$$\frac{a_1}{i}\sum_{k=0}^{i-1}\cos\left(A+\frac{2k\pi}{i}\right)=\frac{a_1}{i}\sum\left(\cos A\cos\frac{2k\pi}{i}-\sin A\sin\frac{2k\pi}{i}\right)=$$

$$=\frac{a_1}{i}\cos A\sum\cos\frac{2k\pi}{i}-\frac{a_1}{i}\sum\sin\frac{2k\pi}{i},$$

das $(r+1)$-te Glied

$$\frac{a_r}{i}\sum_{k=0}^{i-1}\cos r\left(A+\frac{2k\pi}{i}\right)=\frac{a_r}{r}\cos rA\sum\cos r\frac{2k\pi}{i}-$$

$$-\frac{a_r}{r}\sin A\,r\sum\sin r\frac{2k\pi}{i}.$$

Nun ist aber bekanntlich

$$\sum_{k=0}^{i-1}\cos\left(r\frac{2k\pi}{i}\right)=0 \text{ für } \begin{matrix} r<i \\ k<i \end{matrix} \qquad \sum_{k=0}^{i-1}\sin\left(r\frac{2k\pi}{i}\right)=0.$$

Aus dem arithmetischen Mittel verschwinden somit sämtliche Glieder, für welche r und k kleiner sind als i. Es ist daher bei vier Mikroskopen das arithmetische Mittel bis zu den Gliedern a_4 und b_4 von den Teilungsfehlern dieser Art frei. Sie fallen also gleichzeitig mit den Fehlern der Exzentrizität hinaus.

Man kann aber auch weiter gehen und mit Hilfe eines beweglichen Mikroskopes den Kreis von Teilstrich zu Teilstrich untersuchen.

Ein weiterer Fehler, der zu besprechen ist, rührt von der Biegung des Kreises her. Da aber bei den großen Meridianinstrumenten die Mikroskope feststehen, so erfolgt die Ablesung immer in der gleichen Zenitdistanz. Der Einfluß der Deformation des Kreises, der von seinem Gewicht herrührt, wird also bei jeder Ablesung gleich sein und geht somit in den Indexfehler ein.

Dagegen muß die Biegung des Instrumentes, die von dem Gewicht des Okular- und Objektivkopfes herrührt und auch von der Zenitdistanz abhängt, bestimmt werden. Dies geschieht, wenn man einen Stern nicht nur direkt, sondern auch sein Spiegelbild in einem Quecksilberspiegel beobachtet und dann die Beobachtung bei umgelegtem Instrument wiederholt. In dem letzteren Falle ist zwar die Biegung des Instrumentes die gleiche, aber die Kreisteilungen laufen jetzt nach der anderen Seite.

Es sei ζ die wahre Zenitdistanz des Sternes, z, z', z'' und z''' die vier Lesungen. Erscheint nun die Biegung des Instrumentes in der Form

$$a' \cos z + a'' \cos 2z + a''' \cos 3z + \ldots + b' \sin z + b'' \sin 2z + \\ + b''' \sin 3z + \ldots,$$

so muß für $z = 0$ und $z = 180^0$ die Biegung verschwinden, daher, wenn n den Indexfehler bedeutet

$$n + a' + a'' + a''' = 0,$$
$$n - a' + a'' - a''' = 0.$$

Daraus folgt $n + a'' = 0$ und, wenn wir a''' vernachlässigen, auch $a' = 0$. Es ist

direkt

$$\zeta = z + b' \sin z + b'' \sin 2z + n + a'' \cos 2z,$$

reflektiert

$$180^0 - \zeta = z' + b' \sin (180^0 - z) + b'' \sin (360^0 - 2z) + n + \\ + a'' \cos (360^0 - 2z),$$
$$= z' + b' \sin z - b'' \sin 2z + n + a'' \cos 2z;$$

nach dem Umlegen

direkt

$$360^0 - \zeta = z'' - b' \sin z - b'' \sin 2z - n - a'' \cos 2z,$$

reflektiert

$$180^0 + \zeta = z''' - b' \sin z + b'' \sin 2z - n - a'' \cos 2z.$$

Daraus folgt

$$90^0 - \zeta = \frac{z' - z}{2} - b'' \sin 2z$$

und

$$90^0 - \zeta = \frac{z'' - z'''}{2} - b'' \sin 2z,$$

also im Mittel

$$90^0 - \zeta = \frac{1}{2}\left(\frac{z' - z}{2} + \frac{z'' - z'''}{2}\right) - b'' \sin 2z.$$

Es bleibt also nur das gerade Sinusglied über, das aus den Beobachtungen bestimmt werden kann.

XXII. Das Fadennetz.

Im Brennpunkte des Okulars wird zunächst ein Fadenkreuz gespannt, das je nach dem Zwecke des Instrumentes entweder so orientiert ist, daß der eine Faden horizontal oder parallel der täglichen Bewegung liegt. Um das zu erreichen, besitzt der Rahmen, über den die Fäden gespannt sind, Korrektionsschrauben. Damit man aber nicht bloß auf die Beobachtung an einem einzigen Faden angewiesen ist, spannt man beiderseits des Mittelfadens noch Parallelfäden, meist in Gruppen zu drei oder fünf Fäden. Das Spannen der Fäden oder das Einziehen neuer Fäden, wenn einer gerissen sein sollte, kann der Beobachter selbst machen. Das Material ist der Faden des Kokons der Kreuzspinne. Die Fäden werden feucht aufgelegt, beiderseits durch kleine Wachskugeln gespannt. Die Stellen, wo die Fäden liegen sollen, sind am Rahmen durch feine Ritze gekennzeichnet. Wenn der Faden richtig liegt, wird er mit einem Tropfen Gummi arabicum angeklebt.

Um die auf den Seitenfäden gemachten Beobachtungen auf den Mittelfaden zu reduzieren, müssen die Fadendistanzen bestimmt werden. Man stellt zu diesem Zwecke den Querfaden parallel der täglichen Bewegung; im Meridian steht er dann auch horizontal und mißt die Zeit, die ein Stern braucht, um von einem Seitenfaden an den Mittelfaden zu kommen. Diese Zeit ist von der Deklination abhängig, wir reduzieren sie daher auf den Äquator. Die Fadendistanzen sind also die Zeiten, die ein Äquatorstern braucht, um von den Seitenfäden an den Mittelfaden zu gelangen. Zur Beobachtung nimmt man Sterne in der Nähe des Poles. Sie gehen langsam, können also ohne Übereilung beobachtet werden und die Beobachtungsfehler werden bei der Reduktion auf den Äquator durch sec δ dividiert, denn es ist die Fadendistanz

$$f = (t - t_m) \cos \delta,$$

wenn t und t_m die Antrittszeiten an den Seitenfaden und den Mittelfaden sind. Man darf aber die Sterne nicht allzu nahe am Pole nehmen, weil dann die Beobachtung so unsicher wird — der Stern bleibt mehrere Sekunden hinter dem Faden —, daß auch die große Sekante die Unsicherheit nicht behebt.

Steht der beobachtete Stern sehr nahe dem Pole, so reicht die obige Formel nicht aus; man muß eine Korrektion wegen der Krümmung des Parallels anbringen. Es sei in (Abb. 77) P der Pol;

S, der Stern mit der Deklination δ, befinde sich bei der Beobachtung an einem Faden, dessen Entfernung $S\,T$ vom Meridian gleich f sei; dann ist das Dreieck $P\,S\,T$ bei T rechtwinklig und daher

$$\sin f : \sin 90^0 = \sin s : \cos \delta$$

oder

$$\sin s = \sin f \cos \delta.$$

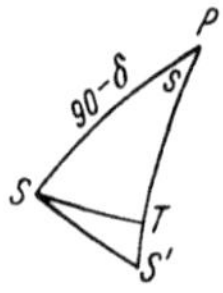

Abb. 77

Da nun f und s kleine Winkel sind, so können wir schreiben

$$\frac{s}{\omega} - \frac{1}{6}\left(\frac{s}{\omega}\right)^3 = \left[\frac{f}{\omega} - \frac{1}{6}\left(\frac{f}{\omega}\right)^3\right] \sec \delta$$

oder

$$s = f \sec \delta + \frac{1}{6}\frac{s^3}{\omega^2} - \frac{1}{6}\frac{f^3}{\omega^2} \sec \delta,$$

ist also näherungsweise $f \sec \delta$; wenn wir diesen Wert in dem Gliede dritter Ordnung verwenden, so wird

$$s = f \sec \delta + \frac{f^3}{6\,\omega^2}(\sec^3 \delta - \sec \delta) =$$

$$= f \sec \delta + \frac{f^3}{6\,\omega^2} \sec \delta\,(\sec^2 \delta - 1)$$

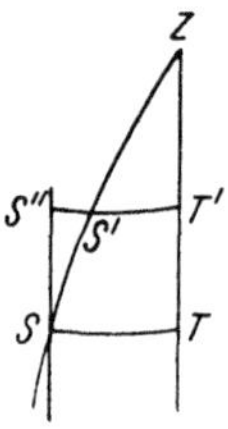

Abb. 78

oder umgekehrt

$$f = s \cos \delta - \frac{s^3 \cos^3 \delta}{6\,\omega^2} \sec \delta\,(\sec^2 \delta - 1) =$$

$$= s \cos \delta - \frac{s^3}{6\,\omega^2} \sin^2 \delta.$$

Solange das Fadennetz nur in dieser Situation, also im Meridian verwendet wird, spielt die Refraktion keine Rolle. Der Stern, der ohne Refraktion in S an den Seitenfaden träte, wird durch die Refraktion gegen das Zenit nach S' gehoben (Abb. 78), kommt also schon in S'' an den Faden, gelangt aber doch in demselben Augenblick, wie ohne Refraktion, in den Meridian.

Dieselbe Methode kann man verwenden, um den Schraubenwert einer Mikrometerschraube zu bestimmen. Man dreht das Mikrometer so, daß der bewegliche Faden parallel zum Meridian steht. Dann läßt man eine Anzahl von Polsternen durchs Gesichtsfeld laufen, wobei man den Faden immer wieder um eine Umdrehung weiter dreht. Der bei den einzelnen Sternen gefundene

Wert der Umdrehung wird auf den Äquator reduziert und dann aus allen Werten das Mittel genommen.

Will man aber das Mikrometer zu Messungen in Deklination verwenden, so muß die Refraktion berücksichtigt werden. Es sei (Abb. 79) F ein Faden in der Distanz f vom Meridian, dann ist in dem kleinen Dreieck $Z\ S\ T$

$$\cos f = \cos^2 z + \sin^2 z \cos a,$$

wenn a das Azimut ist. Daraus ergibt sich

$$f = a \sin \mathrm{z}.$$

Wird nun der Stern durch die Refraktion nach S' gehoben, so ändert sich die Entfernung vom Meridian um

$$df = a \cos z\, dz.$$

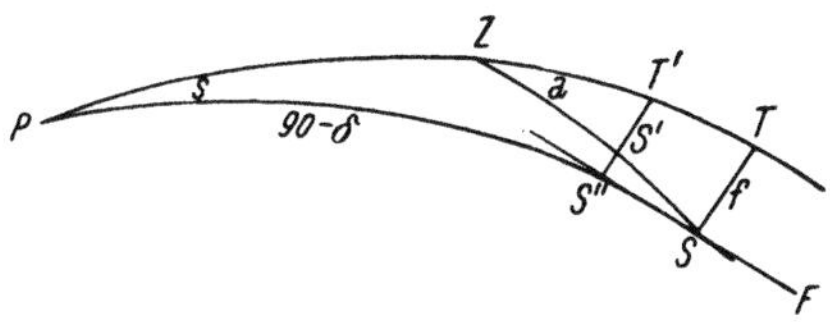

Abb. 79

Die durch die Refraktion r bedingte Änderung von z ist gegeben durch

$$dz = -r \operatorname{tg} z,$$

daher

$$df = -a\, r \sin z.$$

Nun ist in dem Dreiecke $P\, Z\, S$:

$$\sin s : \sin a = \sin z : \cos \delta$$

oder

$$\sin a = \frac{\sin s \cos \delta}{\sin z}$$

daher

$$df = -s\, r \cos \delta.$$

Man mißt also an der Stelle S' die Fadendistanz um diese Größe zu klein, daher wird

$$f = s \cos \delta + s\, r \cos \delta$$

oder

$$f = s\,(1 + r) \cos \delta.$$

Um also das Resultat von der Refraktion zu befreien, hat man nur mit dem konstanten Faktor $1 + r = 1 + \frac{57\,523}{206\,265} = 1{,}000\,278$ zu multiplizieren.

Die Beobachtung am Fadennetz erfolgt in einfachster Weise nach der „Aug- und Ohrmethode". Der Beobachter achtet auf den Schlag einer in der Nähe befindlichen Uhr und zählt die Sekunden. Wenn der Stern hinter einem Faden verschwindet, so schätzt der Beobachter den Moment nach Zehntelsekunden und schreibt das Resultat auf. Diese Methode, die für den Anfänger schwierig ist, denn sie verlangt gleichzeitig das Zählen der Sekunden, das Schätzen der Zehntel, das Aufschreiben bei gleichzeitigem Weiterzählen der Sekunden, handhabt man bald mit großer Sicherheit. Ein großer Vorteil besteht darin, daß man am Schlusse über ein fertiges Beobachtungsresultat verfügt.

Bei allen solchen Beobachtungen ist man dem Einfluß der persönlichen Gleichung unterworfen. Diese besteht darin, daß der Beobachter den Moment des Fadenantrittes nicht mit absoluter Sicherheit auffassen kann, weil es immer eine gewisse Zeit braucht, bis die Sinne funktionieren und bis sich der gehörte Sekundenschlag mit dem Verschwinden des Sternes hinter dem Faden zu einem Eindruck verbindet. Diese persönliche Gleichung ist für verschiedene Beobachter verschieden und auch für den einzelnen Beobachter nicht konstant. Meist nimmt sie mit fortschreitender Übung ab. Es sind sogar Fälle vorgekommen, daß die persönliche Gleichung negativ war. In einem solchen Falle wird der Fadenantritt sozusagen vorausgenommen. Beobachtungen verschiedener Beobachter können erst verglichen werden, wenn die relative persönliche Gleichung der beiden Beobachter vorher bestimmt wird. Der Unterschied kann aber sehr wesentlich sein, es sind Fälle bekannt, wo er bis zu einer Zeitsekunde betragen hat. Man bestimmt ihn z. B. dadurch, daß von den beiden Beobachtern der eine die eine Hälfte der Fäden beobachtet, der andere die zweite. Der Unterschied, der auf dem Mittelfaden reduzierten Antritte gibt die relative persönliche Gleichung.

Ein zweiter sehr wichtiger systematischer Fehler ist die Helligkeitsgleichung, deren Wesen darin besteht, daß Sterne verschiedener Helligkeit auch verschieden beobachtet werden.

Genauere Resultate liefert die „Aug- und Handmethode", die darin besteht, daß der Beobachter im Augenblicke des Fadenantrittes einen Taster drückt; dadurch wird ein Strom geschlossen und es entsteht eine Marke auf demselben Streifen, auf welchem die Uhr die Sekunden aufzeichnet. Der Einfluß der persönlichen Gleichung ist hier kleiner, als bei der Aug- und Ohrmethode, dafür hat man noch die zeitraubende Ablesung des Streifens.

Noch viel freier von persönlichen Fehlern ist das sogenannte „unpersönliche Mikrometer". Ein beweglicher Faden wird vom Beobachter mit Hilfe zweier Handräder so durch das Gesichtsfeld bewegt, daß er den Stern immer bedeckt oder in zwei Hälften schneidet (biseziert). Während dieser Bewegung schließen sich automatisch eine Anzahl von Kontakten, die registriert werden und die Stelle der Fäden vertreten. Da der Beobachter beim Nachdrehen leicht in ein falsches Tempo kommt und so einige Kontakte systematisch verfälscht werden können, gibt es auch Mikrometer, die nach der Deklination eingestellt werden können und den Hauptteil der Bewegung dem Beobachter abnehmen.

Bei den großen parallaktisch aufgestellten Instrumenten, mit denen man nur die Positionsunterschiede von Objekten mißt, die am Himmel nahe beisammen stehen, genügen zur Messung der Rektaszensionsdifferenzen wenige Fäden, da man nur die Zeitdifferenz der Durchgänge der Objekte durch denselben Faden mißt. Für die Deklinationsdifferenzen braucht man ein Fadenmikrometer.

Es gibt auch Mikrometer, die Polarkoordinaten (Positionswinkel p und Entfernung Δ) zu messen gestatten. Die Messungen gestalten sich am einfachsten, wenn das Instrument ein Uhrwerk besitzt, durch welches es der täglichen Bewegung des Himmels nachgedreht wird. Man bringt zunächst das erste Objekt in den Drehungspunkt des Positionskreises, dreht diesen aus der Nullstellung, bei welcher der Faden der täglichen Bewegung der Gestirne parallel ist, in die Verbindungslinie der beiden Objekte und liest den Positionswinkel ab. Dann mißt man die Distanz mit dem Fadenmikrometer.

Zählt man die Positionswinkel p wie gewöhnlich vom Meridian nach links von 0^0 bis 360^0, so erhält man die zugehörigen Rektaszensions- und Deklinationsdifferenzen nach den einfachen Formeln

$$\cos\frac{\delta_1+\delta_2}{2}(\alpha_2-\alpha_1) = \Delta\sin p,$$
$$\delta_2-\delta_1 = \Delta\cos p.$$

XXIII. Das Kreismikrometer.

Von den vielen sonst noch vorgeschlagenen und versuchten Mikrometern soll hier nur das Ringmikrometer besprochen werden. Es besteht aus einem breiten, kreisförmig abgedrehten Metallring, der auf einer Glasplatte aufgekittet im Brennpunkte des Okulares angebracht ist. Man beobachtet den Eintritt und den Austritt an der inneren und auch an der äußeren Begrenzung des Ringes. Ist t_1 und t_2 die Eintritts- und die Austrittszeit am inneren Rande (für den äußeren gelten gleiche Formeln), so ist das arithmetische Mittel der Moment des Durchganges durch den Stundenkreis des Instrumentes. Sind t_1' und t_2' dasselbe für einen zweiten Stern, so ist der Rektaszensionsunterschied gegeben durch

$$\alpha' - \alpha = \frac{1}{2}(t_2' + t_1') - \frac{1}{2}(t_2 + t_1). \tag{1}$$

Sind μ und μ' die halben Sehnen, so ist $t_2 - t_1 = \frac{2\mu}{\cos\delta}\frac{1}{15}$, wenn μ in Bogensekunden und $t_2 - t_1$ in Zeitsekunden ausgedrückt ist. Ebenso

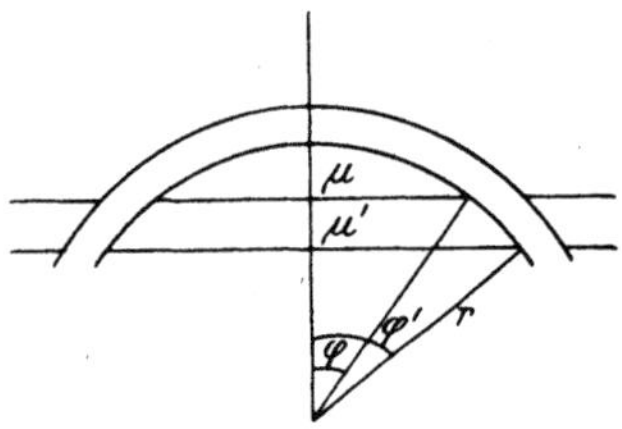

Abb. 80

$$t_2 - t_1' = \frac{2\mu'}{\cos\delta}\frac{1}{15}. \tag{2}$$

Ferner ergibt sich aus Abb. 80

$$\sin\varphi = \frac{\mu}{r}, \qquad \sin\varphi' = \frac{\mu'}{r}. \tag{3}$$

Ist nun D die Deklination des Mittelpunktes, so ist

$$\begin{gathered} \delta - D = r\cos\varphi = \sqrt{r^2\left(1 - \frac{\mu^2}{r^2}\right)} = \sqrt{r^2 - \tau^2\cos^2\delta\, 15^2} \\ \text{mit } \tau = \frac{t_2 - t_1}{2} \\ \delta' - D = r\cos\varphi' \end{gathered} \tag{4}$$

und

$$\delta - \delta' = r\cos\varphi \mp r\cos\varphi', \tag{5}$$

wobei das obere Zeichen gilt, wenn beide Sterne auf der gleichen Seite, das untere, wenn sie auf verschiedenen Seiten des Mittelpunktes liegen.

Es ist selbstverständlich, daß man die Rektaszensionen am sichersten erhält, wenn man die Sterne möglichst durch die Mitte gehen läßt, weil der Ein- oder Austritt senkrecht zum Rande sich am besten beobachten läßt. Bezeichnen wir die Entfernung der Sehne von der Mitte mit f, so ist also

$$f^2 = r^2 - \left[\frac{15}{2}(t_2 - t_1)\cos\delta\right]^2. \tag{6}$$

Daher durch Differentiation nach der Zeit:

$$2 f\, df = -2\left[\frac{15}{2}(t_2 - t_1)\cos\delta\right]^2 \frac{15}{2}\cos\delta\, d\,(t_2 - t_1).$$

Aus dieser Gl. ergibt sich, daß f den geringsten Fehlern ausgesetzt ist, also die Deklinationen am besten erhalten werden, wenn $t_2 - t_1$ möglichst klein wird. Man muß also mit beiden Sternen zum oberen oder unteren Rand gehen. Man darf aber in dieser Hinsicht nicht zu weit gehen, denn die Eintritte und Austritte werden immer flacher und daher auch unsicherer.

Ist der Stern nahe am Pole, so darf man nicht mehr annehmen, daß er geradlinig durch das Gesichtsfeld geht; doch wird er noch immer symmetrisch durchgehen. Die Durchgangszeit durch den Mittelmeridian wird also noch immer

$$\frac{t_2 + t_1}{2}$$

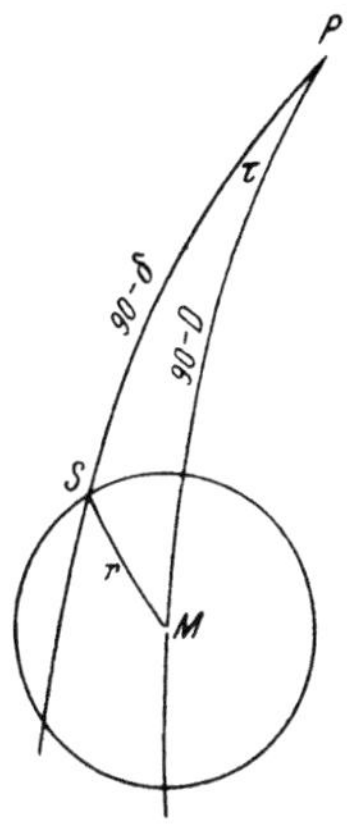

Abb. 81

sein. Ferner ist, wenn wir wieder $\frac{t_2 - t_1}{2} = \tau$ setzen (Abb. 81)

$$\cos r = \sin\delta\sin D + \cos\delta\cos D\cos\tau$$

$$1 - 2\sin^2\frac{r}{2} = \sin\delta\sin D + \cos\delta\cos D\left(1 - 2\sin^2\frac{\tau}{2}\right) =$$

$$= \cos(\delta - D) - 2\cos\delta\cos D\sin^2\frac{\tau}{2} =$$

$$= 1 - 2\sin^2\frac{\delta - D}{2} - 2\cos\delta\cos D\sin^2\frac{\tau}{2}.$$

Es ist daher

$$\sin^2\frac{r}{2} = \sin^2\frac{\delta - D}{2} + \cos\delta\cos D\sin^2\frac{\tau}{2}.$$

Also

$$(\delta - D)^2 = r^2 - \cos\delta\cos D\,\tau^2\, 15^2\,, \tag{7}$$

wenn τ in Zeitsekunden, r und $\delta - D$ aber in Bogensekunden gegeben sind. Wir trennen den Teil, der der gewöhnlichen Reduktion nach Gl. (2) entspricht, ab:

$$(\delta - D)^2 = r^2 - 15\,\tau^2\cos^2\delta - (\cos\delta\cos D - \cos^2\delta)\,15^2\,\tau^2 =$$
$$= (r^2 - 15^2\,\tau^2\cos^2\delta)\left(1 - \frac{\cos\delta\cos D - \cos^2\delta}{r^2 - 15^2\,\tau^2\cos^2\delta}\,15^2\,\tau^2\right)$$

und

$$\delta - D = (r^2 - 15^2\,\tau^2\cos^2\delta)^{1/2} - \frac{1}{2}\,\frac{\cos\delta\,(\cos D - \cos\delta)}{(r^2 - 15^2\,\tau^2\cos^2\delta)^{1/2}}\,15^2\,\tau^2.$$

Das erste Glied auf der rechten Seite entspricht der gewöhnlichen Reduktion; das letzte Glied ist die Verbesserung bei hoher Deklination:

$$\frac{-\cos\delta\sin\dfrac{D+\delta}{2}\sin\dfrac{\delta - D}{2}}{(r^2 - 15^2\,\tau^2\cos^2\delta)^{1/2}}\,15^2\,\tau^2 =$$
$$= -\frac{1}{2}\,\frac{\cos\delta\sin\delta\,(\delta - D)}{\omega\,(r^2 - 15^2\,\tau^2\cos^2\delta)^{1/2}}\,15^2\,\tau^2$$

oder nach Gl. (4)

$$-\frac{1}{2}\,\frac{\cos\delta\sin\delta\,15^2\,\tau^2}{\omega}.$$

Für den zweiten Stern

$$-\frac{1}{2}\,\frac{\cos\delta'\sin\delta'\,15^2\,\tau'^2}{\omega}.$$

Also, wenn wir den gewöhnlich reduzierten Wert mit dem Index 0 bezeichnen

$$\delta' - \delta = (\delta' - \delta)_0 + \frac{15^2}{2\,\omega}\,(\cos\delta\sin\delta\,\tau^2 - \cos\delta'\sin\delta'\,\tau'^2) =$$
$$= (\delta' - \delta)_0 + \frac{15^2}{2\,\omega}\,\mathrm{tg}\,\frac{\delta + \delta'}{2}\,(\cos^2\delta\,\tau^2 - \cos^2\delta'\,\tau'^2), \qquad (8)$$

wobei wir für tg δ und tg δ' einen näherungsweisen Mittelwert $\mathrm{tg}\,\dfrac{\delta + \delta'}{2}$ setzen. Nun ist aber nach Gl. (4)

$$r^2 - (\delta - D)^2 = 15^2\,\tau^2\cos^2\delta,$$
$$r^2 - (\delta' - D)^2 = 15^2\,\tau'^2\cos^2\delta'.$$

Daher die letzte Klammer in Gl. (8)

$$15^2\,(\tau^2\cos^2\delta - \tau'^2\cos^2\delta') = (\delta' - D)^2 - (\delta - D)^2,$$
$$= (\delta' + \delta - 2\,D)\,(\delta' - \delta).$$

Somit

$$\delta' - \delta = (\delta' - \delta)_0 + \frac{1}{2\,\omega} \operatorname{tg} \frac{\delta + \delta'}{2} (\delta' + \delta - 2\,D)(\delta' - \delta). \quad (9)$$

Wir nehmen nun an, das Gestirn habe eine eigene Bewegung $\Delta\,\alpha$ und $\Delta\,\delta$ pro Zeitsekunde. Wir betrachten die beiden Änderungen getrennt. Ist keine Deklinationsänderung vorhanden, so geht das Gestirn noch immer in der Richtung der täglichen Bewegung, kommt aber um die Größe $(t_2 - t_1)\,\Delta\,\alpha$ zu früh zur Austrittstelle. Wir haben also die Passage durch den Mittelmeridian gegeben durch

$$\frac{t_2 + t_1}{2} - \frac{1}{2}(t_2 - t_1)\,\Delta\,\alpha. \quad (10)$$

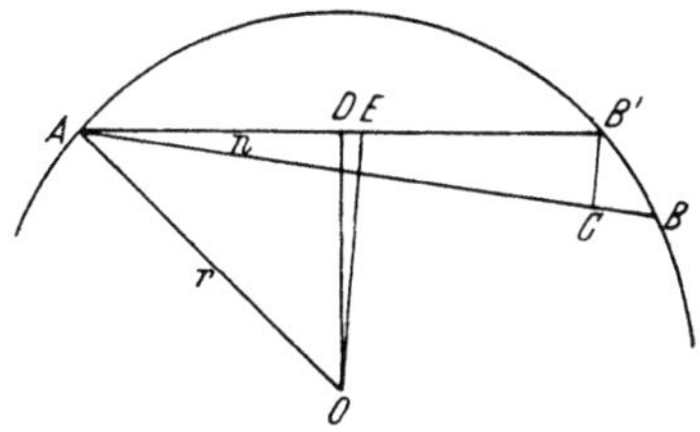

Abb. 82

Haben wir nur eine Änderung in Deklination, so geht der Stern schief durch das Gesichtsfeld. Die Änderung der Deklination ist dann $(t_2 - t_1)\,\Delta\,\delta$ und der Neigungswinkel n (Abb. 82)[1] gegeben durch

$$\sin n = \frac{B'\,C}{A\,B'} = \frac{(t_2 - t_1)\,\Delta\,\delta}{15\,(t_2 - t_1)\cos\delta} = \frac{\Delta\,\delta}{15\,\cos\,\delta},$$

$$\delta - D = \frac{O\,D}{\cos n} = \sqrt{r^2 - \left[\frac{15}{2}(t_2 - t_1)\cos\delta\right]^2}\,\frac{1}{\cos n}.$$

Da nun n von der Ordnung $\Delta\,\delta$ ist, so ist $\cos n = 1$ zu setzen und es bleibt

$$\delta - D = O\,D = \sqrt{r^2 - \left[\frac{15}{2}(t_2 - t_1)\cos\delta\right]^2},$$

d. h. der auf die gewöhnliche Weise aus der Sehne $A\,B'$ gerechnete Wert von $\delta - D$ ist schon der richtige. Es wird aber auch die Zeit der Meridianpassage geändert, und zwar noch um die Zeit, die das Gestirn braucht, um von D nach E zu kommen. Es ist aber

$$D\,E = O\,D \operatorname{tg} n = (\delta - D)\operatorname{tg} n = (\delta - D)\frac{\Delta\,\delta}{15\cos\,\delta}.$$

[1] Wenn die Deklination mit der Zeit wächst, so ist in Abb. 82 rechts und links zu vertauschen.

Die Sehne $A\,B'$ ist $15\,(t_2 - t_1)\cos\delta$, die dazu gebrauchte Zeit $t_2 - t_1$, die Geschwindigkeit also $15\cos\delta$. Die Korrektion also

$$(\delta - D) = \frac{\varDelta\,\delta}{15^2\cos^2\delta} \tag{11}$$

Die Zeit der Passage ist daher

$$\frac{t_1 + t_2}{2} + (\delta - D)\frac{\varDelta\,\delta}{15^2\cos^2\delta} + \frac{1}{2}(t_2 - t_1)\,\varDelta\,\alpha. \tag{12}$$

Um das Mikrometer verwenden zu können, muß man den Radius des Ringes in Bogensekunden kennen. Man bestimmt ihn am einfachsten aus den Passagen zweier Sterne mit bekannter Deklination. Es sind dann die Sehnen

$$\mu = \frac{15}{2}(t_2 - t_1)\cos\delta, \qquad \mu' = \frac{15}{2}(t_2' - t_1')\cos\delta'$$

bekannt. Es ist dann nach Gl. (3)

$$\mu + \mu' = r\,(\sin\varphi + \sin\varphi') = 2\,r\sin\frac{\varphi + \varphi'}{2}\cos\frac{\varphi - \varphi'}{2},$$

$$\mu - \mu' = r\,(\sin\varphi - \sin\varphi') = 2\,r\cos\frac{\varphi + \varphi'}{2}\sin\frac{\varphi - \varphi'}{2},$$

endlich

$$\delta' - \delta = r\,(\cos\varphi' - \cos\varphi) = -2\,r\sin\frac{\varphi' + \varphi}{2}\sin\frac{\varphi' - \varphi}{2},$$

daher

$$\frac{\mu + \mu'}{\delta' - \delta} = \operatorname{ctg}\frac{\varphi - \varphi'}{2}, \qquad \frac{\mu - \mu'}{\delta' - \delta} = \operatorname{ctg}\frac{\varphi + \varphi'}{2}$$

aus welchen Gl. φ und φ' bestimmt werden können. Dann ist

$$r = \frac{\delta' - \delta}{2\sin\frac{\varphi + \varphi'}{2}\sin\frac{\varphi - \varphi'}{2}},$$

Die Vorteile des Kreismikrometers bestehen in folgendem: Erstens bedarf es keiner Rektifizierung, zweitens kann es ebensogut an parallaktisch, wie an azimutal aufgestellten Instrumenten verwendet werden, drittens ist eine Beleuchtung des Gesichtsfeldes nicht nötig, da der Ring auch ohne Beleuchtung zu sehen ist. Man kann daher auch schwächere Sterne beobachten.

XXIV. Heliometer, Doppelbildmikrometer.

Eine ganz eigene Art von Mikrometer ist das sogenannte Heliometer, das seinen Namen davon hat, daß es ursprünglich zur Bestimmung des Sonnendurchmessers erfunden wurde. Die wesentlichste Einrichtung besteht darin, daß das Objektiv eines Fernrohres in der Mitte auseinandergeschnitten ist und die beiden Teile gegeneinander verschiebbar eingerichtet sind, derart, daß die Verschiebung an entsprechenden Skalen abgelesen werden kann. Liegen die beiden Hälften beisammen, wie bei einem ungeteilten Objektiv, so entsteht nur ein Bild des Gegenstandes. Sind aber die beiden Hälften auseinander geschoben (Abb. 83), so entwirft jede Hälfte für sich ein Bild. Man wird nun die beiden Bilder, die

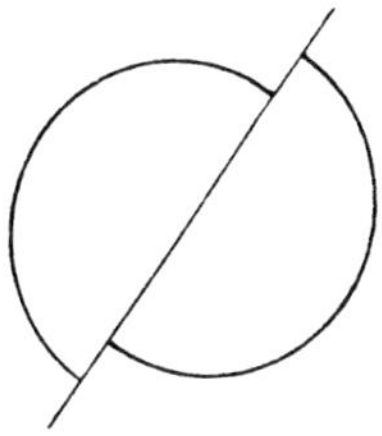

Abb. 83

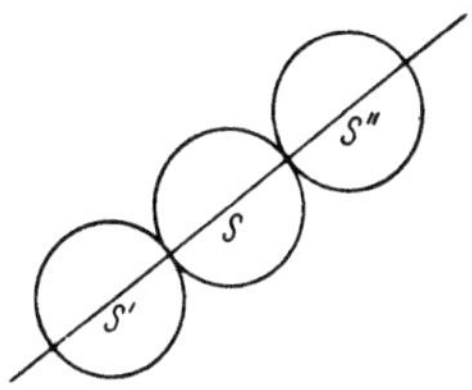

Abb. 84

z. B. von der Sonne entstehen, so weit verschieben, daß sie sich berühren. Schiebt man sie dann nach der anderen Seite wieder bis zur Berührung, wird man an der Skala eine Differenz ablesen, die dem doppelten Sonnendurchmesser entspricht (Abb. 84). Um die Richtung des gemessenen Durchmessers festzulegen, muß das Instrument mit einem Positionskreis versehen sein. Es kann dann auch zu Doppelsternmessungen, überhaupt zur Messung beliebiger, kleiner Distanzen verwendet werden.

Man hat ursprünglich nur die eine Hälfte des Objektives verschiebbar gemacht, mußte aber dann um die entstehende Unsymmetrie auszugleichen, das Okular verschiebbar machen. Bei neueren Instrumenten macht man beide Objektivhälften gleichzeitig verschiebbar und nicht mehr geradlinig, sondern auf zylindrischer Führung. Der Positionskreis, der ursprünglich unmittelbar bei dem zu drehenden Objektiv angebracht war, wurde zum Okular nach vorn verlegt. Das Instrument erhielt daher einen doppelten Mantel; der äußere ist wie gewöhnlich mit der Deklinationsachse und dem Deklinationskreise in Verbindung, der innere, der vorn das Objektiv und hinten den Positionskreis trägt, läßt sich unabhängig vom äußeren Mantel um seine Längsachse drehen. Dadurch wird das Instrument zu einem sehr komplizierten Gebilde. Der Hauptübelstand aber ist der, daß das Objektiv durch die Teilung eigentlich verdorben wird, da an der Schnittstelle Beugungserscheinungen entstehen. Man scheut sich also, ein gutes Objektiv in dieser Weise zu behandeln.

Darum ist man dazu übergegangen, statt das Objektiv zu teilen, eine ähnliche Vorrichtung am Okular anzubringen. *Amici* und *Airy* bringen in der Nähe des Okulars eine geteilte Linse an, während *Steinheil* zwei geneigte Spiegel einschaltet. Die Theorie dieser Instrumente ist ebenso wie die des Heliometers sehr kompliziert und sie sind daher nicht stark in Gebrauch gekommen. Vielmehr in Verwendung sind die Doppelbildmikrometer mit Prismen (*Maskelyne, Boscovich, Claussen*). Am besten bewähren sich aber Mikrometer, bei welchen die Doppelbrechung des Lichtes zur Verwendung kommt. Am gebräuchlichsten ist das Doppelbildmikrometer von *Wellmann*.

Das Grundprinzip ist folgendes: Es seien (Abb. 85) $A\,B\,C$ und $B\,C\,D$ zwei Prismen aus Bergkristall mit gleichem brechenden Winkel; in $A\,B\,C$ aber sei die optische Achse senkrecht $A\,B$, in $B\,C\,D$ aber senkrecht zur Zeichenfläche. Ein Lichtstrahl, der von E kommend, $A\,B$ senkrecht trifft, geht zunächst ungebrochen bis G, hier wird er aber in zwei Strahlen gespalten, der „ordentliche" geht ungebrochen weiter nach H, während der „außerordentliche" gebrochen wird und nach J geht. Dreht man diesen Glaskörper um die Linie $E\,J$, so geht J im Kreise um H herum. (*Rochon*sches Prisma.)

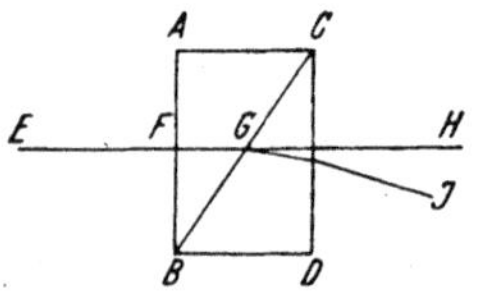

Abb. 85

Wenn man vor das Okular eines Fernrohres ein solches *Rochon*sches Prisma setzt, so sieht man das Fadenkreuz doppelt und wenn man das Prisma dreht, so bleibt das ordentliche Bild fest, das außerordentliche aber wandert im Kreise herum, wobei die Bilder der Fäden ihre Richtung behalten. In dem Augenblicke, als sich das ordentliche und das außerordentliche Bild des einen Fadens decken, sind die Bilder des anderen am weitesten voneinander getrennt und nähern sich dann wieder mit dem Sinus oder Kosinus des Drehungswinkels, so daß man also nach diesem Gesetz die Entfernung der Bilder berechnen kann.

Man stellt also zunächst die Situation her, bei welcher sich der eine Faden mit seinem Bilde deckt, während das Bild des zweiten Fadens die größte Entfernung von der Mittelstellung hat und dreht nun das ganze in die Richtung der täglichen Bewegung, womit man den Nullpunkt für die Drehung gewinnt. Bei der Messung eines Doppelsternes erhält man das Bild von Abb. 86a.

Nun dreht man zunächst das ganze Okular samt Fadenkreuz und Prisma in die Verbindungslinie der beiden Sterne (Abb. 86b) und liest am Positionskreis den Positionswinkel ab.

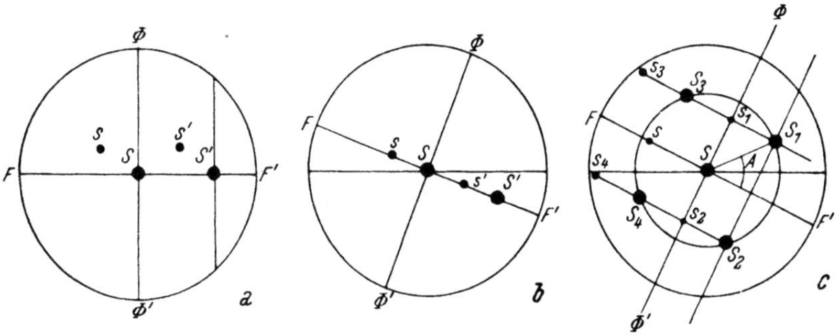

Abb. 86 a — c

Um nun auch die Distanz zu finden, dreht man nun das Prisma für sich, dabei bleibt S und s ungeändert, S' und s' wandern im Kreise herum, wobei nun auch der andere Faden doppelt erscheint. Wenn man dann auf eine Situation kommt, bei welcher s auf das Bild des zweiten Fadens kommt (Abb. 86c), so ergibt sich die Distanz

$$S\,s = \mu \cos A,$$

wenn A die dazu nötige Drehung des Prismas ist.

Es ist klar, daß es vier solche Stellungen gibt, die in Abb. 86c mit *1*, *2*, *3*, *4* bezeichnet sind. In den ersten beiden Fällen fallen s_1 und s_2 auf das Bild des Mittelfadens F, in den zweiten Fällen fallen S_3 und S_4 auf das des Mittelfadens Φ.[1]

[1] Eine sehr umfassende Besprechung aller in der Astronomie verwendeten Mikrometer findet sich in *Valentiner*, Handwörterbuch der Astronomie.

XXV. Der Spiegelsextant.

Der *Hadley*sche Spiegelsextant ist ein Instrument, das in freier Hand verwendet wird, also keiner festen Aufstellung bedarf. Es eignet sich daher besonders zu Beobachtungen auf hoher See zur Bestimmung des Winkels zwischen zwei Objekten und besonders zur Bestimmung der Höhe, indem der Winkel zwischen einem Gestirn und der Kimm gemessen wird. Das Prinzip dieses Instrumentes ist das folgende:

Senkrecht zur Ebene eines Kreises mit dem Mittelpunkte in S (Abb. 87) ist ein Spiegel aufgestellt; er ist drehbar und die Größe der Drehung kann mit einem an einer Alhidade befindlichen Nonius an der Teilung des Kreises abgelesen werden.

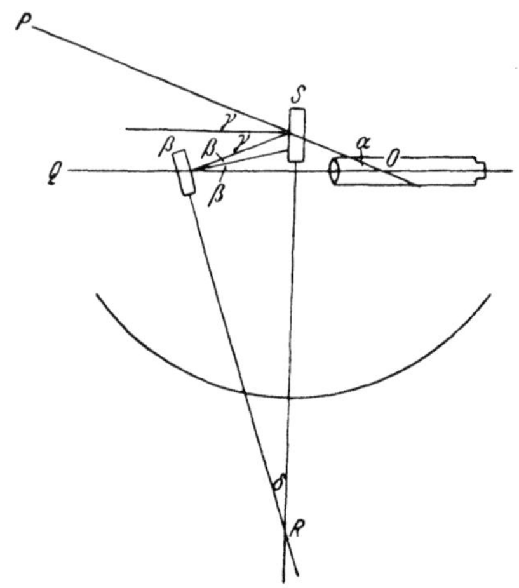

Abb. 87

Das von einem Objekt P kommende Licht wird im Spiegel S nach einem zweiten kleineren Spiegel reflektiert und fällt von hier auf das Objektiv eines kleinen Fernrohres. Der zweite Spiegel ist aber so klein, daß er nicht das ganze Objektiv des Fernrohres bedeckt, so daß man in dem Fernrohr über den kleinen Spiegel hinaus ein zweites Objekt Q erblickt. Im Gesichtsfeld des Fernrohres erscheinen dann gleichzeitig beide Objekte P und Q. Durch Drehung des Spiegels S läßt sich eine genaue Koinzidenz zwischen P und Q herstellen.

Die dabei auftretenden Winkelbeziehungen lassen sich leicht aufstellen: α sei der Winkel, den die Richtungen nach P und Q in O einschließen, β der Einfallswinkel beim kleinen Spiegel (s), γ beim großen Spiegel, δ endlich der Winkel in R. Daher:

im $\Delta\, O\, S\, s$: $\alpha + 2\beta + 180^0 - 2\gamma = 180^0$ oder $\alpha = 2\gamma - 2\beta$,

$\Delta\, S\, s\, R$: $90^0 + \beta + 90^0 - \gamma + \delta = 180^0$ $\delta = \gamma - \beta$,

somit

$$\alpha = 2\,\delta. \qquad (1)$$

Der Winkel zwischen den beiden Objekten ist also doppelt so groß, wie der Winkel zwischen den beiden Spiegeln. Man dreht nun zunächst die Alhidade so lang, bis das direkt gesehene Objekt mit seinem Spiegelbild zusammenfällt. Dann soll die Alhidade Null zeigen. Ist das nicht der Fall, so haben wir einen Indexfehler oder, wie man hier meist sagt: Kollimationsfehler, der von jeder Lesung in Abzug gebracht werden muß. Dann dreht man die Alhidade so lang, bis das direkt gesehene Objekt Q mit dem zweimal reflektierten P zusammenfällt, dann ist die um die Kollimationsfehler korrigierte Lesung $\alpha/2$. Zur Bequemlichkeit richtet man die Kreisteilung so ein, daß man gleich den doppelten Winkel abliest.

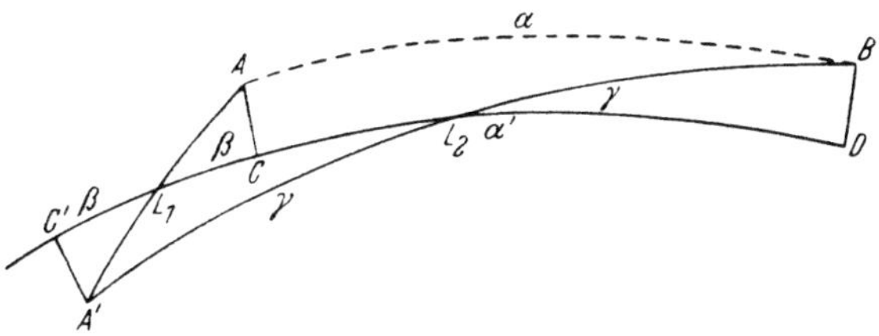

Abb. 88

Zur Prüfung der Instrumente überzeugt man sich zunächst, ob die Spiegel vollkommen planparallel sind, indem man sie einzeln aus der Fassung nimmt und verkehrt wieder einsetzt; ergibt sich jetzt ein Unterschied in den Messungen, so sind die Spiegelplatten nicht planparallel und müssen ausgetauscht werden. Auch die Blendgläser, die bei den hier häufigen Sonnenbeobachtungen oft gebraucht werden, müssen in der gleichen Weise geprüft werden.

Dann muß das Instrument noch folgende Bedingungen erfüllen:

1. Das Fernrohr muß parallel zum Kreise liegen;
2. der große Spiegel muß senkrecht auf dem Kreis stehen;
3. der kleine Spiegel muß senkrecht auf dem Kreis stehen.

1. Es sei (Abb. 88) $C' C D$ der Kreis. Das Fernrohr schaue nach einem Punkte A, der um i außerhalb des Kreises liege. Die Spiegel sollen richtig stehen; dann fallen ihre Lote L_1 und L_2 in den Kreis. Machen wir dem Reflexionsgesetz entsprechend

$$A L_1 = L_1 A' = \beta, \qquad A' L_2 = L_2 B = \gamma,$$

so kommen wir zum Punkte B, der gleichzeitig mit A im Fernrohr gesehen wird und es ist $A C = A' C' = B D = i$; $A B$ ist dann der richtige Winkel α, abgelesen aber wird an dem Kreise $C D = \alpha'$.

Wenn man die kleinen auf den Kreis senkrechten Bogen $A\,C$ und $B\,D$ verlängert, bis sie sich im Pole P des Kreises schneiden, so erhält man das sphärische Dreieck $A\;B\;P$ (Abb. 89). Es ist also

$$\cos a = \sin^2 i + \cos^2 i \cos a',$$
$$= i^2 + \left(1 - \frac{i^2}{2}\right)^2 \cos a' = i^2 + (1 - i^2) \cos a'$$

oder

$$\cos a - \cos a' = 2 \sin \frac{a + a'}{2} \sin \frac{a' - a}{2} = i^2 (1 - \cos a') = 2\, i^2 \sin^2 \frac{a'}{2},$$

$$\sin \frac{a' - a}{2} = \frac{i^2 \sin^2 \dfrac{a'}{2}}{\sin \dfrac{a + a'}{2}}.$$

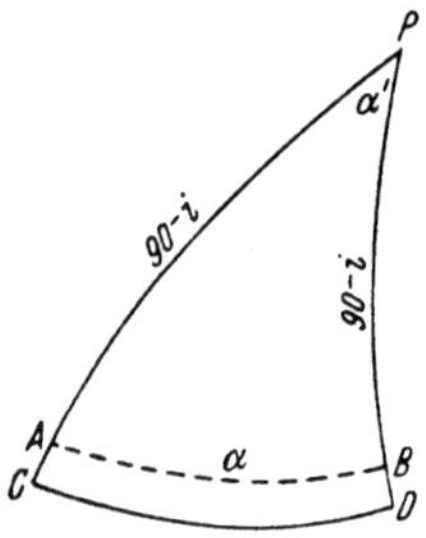

Abb. 89

a und a' sind also nur um Glieder von der Ordnung i^2 verschieden; wir können daher rechts a und a' vertauschen und $\sin \frac{a + a'}{2}$ durch $\sin a = 2 \sin \frac{a}{2} \cos \frac{a}{2}$ ersetzen, wir erhalten so:

$$a' - a = i^2 \operatorname{tg} \frac{a}{2}. \tag{2}$$

2. Der große Spiegel weiche um i von der Senkrechten ab. Dann fällt das Lot L_2 außerhalb des Kreises. Alles übrige sei

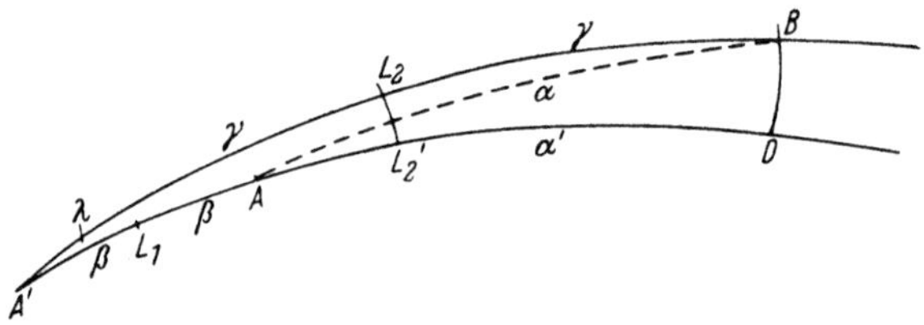

Abb. 90

richtig. Der Punkt A liegt auf dem Kreise, ebenso der Punkt A', der Punkt, der mit A' gleichzeitig im Fernrohr gesehen wird, fällt nach B (Abb. 90).

Nun ist in den rechtwinkligen Dreiecken $A'\,L_2\,L_2'$ und $A'\,B\,D$, da die Winkel bei L_2' und D gleich 90^0 sind:

$$\sin i = \sin \lambda \sin \gamma,$$
$$\sin B\,D = \sin \lambda \sin 2\,\gamma,$$

wenn der Winkel bei A' mit λ bezeichnet wird. Also

$$i = \lambda \sin \gamma$$

$$B\,D = \lambda \sin 2\gamma = \frac{i}{\sin \gamma} \sin 2\gamma = 2\,i \cos \gamma. \qquad (3)$$

Daher ist in dem rechtwinkligen Dreiecke $A\,B\,D$:

$$\cos a = \cos a' \cos B\,D = \cos a' \left(1 - \frac{1}{2}\overline{B\,D}^2\right) = \cos a' \,(1 - 2\,i^2 \cos^2 \gamma)$$

$$\cos a - \cos a' = 2 \sin \frac{a + a'}{2} \sin \frac{a' - a}{2} = -2\,i^2 \cos a' \cos^2 \gamma$$

und

$$a' - a = -2\,i^2 \operatorname{ctg} a \cos^2 \gamma. \qquad (4)$$

3. Ist endlich der kleine Spiegel gegen die Senkrechte um i geneigt, so ist nach Abb. 91 nun analog zu Gl. (3) $A'\,C' = 2\,i \cos \beta$

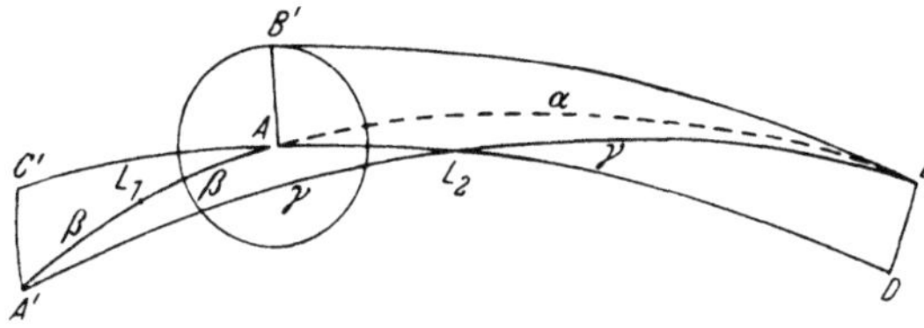

Abb. 91

und wegen $A'\,L_2 = L_2\,B$ auch $A'\,C' = B\,D$. Daher ist in dem rechtwinkligen Dreiecke $A\,B\,D$

$$\cos a = \cos a' \cos B\,D,$$

daher analog zu Gl. (4)

$$a' - a = -2\,i^2 \operatorname{ctg} a \cos^2 \beta. \qquad (5)$$

Man sieht, daß alle drei Korrektionen im Bezug auf i von der zweiten Ordnung sind, daß also i schon ziemlich groß sein kann, bis merkliche Fehler entstehen. Allzu leichtfertig darf man aber hier doch nicht sein, da die Fehler in der Spiegelstellung den Faktor $\operatorname{ctg} a$ haben, woraus zunächst folgt, daß für $a = 0$ die Fehler unendlich werden; $a = 0$ aber ist die Stellung für die Bestimmung des Kollimationsfehlers, woraus zu schließen wäre, daß diese Bestimmung illusorisch ist. Die Sache liegt aber anders. Wenn nämlich i von Null verschieden ist, so kann A mit seinem Spiegelbild überhaupt nicht zur Deckung gebracht werden; a kann also nicht gleich Null werden. In der Tat: wenn man in Abb. 91 die Alhidade dreht, bis der Punkt B nach B' kommt, so sind dieser Punkt und alle, die auf dem kleinen Kreis liegen, die nächsten, die noch mit A zur Deckung kommen können. Der Radius dieses

Kreises ist $A\,B' = B\,D = 2\,i \cos\beta$ und gleichzeitig der kleinste Wert von α oder tg α. Setzen wir das in Gl. (5) ein, so wird:

$$\alpha' - \alpha = -i\cos\beta.$$

Der Fehler wird also nicht unendlich, bleibt aber doch von der ersten Ordnung in i. Es folgt also daraus, daß man sich doch Mühe geben muß, i möglichst klein zu halten.

Der Vorgang bei der Rektifikation des Instrumentes ist nun der folgende: Die Neigung des großen Spiegels stellt man dadurch fest, daß man über den Kreis visierend die Fortsetzung desselben im Spiegelbild betrachtet. Eine dabei sich zeigende scheinbare Knickung des Kreises wird durch die Stellschrauben des Spiegels beseitigt. Dann stellt man das Fernrohr parallel zum Kreise, dadurch, daß man ein Objekt über den Kreis anvisiert und dann das Fernrohr so stellt, daß das Objekt auch im Gesichtsfeld erscheint. Endlich orientiert man den kleinen Spiegel so, daß es möglich wird, ein Objekt mit seinem Spiegelbild zur Deckung zu bringen. Diese Korrektion ist nach dem oben Gesagten die wichtigste. Man muß trachten, die Deckung der Bilder möglichst in der Mitte des Gesichtsfeldes herbeizuführen, denn eine schiefe Visur wirkt wie eine Neigung des Fernrohres.

Wenn das Instrument zu Höhenmessungen auf hoher See verwendet wird, so bringt man das Gestirn, bei der Sonne den oberen oder unteren Rand, mit der Kimm (S. 16) zur Deckung, die sich als eine scharfe Linie darstellt. Verwendet man das Instrument auf dem festen Lande, so braucht man einen künstlichen Horizont, entweder eine Schale mit Quecksilber oder eine Glasplatte, die aber dann mit großer Sorgfalt horizontal gestellt werden muß.

Man kann das Instrument auch zur Messung beliebiger, auch schiefer Winkel verwenden, z. B. bei der Längenbestimmung aus Monddistanzen, doch erfordert diese eine große Übung im Gebrauch des Instrumentes und unter Umständen die Mitarbeit von Hilfskräften.

Ein großer Fehler erwächst beim Spiegelsextanten aus der Exzentrizität. Da nämlich von dem Kreise nur ein Stück vorhanden ist, meist eben nur ein Sextant, ist es nicht möglich, den Kreis an zwei gegenüberliegenden Stellen abzulesen. Man hat daher auch Instrumente mit Vollkreisen und Ablesung an diametralen Stellen gebaut. Da bei diesen die Spiegel meist durch totalreflektierende Prismen ersetzt sind, so heißt ein solches Instrument ein Prismenkreis.

XXVI. Das Prismenastrolabium.

Ein Instrument, das ebenfalls auf einer Spiegelwirkung beruht und speziell für jene Methoden bestimmt ist, bei welcher ein oder mehrere Gestirne in einer bestimmten Höhe beobachtet werden, ist das Prismenastrolabium von *A. Cloude* und *L. Driencourt.*[1] Es beruht auf dem folgenden Prinzip: Vor dem Objektiv eines horizontal liegenden Fernrohres ist ein Prisma, dessen Querschnitt ein gleichseitiges Dreieck ist, derart angebracht, daß die dem Fernrohr zugewendete Fläche senkrecht auf der optischen Achse steht. Von der Erfüllung dieser Bedingung kann man sich durch Autokollimation überzeugen; d. h. man kann mit Hilfe der Spiegelung an dieser Fläche das gespiegelte Fadennetz des Fernrohres sehen. Bei richtiger Stellung muß das Fadennetz mit seinem Bilde zusammenfallen. Vor dem Prisma befindet sich ein Quecksilberhorizont (Abb. 92). Das Licht des Sternes kommt nun auf zwei Wegen, wie in Abb. 92 angedeutet, ins Fernrohr. Solange der Stern S eine andere Höhe hat als 60^0, sieht man im Fernrohr zwei Bilder desselben, die sich aufeinander zubewegen und genau in dem Augenblick als die Höhe des Sternes 60^0 wird, zusammenfallen, ein Moment, der sich mit großer Genauigkeit beobachten läßt.

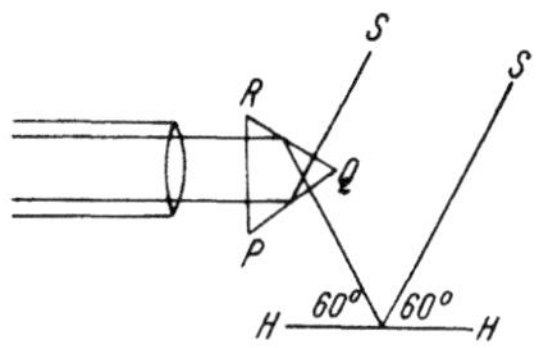

Abb. 92

Der Vorteil des Instrumentes besteht darin, daß die dem Fernrohr zugewendete Ebene des Prismas nicht genau vertikal stehen muß. Um das zu beweisen, folgen wir den beiden Lichtstrahlen auf ihrem Wege durch das gleichseitige Dreieck (Abb. 93). Das Fernrohr hat die Neigung i, stehe aber noch immer senkrecht auf $R\,P$. Der in A auf dem Quecksilberhorizont unter $\alpha = 60^0$ auffallende Lichtstrahl

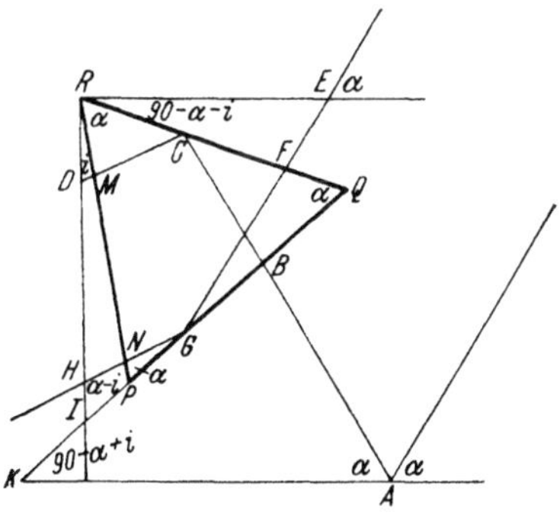

Abb. 93

[1] *Cloude A.* und *Driencourt L.:* Description et usage de l'Astrolabe de Prisme, Paris 1910.

trifft in B auf das Prisma. Der Winkel PBA wird dann $180^0 - (90^0 - a + i) - a = 90^0 - i$; in B wird der Strahl gebrochen (in der Figur nicht angedeutet) und ändert seine Richtung um δ. Dann ist der Winkel $CBQ = 90^0 - i + \delta$. Daher Winkel $DCR = BCQ = 180^0 - a - (90^0 - i + \delta) = 90^0 + i - a - \delta$, endlich der Winkel

$$RMC = 180^0 - a - (90^0 + i - a - \delta) = 90^0 - i + \delta.$$

Der Strahl, der in E die Horizontale RE unter dem Winkel $a = 60^0$ trifft, fällt in F unter dem Winkel $RFE = 180^0 - (90^0 - a - i) - a = 90^0 + i$ ein. Daher ist $EFQ = 90^0 - i$. Es ist daher der Einfallswinkel derselbe, wie in B, daher auch die gleiche Brechung. Es ist also nun $RFG = 90^0 - i + \delta$ und $GFQ = 90^0 + i - \delta$; daher weiter $HGP = FGQ = 180^0 - a - (90^0 + i - \delta) = 90^0 - a - i + \delta$, endlich $JHG = 180^0 - a - (90^0 - a - i + \delta) = 90^0 + i - \delta$ und $RNG = 90^0 - i + \delta$. Es ist also $RMC = RNG$. Die beiden austretenden Strahlen sind also parallel ohne Rücksicht auf i. Das Fernrohr muß also nicht horizontal stehen und die Justierung des Instrumentes ist sehr einfach; da ferner weder Kreise noch Mikroskope abgelesen werden müssen, so ist auch die Beobachtung sehr bequem.

XXVII. Das Universale.

Das Universale ist ein Instrument, welches die auf den Horizont bezogenen Koordinaten, Höhe (oder Zenitdistanz) und Azimut zu messen gestattet. Es besteht aus einem Fernrohr, welches um eine horizontale Achse drehbar ist. Die Drehung wird an einem vertikalen Kreise K_1 abgelesen (Abb. 94). Die Achse liegt auf einem T-förmigen Träger, der selbst um eine vertikale Achse gedreht werden kann. Ein horizontaler Kreis K_2 gestattet die Ablesung der Winkel.

Das Instrument muß so aufgestellt sein, daß die vertikale Achse wirklich vertikal, die Horizontalachse wirklich horizontal steht. Das ist nun nur möglich, wenn die beiden Achsen aufeinander senkrecht stehen. Bei kleineren Instrumenten wird man sich darauf von vornherein verlassen können, bei größeren und feineren Instrumenten läßt sich die Senkrechtstellung durch Korrektionsschrauben erreichen. Man stellt zu diesem Zwecke die horizontale Achse in die Richtung einer der drei Fußschrauben und stellt die Achse mit Hilfe dieser Fußschraube und des Niveaus horizontal. Ist nun die Vertikalachse nicht senkrecht, so entsteht eine Situation, wie in Abb. 95, wo $A\,B$ die horizontalgestellte Achse, $O'\,O$ aber die noch unkorrigierte Vertikalachse ist. Dreht man nun das Instrument um $O\,O'$ um 180^0, so kommt die Horizontalachse in die Situation $A'\,B'$. Das Niveau wird einen Ausschlag zeigen, der sich zusammensetzt aus dem Fehler der Stellung der Vertikalachse und der Abweichung des Winkels $O\,O'\,A$ von einem Rechten.

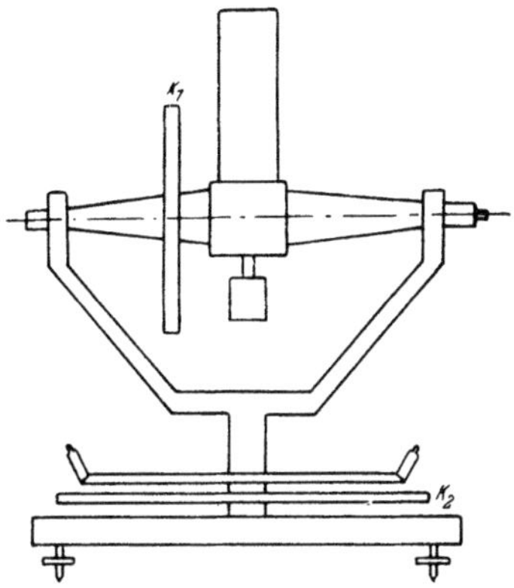

Abb. 94

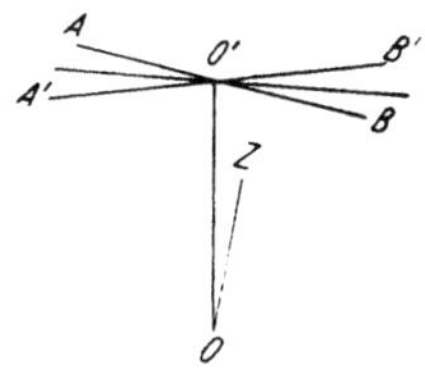

Abb. 95

Man korrigiert nun die Hälfte des Ausschlages mit der Fußschraube, die andere Hälfte mit den Korrektionsschrauben für den Winkel $O\,O'\,A$. Damit ist jetzt $A'\,B'$ horizontal geworden. Nun dreht man wieder um 180^0 zurück und wiederholt das Verfahren bis das Niveau beim Umdrehen keinen Ausschlag mehr zeigt. Dann ist der Winkel $O\,O'\,A$ gleich 90^0 geworden.

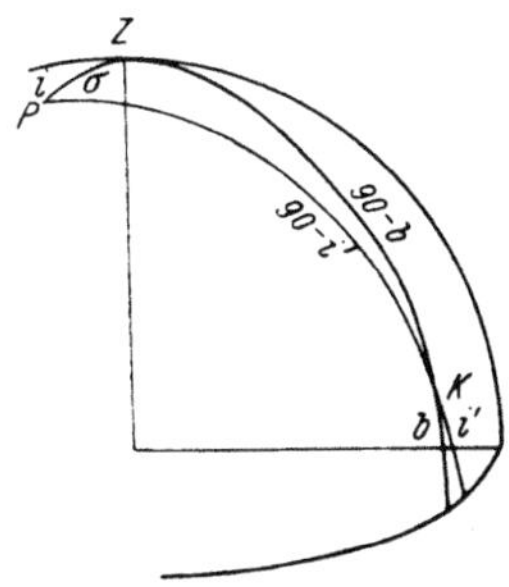

Abb. 96

Es sei in Abb. 96 Z das Zenit, P der Punkt, auf welchen die Vertikalachse des Instrumentes hinweist; der Bogen $P\,Z$ sei i. K sei das Ende der Horizontalachse, und zwar jenes Ende, an welchem der Kreis sitzt, wodurch es von dem anderen unterschieden werden kann. Es wird als Kreisende bezeichnet. Ist der Winkel $P\,K$ nicht 90^0, sondern $90^0 - i'$, so fällt der Punkt K weder in die

Ebene des Horizontalkreises, noch in den Horizont, seine Höhe über diesem sei b.

Ist nun a_0 das Azimut von PZ, a das von ZK, der Winkel bei P aber gleich σ, so gelten in dem Dreiecke PZK die folgenden Beziehungen:

$$\begin{aligned} \cos b \cos (a - a_0) &= \sin i' \sin i - \cos i' \cos i \cos \sigma, \\ \cos b \sin (a - a_0) &= \cos i' \sin \sigma, \\ \sin b &= \sin i' \cos i + \cos i' \sin i \cos \sigma \end{aligned}$$

oder wegen der Kleinheit der Winkel

$$\cos (a - a_0) = - \cos \sigma,$$
$$b = i' + i \cos \sigma = i' - i \cos (a - a_0), \qquad (1)$$

wenn man also in drei Azimuten a_1, a_2 und a_3 nivelliert und so drei Werte von b bestimmt, so kann man die drei Konstanten i, i' und a_0 bestimmen und dann nach Gl. (1) die Größe b für jedes Azimut berechnen. Wenn man nun i' auf die oben geschilderte Methode wegkorrigiert hat, so wird i immer klein sein, wenn b klein ist. Das letztere erreicht man dadurch, daß man die Horizontalachse in die Richtung der einen Stellschraube stellt und mittelst des Niveaus b für dieses Azimut klein macht, dann dreht man in die Richtung der beiden anderen Stellschrauben; den Ausschlag, den jetzt das Niveau zeigt, läßt man durch Drehen an diesen beiden Schrauben verschwinden. Diese müssen gegeneinander gedreht werden. Das Instrument kippt dabei um die Mittellinie und das Verhältnis in der darauf senkrechten Richtung wird wenig gestört. Dann dreht man wieder in die erste Richtung zurück und setzt das Verfahren so lange fort, bis man das Instrument durch alle Azimute drehen kann, ohne daß das Niveau zu stark ausschlägt.

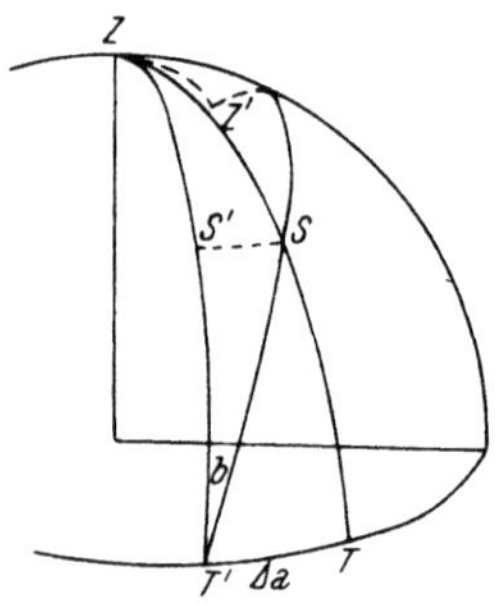

Abb. 97

Der Einfluß, den das bleibende b auf die Azimutlesung hat, ergibt sich folgendermaßen: Es sei (Abb. 97) Z das Zenit. Wäre nun $b = 0$, so würde sich das Instrument längs eines Höhenkreises bewegen und ist S der beobachtete Stern, so würde das zugehörige Azimut bei T abgelesen werden. Ist aber b von Null verschieden und das Zenit des Instrumentes in Z', so bewegt es sich nun nicht mehr im Kreise $Z\,T$, sondern $Z'\,T'$ und wir lesen das Azimut bei T' ab, das ohne b eigentlich einer Stellung des Sternes in S' entspräche. Ziehen wir den Bogen $S\,S'$ in der Zenitdistanz z, so ist in dem Dreiecke $Z\,S\,S'$

$$\cos S\,S' = \cos^2 z + \sin^2 z \cos \varDelta\, a,$$

wo $\varDelta\, a$ die Änderung des Azimutes vorstellt. Oder,

$$S\,S' = \sin z\, \varDelta\, a.$$

Ebenso erhalten wir aus dem Dreiecke $S\,S'\,T$

$$\cos S\,S' = \sin^2 z + \cos^2 z \cos b$$

oder

$$S\,S' = b \cos z,$$

somit

$$\sin z\, \varDelta\, a = b \cos z,$$

$$\varDelta\, a = b \operatorname{ctg} z. \tag{2}$$

Wenn also bei Kreis rechts (wie in unserer Abb. 96, wo der Beobachter hinter der Zeichenfläche zu denken ist) b positiv ist, so wird das abgelesene Azimut zu groß und die Korrektion negativ. Da es dabei nur auf das b ankommt, das sich mit dem Niveau direkt messen läßt, so brauchen wir weder i noch i', noch a_0 zu kennen.

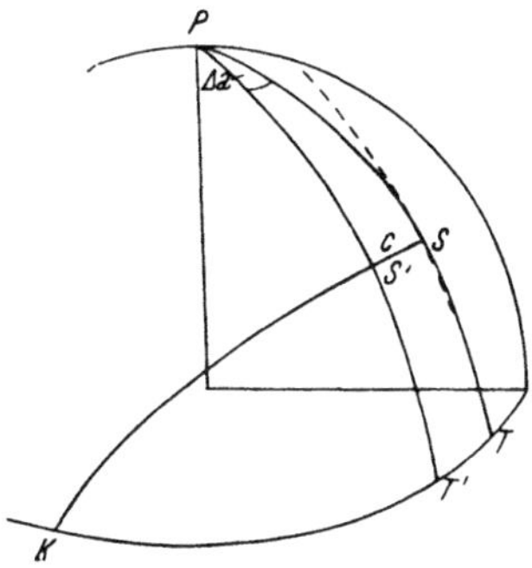

Abb. 98

Eine wichtige Größe ist auch der Kollimationsfehler c, der darin besteht, daß die optische Achse des Instrumentes nicht durch den Mittelfaden geht. Wäre (Abb. 98) $c = 0$, so würde sich das Instrument wieder im Höhenkreise bewegen und der Stern wäre in S zu beobachten. Ist aber eine Kollimation vorhanden, so erfolgt die Lesung so, als ob der Stern schon in S' gewesen wäre, wo $S\,S' = c$ ist.

Es ist wieder

$$\cos S\,S' = \cos^2 z + \sin^2 z \cos \varDelta\, a$$

oder

$$c = \sin z\, \varDelta\, a,$$

$$\varDelta\, a = c \operatorname{cosec} z. \tag{3}$$

Rechnen wir c positiv, wenn $KS' > 90^0$ ist, so wird unsere Lesung zu groß, die Korrektion also negativ.

Ist also b positiv, wenn K bei Kreis rechts oberhalb des Kreises liegt, c positiv, wenn $KS > 90^0$ ist und ist $\varDelta a$ der Indexfehler, so ist das Azimut des beobachteten Sternes

$$\text{bei } KR\colon\ a = a' + \varDelta a - c \operatorname{cosec} z - b \operatorname{ctg} z. \qquad (4)$$

Schlägt man das Instrument durch, indem man es zunächst um 180^0 dreht und dann das Fernrohr wieder zum Stern wendet, so wird

$$KL \quad a = a' + \varDelta a + c \operatorname{cosec} z + b' \operatorname{ctg} z - 180^0. \qquad (4')$$

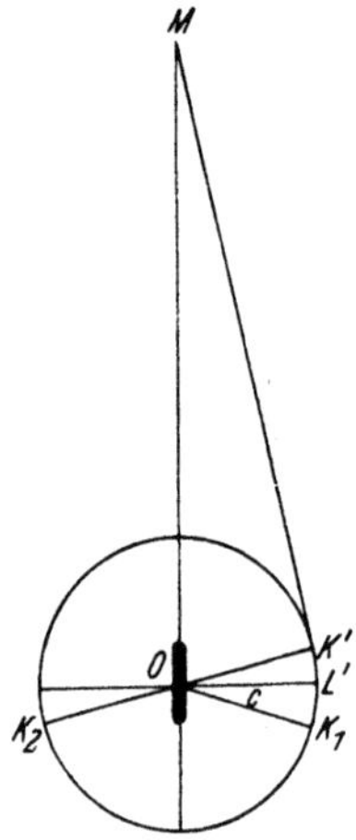

Abb. 99

Daraus ergibt sich, wenn sich das Azimut nicht geändert hat, wenn man also ein terrestrisches Objekt verwendet hat

$$c \operatorname{cosec} z = \frac{a - a'}{2} + 90^0 - \frac{b + b'}{2} \operatorname{ctg} z. \qquad (5)$$

Man kann das Instrument auch umlegen, d. h. aus dem Lager heben, wozu eine besondere Vorrichtung vorhanden ist und das rechte Ende der Achse auf das linke Lager legen. Dann ändert nur der Kollimationsfehler das Zeichen, die Neigung aber nicht; dann ist

$$\begin{aligned} KR \quad a &= a' + \varDelta a - c \operatorname{cosec} z - b \operatorname{ctg} z, \\ KL \quad a &= a' + \varDelta a + c \operatorname{cosec} z - b \operatorname{ctg} z. \end{aligned} \qquad (6)$$

Es ist nun

$$c \operatorname{cosec} z = \frac{a - a'}{2} \qquad (7)$$

Der Indexfehler kann nur durch Vergleich mit Himmelsbeobachtungen bestimmt werden.

Als terrestrisches Objekt kann jeder der Form nach geeignete Gegenstand verwendet werden. Wenn aber, wie bei vielen Instrumenten, das Fernrohr nicht in der Mitte der Achse sitzt und der Gegenstand nicht sehr weit entfernt ist, so muß die Distanz berücksichtigt werden. Es sei (Abb. 99) zunächst O der Mittelpunkt des Kreises und auch des Instrumentes. Ist dann c die Kollimation, so steht bei KR die Achse in der Richtung OK_1, bei KL in der Richtung OK_2, wenn das Instrument nach dem Objekt M gerichtet ist.

Steht aber das Instrument in K_1, mit der gleichen Kollimation, so müssen wir es so lange drehen, bis es nach M gerichtet ist, das ist um den Winkel $K_1 O K_1'$. Dieser setzt sich zusammen aus c und dem Winkel $L O K_1 = O M K_1'$. Ist ϱ der Radius des Kreises und D die Entfernung des Objektes, so ist

$$O M K_1 = \frac{\varrho}{D}.$$

Die gesamte Drehung ist also $c + \varrho/D$. In der zweiten Kreislage erhalten wir denselben Betrag. So daß wir haben

$$\begin{aligned} KR \quad a &= a' + \Delta a - \left(c + \frac{\varrho}{D}\right) \operatorname{cosec} z - b \operatorname{ctg} z, \\ KL \quad a &= a' + \Delta a + \left(c + \frac{\varrho}{D}\right) \operatorname{cosec} z + b \operatorname{ctg} z - 180^0. \end{aligned} \tag{8}$$

Die gefundene Kollimation ist also um ϱ/D zu korrigieren. Nimmt man kein terrestrisches Objekt, so ist die Entfernung unendlich und das Glied fällt weg. Dafür tritt eine Schwierigkeit dadurch ein, daß das himmlische Objekt sich bewegt und daher in der zweiten Kreislage ein anderes Azimut und auch eine andere Zenitdistanz hat.

Instrumente, bei welchen das Fernrohr in der Mitte (zentrisch) angebracht ist, werden meist so konstruiert, daß der Lichtweg im Innern durch Reflexion an einem totalreflektierenden Prisma geknickt wird und die Beobachtung von dem einen Ende der Achse her erfolgt. Durch das andere Ende wird dann die Fadenbeleuchtung geleitet. Für diesen Zweck wird ein kleiner Teil des Prismas durch Aufsetzen eines kleinen Prismas planparallel gemacht. Bei geraden Instrumenten wird in den Strahlengang ein Spiegel in der Form eines elliptischen Ringes eingesetzt.

Das Universale hat zur Bestimmung der Höhen oder Zenitdistanzen einen Vertikalkreis (Abb. 94). Wenn nun i und i' und a_0 bekannt sind, könnte man nach der Formel (1) die Neigung der Nullinie des Kreises bestimmen und zum Ausgangspunkt für die Höhenzählung machen. Man müßte aber dann unaufhörlich Kontrollbestimmungen über die Konstanz der drei Größen machen. Man hat statt dessen das folgende einfache Hilfsmittel eingeführt: Man bringt neben dem Höhenkreis ein eigenes Niveau an, das mit dem Indexträger fest verbunden ist, aber eine Korrektionsschraube besitzt, mit der man das Niveau einspielen lassen kann, so daß man den Index immer wieder in die gleiche Situation bringen kann. Die Wirkungsweise dieser Einrichtung ist die folgende: Es sei (Abb. 100) $A\,B$ die richtiggestellte Vertikalachse, die also nach Z weist, J der Index, an dem die Zenitdistanzen abgelesen werden, O der Nullpunkt der Teilung. Ist nun das Fernrohr nach S gerichtet, so ist $Z\,A\,S = O\,A\,J = z$ die richtige Zenitdistanz. Ändert sich nun die Lage der Achse $A\,B$ nach $A\,B'$, so weist das Fernrohr nicht mehr nach dem Stern, sondern nach S' und J und O sind nach J' und O' gegangen, ohne daß sich die Lesung geändert hat. Das Niveau, das ursprünglich in $J\,L$ gestanden, steht jetzt in $J'\,L'$ und spielt nicht mehr ein;

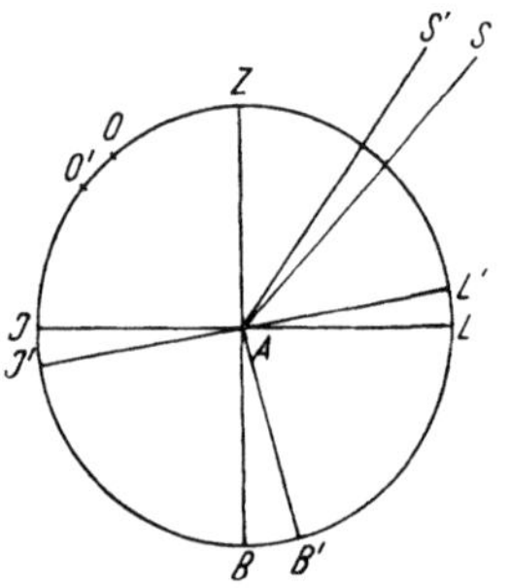

Abb. 100

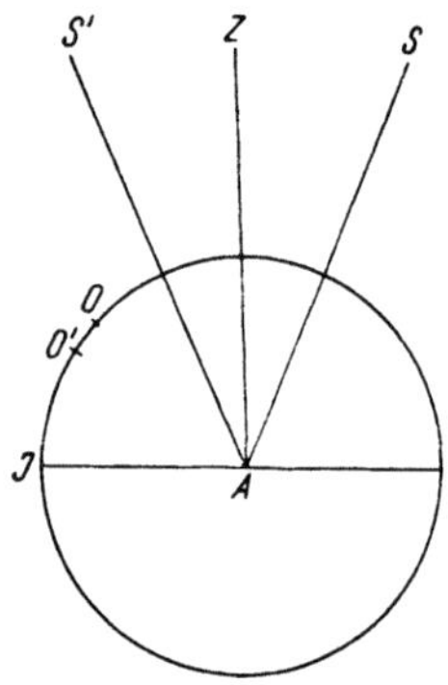

Abb. 101

aus dem Ausschlag könnte man den Winkel $J\,A\,J'$ bestimmen. Drehen wir nun das Fernrohr so, daß der Stern wieder ins Gesichtsfeld kommt, so geht O' wieder nach O zurück und die Lesung bei J' ist um $J\,A\,J'$ größer geworden. Man könnte so also durch Korrektur um diesen Winkel die Lesung richtig stellen. Noch einfacher aber ist es, mit Hilfe der Schraube das Niveau wieder einspielen zu lassen. Dadurch geht J' wieder auf J zurück und es stellt sich die erste Lesung wieder her. Durch dieses Höhenniveau wird man also von der übrigen Orientierung des Instrumentes ganz unabhängig.

Um nun auch den Indexfehler zu bestimmen, gehen wir so vor: Es sei (Abb. 101) $A\,Z$ die Zenitlinie, $A\,S$ die Richtung nach einem Stern. Ist L_1 die Lesung am Index J und Δz der Indexfehler, so ist die richtige Zenitdistanz

$$z = L_1 + \Delta z,$$

wobei wir annehmen, daß ein kleiner Ausschlag des Höhenniveaus schon eingerechnet ist. Wenn O' der Nullpunkt des Kreises ist, so wäre O die Stelle, wo der Nullpunkt ohne Indexfehler stehen sollte. Wir drehen nun das Instrument um 180^0 und wenn wir es wieder von dem gleichen Achsenende ansehen, also jetzt von hinten, so haben wir die gleiche Figur wie früher, nur liegt die Linie $A\,S$ nun links von $A Z$, und wenn wir das Niveau wieder einspielen lassen, zeigt $A\,S$ wieder genau in die Zenitdistanz $z = L_1 + \Delta z$. Drehen wir jetzt $A\,S'$ nach $A\,S$ zurück, so müssen wir genau um $2\,z$ drehen, um wieder das Objekt ins Gesichtsfeld zu bekommen. Dabei ändert sich auch die Lesung um $2\,z$. Es ist also

$$L_1 = z - \Delta z,$$
$$L_2 = 360^0 - z - \Delta z.$$

Daraus folgt

$$z = \frac{L_1 - L_2}{2} - 180^0, \quad \Delta z = 180^0 - \frac{L_1 + L_2}{2}. \qquad (9)$$

Ein Universale von größeren Dimensionen und sehr stabiler Aufstellung wird auch als Alt-Azimut bezeichnet. Ist ein solches speziell für die Bestimmung von Zenitdistanzen bestimmt und hat daher nur einen einfach geteilten Horizontalkreis, so spricht man von einem Zenitteleskop.

XXVIII. Meridiankreis- und Passageninstrument.

Ein Meridiankreis ist ein Instrument, welches nur um eine in der Ost-Westrichtung liegende horizontale Achse drehbar ist und dessen Aufgabe darin besteht, für die Durchgänge der Sterne durch den Meridian nach Zeit und Höhe festzustellen. Da für den Augenblick der Meridianpassage $t = \alpha$ ist, so ergibt sich daraus bei bekanntem α die Zeit, bei bekannter Zeit die Rektaszension. Zur Bestimmung der Deklination ist das Instrument mit einem möglichst fein geteilten Kreis mit Ablesung an vier oder mehr Mikroskopen und mit einem Höhenniveau, wie das Universale, versehen. Da das Prinzip der Aufstellung viel einfacher ist, so können solche Instrumente viel stabiler und größer gebaut werden, als ein Universale. So wurden solche Instrumente mit Fernrohren von sechs bis acht Zoll Objektivdurchmesser und Kreisen bis zu 1 m Durchmesser ausgestattet. Daher ist ein

Meridiankreis auch das Fundamentalinstrument aller Sternwarten, die sich mit Positionsmessungen befassen (Abb. 102).

Die Formel für die Zeitbestimmung läßt sich leicht aus der Azimutformel für das Universale ableiten. Wir hatten

$$a = L + \Delta a \mp c \operatorname{cosec} z \mp b \operatorname{ctg} z.$$

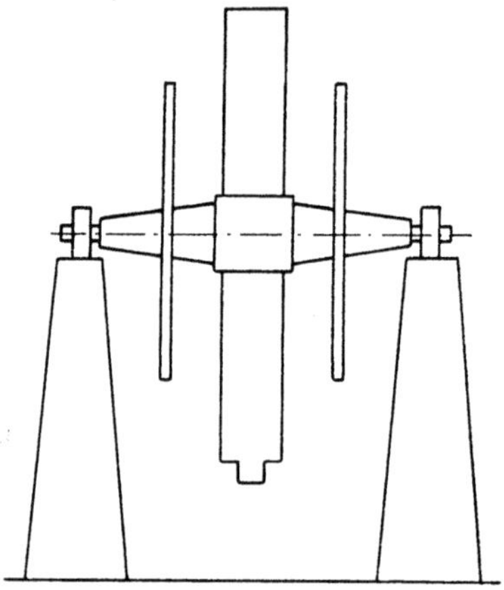

Abb. 102

Hier ist L die Lesung am Azimutkreis, Δa der Indexfehler; $L + \Delta a$ ist also, abgesehen von den kleinen Korrektionen das wahre Azimut des beobachteten Sternes, in der Nähe des Meridians, also eine kleine Größe a. Um nun den Einfluß auf die Zeit zu berechnen, wenden wir den Sinussatz auf das sphärische Dreieck PZS an (Abb. 103) in welchem wir den $\sphericalangle$ 2 PS mit ds bezeichnen

$$\sin ds : \sin (180^0 - a) = \sin z : \cos \delta$$

oder

$$a = \frac{\cos \delta}{\sin z} ds.$$

Somit

$$ds \frac{\cos \delta}{\sin z} = a \mp c \operatorname{cosec} z \mp b \operatorname{ctg} z$$

oder

$$ds = a \frac{\sin z}{\cos \delta} \mp \frac{c}{\cos \delta} \mp b \frac{\cos z}{\cos \delta}. \tag{1}$$

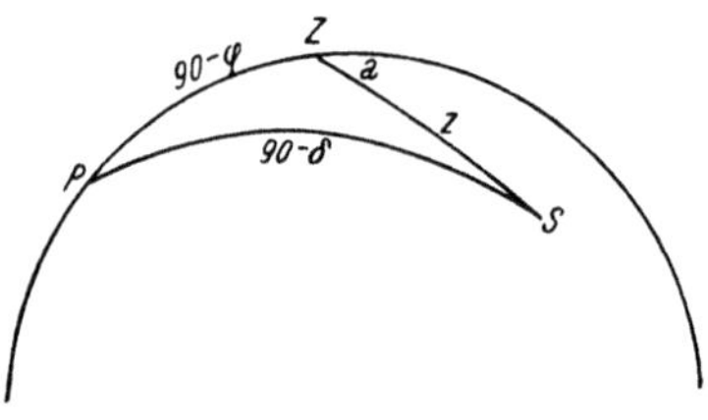

Abb. 103

Wenn die Uhr richtig ist, so muß

$$s = t - a$$

sein; wenn aber die Uhr nicht richtig ist, so können wir setzen: $t = u + x$, wo u die Angabe der Uhr und x der Uhrstand ist. Daher

$$u + x - a = \frac{a \sin z}{\cos \delta} \mp \frac{c}{\cos \delta} \mp \frac{b \cos z}{\cos \delta} \quad \begin{matrix} K\,R \\ K\,L \end{matrix} \tag{2}$$

Wir lassen jetzt die Bezeichnung Kreis rechts und Kreis links auf und ersetzen sie durch die bei einem Meridianinstrument vollkommen eindeutigen Bezeichnungen Kreis-West und Kreis-Ost. Ferner machen wir bezüglich des Vorzeichens der Größen a, c

und b die Festsetzung, daß sie positiv sein sollen, wenn die Zeit zu klein ausfällt, also vergrößert werden muß. Es ist also für einen Stern südlich des Zenites a positiv, wenn das Instrument nach Südosten aus dem Meridian verdreht ist, b, wofür wir von nun an einfach i schreiben, wenn das Westende höher ist, c, wenn der Mittelfaden bei $K\,W$ östlich vom Meridian steht, somit für

$$\delta < \varphi \quad \alpha = u + x + a\,\frac{\sin(\varphi - \delta)}{\cos\delta} + \frac{i\cos(\varphi - \delta)}{\cos\delta} \pm \frac{c}{\cos\delta} \quad \begin{matrix} K\,W \\ K\,E \end{matrix} \tag{3}$$

für $\delta > \varphi$ kehrt sich das Vorzeichen des Azimutkoeffizienten um (Abb. 105), da der Stern nun erst nach der Meridianpassage den

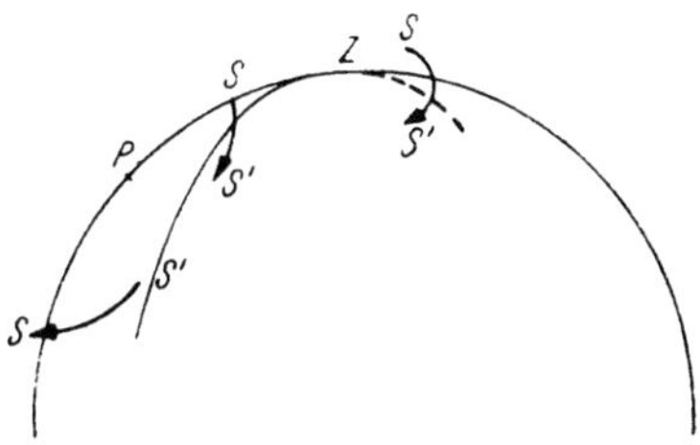

Abb. 104

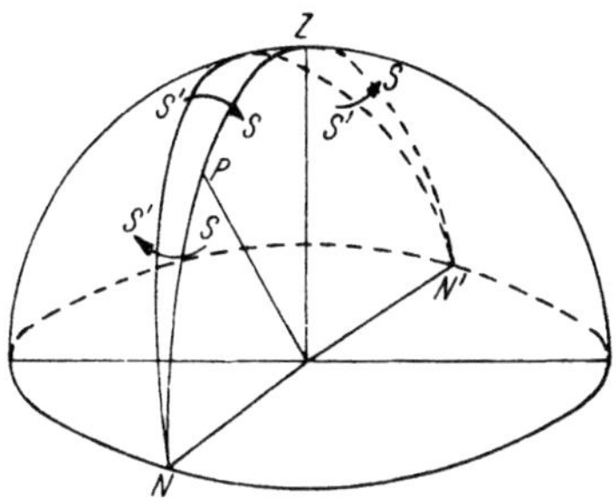

Abb. 105

Meridian des Instrumentes erreicht; in der unteren Kulmination wird die Korrektion wieder wie südlich des Zenites, weil hier der Stern in der anderen Richtung geht, und hat den Wert $a\,\frac{\sin(180^0 - \varphi - \delta)}{\cos\delta} = a\,\frac{\sin(\varphi + \delta)}{\cos\delta}$. Der Neigungskoeffizient behält für $\delta > \varphi$ sein Zeichen, kehrt es aber in der unteren Kulmination um (Abb. 104). Den Wert des Koeffizienten erhält man aus den sphärischen Dreiecken $S\,S'\,N$ oder $S\,S'\,N'$.

Es ist für

obere Kulmination $\delta < \varphi$ und $90^0 - z = 90^0 - (\delta - \varphi)$,

$\delta > \varphi$ $\quad 90^0 - z = 90^0 - (\varphi - \delta)$,

untere Kulmination $\quad 90^0 - z = 90^0 - (180^0 - \varphi - \delta)$,

$= \varphi + \delta - 90^0$.

Somit 1. $\cos S\,S' = \sin^2(\delta - \varphi) + \cos^2(\delta - \varphi)\cos i$,

2. $\cos S\,S' = \sin^2(\varphi - \delta) + \cos^2(\varphi - \delta)\cos i$,

3. $\cos S\,S' = \sin^2(\varphi + \delta) + \cos^2(\varphi + \delta)\cos i$

oder

$$S S' = i \cos(\delta - \varphi),$$
$$S S' = i \cos(\varphi - \delta),$$
$$S S' = i \cos(\varphi + \delta).$$

Da aber für Zirkumpolarsterne $\delta > 90^0 - \varphi$, also $\delta + \varphi > 90^0$ ist, so ist $\cos(\varphi + \delta)$ immer negativ.

Wir haben also folgende drei Formeln:

obere Kulmination

$$\left\{\begin{array}{lll} \delta < \varphi & a = u + x + a \dfrac{\sin(\varphi - \delta)}{\cos\delta} + i \dfrac{\cos(\varphi - \delta)}{\cos\delta} \pm \dfrac{c}{\cos\delta} & \begin{array}{l} KW \\ KE \end{array} \\ \delta > \varphi & a = u + x - a \dfrac{\sin(\delta - \varphi)}{\cos\delta} + i \dfrac{\cos(\delta - \varphi)}{\cos\delta} \pm \dfrac{c}{\cos\delta} & \begin{array}{l} KW \\ KE \end{array} \end{array}\right. \tag{4}$$

untere Kulmination

$$a = u + x + a \frac{\sin(\varphi + \delta)}{\cos\delta} + i \frac{\cos(\varphi + \delta)}{\cos\delta} \pm \frac{c}{\cos\delta} \quad \begin{array}{l} KW \\ KE \end{array} \tag{5}$$

Die Formel führt den Namen Formel von *Mayer*. Die darin auftretenden Koeffizienten findet man in den astronomischen Tafeln, z. B. bei *Albrecht* oder *Bidschof*. Die Formel von *Bessel* erhält man daraus, wenn man $\sin(\varphi - \delta)$ und $\cos(\varphi - \delta)$ auflöst und

$$n = i \sin\varphi - a \cos\varphi,$$
$$m = i \cos\varphi + a \sin\varphi$$

setzt. Dann wird

$$\begin{aligned} a = u + x + \frac{a}{\cos\delta}(\sin\varphi\cos\delta - \cos\varphi\sin\delta) + \\ + \frac{i}{\cos\delta}(\cos\varphi\cos\delta + \sin\varphi\sin\delta) \pm \frac{c}{\cos\delta} = \\ = u + x + n \operatorname{tg}\delta + m \pm c \sec\delta. \end{aligned} \tag{6}$$

Diese Formel gilt für obere Kulmination sowohl für $\delta < \varphi$ als auch $\delta > \varphi$. Für die untere Kulmination wird

$$\begin{aligned} a = u + x + \frac{a}{\cos\delta}(\sin\varphi\cos\delta + \cos\varphi\sin\delta) + \\ + \frac{i}{\cos\delta}(\cos\varphi\cos\delta - \sin\varphi\sin\delta) \mp \frac{c}{\cos\delta} = \end{aligned} \tag{7}$$

$$= u + x + \operatorname{tg}\delta\,(a\cos\varphi - i\sin\varphi) + (a\sin\varphi + i\cos\varphi) \mp c\sec\delta =$$
$$= u + x - n\operatorname{tg}\delta + m \mp c\sec\delta.$$

Fügen wir zu Gl. (6) und (7) noch $+n \operatorname{tg}\varphi - n \operatorname{tg}\varphi$ hinzu, so wird

$$\begin{aligned} a &= u + x + n(\operatorname{tg}\delta - \operatorname{tg}\varphi) + n\operatorname{tg}\varphi + m \pm c\sec\delta = \\ &= u + x + n(\operatorname{tg}\delta - \operatorname{tg}\varphi) + (i\sin\varphi - a\cos\varphi)\operatorname{tg}\varphi + \\ &\qquad + (i\cos\varphi + a\sin\varphi) \pm c\sec\delta = \\ &= u + x + n(\operatorname{tg}\delta - \operatorname{tg}\varphi) + i(\sin\varphi\operatorname{tg}\varphi + i\cos\varphi) \pm c\sec\delta = \\ &= u + x + n(\operatorname{tg}\delta - \operatorname{tg}\varphi) + i\sec\varphi \pm c\sec\delta. \end{aligned}$$

Für die untere Kulmination gilt

$$a = u + x - n(\operatorname{tg}\delta + \operatorname{tg}\varphi) + i\sec\varphi \pm c\sec\delta. \qquad (8)$$

Dies ist die Formel von *Hansen.* Sowohl diese, wie die von *Bessel* haben den Vorteil, daß die Koeffizienten einfache trigonometrische Funktionen sind, die man direkt den Logarithmentafeln entnehmen kann. Dagegen ist die *Mayer*sche die durchsichtigste, denn sie enthält direkt die Größen, welche die Stellung des Instrumentes beeinflussen.

In diesen Formeln ist noch die tägliche Aberration (S. 123) zu berücksichtigen, welche zur Folge hat, das alle Sterne zu weit links stehen und daher zu spät den Meridian erreichen. Die Korrektion ist also negativ und beträgt $0''3113 \cos\varphi\sec\delta$. Sie vereinigt sich also mit der Kollimation zu der Form

$$(\pm c - 0''3113\cos\varphi)\sec\delta = (\pm c - 0^s0209)\sec\delta.$$

Die Bestimmung von Höhen erfolgt bei dem Meridiankreis nach den gleichen Methoden wie beim Universale. Statt des Höhenniveaus verwendet man zur Bestimmung des Nullpunktes des Kreises auch einen Quecksilberhorizont, in welchem man durch das senkrecht gestellte Fernrohr das zurückgespiegelte Fadennetz erblicken kann.

Hat das Instrument die Neigung i und den Kollimationsfehler c, so ist in der einen Lage des Fernrohres die Entfernung des Mittelfadens von seinem Spiegelbild $2(i + c)$, nach Umlegen des Fernrohres aber $2(i - c)$, da wohl der Kollimationsfehler nicht, aber die Neigung das Zeichen wechselt. Die Summe der beiden Werte gibt also die vierfache Neigung, die Differenz den vierfachen Kollimationsfehler.

Da das Meridianinstrument bei den wichtigen Bestimmungen jener Größen zu dienen hat, auf welchen die ganze theoretische Astronomie beruht, so ist es selbstverständlich, daß man bei der Behandlung dieses Instrumentes die größte Sorgfalt und die größte Aufmerksamkeit aufwendet. Man wird also alle im vorigen genannten Voruntersuchungen mit der größten Genauigkeit und wiederholt durchführen: die Prüfung des Niveaus, die Bestimmung von Index-, Teilungs- und Exzentrizitätsfehler, die Justierung der Mikroskope, die Biegung des Kreises und des Instrumentes. Die Instrumentalfehler: Neigung, Kollimationsfehler und Azimut werden in derselben Weise bestimmt, wie beim Passagenrohr. Dazu ist es notwendig, daß auch das Meridian-Instrument eine Umlegevorrichtung besitzt. Bei älteren Instrumenten war das Umlegen eine ziemlich schwierige und auch zeitraubende Angelegenheit, weshalb man das Umlegen verhältnismäßig selten vornahm und den Kollimationsfehler mit Hilfe von Polsternen in oberer und unterer Kulmination kontrollierte. Moderne Instrumente gestatten aber bereits ein sehr rasches Umlegen, wie ein Passagenrohr.

Große Aufmerksamkeit ist auch der Aufstellung des Instrumentes zuzuwenden. Es muß auf einem gemauerten Pfeiler stehen, der von dem Fußboden des Beobachtungsraumes unabhängig ist, so daß sich die Erschütterungen durch die Bewegung des Beobachters nicht auf das Instrument übertragen. Der Beobachtungsspalt muß möglichst breit sein, so daß die Luft frei durch den Beobachtungsraum zirkulieren kann. Dadurch wird verhindert, daß sich die Luft schichtet, daß sich ein Dichtegefälle oder Dichtesprünge bilden, die die so schädliche Saalrefraktion verursachen. Bei Beobachtungen der Sonne muß man dafür Sorge tragen, daß man durch verschiebbare Vorhänge das Instrument so viel als möglich vor zu starker Erwärmung durch die Sonnenstrahlung schützen kann.

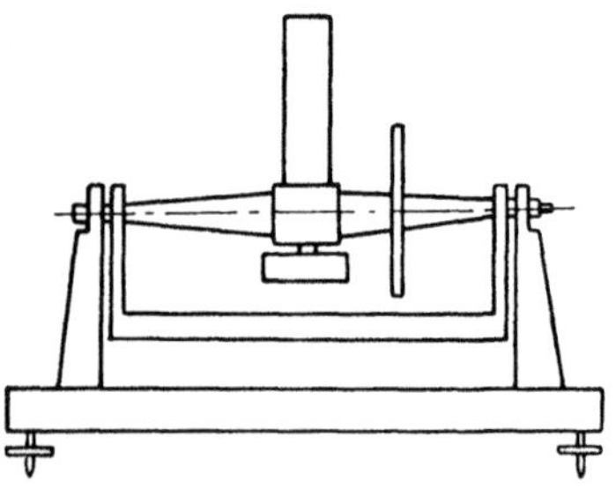

Abb. 106

Das Passageninstrument (Abb. 106) hat keinen Höhenkreis, sondern nur einen kleinen Einstellkreis. Es dient vornehmlich zur Zeitbestimmung und wird nach denselben Formeln behandelt, wie das Meridianinstrument. Auf Grund seines einfachen Baues kann man das Instrument klein und sehr stabil machen. Daher sind solche Instrumente meist auch transportabel (Abb. 106).

Zur Sicherung einer einmal gut festgelegten Meridianrichtung verwendet man eine „Mire". Als solche kann man einen in großer Entfernung befindlichen markanten Punkt, z. B. einen Blitzableiter verwenden; er muß nur so weit weg sein, daß er im Fernrohr scharf erscheint. Durch mikrometrische Messung der Stellung der Mire gegen den Mittelfaden des Instrumentes kann man sich von der Konstanz der Instrumentalfehler überzeugen. Hat man eine so weit entfernte Marke nicht, so macht man sich eine künstliche Mire, eine feine, von hinten beleuchtete Öffnung in einem Schirm oder auch eine gut beleuchtete kleine Skala in größerer Nähe, braucht aber dann eine Sammellinse, um das Bild scharf zu machen.

Stellt man ein zweites Fernrohr so auf, daß man von dem ersten in das zweite hineinschauen und das Fadennetz dieses Instrumentes scharf sehen kann, so heißt ein solches Instrument ein Kollimator.

XXIX. Das Äquatoreal.

Größere Instrumente pflegt man parallaktisch aufzustellen, d. h. die Hauptachse muß in die Richtung nach dem Pole fallen. Die Konstruktion ist also komplizierter als die eines Universales, dafür strebt man keine solche Genauigkeit an, denn solche In-

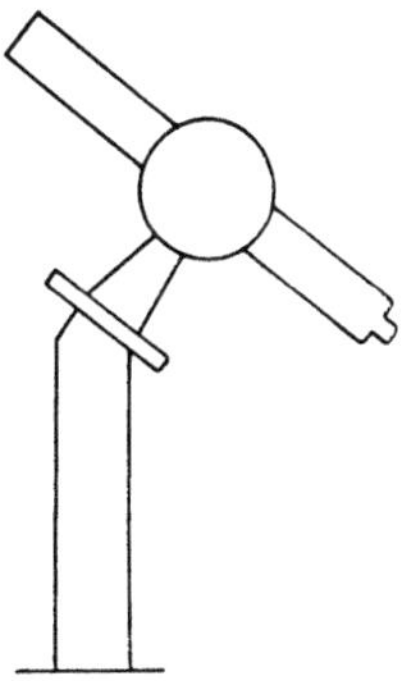

Abb. 107

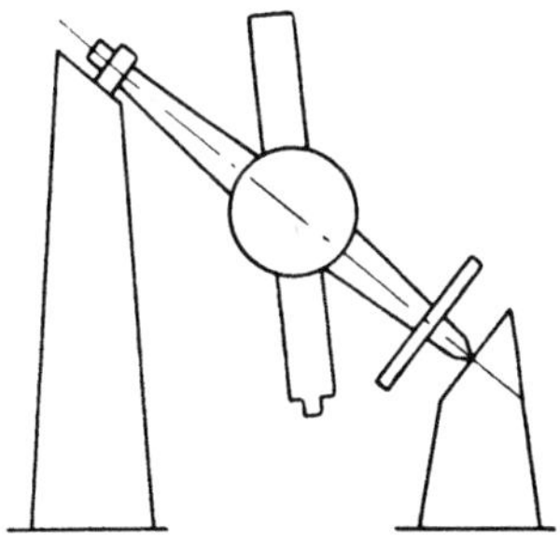

Abb. 108

strumente werden heute nicht mehr dazu benützt, genaue Positionen durch Ablesen an den Kreisen zu finden, da man durch Messen von Rektaszensions- und Deklinations-Differenzen mit Hilfe von Mikrometern viel genauere Werte findet. Man wird daher die Genauigkeit der Aufstellung nicht weiter treiben, als daß man mit Hilfe der Kreise die Objekte leicht findet und daß die Hauptachse so nahe durch den Pol geht, daß man mit Hilfe eines Uhrwerkes erreicht, daß ein Stern genügend lang am Faden bleibt.

Das Schema eines solchen Instrumentes zeigt Abb. 107. Wenn das obere Ende der Polarachse ein eigenes Lager hat, so spricht man von französischer oder englischer Aufstellung, im Gegensatz zur deutschen. Es sei nun (Abb. 109), wenn wir eine analoge Bezeichnung verwenden, wie beim Universale, P der Pol, S ein Stern. Ist K das Kreisende in der Entfernung $90^0 + c$ vom Stern, so haben wir in unserer Abb. die Situation bei $K\,W$ und der Be-

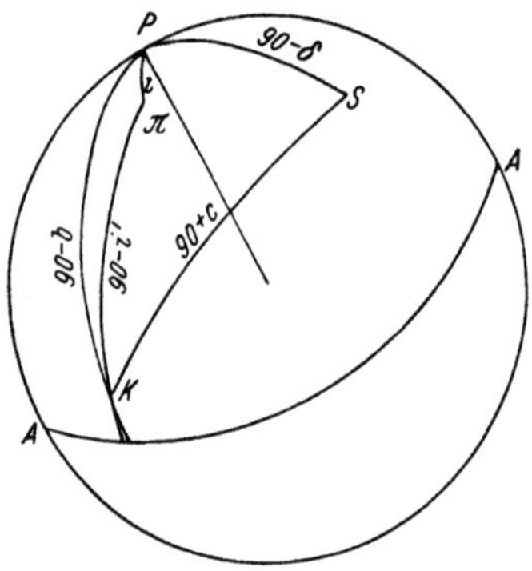

Abb. 109

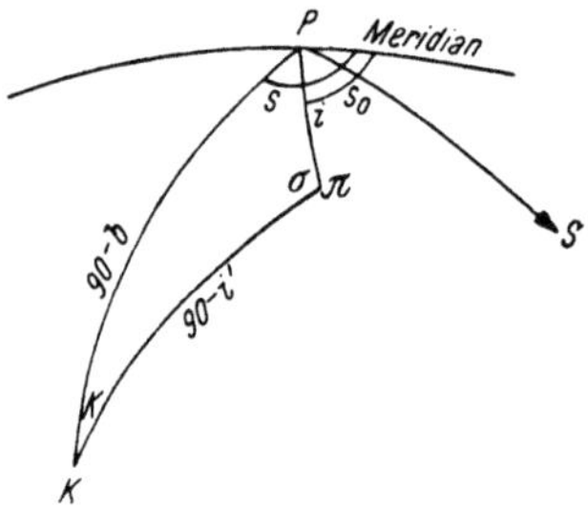

Abb. 110

obachter ist hinter der Zeichenebene zu denken. Es sei ferner der Bogen $P\,K = 90^0 - b$, $\Pi\,K = 90^0 - i'$ und $P\,\Pi = i$, wo Π der Punkt ist, auf welchen die Instrumentalachse weist, s der Stundenwinkel von $P\,K$, s_0 der von $P\,\Pi$, S der des Sternes, σ der Winkel $P\,\Pi\,K$. So ist in dem Dreiecke $P\,\Pi\,K$

$$\cos b = \sin i' \cos i + \cos i' \sin i \cos \sigma,$$
$$\cos b \cos (s - s_0) = \sin i' \sin i - \cos i' \cos i \cos \sigma.$$

Daher unter Vernachlässigung von Gliedern zweiter Ordnung:

$$\cos (s - s_0) = -\cos \sigma,$$
$$b = i' - i \cos (s - s_0). \qquad (1)$$

Die Anordnung der Winkel um P ist aus Abb. 110 ersichtlich. Aus dem Dreiecke $P\,K\,S$ erhalten wir:

$$\cos (90^0 + c) = \sin b \sin \delta + \cos b \cos \delta \cos (s - S)$$

oder
$$-c = b \sin \delta + \cos \delta \cos (s - S).$$

Da nun c und b kleine Größen sind, so muß auch $\cos(s - S)$ eine kleine Größe sein. Daher ist wegen

$$\cos(s - S) = \sin(90^0 - s + S), \text{ und}$$

$90^0 - s + S$ ist ein kleiner Winkel.

$$-c = b \sin \delta + \cos \delta (90^0 - s + S)$$

und $$S = s - 90^0 - c \sec \delta - b \operatorname{tg} \delta. \qquad (2)$$

Da wir nun b nicht mit dem Niveau messen können, wie beim Universale, so eliminieren wir es durch Gl. (1) und erhalten

$$S = s - 90^0 - c \sec \delta - i' \operatorname{tg} \delta + i \operatorname{tg} \delta \cos(s - s_0) \quad \text{Kreis West.} \qquad (3)$$

Gehen wir jetzt zu Kreis Ost über, so drehen wir das Instrument in Rektaszension um 180⁰ und drehen es dann über den Pol wieder nach dem Stern. Die Situation um P ist nun die in Abb. 111. Jetzt gibt das Dreieck $P \Pi K$

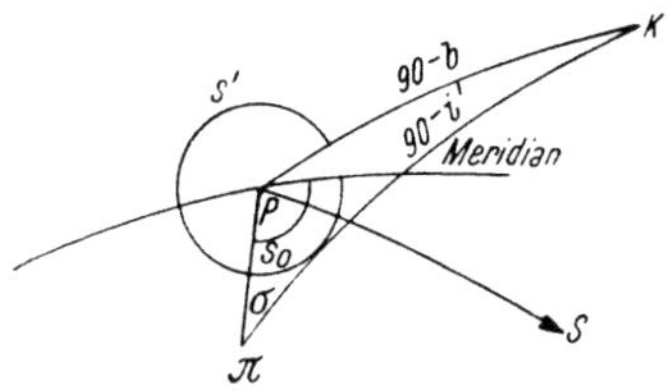

Abb. 111

$$\sin b = \sin i' \cos i + \cos i' \sin i \cos \sigma,$$

$$\cos b \cos(360^0 - s' + s_0) = \sin i' \sin i - \cos i' \cos i \cos \sigma.$$

Daraus wird nun

$$b = i' + i \cos \sigma,$$

$$\cos(s - s_0) = -\cos \sigma. \qquad (4)$$

Also $$b = i' - i \cos(s - s_0).$$

Das Dreieck $P K S$ gibt nun, da der Winkel in P nun $360^0 - s' + S$ ist:

$$\cos(90^0 + c) = \sin b \sin \delta + \cos b \cos \delta \cos(360^0 - s + S),$$

$$-c = b \sin \delta + \cos \delta \cos(360^0 - s + S).$$

Es ist also nun $\cos(360^0 - s' + S)$ eine kleine Größe, daher

$$\cos(360^0 - s' + S) = \sin(90^0 - 360^0 + s' - S) = -270^0 + s' - S.$$

Also

$$-c = b \sin \delta + (-270^0 + s' - S) \cos \delta =$$

$$= i' \sin \delta - i \sin \delta \cos(s' - s_0) + (-270^0 + s' - S) \cos \delta, \qquad (5)$$

$$S = -270^0 + s' + c \sec \delta - i' \operatorname{tg} \delta + i \operatorname{tg} \delta \cos(s' - s_0).$$

Ist nun die Lesung bei Kreis West L_m und der Indexfehler Δs, so muß $L_m + \Delta s$ der richtige Wert $s - 90^0$ sein, bei Kreis Ost dagegen ist s um 180⁰ größer, aber auch die Lesung um 180⁰ größer, es muß also sein $-270^0 + s' = L_0 + \Delta s + 180^0$. Wir haben also die folgenden beiden Gleichungen:

$$K R \quad S = L_m + \Delta s - c \sec \delta - i' \operatorname{tg} \delta + i \operatorname{tg} \delta \cos (s - s_0),$$
$$K L \quad S = L_0 + \Delta s + c \sec \delta + i' \operatorname{tg} \delta - i \operatorname{tg} \delta \cos (s' - s_0) - 180^0,$$

da sich bei c das Zeichen umkehrt.

Im letzten Glied ist bei

$$K R \quad s = 90^0 + S,$$
$$K L \quad s' = 90^0 + S + 180^0$$

Daher nun

$$S = L_R + \Delta s - c \sec \delta - i' \operatorname{tg} \delta - i \operatorname{tg} \delta \sin (S - s_0),$$
$$S = L_L + \Delta s + c \sec \delta + i' \operatorname{tg} \delta - i \operatorname{tg} \delta \sin (S - s_0). \quad (6)$$

Bei der Deklinationsmessung ist zu bedenken, daß bei $K R$ am Kreise nur der Winkel $\Pi K S$ abgelesen wird, der aber nicht der wahren Poldistanz $p = 90^0 - \delta$ entspricht, sondern noch um den Winkel $\varkappa = P K \Pi$ verbessert werden muß. Nun ist

$$\sin \varkappa : \sin i = \cos \sigma : \cos b$$

oder

$$\varkappa = i \sin \sigma = i \cos (s - s_0).$$

Ist nun J_R die Lesung der Poldistanz am Deklinationskreis, Δp der Indexfehler, so ist

$$\text{Kreis Rechts} \quad p = J_R + \Delta p + \varkappa = J_R + \Delta p + i \cos (s - s_0). \quad (7)$$

Gehen wir zu Kreis Links über, so ist nun die Lesung L_L wieder um Δp zu korrigieren. Der Winkel $\Pi K S$ ist aber nun $360^0 - (J_0 + \Delta p)$, und wir erhalten nach Abb. 111

$$\text{Kreis Links} \quad p = 360^0 - (J_L + \Delta p) - i \cos (s' - s_0).$$

Nun ist aber s' von s um 180^0 verschieden, es wird also

$$p = 360^0 - (J_L + \Delta p) + i \cos (s - s_0). \quad (8)$$

Wenn wir nun Gl. (8) von (7) voneinander subtrahieren, so erhalten wir

$$O = J_R + J_L - 360^0 + 2 \Delta p,$$
$$\Delta p = 180^0 - \frac{J_R + J_L}{2} \quad (9)$$

wodurch der Indexfehler in Poldistanz bestimmt ist.

Zur Bestimmung von i' und c beobachtet man einen Stern im Äquator und einen am Pol in beiden Kreislagen.

Stern 1

$$K R \quad S_1 = L_1 + \Delta s - c \sec \delta_1 - i' \operatorname{tg} \delta_1 - i \operatorname{tg} \delta_1 \sin (S_1 - s_0),$$
$$K L \quad S_1' = L_1' + \Delta s + c \sec \delta_1 + i' \operatorname{tg} \delta_1 - i \operatorname{tg} \delta_1 \sin (S_1' - s_0).$$

Stern 2

$$KR \quad S_2 = L_2 + \Delta s - c \sec \delta_2 - i' \operatorname{tg} \delta_2 - i \operatorname{tg} \delta_2 \sin (S_2 - s_0),$$
$$KL \quad S_2' = L_2' + \Delta s + c \sec \delta_2 + i' \operatorname{tg} \delta_2 - i \operatorname{tg} \delta_2 \sin (S_2' - s_0).$$

Daraus ergibt sich für Stern 1, da S_1 und S_1' und die letzten Glieder wenig voneinander verschieden sind,

$$c \sec \delta_1 + i' \operatorname{tg} \delta_1 = \frac{S_1' - S_1 - (L_1' - L_1)}{2} - 90^0.$$

Da nun $S_1 = t_1 - \alpha_1$, $S_1' = t_1' - \alpha_1$ ist, wenn t_1 und t_1' die Sternzeiten der Beobachtungen sind, so können wir schreiben

$$c \sec \delta_1 + i' \operatorname{tg} \delta_1 = \frac{t_1' - L_1' - (t_1 - L_1)}{2} - 90^0,$$

Ebenso

$$c \sec \delta_2 + i' \operatorname{tg} \delta_2 = \frac{t_2' - L_2' - (t_2 - L_2)}{2} - 90^0. \qquad (10)$$

Aus diesen beiden Gl. findet man c und i'. Die Größe i' kann bei den großen Instrumenten nicht korrigiert werden, aber man kann sich verlassen, daß sie von Anfang an klein genug ist, daß also die Stundenachse und die Deklinationsachse genügend genau aufeinander senkrecht stehen. Wir können also $i' = 0$ nehmen. Dann genügt die Beobachtung eines Sternes in beiden Lagen; man wählt dazu, wegen der Größe des Koeffizienten am besten einen Stern in der Nähe des Poles.

Um endlich noch Δs, i und s_0 zu bestimmen, beobachtet man zwei Sterne in Stundenwinkel und Deklination, wobei wir voraussetzen, daß die schon bestimmten Größen auch schon berücksichtigt sind. Setzen wir also

$$S_1 - L_1 + c \sec \delta_1 + i' \operatorname{tg} \delta_1 = M_1, \qquad p_1 - J_1 - \Delta p = N_1,$$
$$S_2 - L_2 + c \sec \delta_2 + i' \operatorname{tg} \delta_2 = M_2, \qquad p_2 - J_2 - \Delta p - 360^0 = N_2,$$

so erhalten wir die Gl.

$$M_1 = \Delta s - i \operatorname{tg} \delta_1 \sin (S_1 - s_0),$$
$$M_2 = \Delta s - i \operatorname{tg} \delta_2 \sin (S_2 - s_0). \qquad (11)$$
$$N_1 = i \sin (s_1 - s_0) = i \cos (S_1 - s_0),$$
$$N_2 = i \sin (s_2 - s_0) = i \cos (S_2 - s_0). \qquad (12)$$

Aus den letzten beiden Gl. folgt:

$$N_1 + N_2 = 2 i \cos \left(\frac{S_1 + S_2}{2} - s_0\right) \cos \frac{S_1 - S_2}{2}$$
$$N_1 - N_2 = -2 i \sin \left(\frac{S_1 + S_2}{2} - s_0\right) \sin \frac{S_1 - S_2}{2} \qquad (13)$$

und

$$\frac{N_1 - N_2}{N_1 + N_2} = -\frac{\operatorname{tg}\frac{S_1 + S_2}{2} - s_0}{\operatorname{ctg}\frac{S_1 - S_2}{2}}$$

zur Bestimmung von s_0. Um die beiden Gl. (13) recht verschieden zu gestalten, nimmt man die beiden Sterne weit voneinander, also etwa den einen Stern im Osten, den anderen im Westen. Wenn s_0 gefunden, liefert jede der Gl. (13) einen Wert von i und dann geben die Gl. (11) endlich die Größe Δs.

i und s_0 definieren die Stellung der Stundenachse; $i \sin s_0$ gibt die Abweichung der Polarachse von der Polrichtung in der Meridianebene. Eine Schraube im Norden gestattet das ganze Instrument um die ost-westliche Verbindungslinie der beiden anderen Schrauben zu heben oder zu senken. Zur Korrektur von $i \cos s_0$, der seitlichen Ausweichung der Achse aus der Meridianrichtung, kippt man mit den zwei anderen Schrauben das Instrument um die Mittellinie.

In der Praxis wird man nun nicht das obige ziemlich komplizierte Formelsystem verwenden, da man nicht die Absicht hat, die Größe der Fehler und ihren Einfluß zu bestimmen, sondern sie überhaupt wegzuschaffen. Dazu geht man folgendermaßen vor: Nachdem man den Indexfehler in Deklination bestimmt hat, stellt man auf die richtige Deklination eines Sternes ein und läßt ihn durch den Meridian laufen. Läuft nun der Stern ober- oder unterhalb des Mittelfadens durch, so deutet das auf einen Fehler $i \sin s_0$, den man wegkorrigiert. Geht aber der Stern auch noch schief durch, so ist auch ein Fehler $i \cos s_0$ vorhanden. Er wird sich am deutlichsten zeigen, wenn man zwei Sterne weit vom Meridian beobachtet, wobei sich der Einfluß in entgegengesetzten Richtungen geltend macht. Man korrigiert nun mit den zwei anderen Schrauben so lange, bis die Unsymmetrie verschwunden ist. Dann bestimmt man noch den Indexfehler Δs durch Vergleich mit den Kreisablesungen. Man braucht also keine Formeln und keine Rechnung und außer für den Indexfehler keine Kreisablesungen.

Besonders einfach stellt sich die Sache bei den photographischen Instrumenten. Man macht eine Aufnahme des Poles. Alle Sterne beschreiben Kreise, deren Mittelpunkt der Pol ist. Man hat das Instrument so zu korrigieren, daß dieser Mittelpunkt bei einer zweiten und dritten Aufnahme immer näher an die Plattenmitte kommt.

Dritter Teil.

Die geographische Ortsbestimmung.

XXX. Allgemeines.

Wir haben schon in der Einleitung darauf hingewiesen, daß die Koordinaten Höhe und Azimut an den Erdort gebunden sind. Daher wird es möglich sein, aus dem Vergleich solcher Koordinaten die gegenseitige Lage der Erdorte zu bestimmen, was somit auf die geographische Ortsbestimmung führt. Der Vergleich der veränderlichen Koordinaten aber mit den am Himmel festen Koordinaten läßt die Situation des Erdortes gegen den Himmel erkennen.

Alle Höhen und Azimute ändern sich mit der Zeit, jedem Werte muß also eine Zeitangabe beigefügt werden. Die geographische Ortsbestimmung umfaßt zunächst die Längen- und Breitenbestimmung. Der Längenunterschied ist aber identisch mit dem Zeitunterschied, die Längenbestimmung und die Zeitbestimmung sind also identisch.

Wir denken uns zunächst alle auf der Erdoberfläche gemachten Beobachtungen vom Indexfehler und von der Refraktion befreit und auf den Erdmittelpunkt reduziert; wenn es ein Gestirn mit einem deutlich scheinbaren Halbmesser ist, so daß nur der Rand beobachtet werden kann, muß auf den Mittelpunkt der Scheibe reduziert werden. Wir haben also

die Höhe	das Azimut	
um den Indexfehler,	Indexfehler,	
um die Refraktion,		
um die Parallaxe,	Parallaxe,	bei Fixsternen zu vernachlässigen
um den scheinbaren Halbmesser	scheinbarer Halbmesser	

zu korrigieren.

Der scheinbare Halbmesser des Gestirnes geht bei Höhenbestimmungen mit dem vollen Betrage ein. Bei Azimutbeobachtungen beträgt die Korrektion auf die Mitte der Scheibe $R/\cos h$, wenn R der scheinbare Halbmesser ist, welcher Betrag zu subtrahieren oder zu addieren ist, je nachdem, ob der vorangehende oder der nachfolgende Rand beobachtet wurde. Die Zeitdifferenz zwischen dem Durchgang des Randes und der Mitte durch einen Vertikalfaden findet man nach der Differentialformel (37) zu

$$ds = \frac{\sin z}{\cos p \cos \delta} da = \pm \frac{R}{\cos p \cos \delta} = \frac{R}{(\sin \varphi \sin z + \cos \varphi \cos z \cos a)}$$

Da aber das Gestirn eine eigene Bewegung in Rektaszension hat, so muß diese in Rechnung gezogen werden. Nun ist, wenn t die Sternzeit und α die Rektaszension ist

$$ds = dt - d\alpha = dt\left(1 - \frac{d\alpha}{dt}\right)$$

daher

$$dt = \frac{R}{1 - \frac{d\alpha}{dt}} \cdot \frac{1}{\cos \delta}. \tag{1}$$

Die so erhaltenen Positionen entsprechen den scheinbaren Örtern und müssen mit den Angaben des Jahrbuches verglichen werden.

Aus den Gl. III (2) ergibt sich

$$\operatorname{tg} a = \frac{\cos \delta \sin s}{-\sin \delta \cos \varphi + \cos \delta \sin \varphi \cos s}. \tag{2}$$

Wenn also δ und φ gegeben sind und a beobachtet wird, so können wir aus dieser Gl. s bestimmen. Ein Azimut liefert also eine Zeitbestimmung. Sind dagegen δ und s gegeben, so liefert die Gl. das φ. Wir erhalten also eine Breitenbestimmung. Aus zwei Azimuten könnte man φ und s bestimmen.

Ebenso führt die Gl.

$$\cos z = \sin \varphi \sin \delta + \cos \varphi \cos \delta \cos s, \tag{3}$$

in der z beobachtet sei,

bei gegebenen φ und δ zu s,
bei gegebenen δ und s zu φ.

Aus zwei Zenitdistanzen können φ und s bestimmt werden. Ebenso könnte man aus Zenitdistanzen und Azimut beide Größen berechnen. Es fragt sich nun, ob es ganz gleichgültig ist, wo und wann wir diese Höhe oder dieses Azimut beobachten. Wir müssen die Beobachtungen so einrichten, daß ihre Fehler und auch die

Fehler jener Größen, die nur näherungsweise bekannt sind, auf das Resultat den geringsten Einfluß haben. Eventuell kann auch eine Größe ganz entbehrt werden. Darüber klären uns nun die Differentialformeln auf [I (17) und (18)]. In diesen setzen wir zunächst $d\delta = 0$, denn die Deklinationen der Gestirne sind so genau bestimmt, daß von dieser Seite kein Fehler zu erwarten ist. Es ist dann bei Beobachtungen der Zenitdistanz:

$$dz = \sin a \cos \varphi \, ds + \cos a \, d\varphi$$

oder

$$ds = \frac{1}{\sin a \cos \varphi} dz - \frac{\operatorname{ctg} a}{\cos \varphi} d\varphi. \tag{4}$$

Der Fehler dz wird also am wenigsten einwirken, wenn $\sin a = \pm 1$ ist; dann ist $a = \pm 90^0$, der Stern steht im ersten Vertikal; gleichzeitig wird $\operatorname{ctg} a = 0$ und ein Fehler in φ wird einflußlos. Es bleibt: $ds = dz/\cos \varphi$; der Fehler in z geht also immer vergrößert in s ein. Für eine Zeitbestimmung aus Höhen muß man also möglichst nahe an den ersten Vertikal herantreten.

Aus derselben Gl. finden wir für eine Breitenbestimmung aus Zenitdistanzen:

$$d\varphi = \frac{dz}{\cos a} - \operatorname{tg} a \cos \varphi \, ds. \tag{5}$$

Der Fehler von z wirkt am wenigsten, wenn $\cos a$ im Maximum ist, also

$$a = \begin{cases} 0^0 & \langle\text{obere Kulmination}\rangle \\ 180^0 & \langle\text{untere Kulmination}\rangle \end{cases} \text{ gleichzeitig wird } \operatorname{tg} a = 0$$

und der Fehler in s also einflußlos. Für eine Breitenbestimmung aus Höhen muß man also in den Meridian gehen.

Da man auf Reisen meist nicht in der Lage sein wird, eine genaue Meridianbestimmung vorzunehmen, so wird man sich begnügen, die Zeitbestimmung aus Höhen in der Nähe des ersten Vertikals, die Breitenbestimmung in der Nähe des Meridians zu machen.

Wenn wir nun eine Zeitbestimmung aus Azimutmessungen machen, so gilt die Formel

$$\sin z \, da = -\cos z \sin a \, d\varphi + \cos p \cos \delta \, ds,$$

also

$$ds = \frac{\sin z}{\cos p \cos \delta} da + \frac{\cos z \sin a}{\cos p \cos \delta} d\varphi. \tag{6}$$

Damit hier da am wenigsten einwirkt, muß $\sin z$ ein Minimum sein; man wird einen zenitnahen Stern in der oberen Kulmination beobachten, gleichzeitig wird $p=0$, also $\cos p = \pm 1$ und a gleich Null; das letzte Glied verschwindet und es bleibt

$$ds = \frac{\sin z}{\cos \delta} da = \frac{\sin(\varphi - \delta)}{\cos \delta} da. \tag{7}$$

Mit der Zeitbestimmung aus Azimuten geht man am besten in den Meridian. Hat man, wie auf allen großen Sternwarten, Instrumente, die möglichst fest im Meridian aufgestellt sind, so ist a fast unveränderlich und wir erhalten so die beste und genaueste Methode der Zeitbestimmung.

Wenn man die Breite aus Azimuten bestimmen will, schreiben wir die Formel in der Form

$$d\varphi = -\frac{\operatorname{tg} z}{\sin a} da + \frac{\cos p \cos \delta}{\cos z \sin a} ds. \tag{8}$$

Wir werden hier a möglichst groß wählen: $\sin a = \pm 1$ oder $a = \pm 90^0$, d. h. wir werden in den ersten Vertikal gehen. Gleichzeitig machen wir z möglichst klein, so daß $\cos z$ nahe 1 wird, gehen also nahe an das Zenit. Wählen wir nun noch $\cos \delta$ so klein als möglich, also $\delta = \varphi$, während p dabei nahe 90^0 wird, so geht der Fehler von ds auf ein Minimum. Wir erhalten die Breitenbestimmung im ersten Vertikal; also zusammenfassend

Zeitbestimmung	aus Höhe	erster Vertikal,
	aus Azimut	Meridian.
Breitenbestimmung	aus Höhe	Meridian,
	aus Azimut	erster Vertikal.

Aus diesem Sinne heraus müssen also die Sterne für die einzelnen Methoden gewählt werden. Wir wollen nun die wichtigsten Methoden besprechen.

XXXI. Zeit- oder Breitenbestimmung aus einer Zenitdistanz.

1. Zeitbestimmung aus einer Zenitdistanz. Es ist nach Gl. II (2)

$$\cos z = \sin \varphi \sin \delta + \cos \varphi \cos \delta \cos s$$

oder

$$\cos s = \frac{\cos z - \sin \varphi \sin \delta}{\cos \varphi \cos \delta} \tag{1}$$

Daraus findet man leicht

$$\cos^2\frac{s}{2} = 1 + \cos s = \frac{\cos(\varphi + \delta) + \cos z}{\cos\varphi\cos\delta} =$$

$$= \frac{2\cos\frac{1}{2}(\varphi + \delta + z)\cos\frac{1}{2}(\varphi + \delta - z)}{\cos\varphi\cos\delta};$$

ebenso

$$\sin^2\frac{s}{2} = 1 - \cos s = \frac{\cos(\varphi - \delta) - \cos z}{\cos\varphi\cos\delta} =$$

$$= \frac{-2\sin\frac{1}{2}(\varphi - \delta + z)\sin\frac{1}{2}(\varphi - \delta - z)}{\cos\varphi\cos\delta}.$$

Daher durch Division

$$\operatorname{tg}^2\frac{s}{2} = \frac{\sin\frac{1}{2}(\varphi - \delta + z)\sin\frac{1}{2}(\delta + z - \varphi)}{\cos\frac{1}{2}(\varphi + \delta + z)\cos\frac{1}{2}(\varphi + \delta - z)}. \tag{2}$$

Da für s im ersten oder zweiten Quadranten $s/2$ dem ersten angehört, so muß hier tg $s/2$ positiv genommen werden, für den dritten oder vierten Quadranten wird das Vorzeichen von tg $s/2$ negativ.

16. Beispiel: Es sei am 24. VII. 1943 in Wien die Höhe des unteren Sonnenrandes im Osten in der Nähe des ersten Vertikals beobachtet worden mit $h = 27^0\,53'\,52''$. Der korrigierte Barometerstand war 750 mm, die Lufttemperatur 20^0 C.

Man muß mit der Refraktion anfangen und findet aus den *Albrecht*schen Tafeln

für $z' = 62^0\,6'\,8''$, $\log r = 2{,}03387$, $\lambda = 1{,}0051$, $A = 1{,}0000$.

Dazu findet man die Korrektion für

Luftdruck	— 87	= — 87	Einheiten der 5. Stelle
Temperatur	— 1626 . 1,0051	= — 1634	Einheiten der 5. Stelle,

somit $\log r = 2{,}01672$

oder $1'\,43''9$.

Man muß die Refraktion zu der Zenitdistanz hinzufügen, dagegen den dem Jahrbuch zu entnehmenden scheinbaren Halbmesser und die Parallaxe subtrahieren. Die der Rechnung zugrunde zu legende Zenitdistanz wird also

$62^0\ 6'\ 8''$	Zenitdistanz,
$-\ 7''7$	Parallaxe,
$+\ 1'\,43''9$	Refraktion,
$-\ 15'\,46''5$	scheinbarer Halbmesser,
$61^0\,51'\,57''7$	

Dann findet man nach Formel (1): $s = -69^0\,52'\,53''3 = -4^h\,39^m\,31^s6$, wobei $\delta = 20^0\,6'\,17''3$ genommen wurde.

Dies ist der Stundenwinkel der Sonne; die wahre Zeit von Mitternacht gezählt ist also $7^h\,20^m\,28^s4$. Bringen wir hier die Zeitgleichung mit umgekehrten Vorzeichen an und den Längenunterschied gegen Greenwich, so erhalten wir die mittlere Zeit für Greenwich

$$\begin{array}{rl} & 7^h\,20^m\,28^s4, \\ + & \quad\;\; 6^m\,19^s9, \\ - & 1^h\;\; 5^m\,21^s4 \\ \hline & 6^h\,21^m\,26^s9 = 0{,}2649 \text{ in Tagesbruchteilen.} \end{array}$$

Damit wird die Deklination neu interpoliert. Man findet $\delta = 20^0\,3'\,2''3$, mit welchem Wert die Rechnung wiederholt wird.
Die wahre Zeit ist nun $7^h\,20^m\,42^s3$. Dazu die verbesserte Zeitgleichung $6^m\,20^s3$ gibt $7^h\,27^m\,2^s6$ für die mittlere Zeit Wien. Zeigte nun die Uhr $7^h\,28^m\,11^s3$, so ist der Uhrstand $-\,1^m\,8^s7$.

Eine Zeitbestimmung ist also identisch mit der Bestimmung der Uhrkorrektion. Die Korrektion, die zur Uhrangabe hinzuzufügen ist, um die richtige Zeit zu erhalten, heißt der Stand der Uhr. Eine Uhr, die ihren Stand beibehält, wäre ein idealer Zeitmesser. Den Unterschied zweier zu verschiedenen Zeiten beobachteter Uhrstände, heißt der Uhrgang. Ist $\Delta\,u$ der Uhrgang und $24^h - t$ die Zwischenzeit, so ist für volle 24^h der Gang gleich

$$\frac{24^h\,\Delta\,u}{24^h - t} = \frac{\Delta\,u}{1 - \frac{t}{24}}. \tag{3}$$

Hat man mehrere Zenitdistanzen hintereinander beobachtet, so kann man die Werte einzeln reduzieren und erhält eine wertvolle Kontrolle der inneren Übereinstimmung der Beobachtungsreihe.

17. Beispiel: Es seien am 20. VII. 1943 in Wien zu den aus der nachfolgenden Zusammenstellung ersichtlichen Uhrzeiten die Zenitdistanzen des oberen Randes der Sonne mit dem Sextanten beobachtet worden; Temperatur $16^0 1$, Barometer 745,3 mm, Kollimationsfehler (S. 197) $+\,15'\,10''$: Wir korrigieren die Beobachtungen zuerst wegen des Indexfehlers, dann wegen der Refraktion, die positiv an die Zenitdistanzen anzubringen ist. Der scheinbare Halbmesser ist nach dem Jahrbuche mit $15'\,46''$ für den oberen Rand ebenfalls positiv anzubringen. Für die Parallaxe aber gibt die Formel XVIII (20) $\pi \sin z = 8''$, die negativ anzubringen sind. Wir erhalten so die Zenitdistanzen des theoretischen Sonnenmittelpunktes. Unter Voraussetzung, daß der vorläufig noch unbekannte Uhrstand klein oder wenigstens näherungsweise bekannt ist, können wir uns mit Hilfe der gegebenen mittleren Zeiten bessere Deklinationen verschaffen. Korrigieren wir die Zeiten der ersten Kolonne um den Längenunterschied Wien—Greenwich, so erhalten wir die mittleren Zeiten für Greenwich.

Beobachtete mittlere Zeiten Wien	Beobachtete Zenitdistanzen	Korrigiert wegen Koll.-Fehler	Refraktion	Korrigiert wegen Refraktion	Korrigiert wegen Halbmesser	Korrigiert wegen Parallaxe
$6^h\,23^m\;7^s5$	$71^\circ 30' 48''$	$71^\circ 45' 58''$	$+2' 47''1$	$71^\circ 48' 45''$	$72^\circ\;4' 31''$	$72^\circ\;4' 23''$
$6^h\,24^m\;5^s9$	$71^\circ 21'\;3''$	$71^\circ 36' 13''$	$+2' 45''5$	$71^\circ 38' 59''$	$71^\circ 54' 45''$	$71^\circ 54' 37''$
$6^h\,24^m\,58^s1$	$71^\circ 12' 53''$	$71^\circ 28'\;3''$	$+2' 44''3$	$71^\circ 30' 47''$	$71^\circ 46' 33''$	$71^\circ 46' 25''$
$6^h\,26^m\,12^s9$	$71^\circ\;0' 39''$	$71^\circ 15' 49''$	$+2' 42''4$	$71^\circ 18' 31''$	$71^\circ 34' 17''$	$71^\circ 34'\;9''$
$6^h\,26^m\,55^s9$	$70^\circ 53' 18''$	$71^\circ\;8' 28''$	$+2' 41''3$	$71^\circ 11'\;9''$	$71^\circ 26' 55''$	$71^\circ 26' 47''$
$6^h\,27^m\,51^s2$	$70^\circ 44' 22''$	$70^\circ 59' 32''$	$+2' 40''0$	$71^\circ\;2' 12''$	$71^\circ 17' 58''$	$71^\circ 17' 50''$
$6^h\,29^m\;2^s9$	$70^\circ 32' 47''$	$70^\circ 47' 57''$	$+2' 38''3$	$70^\circ 50' 35''$	$71^\circ\;6' 21''$	$71^\circ\;6' 13''$
$6^h\,29^m\,57^s6$	$70^\circ 23' 57''$	$70^\circ 39'\;7''$	$+2' 37''0$	$70^\circ 41' 44''$	$70^\circ 57' 30''$	$70^\circ 57' 22''$
$6^h\,31^m\;2^s1$	$70^\circ 13' 18''$	$70^\circ 28' 28''$	$+2' 35''5$	$70^\circ 31'\;4''$	$70^\circ 46' 50''$	$70^\circ 46' 42''$
$6^h\,31^m\,50^s8$	$70^\circ\;5' 11''$	$70^\circ 20' 21''$	$+2' 34''3$	$70^\circ 22' 55''$	$70^\circ 38' 41''$	$70^\circ 38' 33''$

Mittlere Zeit Greenwich	Tagesbruchteile	Deklination der Sonne	Stundenwinkel	Wahre Zeit	Mittlere Zeit	Uhrstand
$5^h\,17^m\,46^s1$	0,220 672	$+20^\circ 50'\;3''1$	$-5^h\,44^m\,20^s0$	$6^h\,15^m\,40^s0$	$6^h\,21^m\,48^s7$	$-1^m\,18^s8$
$5^h\,18^m\,44^s5$	0,221 348	$+20^\circ 50'\;2''7$	$-5^h\,43^m\,20^s0$	$6^h\,16^m\,40^s0$	$6^h\,22^m\,48^s7$	$-1^m\,17^s2$
$5^h\,19^m\,36^s7$	0,221 953	$+20^\circ 50'\;2''2$	$-5^h\,42^m\,29^s7$	$6^h\,17^m\,30^s3$	$6^h\,23^m\,39^s0$	$-1^m\,19^s1$
$5^h\,20^m\,51^s5$	0,222 818	$+20^\circ 50'\;1''7$	$-5^h\,41^m\,14^s6$	$6^h\,18^m\,45^s4$	$6^h\,24^m\,54^s1$	$-1^m\,18^s8$
$5^h\,21^m\,34^s5$	0,223 317	$+20^\circ 50'\;1''3$	$-5^h\,40^m\,29^s6$	$6^h\,19^m\,30^s4$	$6^h\,25^m\,39^s1$	$-1^m\,16^s8$
$5^h\,22^m\,29^s8$	0,223 956	$+20^\circ 50'\;0''9$	$-5^h\,39^m\,34^s8$	$6^h\,20^m\,25^s2$	$6^h\,26^m\,33^s9$	$-1^m\,17^s3$
$5^h\,23^m\,41^s5$	0,224 787	$+20^\circ 50'\;0''3$	$-5^h\,38^m\,23^s9$	$6^h\,21^m\,36^s1$	$6^h\,27^m\,44^s8$	$-1^m\,18^s1$
$5^h\,24^m\,36^s2$	0,225 419	$+20^\circ 49' 59''9$	$-5^h\,37^m\,29^s8$	$6^h\,22^m\,30^s2$	$6^h\,28^m\,38^s9$	$-1^m\,18^s7$
$5^h\,25^m\,40^s7$	0,226 165	$+20^\circ 49' 59''4$	$-5^h\,36^m\,24^s7$	$6^h\,23^m\,35^s3$	$6^h\,29^m\,44^s0$	$-1^m\,18^s1$
$5^h\,26^m\,29^s4$	0,226 730	$+20^\circ 49' 59''1$	$-5^h\,35^m\,35^s0$	$6^h\,24^m\,25^s0$	$6^h\,30^m\,33^s7$	$-1^m\,17^s1$
					Mittel	$-1^m\,18^s0$

Nach der Formel (2) erhält man dann die Stundenwinkel s, die auf der Ostseite negativ zu nehmen sind. Aus diesen erhält man die wahre Zeit von Mitternacht gerechnet, durch Subtraktion von 12^h. Zu dieser fügt man die Zeitgleichung mit umgekehrtem Zeichen hinzu: $+\,6^m\,8^s7$ und erhält so die richtige mittlere Zeit. Vergleichen wir diese Werte mit den beobachteten Zeiten, so erhalten wir die Uhrstände der letzten Kolonne. Das arithmetische Mittel ist $-\,1^m\,18^s0$.

Man kann aber auch das folgende Verfahren einschlagen: Man nimmt das arithmetische Mittel τ aus den Beobachtungszeiten T; die zugehörige Zenitdistanz ist aber nicht einfach das arithmetische Mittel Z, sondern wir müssen setzen:

$$\begin{aligned} z &= Z + \frac{dZ}{dt}(T - \tau) + \frac{1}{2}\frac{d^2Z}{dt^2}(T - \tau)^2, \\ z_1 &= Z + \frac{dZ}{dt}(T_1 - \tau) + \frac{1}{2}\frac{d^2Z}{dt^2}(T_1 - \tau)^2. \end{aligned} \qquad (4)$$

. . . .

Nimmt man das arithmetische Mittel, so erhält man, da $\tau = \frac{T + T_1 + \dots}{n}$ ist:

$$Z = \frac{z + z_1 + z_2 + \dots}{n} + \frac{1}{2}\frac{d^2Z}{dt^2}\frac{(\tau - T)^2 + (\tau - T_1)^2 + \dots}{n}.$$

Den zweiten Differentialquotienten von Z finden wir aus den Differentialformeln

$$\frac{dz}{dt} = \cos\delta \sin p = \sin a \cos\varphi,$$

$$\sin z \frac{da}{dt} = \cos\delta \cos p.$$

Daher

$$\frac{d^2z}{dt^2} = \cos\varphi \cos a \frac{da}{dt} = \cos\varphi \cos a \frac{\cos\delta \cos p}{\sin z}.$$

Es ist also

$$Z = \frac{z + z_1 + z_2 + \dots}{n^2} + \frac{\cos\delta \cos\varphi \cos a \cos p}{\sin Z} \sum \frac{1}{2}(T - \tau)^2. \quad (5)$$

Statt $\sum \frac{1}{2}(T - \tau)^2$ kann man auch schreiben $\omega^2 \sum 2 \sin^2\left(\frac{T - \tau}{2}\right)$ und bedient sich zur Berechnung dieses Gliedes der bequemen Tafeln, die hiefür existieren.

Mit diesem Werte von Z wäre nun der Stundenwinkel zu rechnen. Es sei nun s_0 der mit dem Mittel der Zenitdistanzen gerechnete Stundenwinkel und Δs die Korrektion. Bezeichnen wir noch die Verbesserung von $\frac{z + z_1 + \dots}{n}$ mit Δz, so haben wir nach Gl. (1)

$$\cos(s_0 + \Delta s) = \cos s_0 - \sin s_0 \Delta s = \frac{\cos(Z + \Delta z) - \sin\varphi \sin\delta}{\cos\varphi \cos\delta} =$$

$$= \frac{\cos Z - \sin Z \Delta z - \sin\varphi \sin\delta}{\cos\varphi \cos\delta}.$$

Nun fällt alles, was zu den zusammengehörigen Größen s_0 und Z gehört, weg und es bleibt

$$-\sin s_0 \Delta s = -\frac{\sin Z \Delta z}{\cos \varphi \cos \delta}$$

daher mit Δz aus Gl. (5)

$$\Delta s = -\frac{\sin Z}{\sin s_0 \cos \varphi \cos \delta} \frac{\cos \delta \cos \varphi \cos a \cos p}{\sin Z} \frac{1}{n} \omega^2 \sum 2 \sin^2 \frac{1}{2}(T-\tau) =$$

$$= -\frac{\cos a \cos p}{\sin s_0} \frac{1}{n} \omega^2 \sum 2 \sin^2 \frac{1}{2}(T-\tau). \qquad (6)$$

18. Beispiel: Das arithmetische Mittel der Beobachtungszeiten in dem früheren Beispiel ist $\tau = 6^h\,27^m\,30^s49$; verglichen mit den Einzelwerten finden wir

$T - \tau$	$\log 2 \sin^2 \frac{T-\tau}{2} \omega^2$	$2 \sin^2 \frac{T-\tau}{2} \omega^2$
$-\,4^m\,22^s99$	1,57660	37^s72
$-\,3^m\,24^s59$	1,35848	22^s83
$-\,2^m\,32^s39$	1,10514	12^s74
$-\,1^m\,17^s59$	0,51632	3^s28
$-\,0^m\,34^s59$	9,81502	0^s65
$+\,0^m\,20^s71$	9,36888	0^s23
$+\,1^m\,32^s41$	0,66816	4^s66
$+\,2^m\,27^s11$	1,07201	11^s80
$+\,3^m\,31^s61$	1,38780	24^s42
$+\,4^m\,20^s31$	1,56770	36^s96
	Mittel	15^s52

Das Mittel aus den beobachteten Zenitdistanzen ist

			$70^0\,47'\,49''\,6$,
korrigiert wegen	Indexfehler	+	$15'\,10''$
,,	Refraktion	+	$2'\,40''\,5$
,,	Halbmesser	+	$15'\,46''\,5$
,,	Parallaxe	—	$8''$

$$z = 71^0\,21'\,18''6 = 71^0\,21'\,19''$$

Mit diesem Werte von z erhält man nach der Formel (1): $s = -84^0\,59'\,1''2 = -5^h\,39^m\,56^s1$. Dieser Wert von s ist nun nach Formel (6) noch zu korrigieren. Dazu brauchen wir $\cos a$ und $\cos p$, wobei namentlich das Vorzeichen von $\cos a$ wichtig ist, daher es nicht reicht, nur den $\sin a$ nach der Formel

$$\sin a = \frac{\cos \delta \sin s}{\sin z}$$

zu rechnen, sondern nach der Formel

$$\sin z \cos a = -\sin \delta \cos \varphi + \cos \delta \sin \varphi \cos s.$$

Dagegen kann p aus dem sinus gerechnet werden,

$$\sin p = \frac{\cos \varphi \sin s}{\sin z},$$

da p nicht in den zweiten Quadranten kommen kann. Man findet $a = 259^0\,18'$, $p = -44^0\,27'$. Damit finden wir nach Gl. (6) $-2''06 = -0^s1$. Es ist also die wahre Zeit:

$$(12^h - 5^h\,39^m\,56^s1) - 0^s1 = 6^h\,20^m\;\;3^s8$$

Dazu die Zeitgleichung $+ 6^m\,8^s7 =$ $6^h\,26^m\,12^s5$.

Verglichen mit dem Mittel der Beobachtungszeiten

$6^h\,27^m\,30^s5$

gibt den Uhrstand $-1^m\,18^s0$.

Die Verwendung dieser Methode hat ihre Vor- und Nachteile. Ein Vorteil ist es, daß für die Größe $2 \sin^2 \frac{1}{2} (T - \tau)$ Tafeln vorhanden sind. Ein Nachteil aber ist es, daß man sich das Vorzeichen von $\cos a \cos p$ verschaffen muß, was nur mit einer kleinen Hilfsrechnung möglich ist. Dagegen ist es nicht ohne Vorteil, die beobachteten Zenitdistanzen einzeln zu reduzieren, weil die Übereinstimmung der Einzelwerte die Güte des ganzen Satzes beurteilen läßt.

2. Breitenbestimmung aus einer beobachteten Höhe. Aus der Grundgleichung

$$\cos z = \sin \varphi \sin \delta + \cos \varphi \cos \delta \cos s$$

findet man mit der Substitution

$$\sin \delta = M \sin N, \tag{7}$$

$$\cos \delta \cos s = M \cos N,$$

$$\cos z = M \cos (\varphi - N), \tag{8}$$

die Gl.

$$\cos (\varphi - N) = \frac{\cos z}{M} = \frac{\sin N}{\sin \delta} \cos z. \tag{9}$$

Das Resultat ist insofern zweideutig, als wir denselben Wert für $\varphi - N$, wie für $N - \varphi$ bekommen. Die Entscheidung ist leicht zu fällen, wenn man auf die Bedeutung von M und N zurückgeht. Es ist nach Gl. (7)

$$\operatorname{tg} \delta = \operatorname{tg} N \cos s \text{ oder } \operatorname{tg} (90^0 - \delta) \cos s = \operatorname{tg} (90^0 - N). \tag{10}$$

Dann ist (Abb. 112) in dem bei Q rechtwinkeligen Dreieck PQS, wenn wir $PQ = b$ setzen nach Gl. I (2):

$$\sin SQ \cos 90^0 = \cos(90^0 - \delta) \sin b - \sin(90^0 - \delta) \cos b \cos s$$

oder

$$\sin \delta \sin b = \cos \delta \cos b \cos s,$$

$$\operatorname{tg} b = \frac{\cos s}{\operatorname{tg} \delta},$$

oder

$$\operatorname{tg}(90^0 - \delta) \cos s = \operatorname{tg} b,$$

also verglichen mit Gl. (10):

$$b = 90^0 - N, \qquad (11)$$

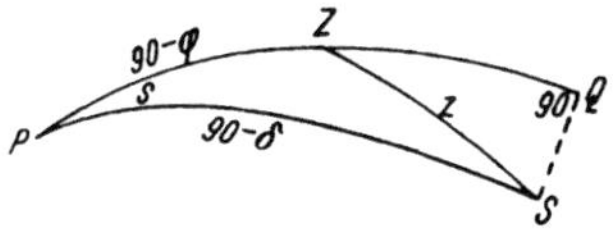

Abb. 112

ferner

$$ZQ = PQ - PZ = 90^0 - N - (90^0 - \varphi) = \varphi - N \qquad (12)$$

und in dem rechtwinkeligen Dreiecke ZQS:

$$\cos z = \cos(\varphi - N) \cos QS \text{ also nach Gl. (8) } \cos QS = M \qquad (13)$$

Fällt der Punkt Q zwischen P und Z, so erhalten wir statt $\varphi - N$: $N - \varphi$. Fällt endlich der Punkt Q nördlich von P, so wird jetzt in dem Dreiecke PQS (Abb. 113) statt s der Winkel $180^0 - s$ auftreten und es wird:

$$\operatorname{tg} b = -\frac{\cos s}{\operatorname{tg} \delta}$$

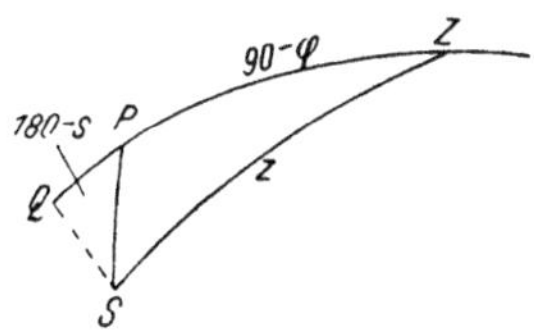

Abb. 113

daher nun

$$b = N - 90^0, \qquad (14)$$

$$QZ = N - 90^0 + (90^0 - \varphi) = N - \varphi. \qquad (15)$$

Wir haben also nördlich des Zenites $N - \varphi$,
südlich des Zenites $\varphi - N$

zu nehmen.

Hat man eine Serie von Höhen beobachtet, so reduziert man sie wie in Gl. (5). Hat man direkt im Meridian beobachtet, so ist

$$z = \varphi - \delta \quad \text{daher} \quad \varphi = z + \delta$$

bezw.

$$z = \delta - \varphi \quad \text{daher} \quad \varphi = \delta - z.$$

Beobachtet man nicht genau im Meridian, aber in seiner nächsten Nähe, so erhält man die Meridianzenitdistanz durch Anbringung einer kleinen Korrektion (Methode der Zirkummeridianhöhen).

Es ist

$$\cos z = \sin\varphi \sin\delta + \cos\varphi \cos\delta \cos s =$$
$$= \cos(\varphi - \delta) - 2\cos\varphi\cos\delta\sin^2\frac{s}{2}.$$

Setzt man

$$\cos(\varphi - \delta) = x; \quad -2\cos\varphi\cos\delta\sin^2\frac{s}{2} = \alpha, \tag{16}$$

so erhält man

$$\cos z = x + \alpha$$

und

$$z = \arccos(x + \alpha).$$

Die Entwicklung nach α gibt:

$$z = \arccos x - \frac{1}{\sqrt{1-x^2}}\,\alpha - \frac{1}{2}\frac{x}{(1-x^2)^{3/2}}\,\alpha^2 \ldots,$$

daher, wenn $\delta < \varphi$ ist,

$$z = \varphi - \delta + \frac{2\cos\varphi\cos\delta\sin^2\frac{s}{2}}{\sin(\varphi - \delta)}\,\omega -$$
$$- \frac{2\cos^2\varphi\cos^2\delta\sin^2\frac{s}{2}}{\sin^2(\varphi-\delta)}\,\omega \operatorname{ctg}(\varphi - \delta), \tag{17}$$

wobei rechter Hand um Winkeleinheiten zu bekommen, der Faktor ω beigefügt ist. Setzen wir nun

$$A = \frac{\cos\varphi\cos\delta}{\sin(\varphi-\delta)} \qquad A^2 = \frac{\cos^2\varphi\cos^2\delta}{\sin^2(\varphi-\delta)}$$
$$m = 2\omega\sin^2\frac{s}{2}, \qquad n = 2\omega\sin^4\frac{s}{2}, \tag{18}$$

so wird

$$z = \varphi - \delta + A\,m - A^2 n \operatorname{ctg}(\varphi - \delta). \tag{19}$$

Die Größen m und n findet man in Tafeln[1], A und A^2 können mit einem Näherungswert von φ berechnet werden. Wenn $\delta > \varphi$, so haben wir statt $\varphi - \delta$: $\delta - \varphi$ zu schreiben. Somit haben wir für

$$\delta < \varphi: \varphi = z + \delta - A\,m + A^2 n \operatorname{ctg}(\varphi - \delta) \text{ mit } A = \frac{\cos\varphi\cos\delta}{\sin(\varphi-\delta)}$$
$$\delta > \varphi: \varphi = \delta - z + A\,m - A^2 n \operatorname{ctg}(\delta - \varphi) \text{ mit } A = \frac{\cos\varphi\cos\delta}{\sin(\delta-\varphi)} \tag{20}$$

[1] *Bidschof-Vital* oder *Albrecht* (s. S. 23).

Für die untere Kulmination müssen wir $s = 180^0 - s'$ setzen, um wieder eine kleine Größe für die Entwicklung zu haben, da jetzt der Stern in der Nähe des Teiles des Meridians nördlich vom Pole steht. Es wird dann

$$\cos z = \cos(180^0 - \varphi - \delta) + 2\cos\varphi\cos\delta\sin^2\frac{s'}{2}.$$

Daher

$$z = 180^0 - \varphi - \delta - \frac{2\cos\varphi\cos\delta\sin^2\frac{s'}{2}}{\sin(180^0 - \varphi - \delta)}\,\omega -$$

$$- \frac{2\cos^2\varphi\cos^2\delta\sin^4\frac{s'}{2}}{\sin^2(180^0 - \varphi - \delta)}\,\omega\,\mathrm{ctg}\,(180^0 - \varphi - \delta)$$

oder

$$\varphi = 180^0 - z - \delta - \frac{2\cos\varphi\cos\delta\sin^2\frac{s'}{2}}{\sin(\varphi + \delta)}\,\omega +$$

$$+ \frac{2\cos^2\varphi\cos^2\delta\sin^4\frac{s'}{2}}{\sin^2(\varphi + \delta)}\,\omega\,\mathrm{ctg}\,(\varphi + \delta). \qquad (20')$$

19. Beispiel: Es seien am 1. III. 1943 in Wien zu den in folgender Zusammenstellung gegebenen mittleren Zeiten die Höhen des Sonnenmittelpunktes gefunden worden. Die Werte sind in derselben Weise, wie bei dem Beispiel auf S. 227 wegen Indexfehler, Refraktion, Sonnenhalbmesser und Parallaxe korrigiert. Wir behandeln zunächst jeden Wert einzeln.

Mittlere Zeit Wien	Beobacht. Zenitdistanz	Mittlere Zeit Greenwich	Tagesbruchteil	Deklination der Sonne	Zeit-Gleichung	Wahre Zeit Wien	log A	log m
$11^h\,52^m\,39^s3$	$56^0\,13'\,58''4$	$10^h\,47^m\,17^s9$	0,449 513	$-7^0\,49'\,44''1$	$-12^m\,34^s8$	$11^h\,40^m\,4^s5$	9,899 72	2,891 56
$11^h\,57^m\,34^s3$	$56^0\,9'\,26''5$	$10^h\,52^m\,12^s9$	0,452 927	$-7^0\,49'\,39''4$	$-12^m\,34^s8$	$11^h\,44^m\,59^s5$	9,900 11	2,645 54
$12^h\,2^m\,37^s8$	$56^0\,6'\,4''4$	$10^h\,57^m\,16^s4$	0,456 439	$-7^0\,49'\,34''6$	$-12^m\,34^s8$	$11^h\,50^m\,3^s0$	9,900 40	2,288 61
$12^h\,7^m\,51^s8$	$56^0\,4'\,5''0$	$11^h\,2^m\,10^s4$	0,459 842	$-7^0\,49'\,30''0$	$-12^m\,34^s7$	$11^h\,54^m\,57^s1$	9,900 56	1,699 31
$12^h\,12^m\,22^s6$	$56^0\,3'\,20''9$	$11^h\,7^m\,1^s2$	0,463 208	$-7^0\,49'\,25''4$	$-12^m\,34^s7$	$11^h\,59^m\,47^s9$	9,900 63	8,902 04
$12^h\,17^m\,24^s3$	$56^0\,3'\,53''3$	$11^h\,12^m\,2^s9$	0,466 701	$-7^0\,49'\,20''6$	$-12^m\,34^s6$	$12^h\,4^m\,49^s7$	9,900 59	1,660 61
$12^h\,22^m\,34^s3$	$56^0\,5'\,47''1$	$11^h\,17^m\,12^s9$	0,470 288	$-7^0\,49'\,15''7$	$-12^m\,34^s6$	$12^h\,9^m\,59^s7$	9,900 43	2,292 53
$12^h\,27^m\,39^s3$	$56^0\,9'\,1''9$	$11^h\,22^m\,17^s9$	0,473 818	$-7^0\,49'\,10''9$	$-12^m\,34^s6$	$12^h\,15^m\,4^s7$	9,900 15	2,649 58
$12^h\,32^m\,37^s3$	$56^0\,13'\,27''1$	$11^h\,27^m\,15^s9$	0,477 267	$-7^0\,49'\,6''2$	$-12^m\,34^s5$	$12^h\,20^m\,2^s8$	9,899 78	2,896 84
	$56^0\,7'\,40''5$							

$A'\operatorname{ctg}(\varphi-\delta)$	n	$z+\delta$	$-A\,m$	$A'\,n\operatorname{ctg}(\varphi-\delta)$	φ
0,421	1,469	$48^0\,24'\,14''3$	$-10'\,18''4$	$+0''6$	$48^0\,13'\,56''5$
0,423	0,473	$48^0\,19'\,47''1$	$-5'\,51''3$	$+0''2$	$48^0\,13'\,56''0$
0,425	0,091	$48^0\,16'\,29''8$	$-2'\,34''5$	0	$48^0\,13'\,55''3$
0,426	0,007	$48^0\,14'\,35''0$	$-0'\,39''8$	0	$48^0\,13'\,55''2$
0,426	0,000	$48^0\,13'\,55''5$	$-0'\,0''1$	0	$48^0\,13'\,55''4$
0,426	0,006	$48^0\,14'\,32''7$	$-0'\,36''4$	0	$48^0\,13'\,56''3$
0,425	0,093	$48^0\,16'\,31''4$	$-2'\,35''9$	0	$48^0\,13'\,55''5$
0,423	0,484	$48^0\,19'\,51''0$	$-5'\,54''6$	$+0''2$	$48^0\,13'\,56''6$
0,422	1,508	$48^0\,24'\,20''9$	$-10'\,26''1$	$+0''6$	$48^0\,13'\,55''4$
					$48^0\,13'\,55''8$

Wir korrigieren die mittlere Zeit Wien um den Längenunterschied $-1^h\,5^m\,21^s4$ auf mittlere Zeit Greenwich und interpolieren für diese Zeiten die Deklinationen der Sonne und die Zeitgleichung. Die mittleren Zeiten Wien, verbessert um die Zeitgleichung, geben die wahre Zeit Wien. Die Abweichungen gegen den wahren Mittag sind die Argumente bei der Verwendung der Tafel für $2\,\omega\sin^2(s/2)$ mit deren Hilfe das erste Glied gefunden wird. Die Tafel für $2\,\omega\sin^4(s/2)$ liefert das zweite Glied. Das arithmetische Mittel der neun Schlußwerte ist $48^0\,13'\,55''4$.

Man kann auch unter Anwendung der Methode von S. 228 ff. alle neun Werte gemeinsam behandeln. Das Mittel aus allen Zenitdistanzen ist $56^0\,7'\,40''5$.

Durch Vergleich des arithmetischen Mittels der Beobachtungszeiten $\tau = 12^h\,12^m\,33^s4$ mit den Einzelwerten findet man die Werte $(T-\tau)$ der folgenden Zusammenstellung, dazu nach der Tafel die Werte $2\sin^2 1/2\,(T-\tau)$

$T-\tau$	$2\sin^2\frac{1}{2}(T-\tau)$
$-19^m\,54^s1$	$777''1$
$-14^m\,59^s1$	$440''8$
$-9^m\,55^s6$	$193''4$
$-5^m\,1^s6$	$49''6$
$-0^m\,10^s8$	$0''1$
$+4^m\,50^s9$	$46''2$
$+10^m\,0^s9$	$196''9$
$+15^m\,5^s9$	$447''4$
$+20^m\,3^s9$	$790''0$

$$\frac{\Sigma\,2\sin^2\frac{1}{2}(T-\tau)}{n} = 326''8.$$

a und p sind fast Null, das Korrektionsglied ist nach Gl. (5) $-4' \, 19''7$. Das Mittel aus den wahren Zeiten $11^h \, 59^m \, 58^s 8$ fällt so nahe an den wahren Mittag, daß eine weitere Korrektion nicht mehr notwendig ist. Wir haben also

Mittel der Zenitdistanzen	$56^0 \; 7' \, 40''5,$
Korrektion	$- \quad 4' \, 19''7,$
Deklination	$-7^0 \, 49' \, 25''2,$
Breite	$48^0 \, 13' \, 55''6.$

Wenn man die Sonne beobachtet, so gibt es noch eine andere Form auf die Änderung der Deklination Rücksicht zu nehmen. Sei δ_0 die Deklination im wahren Mittag, so ist

$$\delta = \delta_0 + \beta s, \tag{21}$$

wenn s die seit diesem Mittag verflossene Zeit, also die wahre Zeit und β die Änderung der Deklination ist. Es wird dann

$$\varphi = z + \delta_0 - \frac{2 \cos \varphi \cos \delta \sin^2 \frac{s}{2}}{\sin(\varphi - \delta)} \omega + \beta s.$$

Um genau dieselbe Form wie früher zu erhalten, setzen wir

$$\beta s - \frac{2 \cos \varphi \cos \delta \sin^2 \frac{s}{2}}{\sin(\varphi - \delta)} \omega = - \frac{2 \cos \varphi \cos \delta \sin^2 \frac{s+y}{2}}{\sin(\varphi - \delta)} \omega,$$

so daß wir statt des Gliedes βs nun die kleine Änderung y des Stundenwinkels haben. Wir finden nun

$$\frac{2 \cos \varphi \cos \delta}{\sin(\varphi - \delta)} \left(\sin^2 \frac{s+y}{2} - \sin^2 \frac{s}{2} \right) = - \frac{\beta s}{\omega}$$

oder

$$\frac{2 \cos \varphi \cos \delta}{\sin(\varphi - \delta)} \left(\sin \frac{s+y}{2} + \sin \frac{s}{2} \right) \left(\sin \frac{s+y}{2} - \sin \frac{s}{2} \right) = - \frac{\beta s}{\omega},$$

$$\frac{2 \cos \varphi \cos \delta}{\sin(\varphi - \delta)} \, 2 \sin \frac{2s+y}{4} \cos \frac{y}{4} \, 2 \cos \frac{2s+y}{4} \sin \frac{y}{4} = - \frac{\beta s}{\omega},$$

$$\frac{2 \cos \varphi \cos \delta}{\sin(\varphi - \delta)} \sin \left(s + \frac{y}{2} \right) \sin \frac{y}{2} = - \frac{\beta s}{\omega}$$

$$\sin \frac{y}{2} = - \frac{\beta}{2\omega} \frac{\sin(\varphi - \delta)}{\cos \varphi \cos \delta} \frac{s}{\sin \left(s + \frac{y}{2} \right)}$$

$$y = - \beta \frac{\sin(\varphi - \delta)}{\cos \varphi \cos \delta} \frac{s}{\sin \left(s + \frac{y}{2} \right)}.$$

In dem letzten Nenner können wir y vernachlässigen und erhalten für den letzten Faktor

$$\frac{s^{\mathrm{h}}}{\sin s} = \frac{s^{\mathrm{h}}\,\omega}{s''} = \frac{s^{\mathrm{h}}\,\omega}{s^{\mathrm{h}}\,3600\,.\,15} = \frac{\omega}{3600\,.\,15}.$$

Bei Verwendung älterer Jahrbücher, die die Daten noch für den Mittag geben, pflegte man für β die Änderung der Deklination vom Beginn des Vortages bis Ende des nächsten Tages zu nehmen, also $\beta = \mu''/48$. Will man y in Zeitsekunden haben, so muß man noch einmal durch fünfzehn dividieren; somit

$$y^{\mathrm{s}} = -\frac{\mu''}{48\,.\,15}\,(\mathrm{tg}\,\varphi - \mathrm{tg}\,\delta)\,\frac{\omega}{3600\,.\,15} = -\mu''\,(\mathrm{tg}\,\varphi - \mathrm{tg}\,\delta)\,\frac{1}{188{,}5} \tag{22}$$

Bei neuen Jahrbüchern (seit 1925) ist μ'' die Änderung der Deklination von der letzten bis zur nächsten Mitternacht. Daher ist nun $\beta = \mu''/24$ und wir brauchen die eintägige Änderung nur noch durch 94,25 zu dividieren. Man hat also nach obiger Formel die Größe y^{s} zu bestimmen und rechnet dann wie früher, aber mit $s + y$ statt mit s; dann ist noch das Glied vierter Ordnung dazuzugeben, das unverändert bleibt. Die Größe y hat eine bestimmte Beziehung zum Stundenwinkel der größten Höhe. Aus der bekannten Gl.

$$\cos z = \sin\varphi\sin\delta + \cos\varphi\cos\delta\cos s$$

ergibt sich durch Differentiation

$$-\sin z\,dz = (\sin\varphi\cos\delta - \cos\varphi\sin\delta\cos s)\,d\delta - \cos\varphi\cos\delta\sin s\,ds,$$

also

$$\frac{dz}{ds} = -\frac{\sin\varphi\cos\delta - \cos\varphi\sin\delta\cos s}{\sin z}\,\frac{d\delta}{ds} + \frac{\cos\varphi\cos\delta\sin s}{\sin z}.$$

Es wird also $\dfrac{dz}{ds} = 0$, wenn

$$\sin s = \frac{\sin\varphi\cos\delta - \cos\varphi\sin\delta\cos s}{\cos\varphi\cos\delta}\,\frac{d\delta}{ds} = (\mathrm{tg}\,\varphi - \mathrm{tg}\,\delta)\,\frac{d\delta}{ds}.$$

$\dfrac{d\delta}{ds}$ ist aber nichts anderes als $\dfrac{\mu''}{48}$ und $\sin s = \dfrac{s^{\mathrm{h}}\,3\,600\,.\,15}{\omega}$.

$-y$ ist also der Stundenwinkel für den Höchststand der Sonne; $s + y$ ist daher der Stundenwinkel gerechnet nicht mehr vom Meridian, sondern vom Augenblick des Höchststandes.

20. Beispiel: Es sei am 22. II. 1943 $12^h\,2^m\,2^s7$ mittlere Ortszeit des Meridians $-2^h\,11^m\,34^s7$ östlich von Greenwich die Zenitdistanz der Sonne (schon befreit von Refraktion, Radius und Parallaxe) beobachtet worden:

$$z = 34^0\,40'\,23''0.$$

Wie groß ist die geographische Breite des Beobachtungsortes? Wir verschaffen uns zuerst die Deklination der Sonne im wahren Mittag. Der Mittlere Mittag liegt um $2^h\,11^m\,34^s7$ früher als in Greenwich, also um $9^h\,48^m\,25^s3$ später als die Mitternacht in Greenwich. Die zugehörige Zeitgleichung muß daher mit $n = 0{,}4086$ interpoliert werden und ergibt $-13^m\,41^s34$.

Daher fällt der wahre Mittag auf

$$\begin{array}{r} 9^h\,48^m\,25^s3 \\ +\ 13^m\,41^s3 \\ \hline 10^h\ \ 2^m\ \ 6^s6 \end{array} \text{ mittl. Zeit Greenwich.}$$

Wir interpolieren die Sonnendeklination mit dem neuen Wert $n = 0{,}4181$ und finden für 22. II. 1943 wahrer Mittag $\delta = -10^0\,26'\,18''0$. Die Veränderung der Deklination von Mitternacht zu Mitternacht ist $+21'\,46''1 =$ $= 1\,306''1$.

Wir rechnen nun y nach der Formel (22) und finden $y^s = -8^s8$. Wir erhalten also nun

$$\begin{array}{rll} & 12^h\ \ 2^m\ \ 2^s7 & \text{mittl. Zeit der Beobachtung,} \\ & -\ 13^m\,41^s3 & \text{Zeitgleichung,} \\ \hline & 11^h\,48^m\,21^s4 & \text{wahre Zeit der Beobachtung.} \\ s = & -\ 11^m\,38^s6 & \\ s + y = & -\ 11^m\,47^s4 & \end{array}$$

$$\begin{array}{lrr} \text{Mit diesem Werte finden wir} & -A\,m = & -7'\,10''1 \\ \text{das zweite Glied:} & A^2\,n \operatorname{ctg}(\varphi - \delta) = & +\ 0''7 \\ & \text{und mit}\quad z = & 34^0\,40'\,23''0 \\ & \text{und}\quad \delta = & -10^0\,26'\,18''0 \\ \hline & \varphi = & 24^0\ \ 6'\,55''6 \end{array}$$

Sind mehrere Beobachtungen bei einem Meridiandurchgang der Sonne gemacht, so kann man das Verfahren von S. 228 verwenden.

Man kann zur Breitenbestimmung auch die Höhe oder Zenitdistanz des Polarsternes verwenden. Hier kann der Stundenwinkel alle Werte haben, dagegen ist die Entfernung vom Pol immer klein und wir können nach dieser Größe entwickeln. Wir setzen $90^0 - \delta = p$ und erhalten also

$$\cos z = \sin\varphi \sin\delta + \cos\varphi\cos\delta\cos s =$$
$$= \sin\varphi\cos p + \cos\varphi\sin p\cos s.$$

Es ist nun

$$\sin p = \frac{p}{\omega} - \frac{p^3}{6\,\omega^3},$$

$$\cos p = \sqrt{1 - \sin^2 p} = 1 - \frac{1}{2}\sin^2 p = 1 - \frac{p^2}{2\,\omega^2},$$

also

$$\cos z = \sin h = \sin\varphi\left(1 - \frac{p^2}{2\,\omega^2}\right) + \cos\varphi\left(\frac{p}{\omega} - \frac{p^3}{6\,\omega^3}\right)\cos s = x + a,$$

wenn wir

$$\sin\varphi = x \text{ und } \cos\varphi\cos s\frac{p}{\omega} - \sin\varphi\frac{p^2}{2\,\omega^2} - \cos\varphi\cos s\frac{p^3}{6\,\omega^3} = a$$

setzen.

Wenn wir also nach p entwickeln und $\arcsin x = f(x)$ setzen, so wird

$$h = \arcsin(x + a) = \varphi + a\,f'(x) + \frac{a^2}{2}f''(x) + \frac{a^3}{6}f'''(x) + \ldots$$

mit

$$f'(x) = \frac{1}{\sqrt{1 - x^2}} = \frac{1}{\cos\varphi},$$

$$f''(x) = + \frac{x}{(1 - x^2)^{3/2}} = \frac{\sin\varphi}{\cos^3\varphi},$$

$$f'''(x) = (1 - x^2)^{-3/2} - \frac{3}{2}\frac{x}{(1 - x^2)^{5/2}}\cdot(-2\,x) =$$

$$= (1 - x^2)^{-5/2}\left[(1 - x^2) + 3\,x^2\right] = (1 - x^2)^{-5/2}(1 + 2\,x^2) =$$

$$= \frac{1 + 2\sin^2\varphi}{\cos^5\varphi} = \frac{1 + 3\,\mathrm{tg}^2\varphi}{\cos^3\varphi},$$

somit wird

$$h = \varphi + \frac{a}{\cos\varphi} + \frac{a^2}{2}\frac{\sin\varphi}{\cos^3\varphi} + \frac{a^3}{6}\frac{1 + 3\,\mathrm{tg}^2\varphi}{\cos^3\varphi}.$$

Setzen wir nun für a seinen Ausdruck ein, so wird

$$h = \varphi + \frac{1}{\cos\varphi}\left(\cos\varphi\cos s\frac{p}{\omega} - \sin\varphi\frac{p^2}{2\,\omega^2} - \cos\varphi\cos s\frac{p^3}{6\,\omega^3}\right) +$$

$$+ \frac{1}{2}\frac{\sin\varphi}{\cos^3\varphi}\left(\cos^2\varphi\cos^2 s\frac{p^2}{\omega^2} - \sin\varphi\cos\varphi\cos s\frac{p^3}{\omega^3}\right) +$$

$$+ \frac{1}{6}\frac{1 + 3\,\mathrm{tg}^2\varphi}{\cos^3\varphi}\cos^3\varphi\cos^3 s\frac{p^3}{\omega^3}.$$

Das Glied zweiter Ordnung wird

$$\frac{p^2}{2\,\omega^2}(-\mathrm{tg}\,\varphi + \mathrm{tg}\,\varphi\cos^2 s) = -\frac{p^2}{2\,\omega^2}\mathrm{tg}\,\varphi\sin^2 s,$$

das Glied dritter Ordnung:

$$\frac{p^3}{6\,\omega^3}\,[-\cos s - 3\,\mathrm{tg}^2\,\varphi\cos s + (1 + 3\,\mathrm{tg}^2\,\varphi)\cos^3 s] =$$

$$= \frac{p^3}{6\,\omega^3}\,(-\cos s\sin^2 s - 3\,\mathrm{tg}^2\,\varphi\cos s\sin^2 s) =$$

$$= -\frac{p^3}{6\,\omega^3}\cos s\sin^2 s(1 + 3\,\mathrm{tg}^2\,\varphi).$$

Drücken wir auch h im Winkelmaß aus, so haben wir

$$\varphi'' = h'' - p''\cos s + \frac{p^2}{2\,\omega^2}\,\mathrm{tg}\,\varphi\sin^2 s + \frac{p^3}{6\,\omega^3}\cos s\sin^2 s\,(1 + 3\,\mathrm{tg}^2\,\varphi). \tag{23}$$

In erster Näherung ist

$$\varphi'' = h'' - p''\cos s \tag{24}$$

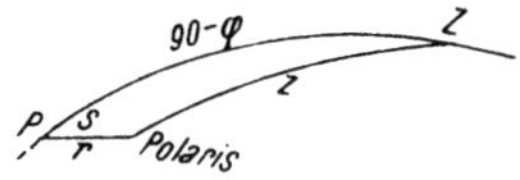

Abb. 114

eine Beziehung, deren Richtigkeit sich sofort aus der Abb. 114 ergibt. Daß in Gl. (23) rechter Hand auch noch das unbekannte φ vorkommt, bereitet keine Schwierigkeiten; man kann hier einen Näherungswert verwenden oder wenn ein solcher noch nicht vorhanden ist, die kleinen Glieder zunächst noch weglassen und erst bei der zweiten Rechnung berücksichtigen.

21. Beispiel: Es sei am 15. IX. 1943 um $12^h\,7^m\,13^s4$ Weltzeit an einem Orte der Länge $\lambda = 5^h\,6^m\,24^s$ östlich von Greenwich die Höhe des Polarsternes $\alpha = 1^h\,45^m\,57^s6$, $\delta = 88^0\,59'\,33''14$ mit $h = 50^0\,5'\,33''4$ beobachtet. Welches ist die Breite des Beobachtungsortes?

Wir verwandeln die Beobachtungszeit in Sternzeit Greenwich und erhalten $11^h\,41^m\,32^s9$. Diese verglichen mit der Rektaszension des Polarsternes, die nach dem Jahrbuch gleich $1^h\,45^m\,57^s6$ und gleich der Sternzeit im Augenblicke der Kulmination ist, ergibt, daß die Beobachtung um $9^h\,55^m\,35^s3$ oder 0,413 in Tagesbruchteilen nach der Kulmination stattfand. Da sich die Deklination während des Tages um $0''33$ änderte, so ergibt sich eine Korrektion im Betrage von $0''4$.

Im Zeitpunkt der Beobachtung ist es nach Ortszeit um die Längendifferenz $5^h\,6^m\,24^s$ später, also $16^h\,47^m\,57^s$ Orts-Sternzeit. Nehmen wir davon die Rektaszension mit $1^h\,45^m\,58^s$ weg, so bleibt der Stundenwinkel $s = 15^h\,1^m\,59^s = 225^0\,29'\,45''$.

Die tägliche Aberration gibt eine Korrektion von $-0''14$. Der Wert der Deklination ist also

$$\begin{array}{rr} \delta = & 88^0\,59'\,33''\,14 \\ + & 0''\,14 \\ - & 0''\,14 \\ \hline & 88^0\,59'\,33''\,14 \\ p = & 1^0\;\;0'\,26''\,86 = 3\,626''\,86 \end{array}$$

Das erste Glied in Gl. (23) gibt $42'\,22''\,3$ und damit als Näherungswert für φ, der dann bei Berechnung der kleinen Glieder verwendet werden kann, $\varphi = 50^0\,47'\,55''\,7$.

Wir erhalten also

$$\begin{array}{rr} \varphi = & 50^0\;\;5'\,33''\,4 \\ + & 42'\,22''\,3 \\ + & 19''\,9 \\ - & 0''\,4 \\ \hline & 50^0\,48'\,15''\,2 \end{array}$$

Das zweite und das dritte Glied werden in bequemer Weise mit Hilfe der *Albrecht*schen Tafeln berechnet.

Wegen der Größe $\operatorname{tg}\varphi$ versagt die Formel in höheren Breiten; dann muß man mit der vollständigen Formel rechnen.

Der Sinn der Bestimmung von Zeit oder Breite aus einer Höhe tritt erst aus folgenden Überlegungen deutlich hervor. Es läßt sich für jedes Gestirn und zu jeder Zeit der Erdort angeben, in welchem das Gestirn im Zenit steht. Dieser Punkt läßt sich leicht bestimmen.

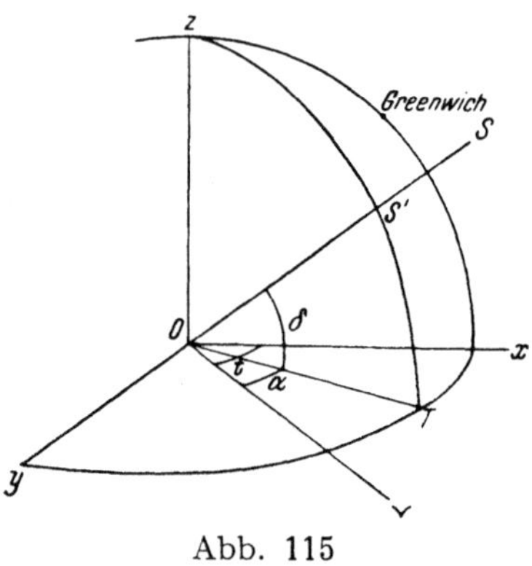

Abb. 115

Es sei (Abb. 115) die x-Achse in die Richtung der Länge von Greenwich gelegt und es sei in diesem Augenblicke die Sternzeit in Greenwich gleich t. Der Stern S habe die Koordinaten α und δ. Es ist dann

$$\sphericalangle \Upsilon\, O\, x = t,$$
$$\sphericalangle \Upsilon\, O\, T = \alpha.$$

und daher die westliche Länge des Punktes S' auf der Erde $t - \alpha$, die Breite gleich δ. Befindet man sich im Punkte S' auf der Erde, so steht der Stern S daselbst im Zenit. Entfernt man sich vom

Punkte S' nach irgend einer Seite um 1^0, so tritt S aus dem Zenit, und zwar auch gerade um einen Grad, so daß S die Zenitdistanz 1^0 hat. Da das ohne Rücksicht auf die Richtung gilt, in der man S' verläßt, so liegen alle Punkte, für welche S die Zenitdistanz 1^0 hat, auf einem Kreis vom sphärischen Radius 1^0. Alle Punkte, für welche S die gleiche Zenitdistanz hat, liegen auf einem Kreise um den ,,Zenitalpunkt des Sternes". Jede Höhenbeobachtung gibt also einen Kreis, der durch den Beobachtungsort geht und als sphärischen Radius die gemessene Zenitdistanz hat.

Man kann sich diesen Kreis in eine Karte einzeichnen, nur wird das nur dann verhältnismäßig einfach, wenn sich der Kreis auf der Karte wieder als Kreis darstellt. Für diesen Zweck eignen sich besonders die Karten, die der Seemann verwendet und bei denen das Steuern nach dem Kompaß möglichst einfach ausfällt. Die Grundeigenschaft dieser Seekarten besteht darin, daß der Kurs, den der Seemann zu steuern hat, gegeben ist durch den Winkel, den die gerade Verbindungslinie von Anfangs- und Endpunkt mit den geradlinigen und parallelen Meridianen der Karte bildet. Der Winkel, den der Kurs mit den Meridianen der Erde bildet, ist also derselbe, wie der in der Karte gezeichnete. Die Seekarte gehört also zu den sogenannten winkeltreuen Projektionen. Man kann ihre Eigenschaft auch dahin ansprechen, daß unendlich kleine Figuren auf der Erde und in der Karte einander ähnlich sein müssen. Wenn wir nun bedenken, daß die Rechtecke auf der Erde wegen der Meridiankonvergenz nach Norden immer schmäler werden, während die Distanzen in der Breitenrichtung konstant bleiben, so muß ein entsprechendes Rechteck in der Karte, wenn wir die Entfernungen der Meridiane konstant lassen, dafür im gleichen Verhältnisse länger werden. Während also auf der Erde die Meridiane mit $\cos\varphi$ zusammenrücken, müssen auf der Karte die Parallelkreise mit $1/\cos\varphi$ auseinanderrücken.

Es wird also der unendlich kleine Abstand dy zwischen zwei Parallelkreisen des Unterschiedes $d\varphi$ gegeben sein durch

$$dy = \frac{d\varphi}{\cos\varphi}. \tag{25}$$

Die Entfernung des Parallelkreises mit der Breite φ vom Äquator wird also

$$
\begin{aligned}
y = \int_0^\varphi \frac{d\varphi}{\cos\varphi} = \int_0^\varphi \frac{d\varphi}{\sin(90^0-\varphi)} &= \int_0^\varphi \frac{d\varphi}{2\sin\left(45^0-\frac{\varphi}{2}\right)\cos\left(45^0-\frac{\varphi}{2}\right)} = \\
&= -\int_0^\varphi \frac{\cos\left(45^0-\frac{\varphi}{2}\right) d\left(45^0-\frac{\varphi}{2}\right)}{\sin\left(45^0-\frac{\varphi}{2}\right)\cos^2\left(45^0-\frac{\varphi}{2}\right)} = \\
&= -\int_0^\varphi \frac{d\left(45^0-\frac{\varphi}{2}\right)}{\operatorname{tg}\left(45^0-\frac{\varphi}{2}\right)} \frac{1}{\cos^2\left(45^0-\frac{\varphi}{2}\right)} = \\
&= -\left|\log\operatorname{tg}\left(45^0-\frac{\varphi}{2}\right)\right|_0^\varphi = -\log\operatorname{nat}\operatorname{tg}\left(45^0-\frac{\varphi}{2}\right) = \\
&= \log\operatorname{nat}\operatorname{ctg}\left(45^0-\frac{\varphi}{2}\right).
\end{aligned}
\tag{26}
$$

Diese Funktion wird auch als Merkatorfunktion bezeichnet und die Kartenprojektion heißt die Merkatorprojektion oder die der wachsenden Breiten. Die Kurve, welche der geraden Verbindungslinie zweier Orte auf der Karte entspricht, heißt die Loxodrome.

Sucht also der Seemann seinen Kurs, so hat er nur seinen Standort mit dem Ziel auf der Karte durch eine gerade Linie zu verbinden. Der Winkel, den diese Gerade mit den Meridianen der Karte bildet und der zu segelnde Kurs sind gleich.

Der Seemann bestimmt seinen Kurs nach der Magnetnadel. Diese gibt aber nicht die genaue Richtung nach Norden an, sondern nach dem magnetischen Nordpol, der mit dem geometrischen nicht zusammenfällt. Daraus ergibt sich die sogenannte Deklination oder Mißweisung, die in ihrer Größe und ihrer Veränderlichkeit bekannt ist. Dazu kommt aber noch die Deviation, die von den im Schiffe vorhandenen Eisenmassen herrührt. Diese bestehen zum Teil aus Stahl, sind also als permanente Magnete aufzufassen. Ihr Einfluß wird durch den Einbau entsprechender permanenter Magnete in unmittelbarer Nähe der Bussole kompensiert. Die übrigen Eisenmassen werden aber bei jeder Drehung des Schiffes ummagnetisiert. Ihr Einfluß wird dadurch bestimmt, daß man das Schiff in einem Hafenorte, wo die Richtung des magnetischen Meridians bekannt ist, in verschiedene Lagen gegen den Meridian bringt und die Abweichung der Magnetnadel bestimmt. Deklination und Deviation müssen also immer in Rechnung gezogen werden, bevor der Kurs in Verwendung genommen wird.

Die Loxodrome ist nicht die kürzeste Verbindungslinie auf der Erde, sondern nur auf der Karte; die kürzeste Verbindungslinie auf der Erde ist der größte Kreis. Mit der Fahrt auf dem größten Kreis ist natürlich eine Ersparnis an Zeit und Heizmaterial verbunden, so daß heute fast nur noch die Schiffahrt im größten Kreis gewählt wird. Man könnte auch Karten konstruieren, auf welchen die größten Kreise durch gerade Linien dargestellt werden. Eine solche Projektion ist die gnomonische, welche dadurch entsteht, daß man die Erdoberfläche perspektivisch aus dem Mittelpunkte auf eine Ebene projiziert. Alle größten Kreise enthalten den Erdmittelpunkt und ihre Projektion wird nichts anderes sein, als die Schnittlinien der Ebenen dieser größten Kreise mit der Projektionsebene. Die Höhengleichen aber werden jetzt keine Kreise mehr sein.

Die Entfernung der Westspitze von England ($B = +50^0\,1'$, $L = 22^m\,48^s$) und New-York ($B = +40^0\,45'$, $L = 4^h\,55^m\,54^s$) beträgt im größten Kreise gerechnet 2827,8 Bogenminuten oder Seemeilen. Die Merkatorfunktion wird $\log \operatorname{nat} \operatorname{ctg}\left(45^0 - \frac{50^0\,1'}{2}\right) -$ $- \log \operatorname{nat} \operatorname{ctg}\left(45^0 - \frac{40^0\,45'}{2}\right) = 0{,}23104$; der Längenunterschied ist $68^0\,16'\,30''$ oder 1,19162 in absoluten Einheiten. Daher ist der Kurs $\operatorname{ctg} \alpha = \frac{0{,}23104}{1{,}19163}$ oder $\alpha = 79^0\,1'\,43''$, die Entfernung also $\Delta B \sec \alpha =$ $= 556' \sec \alpha = 2921{,}0$ Seemeilen. Der Weg längs des größten Kreises ist also um 93,2 Seemeilen kürzer, was bei 23,5 Meilen Stundengeschwindigkeit zirka 4^h ausgibt. Der zusätzliche Kohlenverbrauch eines großen Dampfers für diese 93 Seemeilen beträgt über 130 t.[1]

In der Merkator-Projektion erscheinen alle Kreise, auch die Höhengleichen wieder als Kreise, aber der Mittelpunkt des Kreises auf der Karte ist nicht der Mittelpunkt des Kreises auf der Erde,

[1] Kronprinzessin Cecilie. *J. Möller* Nautik, S. 99.

doch kann man den Punkt leicht berechnen. Wenn man aber direkt die Eintragung in die Karte versucht, so wird man meist finden, daß die Karte viel zu klein ist. Wir gehen daher so vor:

Es sei die Zenitdistanz z beobachtet. Wir nehmen in der Nähe des zu bestimmenden Beobachtungsortes zwei Werte von φ an: φ_1 und φ_2 und rechnen mit diesen nach den Gleichungen

$$\cos z = \sin \varphi_1 \sin \delta + \cos \varphi_1 \cos \delta \cos s_1,$$
$$\cos z = \sin \varphi_2 \sin \delta + \cos \varphi_2 \cos \delta \cos s_2$$

die zugehörigen Werte von s_1 und s_2. Dieselben um die Rektaszension α des Sternes vermehrt, liefern die Ortssternzeiten t_1 und t_2, die mit denen von Greenwich verglichen die Längen λ_1 und λ_2 liefern. $(\varphi_1\ \lambda_1)$ und $(\varphi_2\ \lambda_2)$ sind nun zwei Punkte, welche zur selben Zeit die gleiche Zenitdistanz des Sternes sehen. Also zwei Punkte der Höhengleiche. Da nun die Höhengleiche ein sehr großer Kreis ist, die beiden Punkte aber der Annahme nach sehr nahe beisammen sind, so kann man das Stück zwischen beiden als eine gerade Linie ansehen. Die gerade Verbindungslinie der beiden Punkte ist also ein Stück der Höhengleiche.

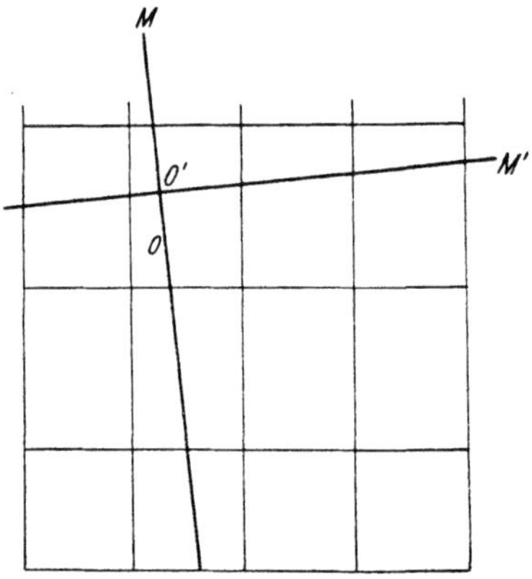

Abb. 116

Die gesuchte Position des Schiffes muß auf dieser Linie liegen; ist φ bekannt, so brauchen wir in der Karte nur den zugehörigen Parallelkreis einzeichnen: Sein Durchschnitt mit der Höhengleiche ist der gesuchte Punkt.

Wenn wir dagegen zwei Näherungswerte λ_1 und λ_2 wählen, so ergeben sich daraus mit Hilfe der Greenwicher-Zeit t_1 und t_2 und endlich s_1 und s_2, die nun nach den obigen Gleichungen zu φ_1 und φ_2 führen. Das gibt nun wieder zwei Punkte der Höhengleiche. Man sieht sofort, daß wir, wenn zwei Zenitdistanzen beobachtet sind, auch zwei Höhengleichen zeichnen können, durch deren Schnittpunkt nun sowohl Länge wie Breite bestimmt werden können. Diese Stücke der Höhengleiche werden auch als die *Sumner*schen Linien bezeichnet. Das Resultat wird nur dann brauchbar sein, wenn die beiden Linien einen guten Schnittpunkt geben und wir werden auch hier wieder zu dem Resultat kommen, daß man die Zeit aus Höhen im ersten Vertikal, die Breite im Meridian bestimmen muß.

Es sei Abb. 116 ein Teil einer Seekarte. Beobachten wir nun gegen Osten einen Stern in der Nähe des ersten Vertikals, so liegt der Zenitalpunkt rechts außerhalb der Zeichnung; die Höhengleiche wird beiläufig in der Richtung der Meridiane laufen. Man kann nun den Punkt 0 beliebig auf der Höhengleiche annehmen, er fällt immer fast auf denselben Meridian, gibt also unabhängig von der Breite immer dieselbe Zeit oder Länge.

Beobachten wir nun auch die Höhe eines Sternes im Süden, so fällt die Höhengleiche beiläufig in den Parallelkreis und man kann den gesuchten Punkt beliebig annehmen und erhält immer fast die gleiche Breite.

Es ist klar, daß der Schnittpunkt von M und M' dann Zeit und Breite liefert.

XXXII. Bestimmung von Zeit und Breite aus zwei Zenitdistanzen.

Wenn man zwei Höhen beobachtet hat, so ist es nicht unbedingt notwendig, auch zwei Unbekannte zu bestimmen. Man kann von der zweiten Höhe auch anderweitig Nutzen ziehen, z. B. eine Größe, die vielleicht sonst Schwierigkeiten machen würde, ganz ersparen.

a) Bestimmung der Zeit aus zwei Höhen.

Es seien h_1 und h_2 die Höhen von zwei Sternen mit den Koordinaten $(\alpha_1\ \delta_1)$ und $(\alpha_2\ \delta_2)$. Dann ist

$$\begin{aligned}\sin h_1 &= \sin\varphi \sin\delta_1 + \cos\varphi\cos\delta_1\cos s_1,\\ \sin h_2 &= \sin\varphi\sin\delta_2 + \cos\varphi\cos\delta_2\cos s_2.\end{aligned} \tag{1}$$

Wenn aus diesen beiden Gl. nur die Zeit bestimmt werden soll, so muß hier etwas überflüssig sein und entbehrt werden können. Zunächst sind s_1 und s_2 nicht voneinander unabhängig und repräsentieren nur eine Unbekannte. Denn es ist

$$\begin{aligned}s_1 &= t_1 - \alpha_1 = u_1 + x - \alpha_1,\\ s_2 &= t_2 - \alpha_2 = u_2 + x - \alpha_2,\end{aligned}$$

wenn u_1 und u_2 die Angaben der Uhr und x der Uhrstand ist.

Eine Veränderung von x muß nur berücksichtigt werden, wenn sie oder die Zwischenzeit sehr groß ist. Es ist also

$$s_2 - s_1 = u_2 - u_1 - (\alpha_2 - \alpha_1) \quad \text{oder} \quad s_2 = s_1 + \lambda, \tag{2}$$

wenn $u_2 - u_1 - (\alpha_2 - \alpha_1)$ gleich λ gesetzt wird.

Nimmt man noch an, daß in beiden Fällen der gleiche Stern beobachtet wurde, so erhält man

$$\sin h_1 - \sin h_2 = \cos\varphi \cos\delta (\cos s_1 - \cos s_2).$$

Nimmt man auch die beiden Höhen rechts und links vom Meridian gleich, so bleibt

$$\cos s_1 = \cos s_2 \quad \text{oder} \quad s_2 = -s_1,$$

die Durchgangszeit durch den Meridian muß in die Mitte fallen:

$$\frac{u_1 + u_2}{2} + x.$$

Diese Durchgangszeit muß gleich der Rektaszension sein.

$$\frac{u_1 + u_2}{2} + x = \alpha \quad \text{oder} \quad x = \alpha - \frac{u_1 + u_2}{2}. \tag{3}$$

Wir erhalten nun eine Zeitbestimmung, ohne daß wir die absolute Höhe überhaupt zu kennen brauchen. Wir können diese Methode also auch bei Instrumenten verwenden, bei denen wir die Höhe überhaupt nicht messen oder wenigstens nicht genau genug ablesen können (siehe S. 201).

Wenn man bei dieser Methode die Sonne beobachtet, muß man auf ihre Deklinationsänderung Rücksicht nehmen. Es sei also die Deklination vor dem Meridiandurchgang $\delta - d\delta$, nach demselben $\delta + d\delta$; die beiden Gl. lauten dann

$$\sin h = \sin\varphi \sin(\delta - d\delta) + \cos\varphi \cos(\delta - d\delta) \cos s_1,$$
$$\sin h = \sin\varphi \sin(\delta + d\delta) + \cos\varphi \cos(\delta + d\delta) \cos s_2.$$

Die Uhrzeiten seien wieder u_1 und u_2; $\frac{u_1 + u_2}{2} = U$ entspricht aber jetzt nicht mehr dem wahren Mittag und man nennt U den unverbesserten Mittag. Die halbe Zwischenzeit sei $\tau = \frac{u_2 - u_1}{2}$; y sei die Mittagsverbesserung; so daß $U + y$ die Zeit des wahren Mittags ist: Dann ist:

$$\begin{aligned} s_1 &= u_1 - (U + y) = u_1 - y - \frac{u_1 + u_2}{2} = \frac{u_1 - u_2}{2} - y, \\ s_2 &= u_2 - (U + y) = u_2 - y - \frac{u_1 + u_2}{2} = \frac{u_2 - u_1}{2} - y, \end{aligned} \tag{4}$$

somit

$$\sin h = \sin \varphi \sin (\delta - d\delta) + \cos \varphi \cos (\delta - d\delta) \cos (\tau + y),$$
$$\sin h = \sin \varphi \sin (\delta + d\delta) + \cos \varphi \cos (\delta + d\delta) \cos (\tau - y)$$

oder wegen der Kleinheit von $d\delta$ und y

$$\sin h = \sin \varphi \sin \delta + \cos \varphi \cos \delta \cos \tau -$$
$$- (\sin \varphi \cos \delta - \cos \varphi \sin \delta \cos \tau)\, d\delta - \cos \varphi \cos \delta \sin \tau \,.\, y,$$
$$\sin h = \sin \varphi \sin \delta + \cos \varphi \cos \delta \cos \tau +$$
$$+ (\sin \varphi \cos \delta - \cos \varphi \sin \delta \sin \tau)\, d\delta + \cos \varphi \cos \delta \sin \tau \,.\, y,$$

daher:

$$(\sin \varphi \cos \delta - \cos \varphi \sin \delta \cos \tau)\, d\delta + \cos \varphi \cos \delta \sin \tau \,.\, y = 0.$$

So wird

$$y = - \frac{\sin \varphi \cos \delta - \cos \varphi \sin \delta \cos \tau}{\cos \varphi \cos \delta \sin \tau}\, d\delta.$$

Bezeichnet man mit $\Delta\, \delta$ die Deklinationsänderung in 24^h, so ist $d\delta = (\tau/24^h)\, \Delta\, \delta$. Will man y in Zeitsekunden haben, so muß man noch durch fünfzehn dividieren und erhält

$$y = \Delta\, \delta'' \frac{\tau}{360^0} (\operatorname{tg} \delta \operatorname{ctg} \tau - \operatorname{tg} \varphi \operatorname{cosec} \tau), \tag{5}$$

eine Größe, die man in den astronomischen Tafelwerken findet.

Bei dieser Methode kann es leicht geschehen, daß die nachmittägige Höhenbeobachtung z. B. infolge Bewölkung nicht rechtzeitig gelingt. Dann sind die zwei Höhen nicht mehr gleich. Wir erhalten nun aus Gl. (1), wenn wir vorläufig die Deklination konstant lassen

$$\sin h_1 = \sin \varphi \sin \delta + \cos \varphi \cos \delta \cos s_1,$$
$$\sin h_2 = \sin \varphi \sin \delta + \cos \varphi \cos \delta \cos s_2,$$
$$\sin h_1 - \sin h_2 = \cos \varphi \cos \delta (\cos s_1 - \cos s_2),$$

$$\sin \frac{h_1 - h_2}{2} \cos \frac{h_1 + h_2}{2} = \cos \varphi \cos \delta \sin \frac{s_1 + s_2}{2} \sin \frac{s_2 - s_1}{2} \tag{6}$$

$\frac{s_2 - s_1}{2} = \tau$ ist die halbe Zwischenzeit, dagegen ist $\frac{s_1 + s_2}{2}$ eine kleine Größe erster Ordnung, da s_2 nahe $-s_1$ ist; daher:

$$\frac{s_1 + s_2}{2} = \frac{\frac{h_1 - h_2}{2} \cos \frac{h_1 + h_2}{2}}{\cos \varphi \cos \delta \sin \tau}. \tag{7}$$

Durch Hinzufügen dieses Ausdruckes zu Gl. (5) erhalten wir den vollständigen Ausdruck für y in Zeitsekunden

$$y^s = \varDelta\,\delta'' \frac{\tau}{360} (\operatorname{tg}\delta \operatorname{ctg}\tau - \operatorname{tg}\varphi \operatorname{cosec}\tau) - \frac{\frac{h_1 - h_2}{2} \cos \frac{h_1 + h_2}{2}}{15 \cos\varphi \cos\delta \sin\tau}. \tag{8}$$

22. Beispiel: Es sei am 30. IV. 1943 an einem Orte, dessen Länge 8^h östl. von Greenwich und dessen Breite $\varphi = 40^0$ ist, zu den Uhrzeiten $u_1 = 7^h\,9^m\,58^s1$, $u_2 = 16^h\,44^m\,32^s1$ mittlere Ortszeit, die Zenitdistanz des Sonnenmittelpunktes in beiden Fällen zu $z = 66^0\,50'\,58''$ festgestellt worden. Es soll der Stand der Uhr bestimmt werden. Wir finden

$$u_1 + u_2 = 23^h\,54^m\,30^s2, \qquad u_2 - u_1 = 9^h\,34^m\,34^s0,$$

$$U = \frac{u_1 + u_2}{2} = 11^h\,57^m\,15^s1, \qquad \frac{u_2 - u_1}{2} = 4^h\,47^m\,17^s0.$$

Bei konstanter Deklination wäre der wahre Mittag auf $11^h\,57^m\,15^s1$ Uhrzeit gefallen. Wir finden die Mittagsverbesserung wegen Änderung der Deklination nach Formel (5). Die Änderung der Deklination ist an diesem Tage $+\,18'\,32''8$. Unter Anwendung einer Tafel findet man leicht $y^s = +\,1^s26 - 13^s07 = -\,11^s81$. Es wird also jetzt $U + y = 11^h\,57^m\,3^s3$, die mittlere Zeit des wahren Mittags. Fügt man nun noch die Zeitgleichung für den Mittag hinzu, der 8^h früher fällt als der Mittag in Greenwich, daher 4^h später als die Mitternacht, mit $+\,2^m\,42^s1$, positiv, da der mittlere Mittag an diesem Tag später fällt als der wahre, so erhalten wir die Uhrzeit für den mittleren Mittag $11^h\,59^m\,45^s4$. Der Uhrstand ist also $+\,14^s6$.[1]

Wir haben hier eine Methode entwickelt, bei der die Kenntnis der Höhe überflüssig ist und wenn wir genau in den ersten Vertikal gehen, so brauchen wir nach XXX (4) auch die Breite nicht.

b) Bestimmung der Breite aus zwei Zenitdistanzen.

Dieser Methode der Zeitbestimmung entspricht eine der Breitenbestimmung aus zwei Höhen, bei der wir die Kenntnis der absoluten Höhe entbehren können und wenn wir genau in den Meridian gehen, so brauchen wir auch die Kenntnis der Zeit nicht.

---

[1] Die Länge spielt hier nur insofern eine Rolle, als sie zur Interpolation der Zeitgleichung gebraucht wird. Es genügt hier ein Näherungswert. Wenn die zweite Beobachtung erst gelungen ist, als die Zenitdistanz schon um $5'$ größer war, so ist $z_1 = 66^0\,50'\,58''$, $z_2 = 66^0\,55'\,58''$ und wir erhalten nach Gl. (7) eine weitere Korrektion von $-\,13^s06$. Somit nach Gl. (8) $y = -\,11^h\,81^m - 13^s06 = -\,24^s87$. Wir erhalten nun für den wahren Mittag $11^h\,56^m\,50^s2$, für den mittleren Mittag $11^h\,56^m\,50^s2 + {} + 2^m\,42^s1 = 11^h\,59^m\,32^s3$. Somit die Uhrkorrektion $+\,27^s7$.

Wir nehmen ein und dasselbe Gestirn in oberer und unterer Kulmination; sind z_1 und z_2 die beobachteten Zenitdistanzen und r_1 und r_2 die zugehörigen Refraktionen, so ist

$$\text{obere Kulmination} \quad z_1 + r_1 = \delta - \varphi,$$
$$\text{untere Kulmination} \quad z_2 + r_2 = 180^0 - \varphi - \delta,$$

also

$$\frac{z_1 + z_2}{2} = 90^0 - \varphi - \frac{r_1 + r_2}{2} \tag{9}$$

oder

$$\varphi = 90^0 - \frac{z_1 + z_2}{2} - \frac{r_1 + r_2}{2} = \frac{h_1 + h_2}{2} - \frac{r_1 + r_2}{2}.$$

Will man darauf Rücksicht nehmen, daß sich in den 12^h zwischen den beiden Kulminationen die Deklination um $\varDelta\,\delta$ geändert hat, so haben wir

$$z_1 + r_1 = \delta - \varphi,$$
$$z_2 + r_2 = 180^0 - \varphi - \delta - \varDelta\,\delta,$$

somit

$$\varphi = 90^0 - \frac{z_1 + z_2}{2} - \frac{r_1 + r_2}{2} - \frac{\varDelta\,\delta}{2}. \tag{10}$$

Eine noch bessere Methode, bei der auch die Refraktion größtenteils hinausfällt, erhält man, wenn man zwei zenitnahe Sterne, einen nördlich, den anderen südlich des Zenites beobachtet Dann ist

$$z_1 + r_1 = \varphi - \delta,$$
$$z_2 + r_2 = \delta_2 - \varphi.$$

Daher

$$z_1 - z_2 + (r_1 - r_2) = 2\,\varphi - (\delta_1 + \delta_2)$$

oder

$$\varphi = \frac{z_1 - z_2}{2} + \frac{\delta_1 + \delta_2}{2} + \frac{r_1 - r_2}{2}. \tag{11}$$

Auf diesem Grundsatz beruht die allergenaueste Methode zur Bestimmung der geographischen Breite, die als *Horrebow-Talcott*sche Methode bekannt ist. Man sucht sich im voraus Paare von Sternen, die in ziemlich gleicher Zenitdistanz nördlich und südlich des Zenites durch den Meridian gehen, so daß, wenn man das Instrument nach der Passage des ersten Sternes umlegt, ohne sonst etwas daran zu ändern, sofort der zweite Stern in das Gesichtsfeld tritt. Dann kann man den Unterschied der Zenitdistanzen mit außerordentlicher Genauigkeit mit einem Mikrometer messen. Die Genauigkeit, die man dabei erreicht, ist eine wesentlich größere, als wenn man den absoluten Wert der Höhe am Kreise ablesen muß. Dies fällt hier weg, weil sich die Kreisablesung beim Umkehren des Instrumentes nicht ändert. Dann fällt auch die Refraktion so gut wie vollständig heraus, weil beide Sterne die gleiche Zenitdistanz haben. Überdies ist die Refraktion wegen der kleinen Zenitdistanzen an sich sehr klein. Solche Paare faßt man dann in Gruppen zusammen.

Diese Methode wird seit zirka 50 Jahren von der internationalen Erdmessung angewandt zur Untersuchung der Veränderlichkeit der geographischen Breite, einer Erscheinung, deren Ursache noch nicht ganz aufgeklärt ist und die sich in einer Schwankung von $0''2$ bis $0''3$ mit einer unregelmäßigen Periode von etwa 430 Tagen äußert. Der Punkt, in welchem die Erdachse die Erdoberfläche trifft, wandert dabei in einer unregelmäßigen Spirale von etwa 10 m Durchmesser um eine mittlere Lage. Die Achse verschiebt sich also innerhalb des Erdkörpers, bleibt aber dabei im Raume fest, während bei Präzession und Nutation die Achse in der Erde fest bleibt, sich aber im Raume bewegt.

23. Beispiel:

Datum	Sternpaar	Kreislage	Mittel der scheinbaren Orte	Halbe Diff. der Mikr. Lesung	Niveau-Korr.	Refraktion	Breite
1900	VIII. 1	WE	48° 11′ 30″ 47	+ 2′ 23″ 41	+ 0″ 01	+ 0″ 04	48° 13′ 53″ 93
Juli 20.	2	EW	48° 12′ 18″ 90	+ 1′ 34″ 82	+ 1″ 62	+ 0″ 03	48° 13′ 55″ 37
	3	WE	48° 18′ 5″ 05	− 4′ 10″ 12	+ 0″ 05	− 0″ 07	48° 13′ 54″ 91
	4	WE	48° 21′ 27″ 89	− 7′ 33″ 54	+ 0″ 47	− 0″ 11	48° 13′ 54″ 71
	5	EW	48° 13′ 56″ 86	− 0′ 2″ 01	− 0″ 76	− 0″ 00	48° 13′ 54″ 09
	6	WE	48° 10′ 10″ 20	+ 3′ 46″ 26	− 1″ 30	+ 0″ 06	48° 13′ 55″ 22
	7	EW	48° 13′ 13″ 24	+ 0′ 41″ 45	+ 0″ 35	+ 0″ 01	48° 13′ 55″ 05
	8	WE	48° 20′ 42″ 71	− 6′ 47″ 00	− 0″ 76	− 0″ 11	48° 13′ 54″ 84
							48° 13′ 54″ 765

Man verwendet auch Methoden, bei denen ein Okularmikrometer nicht notwendig ist. Man beobachtet gleiche Höhen zu beiden Seiten des Meridianes eines nördlichen und eines südlichen Sternes (Korrespondierende Zenitdistanzen) und ersetzt die mikrometrischen Einstellungen durch Durchgangsbeobachtungen an horizontalen Fäden im Fernrohr (Methode von *Pewzow*). Solche Methoden sowie auch die auf ähnlichen Grundsätzen beruhende *Zinger*sche Methode der Zeitbestimmung erfordern größere vorbereitende Rechnungen, verlangen aber bei ihrer Anwendung einfachere instrumentelle Hilfsmittel. Solche sind das Nadir-Instrument von *Beck*, das Astrolab à Prisme von *Claude* und *Driencourt* und das Zirkumzenital von *Nusl* und *Fric*.

c) Bestimmung von Zeit und Breite aus zwei Höhen.

Die Grundgleichungen lauten:

$$\begin{aligned}\cos z_1 &= \sin\varphi\sin\delta_1 + \cos\varphi\cos\delta_1\cos s_1,\\ \cos z_2 &= \sin\varphi\sin\delta_2 + \cos\varphi\cos\delta_2\cos s_2.\end{aligned} \tag{12}$$

δ_1 und δ_2 sind bekannt; von den drei Unbekannten φ_1, s_1 und s_2 sind aber s_1 und s_2 nicht voneinander unabhängig; es ist wie auf S. 245

$$\begin{aligned}s_1 &= t_1 - \alpha_1 = u_1 + x - \alpha_1,\\ s_2 &= t_2 - \alpha_2 = u_2 + x - \alpha_2,\end{aligned}$$

also

$$s_2 - s_1 = (u_2 - u_1) - (\alpha_2 - \alpha_1) \text{ oder } s_2 = s_1 + (u_2 - u_1) - (\alpha_2 - \alpha_1). \tag{13}$$

Die zwei Gleichungen ließen sich also streng auflösen, und zwar in jedem Falle, doch wird es notwendig sein, sich vorher Klarheit darüber zu verschaffen, wo man die Sterne beobachten muß, um möglichst günstige Resultate zu erhalten. Dazu dienen uns wieder die Differentialformeln:

$$\begin{aligned}dz_1 &= \cos a_1\, d\varphi + \cos\varphi\sin a_1\, ds_1,\\ dz_2 &= \cos a_2\, d\varphi + \cos\varphi\sin a_2\, ds_2.\end{aligned}$$

Daraus findet man leicht, da nach Gl. (13) $ds_1 = ds_2$ ist

$$dz_1\cos a_2 - dz_2\cos a_1 = \cos\varphi\sin(a_1 - a_2)\, ds$$

oder

$$\cos\varphi\, ds = \frac{\cos a_2}{\sin(a_1 - a_2)}\, dz_1 - \frac{\cos a_1}{\sin(a_1 - a_2)}\, dz_2. \tag{14}$$

Ebenso

$$dz_1\sin a_2 - dz_2\sin a_1 = \sin(a_2 - a_1)\, d\varphi$$

oder

$$d\varphi = \frac{\sin a_2}{\sin(a_2 - a_1)}\, dz_1 - \frac{\sin a_1}{\sin(a_2 - a_1)}\, dz_2. \tag{15}$$

Es folgt zunächst, daß $\sin(a_2 - a_1)$ möglichst groß sein muß, also $a_2 - a_1$ nahe $= 90^0$. Ferner wird ein Fehler dz_2 am wenigsten auf ds einwirken, wenn $\cos a_1 = 0$ und daher $a_1 = 90^0$ und $a_2 = 0^0$ oder 180^0 ist. Dann aber ist $\cos a_2$ im Maximum und der Fehler dz_1 wirkt am stärksten auf ds. Der Fehler in der Zeitbestimmung rührt also hauptsächlich von der Höhe im Meridian her; dagegen stammt der Fehler in der Breitenbestimmung hauptsächlich von der Höhe im ersten Vertikal. Wir wählen also einen Stern im ersten Vertikal, der uns im wesentlichen die Zeit bestimmen wird und einen in der Nähe des Meridianes, auf dem die Breitenbestimmung beruht.

Zur Berechnung verwendet man eines der von dem holländischen Seefahrer *Douves* († 1773) eingeführten Verfahren.

1. Man berechnet aus der ersten Gleichung, die z. B. die Höhe im ersten Vertikal enthalte, die Größe s_1, dann ist $s_1 + \alpha_1 = t_1$ die Orts-Sternzeit; dieser Wert wird schon recht gut sein, da, wie wir wissen, der Breitenfehler auf die Höhe im ersten Vertikal wenig Einfluß hat. Mit diesem Werte von s_1 berechnen wir nach Gl. (13) s_2 und dazu gibt uns die zweite Gl. (12) die Größe φ. Sollte diese von dem erstangenommenen Wert noch stark abweichen, so wiederholt man die Rechnung mit dem neuen Werte.

Nimmt man an, daß man denselben Stern zweimal beobachtet hat, so ist

$$\begin{aligned} \cos z_1 &= \sin\varphi \sin\delta + \cos\varphi\cos\delta\cos s_1 \quad \text{im ersten Vertikal,} \\ \cos z_2 &= \sin\varphi \sin\delta + \cos\varphi\cos\delta\cos s_2 \quad \text{im Meridian,} \end{aligned} \tag{16}$$

daher

$$\cos z_1 - \cos z_2 = \cos\varphi\cos\delta(\cos s_1 - \cos s_2)$$

Nun ist in diesem Falle $s_2 = s_1 + \lambda$, wo λ die Zwischenzeit ist; daher

$$\cos z_1 - \cos z_2 = 2\cos\varphi\cos\delta\sin\left(s_1 + \frac{\lambda}{2}\right)\sin\frac{\lambda}{2},$$

also

$$2\sin\left(s_1 + \frac{\lambda}{2}\right) = \sec\varphi\sec\delta\,\mathrm{cosec}\frac{\lambda}{2}(\cos z_1 - \cos z_2). \tag{17}$$

Wenn φ annähernd bekannt ist, so findet man daraus $s_1 + \lambda/2$ und da λ bekannt ist, auch s_1. Aus s_1 findet man $s_2 = s_1 + \lambda$ und dann aus

$$\begin{aligned} \cos z_2 &= \sin\varphi\sin\delta + \cos\varphi\cos\delta\cos(s_1 + \lambda), \\ &= \sin\varphi\sin\delta + \cos\varphi\cos\delta\left(1 - 2\sin\frac{s_1 + \lambda}{2}\right), \end{aligned}$$

wo $s_2 = s_1 + \lambda$ ein kleiner Stundenwinkel ist.

Daher

$$\cos(\varphi - \delta) = \cos z_2 + 2\cos\varphi\cos\delta\sin^2\frac{s_1+\lambda}{2}, \tag{18}$$

Douves gibt für die Anwendung seines Verfahrens eigene Tafeln. Da es sich dabei aber fast nur um die einfachen Winkelfunktionen handelt, so sind sie eigentlich überflüssig und man kommt mit einem gewöhnlichen Logarithmenbuch aus.

2. Wir setzen in der ersten Gleichung einen Näherungswert φ_0 für φ und berechnen das zugehörige $s_1 : s_{10}$. Ebenso berechnen wir aus der zweiten Gleichung mit $\varphi = \varphi_0$ den zugehörigen Wert s_{20} und setzen nun:

$$\begin{aligned} \varphi &= \varphi_0 + d\varphi, \\ s_1 &= s_{10} + ds_1, \\ s_2 &= s_{20} + ds_2. \end{aligned} \tag{19}$$

Führen wir diese Werte ein, so finden wir nach unseren Differentialformeln

$$\begin{aligned} dz_1 &= \cos a_1\, d\varphi + \sin a_1 \cos\varphi\, ds_1, \\ dz_2 &= \cos a_2\, d\varphi + \sin a_2 \cos\varphi\, ds_2. \end{aligned}$$

Da nun aber für die verbesserten Werte wieder das beobachtete z resultieren muß, so muß $dz_1 = dz_2 = 0$ sein und wir haben

$$\begin{aligned} \cos a_1\, d\varphi + \sin a_1 \cos\varphi\, ds_1 &= 0, \\ \cos a_2\, d\varphi + \sin a_2 \cos\varphi\, ds_2 &= 0. \end{aligned} \tag{20}$$

Die Größen a_1 und a_2 berechnet man aus den Gleichungen

$$\begin{aligned} \cos h_1 \sin a_1 &= \cos\delta \sin s_1, \\ \cos h_2 \sin a_2 &= \cos\delta \sin s_2, \end{aligned} \tag{21}$$

wobei es reicht, für s_1 und s_2 die Näherungswerte s_{10} und s_{20} zu setzen.

Für das dem ersten Vertikal nahe liegende a ist es nötig, das Vorzeichen des Kosinus festzustellen, was nach der bekannten Formel

$$\cos a = \frac{\cos\delta\sin\varphi\cos s - \sin\delta\cos\varphi}{\sin z}$$

geschehen kann.

Nun ist

$$s_2 - s_1 = \lambda = s_{20} - s_{10} + (ds_2 - ds_1),$$

daher

$$ds_2 = \lambda - (s_{20} - s_{10}) + ds_1 = \mu + ds_1. \tag{22}$$

Die Gleichungen lauten nun

$$\cos a_1\, d\varphi + \sin a_1 \cos\varphi\, ds_1 = 0,$$
$$\cos a_2\, d\varphi + \sin a_2 \cos\varphi\, (\mu + ds_1) = 0. \tag{23}$$

Daher

$$\sin(a_2 - a_1)\, d\varphi = \sin a_1 \sin a_2 \cos\varphi\, (ds_1 - \mu - ds_1),$$
$$d\varphi = \frac{\sin a_1 \sin a_2 \cos\varphi}{\sin(a_2 - a_1)}\, \mu. \tag{24}$$

Ebenso

$$\cos\varphi \sin(a_2 - a_1)\, ds_1 + \sin a_2 \cos a_1 \cos\varphi \,.\, \mu$$

oder

$$ds_1 = -\frac{\sin a_2 \cos a_1}{\sin(a_2 - a_1)}\, \mu. \tag{25}$$

Man überzeugt sich leicht, daß das hier angewendete Verfahren nichts anderes ist, als die Methode der *Sumner*schen Linien. Die Gl.

$$\cos a_1\, d\varphi + \sin a_1 \cos\varphi\, ds_1 = 0$$

sagt nichts anderes aus, als daß $dz = 0$ für zusammengehörige Werte von $d\varphi$ und ds, d. h. sie entsprechen einer Verschiebung auf der Höhengleiche.

24. Beispiel: Es sei am 30. I. 1943 α Tauri ($\alpha = 4^h\,32^m\,39^s3$, $\delta = 16^0\,23'\,38''7$) zu den Sternzeiten

$u_1 = 23^h\,48^m\,21^s$ in der Zenitdistanz $65^0\,13'\,9''$,
$u_2 = 5^h\,40^m\,8^s$ in der Zenitdistanz $28^0\,12'\,34''$ beobachtet worden.
Es ist die Breite und die Uhrkorrektion zu bestimmen.

Erste Methode:

		Erste Näherung	Zweite Näherung
Näherungswert der Breite	φ	40^0	$40^0\,31'\,5''2$
Gl. (16)[1]	s_1	$-\ 4^h\,44^m\,30^s3$	$-\ 4^h\,44^m\,33^s0$
	λ	$5^h\,51^m\,47^s$	$5^h\,51^m\,47^s$
Gl. (13)	s_2	$1^h\,7^m\,16^s7$	$1^h\,7^m\,14^s0$
Gl. (18)	$\varphi - \delta$	$24^0\,7'\,26''7$	$24^0\,9'\,47''5$
	δ	$16^0\,23'\,38''7$	$16^0\,23'\,38''7$
	φ	$40^0\,31'\,5''2$	$40^0\,33'\,26''2$

Fügt man zu den letzten Werten von s_1 und s_2 die Rektaszension hinzu, so erhält man die Sternzeiten $t_1 = 23^h\,48^m\,6^s3$ und $t_2 = 5^h\,39^m\,53^s3$. Der Vergleich mit den Beobachtungszeiten ergibt den Uhrstand -14^s7.

[1] Bei Benützung von Gl. (16) wird Gl. (17) überflüssig.

Zweite Methode:

		Erste Näherung	Zweite Näherung
Näherungswert der Breite	φ	40^0	$40^0\,35'\,17''6$
Gl. (16)	s_{10}	$-\ 4^h\,44^m\,30^s\,4$	$-\ 4^h\,44^m\,33^s\,3$
Gl. (16)	s_{20}	$1^h\,11^m\,6^s\,9$	$+\ 1^h\,7^m\,1^s\,7$
Gl. (21) und III (2) Azimut	a_1	$268^0\,56'\,6$	
Gl. (21)	a_2	$38^0\,17'\,6$	
	$a_2 - a_1$	$129^0\,21'\,0$	
	$u_2 - u_1$	$5^h\,51^m\,47^s$	$5^h\,51^m\,47^s\,0$
	$s_{10} - s_{20}$	$-\ 5^h\,55^m\,37^s$	$-\ 5^h\,51^m\,35^s\,0$
	τ	$-\ 3^m\,50^s$	$+\ 12^s\,0$
Gl. (24)	$d\varphi$	$+\ 35'\,17''6$	$-\ 1'\,50''5$
Gl. (25)	ds_{10}	$-\ 3^s\,4$	$+\ 0^s\,2$
Gl. (22)	ds_2	$-\ 3'\,53^s\,4$	$+\ 12^s\,2$
	φ	$40^0\,35'\,17''6$	$40^0\,33'\,27''1$
	s_1	$-\ 4^h\,44^m\,33^s\,8$	$-\ 4^h\,44^m\,33^s\,1$
	s_2	$+\ 1^h\,7^m\,13^s\,5$	$+\ 1^h\,7^m\,13^s\,9$

in guter Übereinstimmung mit den Resultaten der ersten Methode.

Da die beiden Verfahren für die hohe See erfunden sind und die Beobachtungen mit dem Sextanten gemacht werden müssen, ist eine besondere Genauigkeit nicht notwendig.

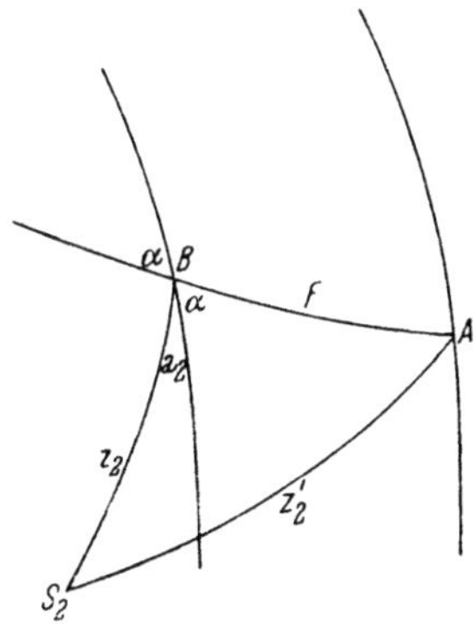

Abb. 117

Wenn die Beobachtungen auf hoher See gemacht wurden und das Schiff in der Zeit zwischen u_1 und u_2 Fahrt gemacht hat, so ist der zweite Standpunkt nicht identisch mit dem ersten. Hätte man nun in dem ersten $h_2' = 90^0 - z_2'$ abgelesen, so liest man nun im zweiten $h_2 = 90^0 - z_2$ ab. Wir brauchen den Unterschied $h_2' - h_2$, um die zweite Beobachtung auf den ersten Beobachtungspunkt zu reduzieren. Es seien in Abb. 117 A und B die beiden Beobachtungspunkte, S_2 der zugehörige Zenitalpunkt des Sternes. Es ist nun in dem Dreieck $A\,B\,S_2$:

$$\cos z_2' = \cos z_2 \cos F + \sin z_2 \sin F \cos \alpha,$$

wenn $a = S_2 A B$ und F die zurückgelegte Strecke ist, oder

$$\cos z_2' = \cos z_2 \left(1 - \frac{F^2}{2\omega^2}\right) + \frac{F}{\omega} \sin z_2 \cos a,$$

$$2 \sin \frac{z_2 + z_2'}{2} \sin \frac{z_2 - z_2'}{2} = \frac{F}{\omega} \sin z \cos a - \frac{F^2}{2\,\omega^2} \cos z_2.$$

Ist nun

$$z_2' = z_2 + \Delta z,$$

so wird

$$\sin\left(z_2 + \frac{\Delta z}{2\omega}\right)(z_2 - z_2') = F \sin z_2 \cos a - \frac{F^2}{2\omega} \cos z_2.$$

Daher

$$-\left(\sin z_2 + \cos z_2 \frac{\Delta z}{2\omega}\right) \Delta z = F \sin z_2 \cos a - \frac{F^2}{2\omega} \cos z_2$$

$$\Delta z = -\frac{F \sin z_2 \cos a - \frac{F^2}{2\omega} \cos z_2}{\sin z_2 + \cos z_2 \frac{\Delta z}{2\omega}} = -\frac{F \cos a - \frac{F^2}{2\omega} \operatorname{ctg} z_2}{1 + \operatorname{ctg} z_2 \frac{\Delta z}{2\omega}}.$$

Setzen wir in dem kleinen Glied im Nenner für Δz den Näherungswert $-F \cos a$ und entwickeln wir ihn als Potenz -1 in den Zähler, so wird:

$$\Delta z = -F \cos a \left(1 + \frac{1}{2} \operatorname{ctg} z_2 \cos a \frac{F}{\omega}\right) - \frac{F^2}{2\omega} \operatorname{ctg} z_2 =$$

$$= -F \cos a - \frac{F^2}{2\omega} \operatorname{ctg} z_2 (1 + \cos^2 a). \qquad (26)$$

25. Beispiel: Nehmen wir an, das Schiff habe bei einem Kurs von 80^0 West 100 Knoten gesegelt, was einem Bogen $F = 100$ Bogenminuten entspricht. Der Winkel in dem sphärischen Dreiecke bei B ist dann $a = 80^0 + a_2$ $80^0 + 38^0\,17' = 118^0\,17'$. Dann wird $\Delta z = -\Delta \cos a = +\,47'\,38'' =$ $= 47'\,22''8$, welcher Betrag zu h_2 hinzugefügt werden muß. Das zweite Glied ist unmerklich.

Diese Korrektion verlangt die Kenntnis der gesegelten Strecke ihrer Größe und ihrer Richtung nach. Was die Geschwindigkeit betrifft, so wird sie mit dem Logg gemessen. Dieses besteht in seiner ursprünglichen, auch heute noch vielfach verwendeten Form, in einem dreieckigen Brett an einer langen Schnur, das ins Wasser geworfen, sich mit der Breitseite gegen das Wasser stellt und sofort aufhört, an der Bewegung des Schiffes teilzunehmen; es bleibt als fester Punkt im Wasser liegen. An dem Ablaufen einer

Schnur wird die Geschwindigkeit abgelesen. Diese Schnur trägt in bestimmten Abständen Knoten; die Zahl der Knoten, die in einer gewissen Zeit durch die Hand laufen, ist dann gleich der Zahl der Seemeilen in der Stunde. Eine modernere Einrichtung ist das Patentlogg. Dieses besteht aus einem schraubenförmig gestalteten Körper, der an einer Leine nachgeschleppt wird. Durch die Bewegung des Schiffes kommt der Körper in Rotation. Die Zahl der Umdrehungen wird an einem Zählwerk abgelesen. Die Zahl der Schraubenumdrehungen in der Minute gibt ebenfalls ein gutes Mittel, um die Geschwindigkeit des Schiffes zu bestimmen.

Die Richtung des Schiffes bestimmt man aus der um Mißweisung und Deviation korrigierten Richtung der Magnetnadel. Diese gibt aber nur den Winkel, den die Längsrichtung des Schiffes mit dem Meridian bildet, nicht aber die Bewegungsrichtung, weil sich das Schiff nicht immer in seiner Achsenrichtung, sondern auch zum Teil quer verschiebt. Diese Querschiebung kommt vom Wind. Man erkennt sie daraus, daß dann das Kielwasser des Schiffes mit der Längsrichtung des Schiffes einen Winkel einschließt, den man messen und an der Kompaßrichtung anbringen kann.

Endlich sind es die Meeresströmungen, welche das Schiff seitwärts mitnehmen. Diese erkennt man aber nicht, weil Meer und Schiff dieser Bewegung mitsammen folgen. Man kann sie nur soweit in Rechnung bringen, als die Strömungen bekannt sind.

Mit diesen Hilfsmitteln bestimmt der Seemann Größe und Richtung der Schiffsbewegung und kann so von einem bestimmten Ausgangspunkt an das nach einer gewissen Zeit erreichte Ziel berechnen. Zur Berechnung von Länge und Breite des erreichten Punktes dient die in allen nautischen Tafeln gegebene sogenannte Koppeltafel. Sie gibt mit dem Kurs und der gesegelten Distanz die Katheten, des vom Meridian- und Parallelkreis und der gesegelten Distanz auf der Karte gebildeten rechtwinkeligen Dreieckes. Den Längenunterschied kann man direkt aus der Karte ablesen, für den Breitenunterschied braucht man eine Tafel der Merkatorfunktion.

In unserem obigen Beispiel mit der Hypothenuse $d = 100$ werden die beiden Katheten im Meridian 17,4, im Parallel 98,5. In der gegebenen Breite entsprechen 13,2 Einheiten einem Breitenunterschied von $10'$; 17,4 Einheiten daher einem Breitenunterschied von 13′18. Der Längenunterschied ist 98′5. Bei dem großen Maßstab, der bei den Seekarten verwendet wird und der Kleinheit der gesegelten Wege, kann man den Einfluß der Ortsveränderung leicht auch graphisch dadurch berücksichtigen, daß man die zweite Sumnersche-Linie parallel zu sich selbst um den gesegelten Weg verschiebt.

XXXIII. Zeit- und Breitenbestimmung aus Azimutmessungen.

Ebenso, wie wir Zeit und Breite aus Höhen bestimmen können, so können wir sie auch aus Azimuten bestimmen. Während aber der Anfangspunkt der Höhenzählung durch den Horizont deutlich gekennzeichnet ist, ist der Anfangspunkt für die Azimutzählung, d. i. der Meridian, durch nichts ausgezeichnet. Da aber ein Azimut keinen Sinn hat, ohne daß der Anfangspunkt festgelegt ist, so folgt, daß jede Operation dieser Art die Bestimmung des Meridianes in sich begreifen muß. Damit soll aber nicht gesagt sein, daß solche Beobachtungen nur auf festen Stationen, z. B. Sternwarten, möglich seien. Im Gegenteil, gerade die Bestimmung des Meridianes ist eine Sache, die oft auf fliegenden Observatorien gebraucht wird. In der Geodäsie kommt es immer vor, daß die Richtung einer Dreieckseite gegen den Meridian festgelegt werden muß, weil darauf die Orientierung des ganzen Netzes ruht; solche Punkte müssen aber keine ständigen Observatorien sein, sondern sie werden nach ihrer Sichtbarkeit und nach ihrer sonstigen Situation im Netze ausgesucht.

a) Wir beginnen daher dieses Kapitel mit den Methoden der Meridianbestimmung.

1. Die Beobachtung der größten Digression der Fixsterne.

Wir haben gezeigt, daß Sterne, welche nördlich des Zenites kulminieren, sich nur bis zu einer gewissen Grenze rechts und links des Nordteiles des Meridianes entfernen können (S. 39). Diese maximale Entfernung haben wir die größte Digression genannt und festgestellt, daß an dieser Stelle der parallaktische Winkel gleich 90^0 ist. Der Deklinationskreis steht also senkrecht auf dem Höhenkreis und die Änderung des Azimutes ist in diesem

Augenblicke gleich Null. Es läßt sich daher das Azimut in diesem Momente sehr gut beobachten. Es ist (Abb. 118) in dem bei S rechtwinkligen Dreiecke

$$\cos\varphi \sin a = \cos\delta,$$

$$\sin a = \pm \frac{\cos\delta}{\cos\varphi}, \tag{1}$$

a ist im zweiten oder dritten Quadranten aufzuschlagen, je nachdem es sich um die westliche oder östliche Digression handelt. Ist A die Lesung des Kreises, so ist $a - A$ der Indexfehler ΔA und das richtige Azimut $A + \Delta A$.

Sind A und A' die beiden Lesungen links und rechts des Meridianes, so ist $\frac{A + A'}{2}$ die Lesung für den Nordpunkt, $\frac{A + A'}{2} - 180^0$ für den Südpunkt. Hat sich die Deklination des Sternes geändert und war sie bei der ersten Digression $\delta_0 + d\delta_1$, bei der zweiten $\delta_0 + d\delta_2$, so wird A' nicht mehr symmetrisch zu A liegen, sondern um eine Größe verschoben, die man durch Differenzieren der Gl. (1) findet:

$$\cos a\, da = \mp \frac{\sin\delta\, d\delta}{\cos\varphi} \quad \text{oder} \quad da = \mp \frac{\sin\delta}{\cos a \cos\varphi}\, d\delta. \tag{2}$$

Der symmetrische Punkt liegt also in der Mitte zwischen den um $-da_1$ und $-da_2$ korrigierten Lesungen A und A' und der Nordpunkt fällt nun nach

$$\frac{A + A'}{2} - \frac{da_1 + da_2}{2} \tag{3}$$

der Südpunkt nach:

$$\frac{A + A'}{2} - \frac{da_1 + da_2}{2} - 180^0.$$

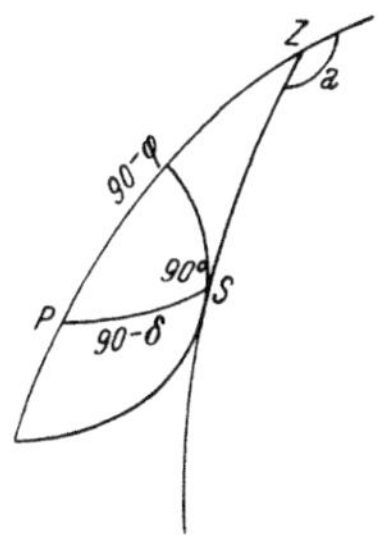

Abb. 118

Dieser Wert sollte bei richtiger Stellung des Kreises gleich Null sein; beträgt er aber ΔA, so sind alle Lesungen dieses Kreises um $-\Delta A$ zu korrigieren. Mit der Bestimmung des Indexfehlers des Azimutalkreises ist der Meridian festgelegt. Bei hohen Polsternen ist in da_1 und da_2 auch die tägliche Aberration (S. 123) einzurechnen.

26. Beispiel: Am 19. XI. 1943 sei in Wien der Stern α ursae minoris (Polaris) in den beiden größten Digressionen im Azimut beobachtet worden. Die Deklination ist nach dem Jahrbuch zur Zeit der oberen Kulmination in Greenwich $88^0\,59'\,57''\,11$. Wir finden nun den Stundenwinkel der größten Digression nach Gl. II (9) zu $\pm\, 88^0\,52'\,45''\,18 = \pm\, 5^h\,55^m\,31^s$. Dazu finden wir nach Gl. IV (9) die Azimute $181^0\,30'\,9''\,15$ und $178^0\,29'\,50''\,85$. Da α ursae minoris in Wien $1^h\,5^m\,21^s$ früher kulminiert, so ist der Stundenwinkel in Greenwich zur Zeit der östlichen Digression $s = -\,7^h\,0^m\,52^s$, für die westliche $+\,4^h\,50^m\,10^s$. Da die Deklinationsänderung vom 18. zum 19. XI. $+\,0''\,35$, vom 19. zum 20. $+\,0''\,34$ ist, so ist für östliche Digression $d\delta_1 = -\,0''\,10$, für die westliche $d\delta_2 = +\,0''\,07$. Da nun in Gl. (1) für die östliche Digression das untere, für die westliche das obere Vorzeichen gilt und $\cos a$ negativ ist, so sind die Korrektionen in a : $+\,0''\,15$ und $+\,0''\,11$.

Bei so großer Deklination ist es auch notwendig, dic tägliche Aberration nach Gl. XIII (17) zu berücksichtigen. Wir erhalten $d\delta = \mp\,0''\,20$ und in beiden Fällen $da = +\,0''\,30$. Es sind also die richtigen Azimute

$$\begin{array}{ll} \text{östl. Digression} & 181^0\,30'\;\;9''\,15 + 0''\,45 = A\;\; = 181^0\,30'\;\;9''\,60, \\ \text{westl. Digression} & 178^0\,29'\,50''\,85 + 0''\,41 = A' = 178^0\,29'\,51''\,26. \qquad (*) \end{array}$$

Sind also Gl. (*) die Kreisablesungen und korrigiert man sie um die kleinen Beträge, so wird

$$\frac{A + A'}{2} - \frac{0{,}45 + 0{,}41}{2} = 180^0.$$

Das Mittel aus den beiden Kreisablesungen vermindert um die halbe Summe der Korrektion wegen Deklinationsänderung und tägl. Aberration gibt also bei richtiger Stellung des Kreises (Indexfehler gleich Null) den Nordpunkt.

In diesem Falle steht also das Instrument richtig, der Indexfehler ist Null. Wäre aber z. B.

$$\begin{aligned} A\;\; &= 186^0\,45'\;\;1''\,3, \\ A' &= 183^0\,44'\,43''\,0, \end{aligned}$$

so wird $\dfrac{A + A'}{2} - 0''\,43 = 185^0\;14'\;51''\,8$ und der Indexfehler ist $-\,5^0\,14'\,51''\,8$, d. h. wenn das Instrument genau nach Süden weist, so liest man am Kreis statt Null $5^0\,14'\,51''\,8$ und es sind alle Lesungen um diesen Betrag zu vermindern.

2. Die Methode der korrespondierenden Höhen.

Wenn man das Azimut eines Gestirnes in der gleichen Höhe rechts und links vom Meridian beobachtet, so entspricht das Mittel der Ablesungen genau dem Meridian. Hat man dazu die Sonne verwendet, so muß man wieder die Deklinationsänderung berücksichtigen. Aus

$$\sin\delta = \sin\varphi\sin h - \cos\varphi\cos h\cos a$$

findet man

$$\cos\delta\, d\delta = \cos\varphi \cos h \sin a\, da, \tag{4}$$

also nach Gl. III (2)

$$da = \frac{\cos\delta\, d\delta}{\cos\varphi \cos h \sin a} = \frac{d\delta}{\cos\varphi \sin s}.$$

Man korrigiert also die zweite Lesung um $-da$, dann entspricht das arithmetische Mittel wieder dem Meridian:

$$\frac{A + A'}{2} - \frac{da}{2}. \tag{5}$$

3. Man beobachtet, ohne das Azimut des Instrumentes zu ändern, in der Nähe des Meridianes einen Polstern in der oberen und der unteren Kulmination. Steht das Instrument genau im Meridian, so muß der Zeitunterschied genau 12^h Sternzeit sein. Hat sich die Rektaszension um $\Delta\,\alpha$ geändert, so wird der Zeitunterschied $12^h + \Delta\,\alpha$. Es ändert sich aber auch die Deklination, doch resultiert daraus nur ein Glied zweiter Ordnung.

Es ist nun nach Gl. III (2), wenn wir das Azimut vom Nordpunkt zählen

$$\begin{aligned}
\cos h \sin a &= \cos\delta \sin s,\\
\cos h \cos a &= \cos\varphi \sin\delta - \sin\varphi \cos\delta \cos s,\\
\cos h' \sin a &= \cos\delta \sin s',\\
\cos h' \cos a &= \cos\varphi \sin\delta - \sin\varphi \cos\delta \cos s'
\end{aligned} \tag{6}$$

Daher

$$\begin{aligned}
\sin a\,(\cos h + \cos h') &= \cos\delta\,(\sin s + \sin s'),\\
\cos a\,(\cos h - \cos h') &= -\sin\varphi \cos\delta\,(\cos s - \cos s')
\end{aligned}$$

oder

$$2 \sin a \cos\frac{h+h'}{2} \cos\frac{h-h'}{2} = 2\cos\delta \sin\frac{s+s'}{2} \cos\frac{s-s'}{2} -$$

$$-2\cos a \sin\frac{h+h'}{2} \sin\frac{h-h'}{2} = 2\sin\varphi \cos\delta \sin\frac{s+s'}{2} \sin\frac{s-s'}{2}$$

und

$$\operatorname{tg} a \operatorname{ctg}\frac{h+h'}{2} \operatorname{ctg}\frac{h-h'}{2} = -\frac{1}{\sin\varphi} \operatorname{ctg}\frac{s-s'}{2}. \tag{7}$$

$\frac{h+h'}{2}$ ist sehr nahe gleich φ, daher $\operatorname{tg}\frac{h+h'}{2} \operatorname{cosec}\varphi = \operatorname{tg}\varphi \operatorname{cosec}\varphi = \sec\varphi$. Endlich ist näherungsweise

$$\begin{aligned}
h &= 90^0 - (\delta - \varphi) = 90^0 + \varphi - \delta,\\
h' &= 90^0 - (180^0 - \varphi - \delta) = -90^0 + \varphi + \delta,
\end{aligned} \tag{8}$$

also $\frac{h-h'}{2} = 90^0 - \delta$ und $\operatorname{tg}\frac{h-h'}{2} = \operatorname{ctg}\delta$. Somit wird jetzt

$$\operatorname{tg} a = -\operatorname{ctg}\frac{s-s'}{2}\operatorname{tg}\frac{h+h'}{2}\operatorname{tg}\frac{h-h'}{2}\frac{1}{\sin\varphi} =$$

$$= -\operatorname{ctg}\frac{s-s'}{2}\operatorname{tg}\varphi\operatorname{ctg}\delta\operatorname{cosec}\varphi = \operatorname{ctg}\frac{s'-s}{2}\frac{1}{\cos\varphi\operatorname{tg}\delta}$$

und

$$a = \frac{90^0 - \frac{s'-s}{2}}{\cos\varphi\operatorname{tg}\delta}$$

oder

$$a = \frac{90^0 - \frac{u'-u}{2} - \Delta\alpha}{\cos\varphi\operatorname{tg}\delta}$$

wo u und u' die an einer Sternzeituhr abgelesenen Beobachtungszeiten ausgedrückt im Gradmaß sind.

27. Beispiel: Am 6. III. 1943 wurde in Wien Polaris in der Nähe der oberen und unteren Kulmination im gleichen Azimut zu den Sternzeiten $t_1 = 2^h\,4^m\,53^s 0$ und $t_2 = 13^h\,23^m\,9^s 0$ beobachtet. Die Zwischenzeit beträgt $t_2 - t_1 = 11^h\,18^m\,16^s$, $\frac{t_2 - t_1}{2} = 5^h\,39^m\,8^s$. Die tägliche Änderung der Rektaszension beträgt $-0^s 84$, für den halben Tag also $-0^s 42$. Die tägliche Aberration gibt $\pm\,0^s 80$; von der oberen zur unteren Kulmination $-1^s 60$. Somit

$$90^0 - \frac{t_2 - t_1}{2} - \Delta\alpha = 6^h - 5^h\,39^m\,8^s - 2^s 02 = 20^m\,50^s 0.$$

Daraus findet man nach Gl. (8) $a = 493''1 = 8'\,13''1$.

Wenn wir nicht denselben Stern zweimal benützen, sondern verschiedene Sterne, so stellt sich die Sache so: Aus den Differentialformeln finden wir

$$ds = \frac{\sin z}{\cos p\cos\delta}\,da, \tag{9}$$

wenn wir aber sehr nahe am Meridian bleiben, dann ist $p = 0^0$ oder 180^0.

Es gilt also für die Durchgangszeit eines Sternes südlich des Zenites durch ein Instrument, das um Δa aus dem Meridian verdreht ist, wenn u die Uhrzeit und x ihr Fehler ist

$$a_1 = u_1 + x + \frac{\sin z}{\cos\delta}\,\Delta\,a. \tag{10}$$

Das Vorzeichen der Azimutkorrektion ergibt sich aus folgender Überlegung (Abb. 119). Fassen wir das Stück $S\,S'$ als Bogen größten Kreises auf, so ist in dem Dreiecke $Z\,S\,S'$

$$\cos S\,S' = \cos^2 z + \sin^2 z \cos \varDelta a,$$

$$1 - 2 \sin^2 \frac{S\,S'}{2} = 1 - 2 \sin^2 z \sin^2 \frac{\varDelta a}{2},$$

daher

$$S\,S' = \sin z\, \varDelta a.$$

Ebenso ist in dem Dreiecke $P\,S\,S'$

$$\cos S\,S' = \sin^2 \delta + \cos^2 \delta \cos \varDelta s,$$

daher

$$S\,S' = \cos \delta\, \varDelta s.$$

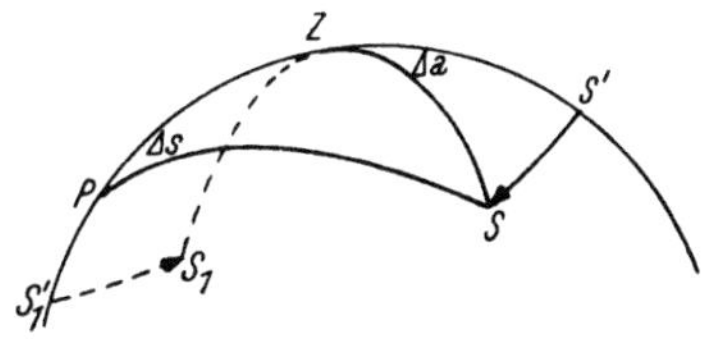

Abb. 119

Somit

$$\sin z\, \varDelta a = \cos \delta\, \varDelta s,$$

also

$$\varDelta s = \frac{\sin z}{\cos \delta} \varDelta a.$$

Da der Stern erst nach seiner wirklichen Meridianpassage ins Fernrohr kommt, so ist die Korrektion negativ. Geht der Stern nördlich Z durch den Meridian, so gilt die gleiche Entwicklung, aber die Korrektion ändert das Zeichen und wird nun positiv, weil der Stern zu früh antritt. Ist der Stern in der unteren Kulmination, so wird

$$\cos S\,S' = \cos^2 (180^0 - \varphi - \delta) + \sin^2 (180^0 - \varphi - \delta) \cos \varDelta a =$$
$$= \cos^2 (\varphi + \delta) + \sin^2 (\varphi + \delta) \cos \varDelta a,$$

somit

$$S\,S' = \sin (\varphi + \delta)\, \varDelta a$$

und wie früher

$$S\,S' = \cos \delta\, \varDelta s,$$

also

$$\sin (\varphi + \delta)\, \varDelta a = \cos \delta\, \varDelta s \quad \text{oder} \quad \varDelta s = \frac{\sin (\varphi + \delta)}{\cos \delta} \varDelta a.$$

Nun ist aber die Korrektur wieder negativ, denn jetzt kommt der Stern von Westen und zu spät in das Instrument. Es gilt also allgemein

$$a = u + x \pm \frac{\sin z}{\cos \delta} \varDelta\, a, \tag{10'}$$

unter Rücksichtnahme auf das Vorzeichen. Aus zwei solchen Gl. kann man nicht nur $\varDelta\, a$ und damit die Richtung des Meridianes bestimmen, sondern auch $\varDelta\, s$, d. i. den Uhrstand. Es liegt also gleichzeitig eine Zeitbestimmung vor. Die Bestimmung von $\varDelta\, a$ wird am besten ausfallen, wenn die Koeffizienten von da untereinander möglichst verschieden sind, am besten durch einen Stern südlich des Zenites und einen Polstern; für letzteren wird auch $\cos \delta$ kleiner; oder einen Polstern in oberer und einen in unterer Kulmination (siehe S. 212).

Diese Methoden setzen alle die Kenntnis der Zeit nicht voraus, und für die Breite nur einen Näherungswert. Sind diese Größen aber bekannt, so gibt jede Beobachtung eines beliebigen Sternes zu beliebiger Zeit eine Bestimmung des Azimutes oder des Meridianes mit Hilfe der beiden Gleichungen

$$\cos h \sin a = \cos \delta \sin s,$$
$$\cos h \cos a = -\cos \varphi \sin \delta + \sin \varphi \cos \delta \cos s.$$

Die Differentialformel

$$\sin z\, da = \sin p\, d\delta - \cos z \sin a\, d\varphi + \cos p \cos \delta\, ds$$

gibt

$$da = \frac{\sin p}{\sin z} d\delta - \operatorname{ctg} z \sin a\, d\varphi + \frac{\cos p \cos \delta}{\sin z} ds. \tag{11}$$

Wenn wir von $d\delta$ absehen, so erkennen wir, daß p nahe gleich 90^0, d. h. $\cos p$ klein sein soll, d. h. wir nehmen den Polarstern in der Nähe der größten Digression.

Hat man den Meridian festgelegt, so gibt jede Beobachtung eines beliebigen terrestrischen Objektes den Winkel, welchen diese Richtung mit dem Meridian einschließt. Das ist der Fall, der in der Geodäsie vorliegt, wenn die Orientierung eines Netzes gegen den Meridian festgelegt werden soll.

b) Zeitbestimmung aus Azimuten.

Aus zwei Gl. der Form (10) läßt sich x eliminieren und $\varDelta\, a$ bestimmen:

$$a_1 - a_2 = u_1 - u_2 + \left(\frac{\sin z_1}{\cos \delta_1} - \frac{\sin z_2}{\cos \delta_2}\right) \varDelta\, a, \tag{12}$$

wobei man die beiden Koeffizienten von $\varDelta\, a$ sowohl der Größe nach sehr verschieden, als auch von entgegengesetzten Vorzeichen macht. Die Bestimmung von x aus denselben Gl. wird aber nicht so gut ausfallen, weil wegen der Wahl der Sterne Δa einen bedeutenden Einfluß übt. Man beobachtet daher noch andere Sterne, bei denen Δa wenig Einfluß nimmt, das sind solche mit kleinem z (Zenitsterne). Aus einer größeren Anzahl so gefundener x nimmt man das arithmetische Mittel.

Diese Methode, die Zeit (d. i. die Uhrkorrektion) aus Sternpassagen in der unmittelbarsten Nähe des Meridianes zu bestimmen, ist die beste und sicherste. Sie wird an allen Orten mit fortlaufender Zeit- und Uhrenkontrolle, also auch auf Sternwarten verwendet. Die dazu gebrauchten Instrumente sind das Passagenrohr und der Meridiankreis (siehe XXVIII).

28. Beispiel: Am 7. IX. 1913 wurden in Wien die Meridianpassagen der nachstehend angeführten Sterne und Sternzeit beobachtet (Mittel aus je 9 auf den Mittelfaden reduzierten Fadenantritten, Beobachter Dr. *Roßrucker*). Die erste Kolonne enthält den Namen des Sternes, die zweite die Rektaszension, die nächste die tägliche Aberration, die mit ihrem Zeichen an die Rektaszension anzubringen ist, dann die Deklination.

Stern	α	tägl. Aberration	Deklination	Uhrzeit	$\alpha - u$	Neig.-Korr.		Azimut-Korr.	x
υ capricorni	$20^h 35^m 9^s 65$	$+0^s 01$	$-18^0 26' 39''$	$20^h 35^m 30^s 28$	$-20^s 62$	$-0^s 01$	$-20^s 63$	$+0^s 48$	$-20^s 15$
ε cygni	$20^h 42^m 44^s 20$	$+0^s 02$	$+33^0 38' 53''$	$20^h 43^m 4^s 68$	$-20^s 46$	$+0^s 13$	$-20^s 33$	$+0^s 15$	$-20^s 18$
32 vulpeculae	$20^h 50^m 53^s 95$	$+0^s 02$	$+27^0 43' 49''$	$20^h 51^m 14^s 38$	$-20^s 41$	$+0^s 05$	$-20^s 36$	$+0^s 19$	$-20^s 17$
61 cygni	$21^h 3^m 2^s 76$	$+0^s 02$	$+38^0 19' 34''$	$21^h 3^m 23^s 20$	$-20^s 42$	$+0^s 12$	$-20^s 30$	$+0^s 11$	$-20^s 19$
ζ cygni	$21^h 9^m 16^s 86$	$+0^s 02$	$+29^0 52' 26''$	$21^h 9^m 37^s 30$	$-20^s 42$	$+0^s 07$	$-20^s 35$	$+0^s 18$	$-20^s 17$
α Cephei	$21^h 16^m 32^s 82$	$+0^s 03$	$+62^0 13' 15''$	$21^h 16^m 52^s 81$	$-19^s 96$	$+0^s 07$	$-19^s 89$	$-0^s 25$	$-20^s 14$
									$-20^s 17$

Die nächste Kolonne gibt die Beobachtungszeiten; dann folgt die Differenz gegen die wegen der Aberration korrigierten Rektaszensionen. Diese Zahlen sind zunächst wegen der Neigung zu korrigieren, entsprechend der Gl. XXVIII (4, 5). Eine Korrektion wegen Kollimationsfehler ist nicht notwendig, da bei jedem Sterne umgelegt wurde. Das Azimut wird aus Gl. (10) berechnet, wobei die beiden Sterne v capricorni (Südstern) und α Cephei (Polstern) verwendet wurden. Dabei ist

$$\frac{\sin(\varphi - \delta_1)}{\cos \delta_1} = 0{,}9680; \quad \frac{\sin(\varphi - \delta_2)}{\cos \delta_2} = -0{,}5187,$$

daher

$$-0^s 73 = 1{,}4867\, a, \qquad a = -0^s 491.$$

Eine gute Methode zur Bestimmung der Zeit aus Azimuten besteht darin, das Verschwinden eines Sternes hinter einem senkrechten Gegenstande zu beobachten. Denn, da dieser Gegenstand sein Azimut beibehält, so verschwindet ein Fixstern alle Tage genau um dieselbe Sternzeit hinter diesem Objekt. Hat man also einmal diese Zeit nach irgendeiner Methode bestimmt, so gibt jede Beobachtung des Verschwindens des Sternes hinter dem Gegenstand die Uhrkorrektion. Dies ändert sich nur insofern, als sich Rektaszension und Deklination des Sternes ändern. Die Änderung der Rektaszension geht mit ihrem ganzen Betrage ein, denn es ist

$$\alpha = t + s$$

und daher

$$d\alpha = dt + ds, \qquad dt = d\alpha - ds. \tag{13}$$

Die Änderung ds kommt von der Deklination. Aus der Differentialformel I (18) folgt

$$\sin p \, d\delta + \cos p \cos \delta \, ds = 0$$

da da und φ gleich Null bleiben; somit

$$ds = -\frac{\operatorname{tg} p}{\cos \delta} d\delta \quad \text{oder} \quad ds^{s} = -\frac{\operatorname{tg} p}{15 \cos \delta} d\delta'',$$

daher nach Gl. (13)

$$dt = d\alpha + \frac{\operatorname{tg} p}{15 \cos \delta} d\delta. \tag{14}$$

c) Breitenbestimmung aus Azimuten.

Wir haben schon auf S. 224 festgestellt, daß man für eine Breitenbestimmung aus Azimuten am besten in den ersten Vertikal geht und kleine Zenitdistanzen wählt. Wir haben wieder die Gl.

$$\sin z \sin a = \cos \delta \sin s,$$
$$\sin z \cos a = -\sin \delta \cos \varphi + \cos \delta \sin \varphi \cos s,$$

daher

$$\operatorname{ctg} a = -\frac{\operatorname{tg} \delta \cos \varphi}{\sin s} + \sin \varphi \operatorname{ctg} s \tag{15}$$

oder

$$\sin s \operatorname{ctg} a = -\operatorname{tg} \delta \cos \varphi + \sin \varphi \cos s. \tag{15'}$$

Wenn wir wieder nicht nur ein Azimut, sondern deren zwei beobachten, so können wir eine oder die andere Größe ganz entbehren oder eine Unbekannte mehr bestimmen. Wir hätten also nun zwei Gleichungen

$$\begin{aligned}\sin s_1 \operatorname{ctg} a_1 &= -\operatorname{tg} \delta_1 \cos\varphi + \sin\varphi \cos s_1,\\ \sin s_2 \operatorname{ctg} a_2 &= -\operatorname{tg} \delta_2 \cos\varphi + \sin\varphi \cos s_2.\end{aligned} \qquad (16)$$

Daraus finden wir durch Multiplikation mit $\sin s_2$, resp. $\sin s_1$ und Subtraktion

$$\sin s_1 \sin s_2 (\operatorname{ctg} a_1 - \operatorname{ctg} a_2) = -\cos\varphi (\operatorname{tg} \delta_1 \sin s_2 - \operatorname{tg} \delta_2 \sin s_1) + \\ + \sin\varphi \sin (s_2 - s_1),$$

$$\sin s_1 \sin s_2 \frac{\sin (a_2 - a_1)}{\sin a_1 \sin a_2} =$$

$$= -\frac{\cos\varphi}{\cos\delta_1 \cos\delta_2} (\sin\delta_1 \cos\delta_2 \sin s_2 - \sin\delta_2 \cos\delta_1 \sin s_1) + \\ + \sin\varphi \sin (s_2 - s_1).$$

Nun ist nach Gl. III (1)

$$\frac{\sin s}{\sin a} = \frac{\sin z}{\cos\delta}.$$

Daher

$$\sin z_1 \sin z_2 \frac{\sin (a_2 - a_1)}{\cos\delta_1 \cos\delta_2} =$$

$$= -\frac{\cos\varphi}{\cos\delta_1 \cos\delta_2} (\sin\delta_1 \cos\delta_2 \sin s_2 - \sin\delta_2 \cos\delta_1 \sin s_1) + \\ + \sin\varphi \sin (s_2 - s_1)$$

oder

$$\sin z_1 \sin z_2 \sin (a_2 - a_1) = \cos\varphi (\sin\delta_2 \cos\delta_1 \sin s_1 - \\ - \sin\delta_1 \cos\delta_2 \sin s_2) + \sin\varphi \cos\delta_1 \cos\delta_2 \sin (s_2 - s_1). \qquad (17)$$

Nun ist

$$\sin\delta_2 \cos\delta_1 \sin s_1 - \sin\delta_1 \cos\delta_2 \sin s_2 = \frac{1}{2} [\sin (\delta_2 + \delta_1) + \\ + \sin (\delta_2 - \delta_1)] \sin s_1 - \frac{1}{2} [\sin (\delta_1 + \delta_2) + \sin (\delta_1 - \delta_2)] \sin s_2 = \\ = \sin (\delta_1 + \delta_2) \cos \frac{s_1 + s_2}{2} \sin \frac{s_1 - s_2}{2} + \\ + \sin (\delta_2 - \delta_1) \sin \frac{s_1 + s_2}{2} \cos \frac{s_1 - s_2}{2}. \qquad (18)$$

Setzen wir also

$$\begin{aligned}\sin (\delta_1 + \delta_2) \sin \frac{s_2 - s_1}{2} &= m \sin M,\\ \sin (\delta_2 - \delta_1) \cos \frac{s_2 - s_1}{2} &= m \cos M,\end{aligned} \qquad (19)$$

so wird der Ausdruck Gl. (17)

$$-m \sin M \cos \frac{s_1 + s_2}{2} + m \cos M \sin \frac{s_1 + s_2}{2} = m \sin \left(\frac{s_1 + s_2}{2} + M\right). \quad (20)$$

Bilden wir aus den zwei Hilfsgleichungen durch Multiplikation mit $\cos \frac{1}{2}(s_2 - s_1)$, resp. $\sin \frac{1}{2}(s_2 - s_1)$ den Ausdruck:

$$m \sin \left(\frac{s_2 - s_1}{2} - M\right) = \sin(\delta_2 - \delta_1) \cos \frac{s_2 - s_1}{2} \sin \frac{s_2 - s_1}{2} -$$
$$- \sin(\delta_2 + \delta_1) \sin \frac{s_2 - s_1}{2} \cos \frac{s_2 - s_1}{2} =$$
$$= \frac{1}{2} \sin(s_2 - s_1) [\sin(\delta_2 - \delta_1) - \sin(\delta_2 + \delta_1)] =$$
$$= - \sin(s_2 - s_1) \cos \delta_2 \sin \delta_1,$$

so wird aus Gl. (17)

$$\sin z_1 \sin z_2 \sin(a_2 - a_1) = \cos \varphi \, m \sin \left(\frac{s_1 + s_2}{2} + M\right) -$$
$$- \sin \varphi \operatorname{ctg} \delta_1 \, m \sin \left(\frac{s_2 - s_1}{2} - M\right). \quad (21)$$

Nimmt man nun die beiden Sterne in einem beliebigen, aber gleichen oder um 180° verschiedenen Azimut, so ist $\sin(a_2 - a_1) = 0$ und es bleibt

$$\operatorname{tg} \varphi \sin \left(\frac{s_2 - s_1}{2} - M\right) = \operatorname{tg} \delta \sin \left(\frac{s_1 + s_2}{2} - M\right),$$

also

$$\operatorname{tg} \varphi = \operatorname{tg} \delta \frac{\sin \left(\frac{s_1 + s_2}{2} - M\right)}{\sin \left(\frac{s_2 - s_1}{2} - M\right)}. \quad (22)$$

Hat man beide Male denselben Stern beobachtet, so wird $\delta_1 = \delta_2$; damit wird aber auch $\cos M = 0$, also $M = 90^0$. Daher

$$\operatorname{tg} \varphi = \operatorname{tg} \delta \frac{\cos \frac{s_1 + s_2}{2}}{\cos \frac{s_1 - s_2}{2}}. \quad (23)$$

Macht man endlich die Beobachtung genau im ersten Vertikal, so sind s_1 und s_2 symmetrisch zum Meridian, also $s_1 = -s_2$ und $s_1 + s_2 = 0$; so bleibt

$$\operatorname{tg}\varphi = \frac{\operatorname{tg}\delta}{\cos\frac{1}{2}(s_1 - s_2)} = \frac{\operatorname{tg}\delta}{\cos s_1}.$$

Zu dieser einfachen Formel kann man auch direkt kommen, wenn man in Gl. (15) $a = 90^0$ setzt.

29. Beispiel: Am 1. IV. 1943 sei der Stern α cygni ($\alpha = 20^h\,39^m\,28^s74$, $\delta = 45^0\,4'\,21''26$) bei seinem Durchgang durch den ersten Vertikal in Ost und West zu den Sternzeiten $18^h\,53^m\,48^s8$ und $22^h\,25^m\,11^s4$ beobachtet worden. Es soll die zugehörige Breite gefunden werden.

Da die Theorie kleine Zenitdistanzen fordert, die Neigung aber und die Kollimation mit der Kotangente, resp. Kosekante in das Azimut eingeht, so muß man besonderes Gewicht auf eine genaue Bestimmung dieser Größen legen und ein sehr stabiles Instrument verwenden (Zenitteleskop). Bei einer Neigung von $+\,0^s56$ und einem Kollimationsfehler von $+\,0^s75$ ergibt sich mit der Zenitdistanz von $18^0\,20'$ nach Gl. IV (9) eine Azimutkorrektion von $+\,1^s69$, resp. 2^s38, um welche Größen bei $K\,R$ das Azimut zu groß ist, bei $K\,L$ dagegen zu klein. In Stundenwinkel umgerechnet erhält man $+\,5^s47$ (S. 13). Befreien wir die beobachteten Zeiten von diesen Größen und reduzieren damit die Beobachtungen auf den gemeinsamen Vertikalkreis, so bleibt $t_1 = 18^h\,53^m\,48^s8 - 5^s5 = 18^h\,53^m\,43^s3$ und $t_2 = 22^h\,25^m\,11^s4 + 5^s5 = 22^h\,25^m\,16^s9$. Daher nach Subtraktion der Rektaszension die Stundenwinkel: $s_2 = 1^h\,45^m\,48^s2$, $s_1 = 22^h\,14^m\,14^s6$.

Somit $s_2 - s_1 = 3^h\,31^m\,33^s6$, $\frac{s_2 - s_1}{2} = 1^h\,45^m\,46^s8 = 26^0\,26'\,42''\,0$, $s_2 + s_1 = 0^h\,0^m\,2^s8$. Daher nach Gl. (23), da $M = 90^0$ wird, $\varphi = 48^0\,13'\,55''\,3$.

XXXIV. Längenbestimmung.

Wir haben auseinandergesetzt, daß eine Zeitbestimmung und eine Längenbestimmung im wesentlichen das gleiche sind. Die an irgendeinem Orte gemachte Zeitbestimmung liefert die Ortszeit. Ist nun die Zeit eines Ausgangsmeridianes bekannt, so liefert der Unterschied die Länge des Beobachtungsortes; ist aber die Länge des Beobachtungsortes bekannt, so kann man aus der Zeit des Ausgangsmeridianes die Ortszeit bestimmen. Diese gibt im Vergleiche mit dem Beobachtungsresultat den Fehler der Uhr, somit eine Zeitbestimmung.

Im Altertum war eine Längenbestimmung nicht möglich, während man Breitenbestimmungen schon mit ziemlicher Sicherheit ausführen konnte. Erst im Zeitalter der Entdeckungen und den darauf folgenden Jahrhunderten fand man Methoden der Längenbestimmung, die darin bestanden, daß man Erscheinungen suchte, die von verschiedenen Punkten der Erde gesehen werden konnten. Solche Erscheinungen sind Sonnen- und Mondesfinsternisse, die Verfinsterungen der Jupitertrabanten, Sternbedeckungen, Monddistanzen und endlich die Rektaszension des Mondes selbst. Diese Erscheinungen können zum Teil von verschiedenen Orten der Erde zum gleichen absoluten Zeitmomente gesehen werden, wie z. B. die Verfinsterungen des Mondes und der Jupitertrabanten, zum Teil läßt sich ausrechnen, wie sich die Erscheinung im Vergleich zu einem Ausgangsort abspielt, z. B. bei Sternbedeckungen.

Heute kommen von diesen Erscheinungen nur mehr wenig in Betracht: Sonnen- und Mondesfinsternisse sind seltene Erscheinungen, die Bedeckungen der Jupitertrabanten sind zahlreich, die Resultate aber von dem angewendeten Fernrohr abhängig, da die Monde nicht plötzlich verschwinden oder auftauchen. Zur See können überhaupt nur sehr kleine Fernrohre, die man freihändig benützt, zur Anwendung kommen. Die Beobachtungen werden also unsicher; Monddistanzen sind schwierig zu beobachten, verlangen große Übung im Gebrauch des Sextanten und sind daher so ziemlich außer Gebrauch, die Rektaszensionen des Mondes verlangen eine feste Aufstellung und liefern eine sehr geringe Genauigkeit. Es bleiben also eigentlich nur die Sternbedeckungen, die allerdings ein sehr gutes Mittel der Längenbestimmung liefern. Da der Mond keine Atmosphäre hat, so verschwinden die Sterne mit außerordentlicher Plötzlichkeit hinter dem Rande und tauchen ebenso plötzlich wieder auf. Die Erscheinung läßt sich mit großer Genauigkeit beobachten. Dabei lassen sich die Eintritte besser beobachten als die Austritte und am dunklen Rande besser als am beleuchteten.

Es seien α und δ Rektaszension und Deklination des Mondes und α' und δ' Rektaszension und Deklination eines Sternes. In Abb. 120 stelle der große Kreis die Erdkugel vor. Wir legen in den Mittelpunkt der Erde den Anfangspunkt eines Koordinatensystemes, dessen z-Achse der Verbindungslinie Mond—Stern parallel sei. Diese Achse weist nach dem Punkt α' δ' des Himmels. Die Strahlen des Sternes, die den Mond berühren, sind alle der z-Achse parallel und zeichnen auf der zu z senkrechten xy-Ebene einen Kreis von der Größe des Mondes ab, mit dem Mittelpunkt in M', der senkrechten Projektion des Mondes. Die x-Achse liege im Äquator in der Rektaszension $90^0 + \alpha'$. Die drei Punkte x, y und $z \equiv S$ haben dann die sphärischen Koordinaten

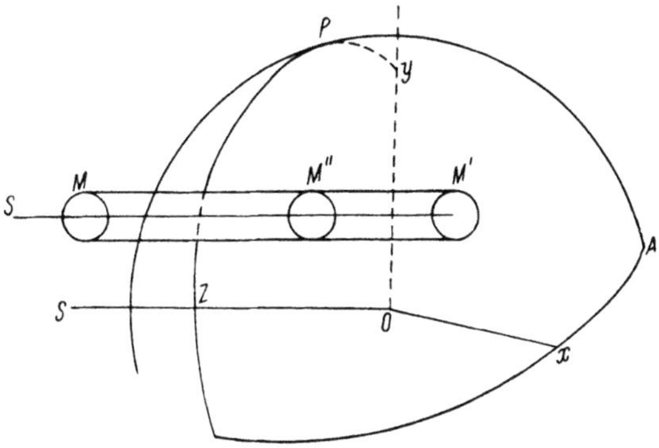

Abb. 120

$$x \begin{cases} \alpha' + 90^0 \\ 0 \end{cases} \qquad y \begin{cases} \alpha' + 180^0 \\ 90^0 - \delta' \end{cases} \qquad z \begin{cases} \alpha' \\ \delta'. \end{cases} \tag{1}$$

Ist also $\varDelta$ die Entfernung des Mondes und somit $\varDelta = 1/\sin \pi$, wenn π die Parallaxe des Mondes ist, so sind seine Koordinaten aus den sphärischen Dreiecken $P\ M\ x$, $P\ M\ y$ und $P\ M\ z$

$$\begin{aligned} x &= \frac{1}{\sin \pi} \cos \delta \sin (\alpha - \alpha'), \\ y &= \frac{1}{\sin \pi} [\sin \delta \cos \delta' - \cos \delta \sin \delta' \cos (\alpha - \alpha')], \\ z &= \frac{1}{\sin \pi} [\sin \delta \sin \delta' + \cos \delta \cos \delta' \cos (\alpha - \alpha')]. \end{aligned} \tag{2}$$

Ähnliche Formeln erhalten wir für den Erdort, wenn wir nur α und δ durch die Sternzeit t und die geographische Breite φ ersetzen. Somit, wenn ϱ der Erdradius ist

$$\begin{aligned} \xi &= \varrho \cos \varphi \sin (t - \alpha'), \\ \eta &= \varrho [\sin \varphi \cos \delta' - \cos \varphi \sin \delta' \cos (t - \alpha')], \\ \zeta &= \varrho [\sin \varphi \sin \delta' + \cos \varphi \cos \delta' \cos (t - \alpha')]. \end{aligned} \tag{3}$$

Ist nun k der Radius des Mondes in Teilen des Erdradius, so lautet die Bedingung dafür, daß der Erdort auf der Oberfläche des Zylinders $M M'$ liegt:

$$(x-\xi)^2+(y-\eta)^2=k^2. \tag{4}$$

Nun sind aber x, y, ξ und η nicht konstant. Indem sich der Mond verschiebt und sich die Erde dreht, ändert sich auch das Koordinatensystem, aber die xy-Ebene bleibt immer senkrecht auf der Richtung nach dem Stern, der Zylinder also immer ein Kreiszylinder, der von der Fundamentalebene in einem Kreis geschnitten wird. Sind also x_0, y_0, ξ_0 und η_0 die Koordinaten für eine geeignete Anfangszeit und x', y', ξ', η' die stündlichen Veränderungen, so lautet die Bedingung für die Zeit T in Stunden

$$[x_0+x'\,T-(\xi+\xi'\,T)]^2+[y_0+y'\,T-(\eta+\eta'\,T)]^2=k^2. \tag{5}$$

Setzen wir nun

$$\begin{aligned} x_0-\xi &= m\sin M, \qquad & x'-\xi' &= n\sin N,\\ y_0-\eta &= m\cos M, \qquad & y'-\eta' &= n\cos N, \end{aligned} \tag{6}$$

so wird

$$(m\sin M+n\,T\sin N)^2+(m\cos M+n\,T\cos N)^2=k^2 \tag{7}$$

oder

$$\begin{aligned} m^2+2\,m\,n\,T\sin M\sin N+\\ +\,2\,m\,n\,T\cos M\cos N+n^2\,T^2=k^2 \end{aligned}$$

oder

$$T^2+2\frac{m}{n}\,T\cos(M-N)=\frac{k^2-m^2}{n^2}.$$

Aus dieser quadratischen Gl. ergibt sich:

$$\begin{aligned} T &= -\frac{m}{n}\cos(M-N)\pm\sqrt{\frac{m^2}{n^2}\cos^2(M-N)+\frac{k^2-m^2}{n^2}}=\\ &= -\frac{m}{n}\cos(M-N)\pm\sqrt{\frac{k^2-m^2\sin^2(M-N)}{n^2}}. \end{aligned} \tag{8}$$

Setzt man noch

$$m\sin(M-N)=k\sin\psi,$$

so finden wir T in Stunden

$$T=-\frac{m}{n}\cos(M-N)\pm\frac{k\cos\psi}{n}. \tag{9}$$

Von den beiden Werten gilt der kleinere für den Eintritt, der größere für den Austritt.

Die Bedeutung der Hilfsgrößen ist aus Abb. 121 zu entnehmen. Der Kreis sei die Projektion des Mondes auf unsere xy-Ebene. Sein Mittelpunkt sei M', wie in Abb. 120, er bewegt sich in der Richtung des Pfeiles. Der Punkt E sei die Projektion des Erdortes, m ist dann die gegenseitige Entfernung der beiden Punkte M' und E, M der Positionswinkel, wie gewöhnlich von der Nordrichtung gerechnet. Dabei zeigt die Abb. den Vorgang von der Mondseite her gesehen wie in Abb. 120. Um den Anblick zu haben, wie wir ihn von der Erde aus sehen, müssen wir uns den Beobachter hinter der Zeichenebene denken. N ist der Positionswinkel der Mondbewegung und n seine Geschwindigkeit. Der Winkel bei E, zwischen dem Meridian und der Bewegungsrichtung des Mondes, ist dann $M—N$. Ist also $M\,R$ senkrecht auf $E\,R$, so ist $R\,M = m \sin (M - N)$. Ist nun k der Radius des Mondes, so folgt, daß der Winkel bei T gleich ψ sein muß.

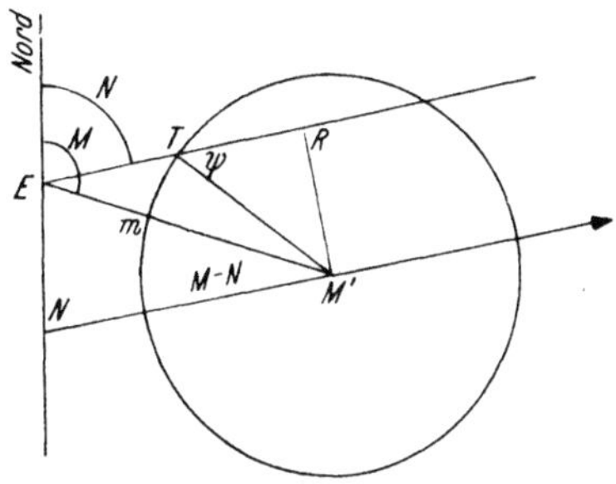

Abb. 121

Wenn $M - N$ positiv ist, wie in der Abb., so fällt ψ beim Austritt in den ersten Quadranten, beim Eintritt in den zweiten. Ist dagegen $M - N$ negativ, so fällt beim Austritt ψ in den vierten, beim Eintritt in den dritten Quadranten. Im ersten Fall geht der Stern oberhalb des Mondmittelpunktes durch, im zweiten unterhalb.

Der Vorgang bei der Rechnung ist also der folgende: Man sucht zunächst einen Zeitpunkt T_0 des Ausgangsmeridianes, der beiläufig in die Nähe der beobachteten Erscheinung fällt, wozu eine genäherte Kenntnis der Länge notwendig ist. Für diesen Zeitpunkt sind die Größen x_0, y_0, x', y' und ξ, η, ξ', η' zu berechnen. Die Berechnung der ersten vier Größen macht das Jahrbuch überflüssig, denn es gibt für alle Sterne, welche in dem betreffenden Jahre vom Monde bedeckt werden, für den Moment der Konjunktion mit dem Monde die Größen y_0, x' und y', während x_0 in diesem Augenblicke gleich Null ist. In ξ, η und ζ in Gl. (3) sind ϱ und φ geozentrische Werte, in denen man die Abplattung berücksichtigen kann. Will man aber statt φ die geographische Breite B verwenden, so gehen wir auf die Gl. XVIII (2) zurück.

Danach ist[1]

$$x = \varrho \cos \varphi = a \cos \beta,$$
$$y = \varrho \sin \varphi = b \sin \beta,$$

wenn β die reduzierte Breite ist. Nun ist [Gl. XVIII (4)]

$$\operatorname{tg} \beta = \sqrt{1 - e^2} \operatorname{tg} B,$$

daher

$$\cos \beta = \frac{1}{\sqrt{1 + \operatorname{tg}^2 \beta}} = \frac{1}{\sqrt{1 + (1 - e^2) \operatorname{tg}^2 B}} = \frac{\cos B}{\sqrt{1 - e^2 \sin^2 B}},$$
$$\sin \beta = \frac{\operatorname{tg} \beta}{\sqrt{1 + \operatorname{tg}^2 \beta}} = \frac{\sqrt{1 - e^2} \operatorname{tg} B}{\sqrt{1 + (1 - e^2) \operatorname{tg}^2 B}} = \frac{\sqrt{1 - e^2} \sin B}{\sqrt{1 - e^2 \sin^2 B}}. \qquad (10)$$

Setzen wir also zur Abkürzung

$$s = \frac{\sqrt{1 - e^2}}{\sqrt{1 - e^2 \sin^2 B}}, \qquad c = \frac{1}{\sqrt{1 - e^2 \sin^2 B}},\text{[2]} \qquad (11)$$

so haben wir in den Formeln (3) nur $\varrho \cos \varphi$ und $\varrho \sin \varphi$ durch $c \cos B$, resp. $s \sin B$ zu ersetzen und statt der geozentrischen Breite die geographische einzuführen. Es ist also

$$\xi = c \cos B \sin (t - \alpha'),$$
$$\eta = s \sin B \cos \delta' - c \cos B \sin \delta' \cos (t - \alpha') \qquad (12)$$

und für die Geschwindigkeit pro Stunde durch Differentiation nach t

$$\xi' = \frac{2\pi}{86400} 3\,609{,}9\, c \cos B \cos (t - \alpha') = [9{,}4192 - 10]\, c \cos B \cos s',$$
$$\eta' = \frac{2\pi}{86400} 3\,609{,}9\, c \cos B \sin \delta \sin (t - \alpha') = [9{,}4192 - 10]\, \xi \sin \delta', \qquad (13)$$

wo 3609,86 die Zahl der Sternzeitsekunden in einer mittleren Stunde, 86400 die Zahl der mittleren Sekunden in einem mittleren Tage sind. Wir finden aus Gl. (9) einen Wert für T; mit dem Werte $T + T_0$ als T_0 rechnet man nun einen neuen Wert T, der eine weitere kleine Verbesserung vorstellt und wiederholt das Verfahren so lange, bis T klein genug ist und der letzte Wert $T_0 + T$ als endgültig angesehen werden kann. $T_0 + T$ ist dann die Zeit des Ausgangsmeridianes; ist nun t die Ortszeit und λ die gesuchte Länge, so muß endlich

$$T_0 + T = t + \lambda$$

sein, somit

$$t = T_0 + T - \lambda. \qquad (14)$$

[1] Über den Unterschied zwischen B, φ, β siehe S. 141. Da die Abplattung besonders in der Geodäsie eine große Rolle spielt, wurde auch hier die dort übliche Bezeichnungsweise verwendet.

[2] Tafeln für die Größen c und s finden sich im Berliner Jahrbuch.

30. Beispiel: Am 14. I. 1943 wurde der Eintritt des Sternes μ Ceti ($\alpha = 2^h\,41^m\,52^s$, $\delta = 9^0\,52'\,21''$) in den Mond in Königsberg ($B = 54^0 42' 51''$) beobachtet zur Sternzeit $5^h\,5^m\,39^s$. Welche Länge hat der Beobachtungsort? Mit einem genäherten Wert der Länge ($1^h\,22^m$ östl. von Greenwich) verwandeln wir den Augenblick der Beobachtung in mittlere Zeit, wobei die Reduktion der Sternzeit auf den Meridian des Beobachtungsortes $-\,13^s$ beträgt. Wir finden die mittlere Zeit: $21^h\,31^m\,54^s$, daher die Weltzeit $21^h\,32^m - 1^h\,22^m = 20^h\,10^m$. Das Jahrbuch gibt für 20^h0 Weltzeit:

$$x = 0, \qquad y = 0{,}5852, \qquad x' = 0{,}5350, \qquad y' = 0{,}1576,$$

da $10^m = \frac{1^h}{6}$ ist, erhalten wir unter Anwendung der Werte von x' und y'

$$\begin{array}{rr} x = 0 & y = 0{,}5852 \\ +\,0{,}0892 & +\,0{,}0263 \\ \hline +\,0{,}0892 & +\,0{,}6115 \end{array}$$

während für x', y' die gegebenen Werte weiter gelten können.

Mit $\alpha = 2^h\,41^m\,52^s$, der scheinbaren Rektaszension von μ Ceti, finden wir den Stundenwinkel: $5^h\,5^m\,39^s - 2^h\,41^m\,52^s = 2^h\,23^m\,47^s = 35^0\,56'\,45''$. Damit finden wir aus den Gl. (12) und (13)

$$\xi = 0{,}3399, \qquad \eta = 0{,}7229, \qquad \xi' = 0{,}1230, \qquad \eta' = 0{,}0153.$$

Daher

$$\begin{aligned} x - \xi &= -\,0{,}2508, & y - \eta &= -\,0{,}1114, \\ x' - \xi' &= +\,0{,}4110, & y' - \eta' &= +\,0{,}1423. \end{aligned}$$

Daraus findet man weiter nach Gl. (6)

$$M = 246^0\,3'\,0'' \quad \log m = 9{,}43838, \qquad N = 70^0\,54'\,10'' \quad \log n = 9{,}63839$$

und mit $k = 0{,}2725$ endlich $M - N = 175^0\,8'\,50''$,

$$\psi = 4^0\,53'\,12'',$$

dann ergibt sich $T = 15^s8 = 0^m3$, somit wird die Weltzeit

$$20^h\,10^m\,36^s$$

und diese Weltzeit muß gleich sein der mittleren Zeit, vermehrt um die Länge. Also

$$\begin{aligned} 21^h\,31^m\,59^s + \lambda &= 20^h\,10^m\,16^s, \\ \lambda &= -1^h\,21^m\,43^s. \end{aligned}$$

Bei dem geringen Betrage von T erscheint eine Wiederholung der Rechnung nicht notwendig.

Diese Genauigkeit reicht für eine Sextantenbeobachtung auf hoher See vollständig. Will man eine größere Genauigkeit erreichen, so muß man zunächst einen genaueren Wert für die Breite besitzen. Dann wäre mit der gegebenen mittleren Zeit des Eintrittes die Position des Mondes und ihre Veränderung genauer zu ermitteln und mit diesen Werten die Rechnung zu wiederholen. Eine Schwierigkeit erwächst dabei aus dem Umstande, daß die Mondscheibe nicht kreisrund ist, sondern infolge der Gebirge eine sehr unregelmäßige Gestalt hat, endlich aber auch daraus, daß die Position des Mondes, wie sie sich aus den Tafeln ergibt, durch kleine Schwankungen unbekannten Ursprunges gestört ist. Aus diesem Grunde kehrt man das Problem besser um und berechnet aus der beobachteten Sternbedeckung die Position des Mondes, eventuell aus einer größeren Anzahl um den Mond verteilter Eintritte und Austritte den Radius und das Profil des Mondes.

Sind solche Ereignisse, deren Eintritt man für jeden Ort vorausberechnen kann, nicht vorhanden, so kann man sie künstlich erzeugen, etwa mit Hilfe von Lichtblitzen. Wir kommen so auf eine der ältesten Methoden der Längenbestimmung. Es sei der Längenunterschied zwischen den Orten A und B zu bestimmen. Wir wählen eine Anzahl von Zwischenpunkten $A_1, A_2, A_3 \ldots$, von denen jeder von dem vorangehenden und dem nachfolgenden sichtbar sei und es seien

$$\begin{aligned} A_1 - A &= l_1, \\ A_2 - A_1 &= l_2, \\ A_3 - A_2 &= l_3 \\ &\ldots\ldots\ldots\ldots \\ A_n - A_{n-1} &= l_n, \\ B - A_n &= l_{n+1} \end{aligned}$$

die aufeinanderfolgenden Längenunterschiede. Es werde nun in A_1 ein Lichtsignal gegeben zur Zeit t_1, so wird dieses

in A zur Ortszeit $t_1 - l_1 = \vartheta_1$,
in A_2 zur Ortszeit $t_1 + l_2 = \vartheta_2$

beobachtet werden. Ebenso wird ein Lichtzeichen, das zur Zeit t_3 in A_3 gegeben wird

in A_2 zur Ortszeit $t_3 - l_3$,
in A_4 zur Ortszeit $t_3 + l_4$

gesehen werden u. s. w.

Es ist also die Längendifferenz:

$A\ A_2$ gleich $\vartheta_2 - \vartheta_1$,
$A_2 A_4$ gleich $\vartheta_4 - \vartheta_3$.

Man erhält die ganze Längendifferenz L,

$$L = \vartheta_2 - \vartheta_1 + \vartheta_4 - \vartheta_3 + \ldots + \vartheta_{n+1} - \vartheta_n$$

oder

$$L = -\vartheta_1 + (\vartheta_2 - \vartheta_3) + (\vartheta_4 - \vartheta_5) + \ldots + \vartheta_{n+1}, \qquad (15)$$

$\vartheta_2 - \vartheta_3$, $\vartheta_4 - \vartheta_5$, ... sind aber nur die Zwischenzeiten zwischen der Ankunft der Zeichen von den benachbarten Stationen; hier genügt also eine gute Uhr, deren Stand gar nicht bekannt sein muß. Diese Methode wurde am Ende des XVII. Jahrhunderts und in der ersten Hälfte des XVIII. Jahrhunderts von den französischen Astronomen *Picard, Condamine, Deslisle, Cassini* mehrfach verwendet.

Die Verbesserung der Uhren, nicht nur, was ihren Gang anbelangt, sondern auch ihre Transportfähigkeit und ihre Unempfindlichkeit gegen äußere Störungen, machte es möglich, die Uhr selbst auf die Reise, namentlich auf die See mitzunehmen und so die Zeit des Ausgangsortes direkt mit sich zu führen. Dazu mußte nicht nur der Stand der Uhr in der Ausgangsstation möglichst genau bestimmt sein, sondern auch der Gang, so daß man in der Lage war, in jedem Augenblick die Zeit des Ausgangsmeridianes festzustellen. Jede Bestimmung der Ortszeit führte dann sofort zu einer Längenbestimmung. Der Forschungsreisende und auch der Seemann wird sich nicht begnügen, nur eine Uhr mitzunehmen, sondern er wird mehrere mit sich führen und durch deren Vergleich die Sicherheit erhöhen.

Auch transozeanische Längenunterschiede hat man dadurch bestimmt, daß man zahlreiche Chronometer über den Ozean und zurück transportierte und ihre Angaben mit den Ortszeiten verglich. So z. B. bei der Längenbestimmung Liverpool—Cambridge in den Jahren 1849—1854.[1]

Die Erfindung des elektrischen Telegraphen brachte den größten Fortschritt und führte auf die genaueste Methode der Längenbestimmung, die nun durch die drahtlose Telegraphie noch bedeutend bequemer wurde. Es ist nun nicht mehr notwenig, die Uhren selbst zu transportieren, sondern man vergleicht die Uhren telegraphisch und man hat dann nur mehr die Ortszeit zu bestimmen.

Dabei handelt es sich, namentlich bei der Erdmessung, um umfangreiche Arbeiten, die einige Tage in Anspruch nehmen und mit der höchsten Präzision, also auch mit Aufwand von großem Beobachtungsmaterial durchgeführt werden. Man verwendet dabei die staatlichen Telegraphenverbindungen, wobei es nur notwendig

[1] *Chauvenet, William*: A Manual of Special and Practical Astronomy, Philadelphia 1863.

ist, die nächstgelegenen Telegraphenstationen durch eigene Leitungen mit den Beobachtungsstationen so zu verbinden, daß es möglich ist, von der einen Station direkt in die andere zu telegraphieren. Die Schaltung wird nun so hergestellt, daß, wenn der Beobachter in Station eins den Strom schließt, auf einem durch ein Uhrwerk bewegten Streifen eine Marke entsteht, gleichzeitig aber auch in Station zwei auf dem dortigen Streifen eine entsprechende Marke verzeichnet wird. Jede Station besitzt eine Uhr, die jede Sekunde oder jede zweite Sekunde einen Kontakt schließt, so daß ein zweiter Stift auf demselben Streifen die Uhrsekunden aufschreibt. So kann man die Zeit einer Marke nach beiden Uhren feststellen, was einem Uhrvergleich entspricht. Ein solcher Apparat mit zwei Schreibstiften wird als Chronograph bezeichnet.

Wenn nun der Beobachter eins eine Sternpassage beobachtet und bei jedem Fadenantritt einen Kontakt gibt (bei Anwendung eines unpersönlichen Mikrometers liegt die Sache ebenso), so könnte die ganze Beobachtung auf beiden Streifen registriert werden. Man beschränkt sich aber darauf, die Beobachtungen nur auf je einem Streifen zu registrieren und nur die Uhren telegraphisch zu vergleichen. Zu diesem Zwecke gibt der Beobachter beliebige Zeichen, die auf beiden Streifen registriert werden. Man läßt nun Uhrvergleiche und komplette Zeitbestimmungen (S. 265) miteinander abwechseln, etwa in der Form:

Uhrvergleich — Zeitbestimmung — Uhrvergleich — Zeitbestimmung—Uhrvergleich.

Bei den elektrischen Uhrvergleichen hat man auf die sogenannte Stromzeit Rücksicht zu nehmen. Von der Stelle des Stromschlusses pflanzt sich die Erregung nicht mit unendlicher Geschwindigkeit fort, sondern es braucht einige Zeit, bis der Strom die andere Station erreicht hat. Ein zur Ortszeit t_1 in A gegebenes Zeichen erreicht die Station B zur Ortszeit $t_2 = t_1 + \lambda + s$, wo λ der Längenunterschied und s die Stromzeit ist. Ein Zeichen, das zur Ortszeit t_2' in B gegeben wird, erreicht A zur Ortszeit $t_1' = t_2' - \lambda + s$. Es ist also

nach der ersten Bestimmung $\lambda = t_2 - t_1 - s$,

nach der zweiten Bestimmung $\lambda = t_2' - t_1' + s$,

somit ist

$$\lambda = \frac{(t_2 - t_1) + (t_2' - t_1')}{2} \tag{16}$$

frei von der Stromzeit. Man wird also jeden Uhrvergleich aus zwei Teilen zusammensetzen, in dem ersten schickt der Beobachter in A Zeichen nach B, im zweiten der Beobachter in B Zeichen nach A.

Man muß auch dem Umstand Rechnung tragen, daß die Apparate nicht momentan ansprechen. Es seien diese Verspätungen a und b. Ein Zeichen, das auf dem Streifen zur Zeit t_1 abgelesen wird, ist gegeben worden zur Zeit $t_1 - a$ und kommt in B an zur Zeit $t_1 - a + \lambda + s$; wenn es in B zur Zeit t_2 abgelesen wird, so ist es schon zu $t_2 - b$ angekommen. Also

$$t_1 - a + \lambda + s = t_2 - b \quad \text{und} \quad \lambda = t_2 - t_1 + (a - b) - s.$$

Für die umgekehrte Richtung erhält man

$$t_2' - b - \lambda + s = t_1' - a \qquad \lambda = t_2' - t_1' - (a - b) + s.$$

Nun üben die Größen a und b schon ihren Einfluß auf die Zeitbestimmungen. Ist u_1 der Uhrstand in Station eins, x die Uhrkorrektion, so ist die abgelesene Zeit für jeden Antritt eines Sternes

$$t_1 = u_1 + x + a,$$

ebenso in B:

$$t_2 = u_2 + x + b,$$

daher

$$\lambda = u_2 + x + b - (u_1 + x + a) + (a - b) - s = u_2 - u_1 - s.$$

Es fällt also der Einfluß der Apparatverzögerung heraus. Ebenso ist für die umgekehrte Richtung

$$\lambda = u_2' - u_1' + s.$$

Daher

$$\lambda = \frac{u_2 - u_1 + (u_2' - u_1')}{2} \tag{17}$$

also dieselbe Formel wie (16).

Das gilt nur solange a und b konstant bleiben. Davon kann man sich überzeugen. Die Schaltung wird so eingerichtet, daß der Beobachter beide Federn gleichzeitig in Bewegung setzen kann. Sie werden trotzdem nicht mit dem Zeitunterschied Null ansprechen. Aber man kann die Konstanz beurteilen und Fehler eventuell korrigieren. Unbedingt notwendig ist dazu, daß die Stromstärke immer die gleiche bleibt, zu welchem Zwecke in dem Stromkreis Amperemeter und Rheostaten eingeschaltet werden müssen. Auch die Stromrichtung soll immer die gleiche sein.

Ferner kommt die sogenannte persönliche Gleichung in Betracht (S. 186). Um sie bei der Längenbestimmung zu eliminieren, tauscht man nach einigen Abenden die Beobachter aus. Ist die persönliche Gleichung für den ersten Beobachter p_1, für den zweiten p_2, so ist die richtige Zeit für den ersten Beobachter statt $t_1 = t_1 - p_1$, für den zweiten statt $t_2 = t_2 - p_2$.

Es ist daher

vor der Vertauschung $\lambda = (t_2 - p_2) - (t_1 - p_1) = t_2 - t_1 - (p_2 - p_1)$,
nach der Vertauschung $\lambda = (t_2' - p_1) - (t_1' - p_2) = t_2' - t_1' - (p_1 - p_2)$,

daher

$$\lambda = \frac{(t_2 - t_1) + (t_2' - t_1')}{2}. \tag{18}$$

Aus dem arithmetischen Mittel fällt also die persönliche Gleichung heraus.

Bei Verwendung der drahtlosen Telegraphie bleibt die Methode im allgemeinen die gleiche, doch fordert die Natur der Sache einige kleine Veränderungen. Die Zeichen, die der Beobachter zum Zwecke des Uhrvergleiches aussendet, werden hier durch die Zeichen des Senders ersetzt. Sie können mit dem Ohr aufgefaßt werden nach dem Koinzidenzprinzip, wenn die Zeichen des Senders in Zeiten aufeinanderfolgen, die von der Sekunde etwas verschieden sind. Man kann aber die Zeichen auch gleich auf dem Telegraphenstreifen registrieren. Einen ziemlich wesentlichen Unterschied aber macht es, daß die Zeichen nicht umkehrbar sind. Die Zeichen gehen alle vom Sender aus. Die oben beschriebene Methode der Elimination der Stromzeit ist also nun nicht mehr brauchbar. Das ist aber insofern kein weiterer Nachteil, weil die Fortpflanzungsgeschwindigkeit der Radiowellen so groß ist, daß diese Zeit keine Rolle spielt. Man kann sie bestimmen, wenn man mit mehreren Sendern in verschiedenen Entfernungen arbeitet.

Die Apparatverzögerung fällt auch hier hinaus, wenn man nur Sorge trägt, daß die Zeichen der Beobachtung und die des Senders durch den gleichen Strom registriert werden. Die Elimination der persönlichen Gleichung geht aber nicht, solange nur eine Station arbeitet, wobei natürlich auch nur der Längenunterschied dieser Station gegen die Sendestation resultiert. Wenn aber zwei Stationen arbeiten, um ihren gegenseitigen Längenunterschied zu finden, gelingt die Elimination der persönlichen Gleichung ebenso wie früher durch Vertauschen der Beobachter.

Der große Vorteil der drahtlosen Methode besteht darin, daß die elektrische Leitung wegfällt. Während früher eine Längenbestimmung einen großen Apparat verlangte und sie nur dort möglich war, wo es verhältnismäßig leicht war, die telegraphische Verbindung herzustellen, also im wesentlichen auf Sternwarten in größeren Städten, kann jetzt jede Station, die einen Empfänger besitzt, jederzeit eine Längenbestimmung unternehmen.

Von ganz besonderem Werte aber ist die Methode auf der See; denn sie gestattet jederzeit die Bestimmung der Weltzeit und enthebt der Notwendigkeit, sich auf eine Uhr zu verlassen. Wenn natürlich auch der Empfangsapparat dem Wüten des Meeres zum Opfer gefallen ist, dann kann es sein, daß der Seemann zu den alten Methoden der Beobachtung der Jupitertrabanten oder einer Sternbedeckung zurückgreifen muß.

Anhang.

Ausgleichsrechnung und Methode der kleinsten Quadrate.

Jede Beobachtung ist auch bei Anwendung der größten Aufmerksamkeit und Vorsicht Fehlern unterworfen, die teils von der Unvollkommenheit unserer Sinne, teils von der unserer Instrumente kommen. Sie werden als unvermeidliche Fehler bezeichnet. Beobachtungen, die mit vermeidlichen Fehlern behaftet sind, sind unzulänglich und schlecht und müssen meist verworfen werden. Zu den vermeidlichen Fehlern gehören aber auch die groben Fehler. Sie sind deshalb ungefährlich, weil sie leicht erkannt werden und die Herkunft des Fehlers mitunter so deutlich ist, daß er kurzerhand korrigiert werden kann. Man muß sich davor hüten, Beobachtungen von der Rechnung auszuschließen, ohne hinreichenden Grund. Eine stärkere Abweichung von einem Mittelwert gibt hiezu noch keine Berechtigung. Gerade dieser Wert kann der richtige sein und sein Weglassen das Resultat erst recht verfälschen.

Die unvermeidlichen Fehler sind teils systematisch, teils zufällig. Die systematischen Fehler verfälschen alle Beobachtungen einer Reihe im gleichen Sinne und können aus der inneren Übereinstimmung nicht erkannt werden. Die zufälligen Fehler wirken in verschiedener Größe nach beiden Richtungen und werden sich aus einer größeren Zahl von Beobachtungen der Hauptsache nach wegheben. Ihre Größe kann aus der inneren Übereinstimmung beurteilt und daraus auf die Güte der Beobachtung geschlossen werden. Wird eine und dieselbe Größe nach verschiedenen Methoden und mit verschiedenen Instrumenten bestimmt, so können die systematischen Fehler ihrerseits wieder den Charakter der zufälligen Fehler annehmen. Den systematischen Fehlern ist eine besondere Aufmerksamkeit zuzuwenden.

Die Aufgabe der Ausgleichsrechnung besteht darin, aus einer größeren Anzahl von Beobachtungen, die infolge der Beobachtungsfehler im Widerspruch zueinander stehen, den brauchbarsten Wert für die gesuchte Größe zu finden. Ein solcher Widerspruch wird nur auftreten, wenn mehr Beobachtungen vorliegen, als zur Bestimmung der Unbekannten unbedingt notwendig sind. Wenn eine Länge nur einmal gemessen ist, so muß man sich mit dem Resultat begnügen. Liegt aber eine zweite Messung vor, die von der ersten etwas abweicht, so liegt schon ein Widerspruch vor. Hat man keinen Grund, der einen Messung mehr zu vertrauen als der anderen, so wird man das arithmetische Mittel wählen müssen. Oder es sei in einem Dreiecke eine Seite und die zwei anliegenden Winkel gemessen. Wir können daraus die übrigen Stücke des Dreieckes berechnen, haben aber gar keinen Anhaltspunkt für die Verläßlichkeit der Beobachtungen. Messen wir aber auch den dritten Winkel, so muß die Summe der drei Winkel gleich zwei rechten sein. Die Abweichung von diesem Resultate läßt auf die Güte der Beobachtungen schließen und gibt Anlaß zu einem Ausgleich.

Die Ausgleichsrechnung hat die Aufgabe, jene Verbesserungen zu bestimmen, die an die Beobachtungen angebracht werden müssen, um die Widersprüche zum Verschwinden zu bringen, ohne die Beobachtungen dabei mehr zu verändern, als der Genauigkeit der Messungen entspricht.

Die Fehler befolgen gewisse Gesetze, die aus der Erfahrung gewonnen sind: So wissen wir, daß die kleinen Fehler häufiger vorkommen als die großen und daß Fehler, die über eine gewisse Größe hinausgehen, überhaupt nicht vorkommen. Ferner werden im allgemeinen positive Fehler ebenso häufig sein wie negative. Die Wahrscheinlichkeit, einen gewissen Fehler ε zu machen, wird also eine Funktion seiner Größe sein: $\psi(\varepsilon)$. Die Wahrscheinlichkeit, daß der Fehler $\varepsilon + \Delta\varepsilon$ beträgt, ist dann $\psi(\varepsilon + \Delta\varepsilon)$. Die Wahrscheinlichkeit, daß der Fehler zwischen ε und $\varepsilon + \Delta\varepsilon$ liegt, ist also $\psi(\varepsilon + \Delta\varepsilon) - \psi(\varepsilon)$. Nun ist nach den Grundsätzen der Differentialrechnung

$$\frac{\psi(\varepsilon + d\varepsilon) - \psi(\varepsilon)}{d\varepsilon} = \psi'(\varepsilon) = \varphi(\varepsilon),$$

wo φ wieder eine Funktion von ε ist. Es ist also $\psi(\varepsilon + d\varepsilon) - \psi(\varepsilon) = \varphi(\varepsilon)\, d\varepsilon$ eine unendlich kleine Größe, weil die Wahrscheinlichkeit, daß der Fehler in das unendlich kleine Intervall ε und $\varepsilon + d\varepsilon$ hineinfällt, naturgemäß unendlich klein sein muß. Die

Wahrscheinlichkeit aber, daß der Fehler in das endliche Intervall ε_1 bis ε_2 fällt, wird

$$\int_{\varepsilon_1}^{\varepsilon_2} \varphi(\varepsilon)\, d\varepsilon$$

eine endliche Größe. $\varphi(\varepsilon)$ muß eine gerade Funktion sein, weil die Wahrscheinlichkeit für den Fehler $+\varepsilon$ dieselbe sein muß, wie für $-\varepsilon$, also $\varphi(\varepsilon) = \varphi(-\varepsilon)$. Daher

$$\int_{-\varepsilon}^{+\varepsilon} \varphi(\varepsilon)\, d\varepsilon = 2\int_{0}^{\varepsilon} \varphi(\varepsilon)\, d\varepsilon.$$

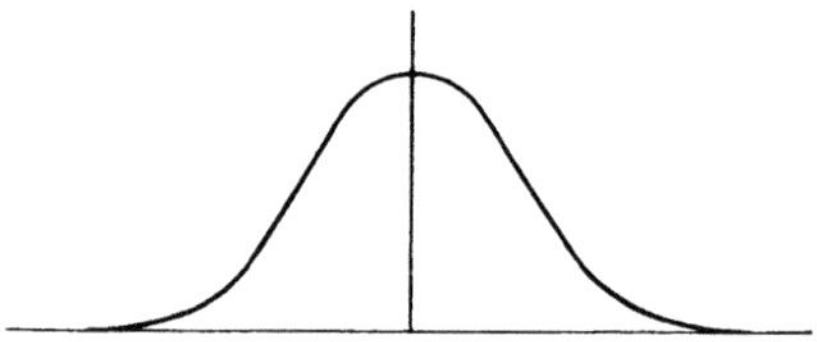

Abb. 122

Die Funktion $\varphi(\varepsilon)$ muß für $\varepsilon = 0$ ein Maximum haben und für eine gewisse Grenze a gleich 0 werden. Es muß also

$$\int_{-a}^{+a} \varphi(\varepsilon)\, d\varepsilon = 1$$

sein, weil die Summe aller Wahrscheinlichkeiten gleich der Gewißheit sein muß. Die Funktion φ muß daher die Form haben, wie sie Abb. 122 zeigt.

Da aber die größeren Fehler die Wahrscheinlichkeit Null haben, so können wir dafür auch schreiben

$$\int_{-\infty}^{+\infty} \varphi(\varepsilon)\, d\varepsilon = 1. \tag{1}$$

Dagegen wird

$$\int_{-\infty}^{+\infty} \varphi(\varepsilon)\, \varepsilon\, d\varepsilon = 0 \tag{2}$$

sein müssen, wenn die positiven ε so groß und so zahlreich sind, wie die negativen (*Gauß*sche Fehlerbedingung).

Wir wollen nun die Form der Funktion φ ableiten, wobei wir uns am besten an den Begriff des arithmetischen Mittels anschließen und dieses als wahrscheinlichsten Wert einer Reihe von Messungen betrachten. Ist $l_1, l_2, \ldots, l_n$ eine Reihe von n Messungen, so ist $1/n \cdot (l_1 + l_2 + \ldots + l_n)$ das arithmetische Mittel. Ist nun x

ein Wert der gesuchten Größe und vergleichen wir ihn mit den Messungen, so sind die Abweichungen v gegeben durch

$$\begin{aligned} x - l_1 &= v_1, \\ x - l_2 &= v_2, \\ &\dots\dots\dots \\ x - l_n &= v_n. \end{aligned} \tag{3}$$

Daher

$$n\,x - [l] = [v],$$

wobei wir die *Gaußschen* Summensymbole anwenden. Ist nun x das arithmetische Mittel

$$x = \frac{[l]}{n}, \tag{4}$$

so folgt

$$[v] = 0 \tag{5}$$

als Bedingung für das arithmetische Mittel, eine Gleichung, die man auch verwendet, um die Richtigkeit eines arithmetischen Mittels zu prüfen. Die Wahrscheinlichkeiten für das Auftreten der Fehler $v_1, v_2, \dots, v_n$ ist nun

$$\begin{aligned} w_1 &= \varphi(v_1)\,dv, \\ w_2 &= \varphi(v_2)\,dv \\ &\dots\dots\dots \\ w_n &= \varphi(v_n)\,dv. \end{aligned}$$

Die Wahrscheinlichkeit W, daß gerade die ganze Serie der Fehler v auftritt, ist dann

$$W = w_1 w_2 \dots w_n = \varphi(v_1)\,\varphi(v_2) \dots \varphi(v_n)\,dv^n.$$

Es wird nun jener Wert von x der wahrscheinlichste sein, der W zu einem Maximum macht, wofür die Bedingung lautet

$$\frac{\partial W}{\partial x} = 0$$

oder

$$\frac{d\varphi(v_1)}{dx}\,\varphi(v_2) \dots \varphi(v_n) + \frac{d\varphi(v_2)}{dx}\,\varphi(v_1)\,\varphi(v_3) \dots \varphi(v_n) + \dots +$$
$$+ \frac{d\varphi(v_n)}{dx}\,\varphi(v_1) \dots \varphi(v_{(n-1)}) = 0,$$

wenn wir die beliebige, aber konstante Größe dv^n weglassen. Dafür können wir schreiben

$$\frac{d\varphi(v_1)}{dx}\,\frac{W}{\varphi(v_1)} + \frac{d\varphi(v_2)}{dx}\,\frac{W}{\varphi(v_2)} + \dots + \frac{d\varphi(v_n)}{dx}\,\frac{W}{\varphi(v_n)} = 0.$$

Da nach Gl. (3) $dx = dv_1 = dv_2 = \ldots = dv_n$ ist und durch W gekürzt werden kann, erhalten wir

$$\frac{d\varphi(v_1)}{dv_1}\frac{1}{\varphi(v_1)} + \frac{d\varphi(v_2)}{dv_2}\frac{1}{\varphi(v_2)} + \ldots + \frac{d\varphi(v_n)}{dv_n}\frac{1}{\varphi(v_n)} = 0$$

oder auch

$$\frac{1}{v_1}\frac{d\varphi(v_1)}{dv_1}\frac{v_1}{\varphi(v_1)} + \frac{1}{v_2}\frac{d\varphi(v_2)}{dv_2}\frac{v_2}{\varphi(v_2)} + \ldots + \frac{1}{v_n}\frac{d\varphi(v_n)}{dv_n}\frac{v_n}{\varphi(v_n)} = 0.$$

Soll nun diese Gleichung mit der Bedingung des arithmetischen Mittels $[v] = 0$ identisch sein, so folgt

$$\frac{1}{v_i}\frac{d\varphi(v_i)}{dv_i}\frac{1}{\varphi(v_i)} = k,$$

also allgemein

$$\frac{d\varphi(v)}{dv}\frac{1}{\varphi(v)} = k\,v.$$

wo k eine Konstante ist.

Diese Gleichung ergibt durch Integration

$$\log\varphi(v) = \frac{k v^2}{2} + \log c$$

oder

$$\varphi(v) = c\,e^{\frac{k v^2}{2}}.$$

wo c die Integrationskonstante ist.

Die Größen v sind nicht die wahren Fehler, weil x nicht der wahre, sondern der wahrscheinlichste Wert ist. Man bezeichnet sie als scheinbare Fehler. Wenn aber die Zahl der Beobachtungen sehr groß ist und daher die Größe x immer richtiger wird, so werden auch die scheinbaren Fehler v immer mehr identisch werden mit den wahren Fehlern ε. Wir können daher schreiben:

$$\varphi(\varepsilon) = c\,e^{\frac{k}{2}\varepsilon^2} \tag{6}$$

Die Funktion $\varphi(\varepsilon)$ muß mit wachsendem ε abnehmen, daher muß $k/2$ eine wesentlich negative Größe $-h^2$ sein. Also

$$\varphi(\varepsilon) = c\,e^{-h^2\varepsilon^2}. \tag{7}$$

Nun können wir noch die Größe c bestimmen aus der Gleichung

$$\int_{-\infty}^{+\infty} c\,e^{-h^2\varepsilon^2}\,d\varepsilon = 1. \tag{8}$$

Das ist das bekannte *Laplace*sche Integral, das man am einfachsten folgendermaßen behandelt: Wir setzen zunächst $h\,\varepsilon = x$ und es sei

$$\int_{-\infty}^{+\infty} c^{-h^2\varepsilon^2}\,d\varepsilon = \frac{1}{h}\int_{-\infty}^{+\infty} e^{-x^2}\,dx = J.$$

Wir multiplizieren dieses Integral mit sich selbst

$$J^2 = \frac{1}{h^2}\int_{-\infty}^{+\infty} e^{-x^2}\,dx \int_{-\infty}^{+\infty} e^{-y^2}\,dy,$$

wobei es bekanntlich gleichgültig ist, wie man in einem bestimmten Integral die Variable bezeichnet und führen nun Polarkoordinaten ein. Es wird $x^2 + y^2 = r^2$, während nach den Sätzen über die Behandlung mehrfacher Integrale $dx\,dy$ zu ersetzen ist durch $r\,dr\,d\psi$, dem Ausdrucke für das Flächenelement in Polarkoordinaten. Somit

$$J^2 = \frac{1}{h^2}\int_0^\infty\int_0^{2\pi} e^{-r^2}\,r\,dr\,d\psi = \frac{2\pi}{h^2}\int_0^\infty e^{-r^2}\,r\,dr = -\frac{\pi}{h^2}\Big| e^{-r^2}\Big|_0^\infty = \frac{\pi}{h^2}.$$

Also

$$J = \frac{\sqrt{\pi}}{h}. \tag{9}$$

Wir haben also die Bedingung

$$c\,\frac{\sqrt{\pi}}{h} = 1 \quad \text{oder} \quad c = \frac{h}{\sqrt{\pi}}.$$

Somit wird jetzt

$$\varphi(\varepsilon) = \frac{h}{\sqrt{\pi}}\,e^{-h^2\varepsilon^2}. \tag{10}$$

Um die Bedeutung von h zu erkennen, nehmen wir an, wir hätten zwei Beobachtungsreihen, die sich nur durch die Größe h unterscheiden können, weil sonst kein Parameter vorkommt. Es sei also

$$\varphi_1(\varepsilon) = \frac{h_1}{\sqrt{\pi}}\,e^{-h_1^2\varepsilon_1^2},$$

$$\varphi_2(\varepsilon) = \frac{h_2}{\sqrt{\pi}}\,e^{-h_2\varepsilon_2^2}.$$

Ist nun (Abb. 123) $h_2 > h_1$, so ist für $\varepsilon = 0 : \varphi_2 > \varphi_1$. Die zweite Kurve steht also für $\varepsilon = 0$ höher als die erste. Da aber der von den Kurven umschlossene Raum in beiden Fällen gleich eins sein muß, so folgt, daß dann für größere $\varepsilon : \varphi_2 < \varphi_1$ werden muß.

Es sind also im zweiten Falle die kleinen Fehler wahrscheinlicher als im ersten Falle und umgekehrt bei den größeren. Das heißt aber nichts anderes, als daß die zweite Reihe die genauere ist. Darum wird die Größe h als das Maß der Präzision bezeichnet.

Die Wahrscheinlichkeit, daß ein Fehler zwischen $-a$ und $+a$ liegt, ist nun gegeben durch

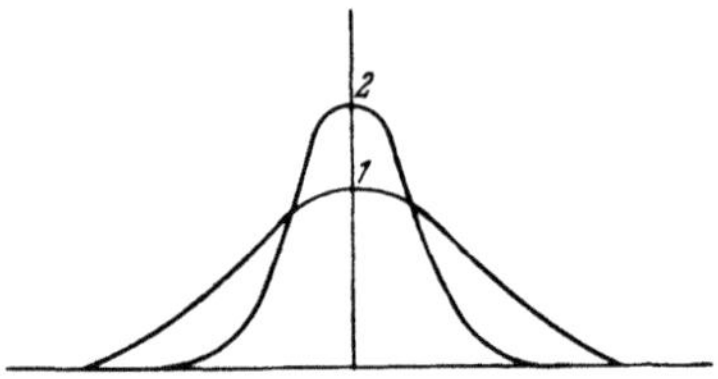

Abb. 123

$$\int_{-a}^{+a} \varphi(\varepsilon)\, d\varepsilon = \frac{2h}{\sqrt{\pi}} \int_0^a e^{-h^2 \varepsilon^2}\, d\varepsilon.$$

Dieses Integral läßt sich nicht in geschlossener Form darstellen; wir benützen daher eine Reihenentwicklung: Wir setzen $h\,\varepsilon = t$ und finden

$$\frac{2}{\sqrt{\pi}} \int_0^{ah} e^{-t^2}\, dt = \frac{2}{\sqrt{\pi}} \int_0^{ah} \left(1 - t^2 + \frac{t^4}{2!} - \frac{t^6}{3!} + \frac{t^8}{4!} - \ldots\right) =$$

$$= \frac{2}{\sqrt{\pi}} \left(a\,h - \frac{a^3 h^3}{3} + \frac{a^5 h^5}{5.2!} - \frac{a^7 h^7}{7.3!} + \ldots\right) = \Theta(a\,h). \tag{11}$$

Die Funktion bringt man in eine Tafel mit dem Argumente $a\,h$ und diese gestattet nun zu einem gegebenen $a\,h$ die zugehörige Wahrscheinlichkeit zu bestimmen. Diese Tafel auf drei Stellen gekürzt, sieht folgendermaßen aus:

$a\,h$	$\Theta(a\,h)$	$a\,h$	$\Theta(a\,h)$	$a\,h$	$\Theta(a\,h)$	$a\,h$	$\Theta(a\,h)$	$a\,h$	$\Theta(a\,h)$
0,0	0,000	0,5	0,520	1,0	0,843	1,5	0,966	2,0	0,995
0,1	0,112	0,6	0,604	1,1	0,880	1,6	0,976	2,1	0,997
0,2	0,223	0,7	0,678	1,2	0,910	1,7	0,984	2,2	0,998
0,3	0,329	0,8	0,742	1,3	0,934	1,8	0,989	2,3	0,999
0,4	0,428	0,9	0,793	1,4	0,952	1,9	0,993	2,4	0,999
								2,5	1,000

Die Tafel schließt also von selbst mit dem Werte eins ab. Werte $a\,h > 2{,}5$ haben also Wahrscheinlichkeiten, die sich erst in der vierten Dezimale bemerkbar machen. Ist z. B. $h = 1$, so liegen von 1000 Fehlern 604 zwischen den Grenzen $a = \pm\, 0{,}6$; ist aber $h = 2$, so liegen ebensoviele Fehler schon innerhalb $a = \pm\, 0{,}3$.

Genauigkeitsmaße.

1. Mittlerer Fehler. Wenn eine Beobachtungsreihe die wahren Fehler $\varepsilon_1, \varepsilon_2, \ldots, \varepsilon_n$ übrigläßt, so ist die Wahrscheinlichkeit W hiefür

$$W = \frac{h^n}{(\sqrt{\pi})^n} e^{-h^2 [\varepsilon\varepsilon]} (d\varepsilon)^n .$$

Die Größen ε seien gegeben; wählen wir nun den Parameter h beliebig, so erhält man dazu ein gewisses W. Jener Wert von h wird nun der beste sein, der für h ein Maximum liefert. Die Bedingung dafür lautet:

$$\frac{\partial W}{\partial h} = 0,$$

wobei wieder $d\varepsilon$ als eine beliebige, unendlich kleine, aber konstante Größe zu betrachten ist. Wir erhalten also

$$n h^{n-1} e^{-h^2 [\varepsilon\varepsilon]} - h^n 2 h [\varepsilon\varepsilon] e^{-h^2 [\varepsilon\varepsilon]} = 0$$

oder

$$n - 2 h^2 [\varepsilon\varepsilon] = 0,$$

somit

$$h = \sqrt{\frac{n}{2 [\varepsilon\varepsilon]}}. \tag{12}$$

Die Größe $[\varepsilon\varepsilon]/n$ ist das arithmetische Mittel aus Quadraten der wahren Fehler und die Größe

$$\mu = \sqrt{\frac{[\varepsilon\varepsilon]}{n}} \tag{13}$$

heißt der mittlere Fehler. Es ist also

$$h = \frac{1}{\mu\sqrt{2}}. \tag{14}$$

2. Der durchschnittliche Fehler ist das arithmetische Mittel aller ε, ohne Rücksicht auf das Vorzeichen, also der absoluten Beträge:

$$\vartheta = \frac{[|\varepsilon|]}{n}. \tag{15}$$

Um ihn zu berechnen, multiplizieren wir jeden absoluten Wert mit seiner Wahrscheinlichkeit und integrieren von $-\infty$ bis $+\infty$. Es ist also

$$\vartheta = \frac{h}{\sqrt{\pi}} \int_{-\infty}^{+\infty} |\varepsilon| \, e^{-h^2 \varepsilon^2} \, d\varepsilon.$$

Da die positiven und die negativen Fehler gleich oft vorkommen, so wird

$$\vartheta = \frac{2h}{\sqrt{\pi}} \int_0^\infty \varepsilon e^{-h^2 \varepsilon^2} d\varepsilon$$

oder mit $h\varepsilon = z$

$$\vartheta = \frac{2h}{\sqrt{\pi}} \int_0^\infty e^{-z^2} \frac{z}{h} \frac{dz}{h} = \frac{2}{h\sqrt{\pi}} \int_0^\infty e^{-z^2} z\, dz = -\frac{1}{h\sqrt{\pi}} \left| e^{-z^2} \right|_0^\infty = \frac{1}{h\sqrt{\pi}}.$$

Es ist also

$$h = \frac{1}{\vartheta\sqrt{\pi}}. \tag{16}$$

3. Der wahrscheinlichste Fehler. Er ist dadurch definiert, daß im Durchschnitt ebensoviele Fehler darunter wie darüber liegen. Die Wahrscheinlichkeit dafür, daß der Fehler nicht größer ist als die Grenze ϱ, ist dann $1/2$. Also

$$\frac{h}{\sqrt{\pi}} \int_{-\varrho}^{+\varrho} e^{-h^2 \varepsilon^2} d\varepsilon = \frac{2h}{\sqrt{\pi}} \int_0^\varrho e^{-h^2 \varepsilon^2} d\varepsilon = \frac{2}{\sqrt{\pi}} \int_0^{\varrho h} e^{-z^2} dz = \frac{1}{2}.$$

Dann folgt aus unserer Tafel

$$\varrho h = 0{,}476\,94 \quad \text{oder} \quad h = \frac{0{,}476\,94}{\varrho}$$

Wir haben also die Beziehungen

$$h = \frac{1}{\mu\sqrt{2}} = \frac{1}{\vartheta\sqrt{\pi}} = \frac{0{,}476\,94}{\varrho} \tag{17}$$

oder

$$\mu = \frac{0{,}707\,11}{h}, \qquad \vartheta = \frac{0{,}564\,19}{h}, \qquad \varrho = \frac{0{,}476\,94}{h}. \tag{18}$$

Diese drei Größen können also statt des h gebraucht werden. Man kann jede von ihnen aus den anderen oder aus h berechnen. Sie sind also nicht unabhängig voneinander und es ist ganz gleichgültig, welchen man verwendet. Von diesen drei Größen ist μ immer am größten und ϱ immer am kleinsten.

Das Fehlerübertragungsgesetz.

Wenn aus den direkt beobachteten Größen erst durch mathematische Operationen andere gefunden werden sollen, so entsteht die Frage, mit welcher Genauigkeit das durchgeführt werden kann, wie groß also der Fehler der neubestimmten Größen ausfällt.

1. Es sei die zu suchende Größe χ ein Vielfaches der beobachteten Größe L

$$\chi = a\,L. \tag{19}$$

Sind die einzelnen Messungen $l_1, l_2, \ldots, l_n$ und ihre wahren Fehler $\varepsilon_1, \varepsilon_2, \ldots, \varepsilon_n$, so ist

$$L = l_1 + \varepsilon_1 = l_2 + \varepsilon_2 = \ldots = l_n + \varepsilon_n.$$

Der mittlere Fehler einer Messung l ist dann $m = \sqrt{\frac{[\varepsilon\,\varepsilon]}{n}}$. Die einzelnen Messungen liefern durch Multiplikation mit a die Werte

$$x_1 = a\,l_1, \qquad x_2 = a\,l_2 \ldots \qquad x_n = a\,l_n$$

und es wird nun

$$\chi = a\,(l_1 + \varepsilon_1) = a\,(l_2 + \varepsilon_2) = \ldots \quad = a\,(l_n + \varepsilon_n).$$

Die wahren Fehler von $x_1, x_2, \ldots, x_n$ sind nun $a\,\varepsilon_1, a\,\varepsilon_2, \ldots, a\,\varepsilon_n$, daher

$$\mu^2 = \frac{[a^2\,\varepsilon^2]}{n} = \frac{a^2\,[\varepsilon\,\varepsilon]}{n} = a^2\,m^2.$$

Daher

$$\mu = \pm\,a\,m. \tag{20}$$

2. Die gesuchte Größe S sei die Summe von s_1 und s_2, deren mittlere Fehler m_1 und m_2 sind. $\varepsilon_1, \varepsilon_1', \varepsilon_1'' \ldots$ seien die wahren Fehler der einen Reihe, daher $m_1 = \sqrt{\frac{[\varepsilon_1\,\varepsilon_1]}{n_1}}$ (n_1 Glieder), $\varepsilon_2, \varepsilon_2', \varepsilon_2'', \ldots$ seien die wahren Fehler der zweiten Reihe mit n_2 Gliedern, daher $m_2 = \sqrt{\frac{[\varepsilon_2\,\varepsilon_2]}{n_2}}$. Der Fehler von S entsteht aus irgend einer Kombination der ε_1 und ε_2. Die möglichen Fälle sind:

$$\begin{array}{lllll}
\varepsilon_1 + \varepsilon_2, & \varepsilon_1' + \varepsilon_2, & \varepsilon_1'' + \varepsilon_2. & \ldots & \ldots \\
\varepsilon_1 + \varepsilon_2', & \varepsilon_1' + \varepsilon_2', & \varepsilon_1'' + \varepsilon_2', & \ldots & \ldots \\
\varepsilon_1 + \varepsilon_2'', & \varepsilon_1' + \varepsilon_2'', & \varepsilon_1'' + \varepsilon_2'', & \ldots & \ldots \\
\ldots & \ldots & \ldots & \ldots & \ldots \\
\ldots & \ldots & \ldots & \ldots & \ldots
\end{array}$$

(n_2 Zeilen, n_1 Kolonnen). Bilden wir nun die Quadratsumme, so erhalten wir

$$\begin{array}{l}
n_2\,\varepsilon_1^2 + 2\,\varepsilon_1\,[\varepsilon_2] + [\varepsilon_2\,\varepsilon_2], \\
+\,n_2\,\varepsilon_1'^2 + 2\,\varepsilon_1'\,[\varepsilon_2] + [\varepsilon_2\,\varepsilon_2] \\
\ldots\ldots\ldots\ldots\ldots\ldots\ldots\ldots\ldots
\end{array}$$

Die Gesamtsumme wird also

$$n_2\,[\varepsilon_1\,\varepsilon_1] + 2\,[\varepsilon_1]\,[\varepsilon_2] + n_1\,[\varepsilon_2\,\varepsilon_2].$$

Da die ε_1 und ε_2 annähernd ebenso oft positiv wie negativ ausfallen, so wird das Mittelglied verschwinden und wir erhalten

$$\mu^2 = \frac{n_2\,[\varepsilon_1\,\varepsilon_1] + n_1\,[\varepsilon_2\,\varepsilon_2]}{n_1\,n_2},$$

da $n_1 . n_2$ die Zahl aller Glieder ist; daher

$$\mu_2 = \frac{[\varepsilon_1\,\varepsilon_1]}{n_1} + \frac{[\varepsilon_2\,\varepsilon_2]}{n_2} = m_1{}^2 + m_2{}^2 \quad \text{und} \quad \mu = \sqrt{m_1{}^2 + m_2{}^2}. \tag{21}$$

Derselbe Wert gilt auch für $s_1 - s_2$, weil ganz dieselben Kombinationen der ε auftreten. Der mittlere Fehler der Summe S aus den Größen $s_1, s_2, \ldots, s_n$ mit den mittleren Fehlern $m_1, m_2, \ldots m_n$ wird:

$$\mu = \sqrt{m_1{}^2 + m_2{}^2 + \ldots + m_n{}^2}. \tag{22}$$

Sind die Größen $m_1 = m_2 = \ldots = m_n$, so wird

$$\mu = \sqrt{n\,m^2}.$$

Für das arithmetische Mittel S/n wird nach Gl. (20)

$$\mu' = \frac{1}{n}\sqrt{n\,m^2} = \sqrt{\frac{m^2}{n}}.$$

Ist jedes $m = \sqrt{\dfrac{[\varepsilon\,\varepsilon]}{n}}$, so wird $\mu' = \sqrt{\dfrac{[\varepsilon\,\varepsilon]}{n^2}}$. (23)

3. Ist χ von der Form

$$\chi = a_1\,L_1 + a_2\,L_2 + \ldots + a_n\,L_n,$$

so erhält man durch Kombination von Gl. (1) und (2)

$$\mu = \sqrt{a_1{}^2\,m_1{}^2 + a_2{}^2\,m_2{}^2 + \ldots + a_n{}^2\,m_n{}^2}. \tag{24}$$

4. Es sei χ eine beliebige Funktion von L

$$\chi = f\,(L_1, L_2, \ldots, L_n).$$

Es seien $l_1, l_2, \ldots l_n$ Näherungswerte für die L_i; somit

$$L_1 = l_1 + \xi_1, \qquad L_2 = l_2 + \xi_2 \ldots, \qquad L_n = l_n + \xi_n,$$

wo den $\xi_1, \xi_2 \ldots, \xi_n$ die mittleren Fehler $m_1, m_2, \ldots, m_n$ zukommen. Es ist dann

$$\chi = f\,(l_1, l_2, \ldots l_n) + \xi_1 \frac{\partial f}{\partial l_1} + \xi_2 \frac{\partial f}{\partial l_2} + \ldots + \xi_n \frac{\partial f}{\partial l_n};$$

daher wird der mittlere Fehler

$$\mu = \sqrt{m_1{}^2\left(\frac{\partial f}{\partial l_1}\right)^2 + m_2{}^2\left(\frac{\partial f}{\partial l_2}\right)^2 + \ldots + m_n{}^2\left(\frac{\partial f}{\partial l_n}\right)^2}.$$

Wir haben in den vorhergehenden Entwicklungen immer die wahren Fehler ε als bekannt vorausgesetzt; in der Tat sind aber immer nur die scheinbaren Fehler v bekannt, die sich im Vergleich mit dem schließlich gefundenen Resultat ergeben. Es sei nun χ der wahre Wert, x der gefundene Wert; und

$$\chi - x = \xi$$

Sind dann $l_1, l_2, \ldots, l_n$ die einzelnen Beobachtungen, so sind

$$\begin{aligned} \chi - l_1 &= \varepsilon_1 \quad \text{die wahren Fehler} \\ \chi - l_2 &= \varepsilon_2 \\ &\cdots\cdots \\ \chi - l_n &= \varepsilon_n \end{aligned} \tag{25}$$

und

$$\begin{aligned} x - l_1 &= v_1 \quad \text{die scheinbaren Fehler} \\ x - l_2 &= v_2 \\ &\cdots\cdots \\ x - l_n &= v_n \end{aligned} \tag{25'}$$

und es ist

$$x - \frac{[l]}{n} = \frac{[v]}{n}, \tag{26}$$

wobei für das arithmetische Mittel $[v] = 0$ ist. Es wird ferner:

$$\begin{aligned} \chi - x &= \varepsilon_1 - v_1 = \xi \text{ oder } & \varepsilon_1 &= v_1 + \xi \text{ und } & \varepsilon_1{}^2 &= v_1{}^2 + 2\, v_1\, \xi + \xi^2, \\ \chi - x &= \varepsilon_2 - v_2 = \xi & \varepsilon_2 &= v_2 + \xi & \varepsilon_2{}^2 &= v_2{}^2 + 2\, v_2\, \xi + \xi^2, \\ &\cdots\cdots & &\cdots\cdots & &\cdots\cdots \\ \chi - x &= \varepsilon_n - v_n = \xi & \varepsilon_n &= v_n + \xi & \varepsilon_n{}^2 &= v_n{}^2 + 2\, v_n\, \xi + \xi^2, \end{aligned}$$

daher die Summen $[\varepsilon] = [v] + n\,\xi \quad [\varepsilon\,\varepsilon] = [v\,v] + 2\,\xi\,[v] + n\,\xi^2$

und für das arithmetische Mittel

$$[\varepsilon] = n\,\xi \qquad [\varepsilon\,\varepsilon] = [v\,v] + \frac{[\varepsilon]^2}{n} \tag{27}$$

Aus der letzten Gl. folgt, da alle Glieder positiv sind:

$$[\varepsilon\,\varepsilon] > [v\,v].$$

Die Fehlerquadratsumme aus den wahren Fehlern ist also immer größer als die aus den scheinbaren. Das rührt daher, daß wir für $[v\,v]$ ein Minimumprinzip eingeführt haben. Die auf Grund des arithmetischen Mittels bestimmte Summe $[v\,v]$ ist also tatsächlich die kleinste Fehlerquadratsumme. Daher führt diese Methode der Ausgleichsrechnung auch den Namen: Methode der kleinsten Quadrate.

Es ist nun

$$[\varepsilon]^2 = (\varepsilon_1 + \varepsilon_2 + \ldots + \varepsilon_n)^2 = \varepsilon_1{}^2 + \varepsilon_2{}^2 + \ldots + \\ + 2(\varepsilon_1 \varepsilon_2 + \ldots + \varepsilon_i \varepsilon_k + \ldots + \varepsilon_{n-1} \varepsilon_n)$$

oder

$$[\varepsilon]^2 = [\varepsilon\,\varepsilon] + 2\,[\varepsilon_i\,\varepsilon_k].$$

Das letzte Produkt aber verschwindet wieder wegen der positiven und negativen Glieder und es bleibt

$$[\varepsilon]^2 = [\varepsilon\,\varepsilon],$$

daher nach Gl. (27)

$$[\varepsilon\,\varepsilon] = [v\,v] + \frac{1}{n}[\varepsilon\,\varepsilon]$$

oder

$$[\varepsilon\,\varepsilon] = \frac{n}{n-1}[v\,v].$$

Setzen wir diesen Wert in den Ausdruck für den mittleren Fehler ein, so wird

$$\mu = \sqrt{\frac{[\varepsilon\,\varepsilon]}{n^2}} = \sqrt{\frac{[v\,v]}{n(n-1)}}. \tag{28}$$

Der Begriff des Gewichtes.

Wir hätten zur Bestimmung der Größe χ eine Reihe von Beobachtungen angestellt, die aber verschiedene durch die Größen $h_1, h_2 \ldots, h_n$ charakterisierte Genauigkeiten haben sollen. Die wahren Fehler seien wieder ε, die dem angenommenen Werte x entsprechenden scheinbaren Fehler seien v. Die Wahrscheinlichkeit für das Auftreten gerade dieses Systems wird sein

$$W = \frac{h_1 h_2 \ldots h_n}{(\sqrt{\pi})^n} e^{-[h^2 v^2]} (dv)^n.$$

Derjenige Wert von x wird der wahrscheinlichste sein, der W zu einem Maximum macht. Daher die Bedingung

$$\frac{dW}{dx} = -\frac{h_1 h_2 \ldots h_n}{(\sqrt{\pi})^n} e^{-[h^2 v^2]}\, 2\,[h^2 v] \frac{dv}{dx}(dv)^n = 0$$

oder

$$2\,[h^2(x-l)] = 0$$

Somit weiter

$$x\,[h^2] - [h^2 l] = 0$$

$$x = \frac{[h^2 l]}{[h^2]} = \frac{h_1{}^2 l_1 + h_2{}^2 l_2 + \ldots + h_n{}^2 l_n}{h_1{}^2 + h_2{}^2 + \ldots + h_n{}^2} \tag{29}$$

Statt der Größen $h_1, h_2 \ldots, h_n$ führen wir neue Größen $g_1, g_2 \ldots, g_n$ ein, die den h^2 proportional sind. Also

$$\frac{h_1^2}{g_1} = \frac{h_2^2}{g_2} = \ldots . = \frac{h_n^2}{g_n} \tag{30}$$

oder

$$h_2^2 = \frac{g_2}{g_1} h_1^2 \quad h_3^2 = \frac{g_3}{g_1} h_1^2 \ldots h_n^2 = \frac{g_n}{g_1} h_1^2.$$

Daher

$$x = \frac{h_1^2 l_1 + \frac{g_2}{g_1} h_1^2 l_2 + \frac{g_3}{g_1} h_1^2 l_3 + \ldots}{h_1^2 + \frac{g_2}{g_1} h_1^2 + \frac{g_3}{g_1} h_1^2 + \ldots} = \frac{g_1 l_1 + g_2 l_2 + \ldots}{g_1 + g_2 + \ldots} = \frac{[gl]}{[g]}. \tag{31}$$

Zu demselben Resultate wäre man auch gekommen, wenn g_1 Beobachtungen den Wert l_1 gegeben hätten, g_2 den Wert l_2 u. s. w. Man kann daher die g_i als die Zahl gleich genauer Beobachtungen betrachten, die der Genauigkeit von l_i das Gleichgewicht halten. Man nennt diese Größen die Gewichte. Es war nun nach Gl. (17) $h^2 = 1/(2\mu^2)$; so können wir statt Gl. (29) auch schreiben:

$$x = \frac{\frac{1}{\mu_1^2} l_1 + \frac{1}{\mu_2^2} l_2 + \ldots}{\frac{1}{\mu_1^2} + \frac{1}{\mu_2^2} + \ldots} = \frac{\frac{\mu_0^2}{\mu_1^2} l_1 + \frac{\mu_0^2}{\mu_2^2} l_2 + \ldots}{\frac{\mu_0^2}{\mu_1^2} + \frac{\mu_0^2}{\mu_2^2} + \ldots},$$

wo μ_0 durch die Gl. bestimmt sei:

$$\frac{\mu_0^2}{\mu_1^2} = g_1, \qquad \frac{\mu_0^2}{\mu_2^2} = g_2 \ldots \tag{32}$$

Ist nun $g_i = 1$, so wird $\mu_0^2 = \mu_i^2$; μ_0 ist also der mittlere Fehler der Gewichtseinheit und

$$\mu_2^2 = \mu_1^2 g_1 = \mu_2^2 g_2 = \ldots,$$

daher

$$\mu_i = \frac{\mu_0}{\sqrt{g_i}}. \tag{33}$$

Sind nun $l_1, l_2, \ldots$ verschieden genaue Beobachtungen, so sind sie dieselben mit ihren mittleren Fehlern angesetzt:

$$l_1 \pm \mu_1, \qquad l_2 \pm \mu_2 \ldots .$$

Multiplizieren wir nun mit $\sqrt{g_i}$, so erhalten wir die Reihe

$$l_1 \sqrt{g_1} \pm \mu_1 \sqrt{g_1} = l_1 \sqrt{g_1} \pm \mu_0, \qquad l_2 \sqrt{g_2} \pm \mu_0 \ldots .$$

Durch Multiplikation mit der Wurzel aus den Gewichten erhalten alle Beobachtungen den Charakter gleicher Genauigkeit und können auch nach den gleichen Gesetzen behandelt werden. Daher ist der mittlere Fehler von $l\sqrt{g}$ nach Gl. (20) gleich

$$\mu_0 = \sqrt{\frac{[\varepsilon\sqrt{g}\,\varepsilon\sqrt{g}]}{n}} = \sqrt{\frac{[g\,\varepsilon\,\varepsilon]}{n}}. \tag{34}$$

Ist also μ_i der mittlere Fehler von l_i, so ist der mittlere Fehler der Summe $[g\,l]$ nach Gl. (33) und (34)

$$\pm\sqrt{g_1{}^2\mu_1{}^2 + g_2{}^2\mu_2{}^2 + \ldots} = \pm\sqrt{\frac{[g\,\varepsilon\,\varepsilon]}{n}\left(\frac{g_1{}^2}{g_1} + \frac{g_2{}^2}{g_2} + \ldots\right)} =$$
$$= \pm\sqrt{\frac{[g\,\varepsilon\,\varepsilon]}{n}[g]}$$

und der Fehler des arithmetischen Mittels wird erhalten durch Division durch $[g]$

$$\mu = \pm\sqrt{\frac{[g\,\varepsilon\,\varepsilon]}{n\,[g]}}. \tag{35}$$

Dem arithmetischen Mittel kommt also das Gewicht $[g]$ zu. Wir führen nun statt der ε wieder die v ein. Es ist wie früher

$$\begin{aligned} x - l_1 &= v_1 \quad \text{und} \quad & g_1(x - l_1) &= g_1 v_1, \\ x - l_2 &= v_2 & g_2(x - l_2) &= g_2 v_2 \\ &\ldots\ldots\ldots\ldots \end{aligned}$$

Daher die Summe $\qquad [g\,x] - [g\,l] = [g\,v]$

$$x = \frac{[g\,l]}{[g]} + \frac{[g\,v]}{[g]}.$$

Das Glied $[g\,l]/[g]$ ist aber nach Gl. (31) das mit Gewichten berechnete arithmetische Mittel; die Bedingung für das arithmetische Mittel ist also nun

$$[g\,v] = 0. \tag{36}$$

Es ist nun wie früher

$$\begin{aligned} \varepsilon_1 &= v_1 + \xi \quad \text{oder} \quad & \sqrt{g_1}\,\varepsilon_1 &= \sqrt{g_1}\,v_1 + \sqrt{g_1}\,\xi \\ \varepsilon_2 &= v_2 + \xi & \sqrt{g_2}\,\varepsilon_2 &= \sqrt{g_2}\,v_2 + \sqrt{g_2}\,\xi \\ &\ldots\ldots & &\ldots\ldots\ldots\ldots \end{aligned}$$

$$\begin{aligned} \text{und} \quad g_1\varepsilon_1{}^2 &= g_1 v_1{}^2 + 2\,g_1 v_1\,\xi_1 + g_1\,\xi_1{}^2, \\ g_2\varepsilon_2{}^2 &= g_2 v_2{}^2 + 2\,g_2 v_2\,\xi_2 + g_2{}^2\,\xi_2{}^2 \\ &\ldots\ldots\ldots\ldots\ldots\ldots \end{aligned}$$

und die Summe

$$[g\,\varepsilon\,\varepsilon] = [g\,v\,v] + 2\,\xi\,[g\,v] + \xi^2\,[g]. \tag{37}$$

Die Größe ξ, der Unterschied zwischen dem wahren Werte und dem arithmetischen Mittel ist uns unbekannt. Wir nehmen hiefür den mittleren Fehler und setzen:

$$\xi = \sqrt{\frac{[g\,\varepsilon\,\varepsilon]}{n\,[g]}}.$$

Setzen wir nun in Gl. (37) ein, so wird mit Rücksicht auf Gl. (36)

$$[g\,\varepsilon\,\varepsilon] = [g\,v\,v] + \frac{[g\,\varepsilon\,\varepsilon]}{n\,[g]}\,[g]$$

und

$$[g\,\varepsilon\,\varepsilon] = \frac{n}{n-1}\,[g\,v\,v].$$

Wir erhalten also:

Fehler der Gewichtseinheit

$$\mu_0 = \pm\sqrt{\frac{[g\,v\,v]}{n-1}},$$

Fehler einer Beobachtung vom Gewichte g_i

$$\mu_i = \frac{\mu_0}{\sqrt{g_i}} = \pm\sqrt{\frac{[g\,v\,v]}{(n-1)\,g_i}}, \tag{38}$$

Fehler des arithmetischen Mittels

$$M = \pm\sqrt{\frac{[g\,v\,v]}{(n-1)\,[g]}}.$$

Die Grundsätze, die uns hier auf das einfache oder allgemeine arithmetische Mittel geführt haben, kann man nun auch auf kompliziertere Aufgaben anwenden. Im allgemeinen ist es nicht möglich, die Größen, deren Wert gesucht wird, direkt zu beobachten, sondern es wird meist eine Größe beobachtet, die mit einer Reihe anderer Größen zusammenhängt, deren Wert bestimmt werden soll. Dieser Zusammenhang wird in der Form von Gleichungen zum Ausdruck gebracht, deren Unbekannte gesucht werden. Man beobachtet z. B. Höhen oder Azimute, gesucht aber wird die Zeit und die Breite. Man spricht dann von vermittelnden Beobachtungen.

Ist die Zahl der Gleichungen gleich der Zahl der Unbekannten, so kann man das System nach den Unbekannten auflösen, man hat aber keine Kontrolle über die Sicherheit des Resultates und es liegt gar keine Ausgleichsaufgabe vor. Ist aber die Zahl der Gleichungen größer als die der Unbekannten, so werden sie Widersprüche enthalten, weil die aus einer gewissen Zahl von Gleichungen berechneten Unbekannten, in die übrigen Gleichungen eingesetzt, diese im allgemeinen wegen der Beobachtungsfehler nicht befriedigen werden. Hier liegt nun eine Ausgleichsaufgabe vor und es sollen die Unbekannten so bestimmt werden, daß die Fehlerquadratsumme ein Minimum wird. Die aufzulösenden Gleichungen können wir immer in linearer Form voraussetzen. Sind sie vom Anfang an nicht linear, so verwandelt man sie durch Einführung von Näherungswerten in lineare Gleichungen. Es sei

$$L_i = f_i(X, Y, Z, \ldots). \tag{39}$$

Hier ist L_i die beobachtete Größe, $X, Y, Z, \ldots$ sind die gesuchten Unbekannten. Wir setzen nun

$$X = X_0 + \xi, \qquad Y = Y_0 + \eta, \qquad Z = Z_0 + \zeta \ldots$$

$X_0, Y_0, Z_0, \ldots$ sind die Näherungswerte, die wir uns auf irgend einem Wege verschaffen und die wir so nahe an $X, Y, Z, \ldots$ voraussetzen, daß wir die Quadrate und Produkte von $\xi, \eta, \zeta, \ldots$ vernachlässigen können. Dann ist

$$L_i = f_i(X_0 + \xi,\ Y_0 + \eta,\ Z_0 + \zeta, \ldots) = f_i(X_0 Y_0 Z_0, \ldots) + \\ + \frac{\partial f_i}{\partial X}\xi + \frac{\partial f_i}{\partial Y}\eta + \frac{\partial f_i}{\partial Z}\zeta + \ldots$$

Setzen wir jetzt $L_i - f_i(X_0, Y_0, Z_0, \ldots) = l_i$, so haben die Gleichungen die Form

$$l_i = a_i \xi + b_i \eta + c_i \zeta + \ldots$$

$l_i, a_i, b_i \ldots$ sind bekannte Größen, ξ, η, ζ sind die Unbekannten. Wir beschränken uns im folgenden auf drei Unbekannte. Sind ξ, η, ζ die wahren Werte der Unbekannten, so haben wir:

$$a_1 \xi + b_1 \eta + c_1 \zeta - l_1 = \varepsilon_1,$$
$$a_2 \xi + b_2 \eta + c_2 \zeta - l_2 = \varepsilon_2,$$
$$a_3 \xi + b_3 \eta + c_3 \zeta - l_3 = \varepsilon_3.$$

Hier sind die ε die wahren Fehler. Nehmen wir aber statt ξ, η, ζ irgendwelche andere Werte x, y, z, so wird

$$\begin{aligned} a_1 x + b_1 y + c_1 z - l_1 &= v_1, \\ a_2 x + b_2 y + c_2 z - l_2 &= v_2, \\ a_3 x + b_3 y + c_3 z - l_3 &= v_3 \end{aligned} \tag{40}$$

und die Größen v sind die scheinbaren Fehler. Nun sind die Größen x, y, z so zu bestimmen, daß

$$[g v v] = \text{Min.}$$

wird. Die Bedingungen lauten also

$$\frac{\partial [g v v]}{\partial x} = 0, \quad \frac{\partial [g v v]}{\partial y} = 0 \quad \text{und} \quad \frac{\partial [g v v]}{\partial z} = 0.$$

Es ist nun

$$[g v v] = g_1 (a_1 x + b_1 y + c_1 z - l_1)^2 + g_2 (a_2 x + b_2 y + c_2 z - l_2)^2 + \\ + g_3 (a_3 x + b_3 y + c_3 z - l_3)^2$$

und $$\frac{\partial [g\,v\,v]}{\partial x} = 0 = 2\,g_1\,(a_1\,x + b_1\,y + c_1\,z - l)\,a_1 +$$
$$+ 2\,g_2\,(a_2\,x + b_2\,y + c_2\,z - l_2)\,a_2 + 2\,g_3\,(a_3\,x + b_3\,y + c_3\,z - l_3)\,a_3,$$
so daß wir symbolisch schreiben können:
$$[g\,v\,a] = 0, \qquad [g\,v\,b] = 0, \qquad [g\,v\,c] = 0. \tag{41}$$
Führen wir nun die Multiplikationen aus, so erhalten wir
$$\begin{aligned} [g\,a\,a]\,x + [g\,a\,b]\,y + [g\,a\,c]\,z - [g\,a\,l] &= 0, \\ [g\,a\,b]\,x + [g\,b\,b]\,y + [g\,b\,c]\,z - [g\,b\,l] &= 0, \\ [g\,a\,c]\,x + [g\,b\,c]\,y + [g\,c\,c]\,z - [g\,c\,l] &= 0. \end{aligned} \tag{42}$$

Wir erhalten also so viele Gleichung als Unbekannte und diese Gleichungen heißen die Normalgleichungen. Um sie zu bilden, hat man die Produkte $a_i\,a_i, a_i\,b_i, \ldots$ u. s. w. mit g_i zu multiplizieren und dann zu addieren; man kommt aber zu dem gleichen Resultat, wenn man die Gl. (40) vom Anfang an mit den $\sqrt{g}$ multipliziert.

Zur Auflösung dieses Gleichungssystems verwendet man gewöhnlich ein von *Gauß* angegebenes Verfahren der allmählichen Elimination, welches sich mit Rücksicht auf die Symmetrie der Koeffizienten sehr bequem gestaltet.

Multipliziert man die erste Gl. mit $\frac{[g\;a\;b]}{[g\;a\;a]}$ und subtrahiert sie von der zweiten, ebenso die mit $\frac{[g\;a\;c]}{[g\;a\;a]}$ multiplizierte erste Gl. von der dritten, so erhält man
$$\left\{[g\,b\,b] - \frac{[g\,a\,b]\,[g\,a\,b]}{[g\,a\,a]}\right\} x + \left\{[g\,b\,c] - \frac{[g\,a\,b]\,[g\,a\,c]}{[g\,a\,a]}\right\} =$$
$$= \left\{[g\,b\,l] - \frac{[g\,a\,b]\,[g\,a\,l]}{[g\,a\,a]}\right\},$$
$$\left\{[g\,b\,c] - \frac{[g\,a\,c]\,[g\,a\,b]}{[g\,a\,a]}\right\} x + \left\{[g\,c\,c] - \frac{[g\,a\,c]\,[g\,a\,c]}{[g\,a\,a]}\right\} =$$
$$= \left\{[g\,c\,l] - \frac{[g\,a\,c]\,[g\,a\,l]}{[g\,a\,a]}\right\}.$$
Führt man also neue Symbole ein von der Form
$$[g\,i\,k] - \frac{[g\,a\,k]\,[g\,a\,i]}{[g\,a\,a]} = [g\,i\,k]_1, \tag{43}$$
so lautet das System
$$\begin{aligned} [g\,b\,b]_1\,y + [g\,b\,c]_1\,z &= [g\,b\,l]_1, \\ [g\,b\,c]_1\,y + [g\,c\,c]_1\,z &= [g\,c\,l]_1. \end{aligned} \tag{44}$$

Das neue System hat dieselbe Form wie das erste, man kann es daher auch wieder so behandeln und unter Einführung der neuen Symbole

$$[g\,i\,k]_1 - \frac{[g\,b\,i]_1\,[g\,b\,k]_1}{[g\,b\,b]_1} = [g\,i\,k]_2, \tag{45}$$

findet man

$$[g\,c\,c]_2\,z = [g\,c\,l]_2$$

daher

$$z = \frac{[g\,c\,l]_2}{[g\,c\,c]_2}. \tag{46}$$

Durch Rücksubstitution in die Systeme erhält man dann y und endlich x.

Die Symbole findet man am bequemsten nach dem *Gauß*schen Schema:

	$[g\,a\,a]$ $\log\,[g\,a\,a]$	$[g\,a\,b]$ $\log\,[g\,a\,b]$	$[g\,a\,c]$ $\log\,[g\,a\,c]$	$[g\,a\,l]$ $\log\,[g\,a\,l]$	$[g\,a\,s]$ $\log\,[g\,a\,s]$
$\log\frac{[g\,a\,b]}{[g\,a\,a]}$		$[g\,b\,b]$ $\frac{[g\,a\,b]\,[g\,a\,b]}{[g\,a\,a]}$ $[g\,b\,b]_1$ $\log\,[g\,b\,b]_1$	$[g\,b\,c]$ $\frac{[g\,a\,b]\,[g\,a\,c]}{[g\,a\,a]}$ $[g\,b\,c]_1$ $\log\,[g\,b\,c]_1$	$[g\,b\,l]$ $\frac{[g\,a\,b]\,[g\,a\,l]}{[g\,a\,a]}$ $[g\,b\,l]_1$ $\log\,[g\,b\,l]_1$	$[g\,b\,s]$ $\frac{[g\,a\,b]\,[g\,a\,s]}{[g\,a\,a]}$ $[g\,b\,s]_1$ $\log\,[g\,b\,s]_1$
$\log\frac{[g\,a\,c]}{[g\,a\,a]}$ $\log\frac{[g\,b\,c]_1}{[g\,b\,b]_1}$			$[g\,c\,c]$ $\frac{[g\,a\,c]\,[g\,a\,c]}{[g\,a\,a]}$ $[g\,c\,c]_1$ $\frac{[g\,b\,c]_1\,[g\,b\,c]_1}{[g\,b\,b]_1}$ $[g\,c\,c]_2$ $\log\,[g\,c\,c]_2$	$[g\,c\,l]$ $\frac{[g\,a\,c]\,[g\,a\,l]}{[g\,a\,a]}$ $[g\,c\,l]_1$ $\frac{[g\,b\,c]_1\,[g\,b\,l]_1}{[g\,b\,l]_1}$ $[g\,c\,l]_2$ $\log\,[g\,c\,l]_2$	$[g\,c\,s]$ $\frac{[g\,a\,c]\,[g\,a\,s]}{[g\,a\,a]}$ $[g\,c\,s]_1$ $\frac{[g\,b\,c]_1\,[g\,l\,s]_1}{[g\,b\,b]_1}$ $[g\,c\,s]_2$ $\log\,[g\,c\,s]_2$
$\log\frac{[g\,a\,l]}{[g\,a\,a]}$ $\log\frac{[g\,b\,l]_1}{[g\,b\,b]_1}$ $\log\frac{[g\,c\,l]_2}{[g\,c\,c]_2}$				$[g\,l\,l]$ $\frac{[g\,a\,l]\,[g\,a\,l]}{[g\,a\,a]}$ $[g\,l\,l]_1$ $\frac{[g\,b\,l]_1\,[g\,b\,l]_1}{[g\,b\,b]_1}$ $[g\,l\,l]_2$ $\frac{[g\,c\,l]_2\,[g\,c\,l]_2}{[g\,c\,c]_2}$ $[g\,l\,l]_3$	$[g\,l\,s]$ $\frac{[g\,a\,l]\,[g\,a\,s]}{[g\,a\,a]}$ $[g\,l\,s]_1$ $\frac{[g\,b\,l]_1\,[g\,b\,s]_1}{[g\,b\,b]_1}$ $[g\,l\,s]_2$ $\frac{[g\,c\,l]_2\,[g\,c\,s]_2}{[g\,c\,c]_2}$ $[g\,l\,s]_3$

(47)

welches sich auch, wenn man die Logarithmen durch die entsprechenden Zahlen ersetzt, für die Rechenmaschine sehr gut eignet. Am linken Rand sind die Hilfslogarithmen angemerkt, welche bei Bildung der Symbole in den einzelnen Zeilen gebraucht werden.

Wir bilden nun $[g\, v\, v]$. Es ist

$$v_i = a_i\, x + b_i\, y + c_i\, z - l_i,$$

daher

$$[g\, v\, v] = [g\, v\, a]\, x + [g\, v\, b]\, y + [g\, v\, c]\, z - [g\, v\, l]$$

oder nach Gl. (41)

$$[g\, v\, v] = -[g\, v\, l].$$

Nun wird durch Einsetzen von v Gl. (40)

$$[g\, v\, v] = -[g\, a\, l]\, x - [g\, b\, l]\, y - [g\, c\, l]\, z + [g\, l\, l].$$

Also durch Einsetzen von x aus der ersten Gl. (42)

$$[g\, v\, v] = [g\, l\, l] - [g\, a\, l] \left\{\frac{[g\, a\, l]}{[g\, a\, a]} - \frac{[g\, a\, b]}{[g\, a\, a]}\, y - \frac{[g\, a\, c]}{[g\, a\, a]}\, z\right\} -$$
$$- [g\, b\, l]\, y - [g\, c\, l]\, z = [g\, l\, l]_1 - [g\, b\, l]_1\, y - [g\, c\, l]_1\, z.$$

Setzen wir nun y aus Gl. (44) ein, so wird

$$[g\, v\, v] = [g\, l\, l]_1 - [g\, b\, l]_1 \left\{\frac{[g\, c\, l]_1}{[g\, b\, b]_1} - \frac{[g\, b\, c]_1}{[g\, b\, b]_1}\right\} - [g\, c\, l]_1\, z =$$
$$= [g\, l\, l]_2 - [g\, c\, l]_2\, z:$$

endlich nach Gl. (46)

$$[g\, v\, v] = [g\, l\, l]_2 - [g\, c\, l]_2 \frac{[g\, c\, l]_2}{[g\, c\, c]_2} = [g\, l\, l]_3. \tag{48}$$

Wenn man also das Schema (47) bis zum Index drei fortsetzt, erhält man einen Wert für $[g\, v\, v]$, d. i. die mit Gewichten berechnete Fehlerquadratsumme. Bilden wir noch

$$a_i + b_i + c_i + l_i = s_i,$$

so ist auch

$$[g\, a\, a] + [g\, a\, b] + [g\, a\, c] + [g\, a\, l] = [g\, a\, s], \tag{49}$$

ebenso

$$[g\, a\, b] + [g\, b\, b] + [g\, b\, c] + [g\, b\, l] = [g\, b\, s] \text{ u. s. w.}$$

Ergänzt man also das Schema noch um eine s-Kolonne, so erhält man eine Summenkontrolle, die durch alle Indizes durchläuft und schließlich zu der Beziehung führt:

$$[g\, l\, l]_3 = [g\, l\, s]_3. \tag{50}$$

Die zwei letzten Zahlen des Schemas müssen also einander gleich sein.

Man begnügt sich nicht damit, die Werte der Unbekannten zu bestimmen, sondern man wünscht auch Aufschluß über die Verläßlichkeit der Resultate. Man sucht also auch die Fehler der Unbekannten zu bestimmen. Es ist

$$\varepsilon_i = a_i\,\xi + b_i\,\eta + c_i\,\zeta - l_i,$$
$$v_i = a_i\,x + b_i\,y + c_i\,z - l_i,$$

daher

$$v_i = a_i\,(x-\xi) + b_i\,(y-\eta) + c_i\,(z-\zeta) + \varepsilon_i.$$

Diese Gl. haben dieselbe Form wir Gl. (40), nur steht ε_i statt l_i und statt x, y, z resp. $x-\xi$, $y-\eta$, $z-\zeta$. Man kann nun die Gl. genau so wie die früheren behandeln und erhält, wenn man den Faktor g vorläufig nicht anschreibt nun statt $[v\,v] = [l\,l]_3$:

$$[v\,v] = [\varepsilon\,\varepsilon]_3.$$

Nun ist

$$[\varepsilon\,\varepsilon]_3 = [\varepsilon\,\varepsilon]_2 - \frac{[c\,\varepsilon]_2{}^2}{[\varepsilon\,\varepsilon]_2} = [\varepsilon\,\varepsilon]_1 - \frac{[b\,\varepsilon]_1{}^2}{[b\,b]_1} - \frac{[c\,\varepsilon]_2{}^2}{[c\,c]_2} =$$
$$= [\varepsilon\,\varepsilon] - \frac{[a\,\varepsilon]^2}{[a\,a]} - \frac{[b\,\varepsilon]_1{}^2}{[b\,b]_1} - \frac{[c\,\varepsilon]_2{}^2}{[c\,c]_2}.$$

Es ist

$$[a\,\varepsilon]^2 = (a_1\,\varepsilon_1 + a_2\,\varepsilon_2 + \ldots)^2 = [a^2\,\varepsilon^2] + 2\,[a_i\,a_\varkappa\,\varepsilon_i\,\varepsilon_\varkappa].$$

Das letzte Glied können wir auch hier wieder gleich Null setzen; ferner setzen wir für ε^2 seinen mittleren Wert μ^2, so wird

$$[a\,\varepsilon]^2 = [a\,a]\,\mu^2 \quad \text{oder} \quad \frac{[a\,\varepsilon]^2}{[a\,a]} = \mu^2. \tag{51}$$

Ferner ist

$$\frac{[b\,\varepsilon]_1{}^2}{[b\,b]_1} = \frac{1}{[b\,b]_1}\left\{[b\,\varepsilon] - \frac{[a\,b]\,[a\,\varepsilon]}{[a\,a]^2}\right\}^2 =$$
$$= \frac{1}{[b\,b]_1}\left\{[b\,\varepsilon]^2 - 2\,\frac{[a\,b]\,[a\,\varepsilon]\,[b\,\varepsilon]}{[a\,a]} + \frac{[a\,b]^2\,[a\,\varepsilon]^2}{[a\,a]^2}\right\} =$$
$$= \frac{1}{[b\,b]_1}\left\{[b\,b]\,\mu^2 - 2\,\frac{[a\,b]}{[a\,a]}\,([a\,b\,\varepsilon\,\varepsilon] - 2\,[a_i\,b_\varkappa\,\varepsilon_i\,\varepsilon_\varkappa]) + \frac{[a\,b]^2}{[a\,a]^2}\,[a\,a]\,\mu^2\right\}.$$

Indem wir das Glied mit $a_i\,\varepsilon_\varkappa$ weglassen, bleibt

$$= \frac{1}{[b\,b]_1}\left\{[b\,b] - \frac{[a\,b]^2}{[a\,a]}\right\}\mu^2 = \mu^2. \tag{52}$$

Ebenso findet man

$$\frac{[c\,\varepsilon]_2^{\,2}}{[c\,c]_2} = \mu^2. \tag{53}$$

Wir erhalten also

$$[v\,v] = [\varepsilon\,\varepsilon] - 3\,\mu^2 = [\varepsilon\,\varepsilon] - 3\,\frac{[\varepsilon\,\varepsilon]}{n}$$

und

$$[v\,v] = \frac{n-3}{n}\,[\varepsilon\,\varepsilon]. \tag{54}$$

Wenn also allgemein n Gl. mit i Unbekannten sind, so wird der mittlere Fehler einer Beobachtung

$$\mu = \pm \sqrt{\frac{[v\,v]}{n-i}}. \tag{55}$$

Wenn die Beobachtungen verschiedenes Gewicht haben und wir die Gl. mit $\sqrt{g}$ multiplizieren und damit auf gleiches Gewicht gebracht haben, so ist

$$\mu_0 = \pm \sqrt{\frac{[g\,v\,v]}{n-i}}, \tag{56}$$

der Fehler der Gewichtseinheit und der Fehler einer Beobachtung vom Gewichte $g_\varkappa$ ist

$$\mu_\varkappa = \pm \sqrt{\frac{[g\,v\,v]}{(n-i)\,g_\varkappa}} = \pm \frac{\mu_0}{\sqrt{g_\varkappa}}. \tag{57}$$

Um den mittleren Fehler der Unbekannten zu bestimmen, haben wir zu untersuchen, wie sich die Unbekannten durch die Beobachtungen ausdrücken und dann das Fehlerübertragungsgesetz anzuwenden.

Die Normalgleichungen (für drei Unbekannte) lauten

$$\begin{aligned}
[g\,a\,a]\,x + [g\,a\,b]\,y + [g\,a\,c]\,z &= [g\,a\,l],\\
[g\,a\,b]\,x + [g\,b\,b]\,y + [g\,b\,c]\,z &= [g\,b\,l],\\
[g\,a\,c]\,x + [g\,b\,c]\,y + [g\,c\,c]\,z &= [g\,c\,l].
\end{aligned}$$

Wir multiplizieren diese drei Gl. mit den vorläufig noch unbekannten Faktoren k_x', k_x'', k_x''' und addieren:

$$\begin{aligned}
&x\left\{[g\,a\,a]\,k_x' + [g\,a\,b]\,k_x'' + [g\,a\,c]\,k_x'''\right\} +\\
&+ y\left\{[g\,a\,b]\,k_x' + [g\,b\,b]\,k_x'' + [g\,b\,c]\,k_x'''\right\} +\\
&+ z\left\{[g\,a\,c]\,k_x' + [g\,b\,c]\,k_x'' + [g\,c\,c]\,k_x'''\right\} -\\
&- [g\,a\,l]\,k_x' - [g\,b\,l]\,k_x'' - [g\,c\,l]\,k_x''' = 0.
\end{aligned} \tag{58}$$

Wir bestimmen nun die k_x so, daß der Koeffizient von x gleich 1 wird, die Koeffizienten von y und z verschwinden. Wir haben also die Gl.

$$\begin{aligned} [g\,a\,a]\,k_x' + [g\,a\,b]\,k_x'' + [g\,a\,c]\,k_x''' &= 1, \\ [g\,a\,b]\,k_x' + [g\,b\,b]\,k_x'' + [g\,b\,c]\,k_x''' &= 0, \\ [g\,a\,c)\,k_x' + [g\,b\,c]\,k_x'' + [g\,c\,c]\,k_x''' &= 0. \end{aligned} \tag{59}$$

Verwenden wir diese in Gl. (58), so folgt

$$x = [g\,a\,l]\,k_x' + [g\,b\,l]\,k_x'' + [g\,c\,l]\,k_x''',$$

wodurch x durch l dargestellt ist. Die Berechnung dieser drei Größen k_x', k_x'' und k_x''' stellt sich sehr einfach, weil die linken Seiten dieselben sind, wie in den Normalgleichungen, während die rechten 1, 0, 0 sind. Setzt man statt dessen 0, 1, 0, resp. 0, 0, 1, so erhält man statt k_x', k_x'', k_x''' andere Größen k_y', k_y'', k_y''' resp. k_z', k_z'', k_z''' und

$$\begin{aligned} y &= [g\,a\,l]\,k_y' + [g\,b\,l]\,k_y'' + [g\,c\,l]\,k_y''', \\ z &= [g\,a\,l]\,k_z' + [g\,b\,l]\,k_z'' + [g\,c\,l]\,k_z'''. \end{aligned}$$

Es ist also

$$x = g_1\,l_1\,(a_1\,k_x' + b_1\,k_x'' + c_1\,k_x''') + g_2\,l_2\,(a_2\,k_x' + b_2\,k_x'' + c_2\,k_x''') + \ldots$$

wofür wir abkürzungsweise schreiben

$$\begin{aligned} & x_i = [\alpha\,g\,l] && \text{mit } \alpha_i = (a_i\,k_x' + b_i\,k_x'' + c_i\,k_x''') \\ \text{ebenso } & y_i = [\beta\,g\,l] && \beta_i = (a_i\,k_y' + b_i\,k_y'' + c_i\,k_y'''), \\ & z_i = [\gamma\,c\,l] && \gamma_i = (a_i\,k_z' + b_i\,k_z'' + c_i\,k_z'''). \end{aligned} \tag{60}$$

Sind nun die mittleren Fehler von $l_1, l_2, \ldots$ gleich $\mu_1, \mu_2, \ldots$, so wird nach dem Fehlerübertragungsgesetz

$$\mu_x = \pm\sqrt{\alpha_1^2\,g_1^2\,\mu_1^2 + \alpha_2^2\,g_2^2\,\mu_2^2 + \ldots}$$

Nun ist

$$\mu_1 = \frac{\mu_0}{\sqrt{g_1}}, \quad \mu_2 = \frac{\mu_2}{\sqrt{g_2}} \ldots,$$

so wird

$$\begin{aligned} \mu_x &= \pm\sqrt{\mu_0^2\,(\alpha_1^2\,g_1 + \alpha_2^2\,g_2 + \ldots)} = \pm\,\mu_0\sqrt{[g\,\alpha\,\alpha]} = \\ &= \pm\sqrt{\frac{[g\,v\,v]\,[g\,\alpha\,\alpha]}{n-i}}, \\ \mu_y &= \pm\sqrt{\frac{[g\,v\,v]\,[g\,\beta\,\beta]}{n-i}}, \\ \mu_z &= \pm\sqrt{\frac{[g\,v\,v]\,[g\,\gamma\,\gamma]}{n-i}}, \end{aligned} \tag{61}$$

Nach der Definition ist $g_i = \frac{\mu_0^2}{\mu_i^2}$; für die Unbekannten ist also $g_x = \frac{\mu_0^2}{\mu_x^2} \ldots$.

Daher

$$g_x = \frac{1}{[g\,\alpha\,\alpha]}, \quad g_y = \frac{1}{[g\,\beta\,\beta]}, \quad g_z = \frac{1}{[g\,\gamma\,\gamma]}. \tag{62}$$

Wir wollen nun noch die Bedeutung dieser Symbole entwickeln. Es ist nach Gl. (60)

$$[g\,\alpha\,\alpha] = k_x' [g\,\alpha\,a] + k_x'' [g\,\alpha\,b] + k_x''' [g\,\alpha\,c]. \tag{63}$$

Ferner ist nach Gl. (60) und (59)

$$\begin{aligned}
[g\,\alpha\,a] &= [g\,a\,a]\,k_x' + [g\,a\,b]\,k_x'' + [g\,a\,c]\,k_x''' = 1,\\
[g\,\alpha\,b] &= [g\,a\,b]\,k_x' + [g\,b\,b]\,k_x'' + [g\,b\,c]\,k_x''' = 0,\\
[g\,\alpha\,c] &= [g\,a\,c]\,k_x' + [g\,b\,c]\,k_x'' + [g\,c\,c]\,k_x''' = 0.
\end{aligned}$$

Daher nach Gl. (63)

$$[g\,\alpha\,\alpha] = k_x', \qquad [g\,\beta\,\beta] = k_y'', \qquad [g\,\gamma\,\gamma] = k_z'''.$$

Für die übrigen k können wir ähnlich vorgehen. Es ist

$$\alpha_i = a_i\,k_x' + b_i\,k_x'' + c_i\,k_x''', \qquad \beta_i = a_i\,k_y' + b_i\,k_y'' + c_i\,k_y''',$$

somit durch Multiplikation mit $g\,\beta$, resp. $g\,\alpha$ und Summierung

$$[g\,\alpha\,\beta] = [g\,a\,\beta]\,k_x' + [g\,b\,\beta]\,k_x'' + [g\,c\,\beta]\,k_x''' \tag{64}$$

und

$$[g\,\alpha\,\beta] = [g\,a\,\alpha]\,k_y' + [g\,b\,\alpha]\,k_y'' + [g\,c\,\alpha]\,k_y'''. \tag{65}$$

Es ist aber nach Gl. (60)

$$\begin{aligned}
[g\,a\,\beta] &= [g\,a\,a]\,k_y' + [g\,a\,b]\,k_y'' + [g\,a\,c]\,k_y''' = 0,\\
[g\,b\,\beta] &= [g\,a\,b]\,k_y' + [g\,b\,b]\,k_y'' + [g\,b\,c]\,k_y''' = 1,\\
[g\,c\,\beta] &= [g\,a\,c]\,k_y' + [g\,b\,c]\,k_y'' + [g\,c\,c]\,k_y''' = 0.
\end{aligned} \tag{66}$$

Durch Multiplikation mit k_x', k_x'' und k_x''' nach Gl. (64), wegen $[g\,b\,\beta] = 1$ und $[g\,a\,\beta]$ und $[g\,c\,\beta] = 0$ nach Gl. (66) erhält man

$$[g\,\alpha\,\beta] = k_x''$$

aus Gl. (65) und (66) aber

$$[g\,\alpha\,\beta] = k_y'.$$

Es ist also

$$\begin{array}{lll}
[g\,\alpha\,\alpha] = k_x' & [g\,\alpha\,\beta] = k_x'' = k_y' & [g\,\alpha\,\gamma] = k_x''' = k_z'\\
 & [g\,\beta\,\beta] = k_y'' & [g\,\beta\,\gamma] = k_y''' = k_z''\\
 & & [g\,\gamma\,\gamma] = k_z'''.
\end{array} \tag{67}$$

Die Auflösung des Systems Gl. (59) und der entsprechenden für k_y und k_z ist sehr einfach, da auf der rechten Seite nur 1 oder 0 steht. Am einfachsten wird die Sache bei dem dritten System. Hier haben wir in dem Schema S. 300 statt $[g\,a\,l]$, $[g\,b\,l]$, $[g\,c\,l]$ der Reihe nach 0, 0, 1 zu setzen. Es wird also

$$[g\,b\,l]_1 = [g\,b\,l] - \frac{[g\,a\,b]\,[g\,a\,l]}{[g\,a\,a]} = 0,$$

$$[g\,c\,l]_1 = [g\,c\,l] - \frac{[g\,a\,c]\,[g\,a\,l]}{[g\,a\,a]} = 1,$$

$$[g\,c\,l]_2 = [g\,c\,l]_1 - \frac{[g\,b\,c]_1\,[g\,b\,l]_1}{[g\,b\,b]_1} = 1.$$

Wir erhalten daher statt Gl. (46)

$$k_z''' = \frac{1}{[g\,c\,c]_2}. \tag{68}$$

$[g\,c\,c]_2$ ist aber eine Größe, die bei der Auflösung der Normalgleichungen ohnehin auftritt und daher schon vorliegt. Man wird also die drei Größen k_x', k_y'' und k_z''' auch dadurch gewinnen können, daß man die Normalgleichungen so umstellt, daß einmal z, dann y und endlich x als letzte Unbekannte erscheint.

Um endlich die Genauigkeit der ausgeglichenen Beobachtungen zu beurteilen, suchen wir die v, wie sie sich aus den gefundenen Unbekannten ergeben; $l_i + v_i$ ist dann die ausgeglichene Beobachtung. Es war nach Gl. (60)

$$x = [\alpha\,g\,l], \qquad y = [\beta\,g\,l], \qquad z = [\gamma\,g\,l].$$

Setzt man in die Gl. $a_i\,x + b_i\,y + c_i\,z - l_i = v_i$ ein, so erhalten wir

$$l_i + v_i = a_i\,(\alpha_1\,g_1\,l_1 + \alpha_2\,g_2\,l_2 + \ldots) + b_i\,(\beta_1\,g_1\,l_1 + \beta_2\,g_2\,l_2 + \ldots)$$

oder

$$l_i + v_i = g_1\,l_1\,(a_i\,\alpha_1 + b_i\,\beta_1 + c_i\,\gamma_1) + g_2\,l_2\,(a_i\,\alpha_2 + b_i\,\beta_2 + c_i\,\gamma_2) + \ldots$$
$$= A_{1i}\,l_1 + A_{2i}\,l_2 + \ldots, \tag{69}$$

dann ist der mittlere Fehler von $l_i + v_i$ nach dem Fehlerübertragungsgesetz

$$M_i = \pm\sqrt{[A_{ki}^2\,\mu_i^2]}.$$

Nun ist

$$A_{1i}^2 = (a_i\,\alpha_1 + b_i\,\beta_1 + c_i\,\gamma_1)^2\,g_1^2\,\mu_1^2 = (a_i\,\alpha_1 + b_i\,\beta_1 + c_i\,\gamma_1)^2\,g_1\,\mu_0^2, \tag{70}$$

daher

$$M_i = \pm\sqrt{[(a_i\,\alpha_\varkappa + b_i\,\beta_\varkappa + c_i\,\gamma_\varkappa)^2\,g_\varkappa]}\,\mu_0. \tag{71}$$

Führen wir die Quadrierung und Summierung durch, so wird nach Gl. (67)

$$
\begin{aligned}
[(a_i \alpha_\varkappa + b_i \beta_\varkappa + c_i \gamma_\varkappa)^2 g_\varkappa] &= a_i^2 [g \alpha \alpha] + 2 a_i b_i [g \alpha \beta] + b_i^2 [g \beta \beta] + \\
&+ 2 a_i c_i [g \alpha \gamma] + 2 b_i c_i [g \beta \gamma] + c_i^2 [g c c] = \\
&= a_i^2 k_x' + a_i b_i k_x'' + b_i^2 k_y'' + a_i c_i k_x''' + b_i c_i k_y''' + c_i^2 k_z''' + \\
&+ a_i b_i k_y' + a_i c_i k_z' + b_i c_i k_z'' = \\
&= a_i (a_i k_x' + b_i k_x'' + c_i k_x''') + \\
&+ b_i (a_i k_y' + b_i k_y'' + c_i k_y''') + \\
&+ c_i (a_i k_z' + b_i k_z'' + c_i k_z''') = a_i \alpha_i + b_i \beta_i + c_i \gamma_i .
\end{aligned}
$$

Somit

$$
M_i = \mu_0 \sqrt{a_i \alpha_i + b_i \beta_i + c_i \gamma_i} = \mu_i \sqrt{g_i (a_i \alpha_i + b_i \beta_i + c_i \gamma_i)}. \qquad (72)
$$

Die zweite große Aufgabe, die mit der Ausgleichsrechnung zu lösen ist, ist das Problem der bedingten Beobachtungen. Es seien die Unbekannten $\chi_1, \chi_2, \ldots, \chi_n$ durch die r Bedingungsgleichungen

$$
\begin{aligned}
\varphi_1 (\chi_1, \chi_2, \ldots, \chi_n) &= 0, \\
\varphi_2 (\chi_1, \chi_2, \ldots, \chi_n) &= 0, \\
\varphi_r (\chi_1, \chi_2, \ldots, \chi_n) &= 0 \\
\ldots\ldots\ldots\ldots&\ldots\ldots
\end{aligned}
$$

miteinander verbunden. Es seien die beobachteten Größen $l_1, l_2, \ldots, l_n$ durch $v_1, v_2, \ldots, v_n$ so zu verbessern, daß den Bedingungsgleichungen strenge genüge geleistet wird. Diese Aufgabe spielt namentlich in der Geodäsie eine wichtige Rolle, wenn es sich darum handelt, aus den beobachteten Größen geometrisch mögliche, also widerspruchsfreie Netze, zu bilden. Es muß also

$$
\varphi_i [(l_1 + v_1), (l_2 + v_2), \ldots,] = 0
$$

sein.

Da die Verbesserungen nur klein sein dürfen, so folgt:

$$
\varphi_i (l_1, l_2, \ldots, l_n) + v_1 \frac{\partial \varphi_i}{\partial l_1} + v_2 \frac{\partial \varphi_i}{\partial l_2} + \ldots + v_n \frac{\partial \varphi_i}{\partial l_n} = 0.
$$

Setzen wir nun

$$
\varphi_i (l_1, l_2, \ldots, l_n) = w_i \qquad \frac{\partial \varphi_i}{\partial l_i} = a_i \qquad \frac{\partial \varphi_2}{\partial l_i} = b_i \ldots,
$$

so wird

$$
\begin{aligned}
a_1 v_1 + a_2 v_2 + \ldots + a_n v_n + w_1 &= [a v] + w_1 = 0, \\
b_1 v_1 + b_2 v_2 + \ldots + b_n v_n + w_2 &= [b v] + w_2 = 0, \qquad (73) \\
\ldots\ldots\ldots\ldots\ldots\ldots& \\
g_1 v_1 + g_2 v_2 + \ldots + g_n v_n + w_r &= [g v] + w_r = 0.
\end{aligned}
$$

w_i sind die Widersprüche, die durch die Verbesserungen v_i zum Verschwinden gebracht werden sollen. Die Aufgabe besteht also darin, die n Größen v so zu bestimmen, daß erstens die Bedingungsgleichungen streng erfüllt sind, zweitens die Größe $[g\,v\,v] =$ Minimum wird. Das ist also die mathematische Aufgabe der Bestimmung eines Minimums mit Nebenbedingungen.

Soll eine Funktion $f(x_1, x_2, \ldots, x_n)$ ein Minimum sein und gleichzeitig die Bedingungsgleichungen $\varphi(x_1, x_2, \ldots, x_n) = 0$, $\psi(x_1, x_2, \ldots, x_n) = 0$ erfüllt sein, so müssen die Gl. gelten:

$$\frac{\partial f}{\partial x_1} dx_1 + \frac{\partial f}{\partial x_2} dx_2 + \ldots + \frac{\partial f}{\partial x_n} dx_n = 0,$$

$$\frac{\partial \varphi}{\partial x_1} dx_1 + \frac{\partial \varphi}{\partial x_2} dx_2 + \ldots + \frac{\partial \varphi}{\partial x_n} dx_n = 0,$$

$$\frac{\partial \psi}{\partial x_1} dx_1 + \frac{\partial \psi}{\partial x_2} dx_2 + \ldots + \frac{\partial \psi}{\partial x_n} dx_n = 0.$$

Wir multiplizieren die letzten zwei Gl. mit den vorläufig noch unbestimmten Faktoren λ_1, λ_2 und subtrahieren. Wir erhalten

$$dx_1 \left(\frac{\partial f}{\partial x_1} - \lambda_1 \frac{\partial \varphi}{\partial x_1} - \lambda_2 \frac{\partial \psi}{\partial x_1}\right) + dx_2 \left(\frac{\partial f}{\partial x_2} - \lambda_1 \frac{\partial \varphi}{\partial x_2} - \lambda_2 \frac{\partial \psi}{\partial x_2}\right) + \\ + \ldots + dx_n \left(\frac{\partial f}{\partial x_n} - \lambda_1 \frac{\partial \varphi}{\partial x_n} - \lambda_2 \frac{\partial \psi}{\partial x_n}\right) = 0.$$

Da diese Gl. für beliebige Werte von $dx_1, dx_2, \ldots, dx_n$ erfüllt sein soll, so muß

$$\frac{\partial f}{\partial x_i} - \lambda_1 \frac{\partial \varphi}{\partial x_i} - \lambda_2 \frac{\partial \psi}{\partial x_i} = 0, \qquad i = 1, 2 \ldots n$$

sein. In unserem Falle sind φ, ψ zu ersetzen durch die Fehlergleichungen (73) und f durch $[g\,v\,v]$. Es ist also die Funktion

$$F = [g\,v\,v] - 2\,k_1 \{[a\,v] - w_1\} - 2\,k_2 \{[b\,v] - w_2\} \ldots - 2\,k_r \{[g\,v] - w_r\}$$

zu einem Minimum zu machen, wobei wir $\lambda_1, \lambda_2, \ldots$ durch $2\,k_1, 2\,k_2, \ldots$ ersetzt haben. Wir erhalten also aus den Bedingungen

$$\frac{\partial F}{\partial v_1} = 0, \quad \frac{\partial F}{\partial v_2} = 0 \ldots$$

$$\begin{aligned} g_1 v_1 - (a_1 k_1 + b_1 k_2 + \ldots + g_1 k_r) &= 0, \\ g_2 v_2 - (a_2 k_1 + b_2 k_2 + \ldots + g_2 k_r) &= 0, \\ \ldots\ldots\ldots\ldots\ldots\ldots\ldots & \\ g_n v_n - (a_n k_1 + b_n k_2 + \ldots + g_n k_r) &= 0. \end{aligned} \tag{74}$$

Diese Gl. heißen die Korrelatengleichungen und k sind die *Lagrange*schen Multiplikatoren oder *Gauß*schen Korrelaten. Dazu kommen noch die r Fehlergleichungen (73)

$$\begin{aligned} [a\,v] + w_1 &= 0, \\ [b\,v] + w_2 &= 0, \\ &\cdots\cdots\cdots \\ [g\,v] + w_r &= 0. \end{aligned}$$

Wir haben somit $n + r$ Gl. zur Bestimmung der n Größen v und der r Größen k. Die Fehlergleichungen enthalten nur die Größen v, können aber nicht nach diesen aufgelöst werden, weil $r < n$ ist, denn die Zahl der Bedingungsgleichungen muß kleiner sein als die Zahl der Unbekannten. Wäre $r > n$, so wäre die Aufgabe überbestimmt und unlösbar. Wir substituieren nun die v aus den Gl. (74) in die Gl. (73) und erhalten

$$\begin{aligned} \left[\frac{a\,a}{g}\right] k_1 + \left[\frac{a\,b}{g}\right] k_2 + \cdots + \left[\frac{a\,g}{g}\right] k_r + w_1 &= 0, \\ \left[\frac{a\,b}{g}\right] k_1 + \left[\frac{b\,b}{g}\right] k_2 + \cdots + \left[\frac{b\,g}{g}\right] k_r + w_2 &= 0, \\ \cdots\cdots\cdots\cdots\cdots\cdots\cdots\cdots\cdots \\ \left[\frac{a\,g}{g}\right] k_1 + \left[\frac{b\,g}{g}\right] k_2 + \cdots + \left[\frac{g\,g}{g}\right] k_r + w_r &= 0, \end{aligned} \tag{75}$$

welche Gl. wieder Normalgleichungen heißen und sich von den Gl. (42) nur dadurch unterscheiden, daß nun die Gewichte im Nenner stehen, was aber auf die Art und Weise der Auflösung keinen Einfluß hat. Statt der $[a\,l]$, $[b\,l]$,... treten hier die Größen w auf. Die Auflösung bringt die Größen k, die in Gl. (74) eingesetzt die n Größen v liefern. $l_i + v_i$ sind die verbesserten Beobachtungen.

Man kann die Rechnung auf die nach vermittelnden Beobachtungen zurückführen. Man drückt mit Hilfe der Bedingungsgleichungen $v_1, \ldots, v_r$ durch $v_{r+2}, \ldots, v_n$ aus und erhält mit entsprechenden Koeffizienten

$$\begin{aligned} v_1 &= \mathfrak{a}_1 v_{r+1} + \mathfrak{b}_1 v_{r+2} + \cdots + \mathfrak{p}_1 v_n + \mathfrak{q}_1, \\ v_2 &= \mathfrak{a}_2 v_{r+1} + \mathfrak{b}_2 v_{r+2} + \cdots + \mathfrak{p}_2 v_n + \mathfrak{q}_2, \\ &\cdots\cdots\cdots\cdots\cdots\cdots \\ v_r &= \mathfrak{a}_r v_{r+1} + \mathfrak{b}_r v_{r+2} + \cdots + \mathfrak{p}_r v_n + \mathfrak{q}_r \end{aligned}$$

und fügt hinzu:

$$\begin{aligned} v_{r+1} &= v_{r+1}, \\ &\cdots\cdots \\ v_n &= v_n. \end{aligned}$$

Die v auf der linken Seite sind nun die Größen, für welche $[g\,v\,v]$ ein Minimum werden soll, die v auf der rechten Seite aber sind die zu bestimmenden Unbekannten. So sehen nun die Gl. genau so aus wie Gl. (42) und können auch so behandelt werden.

Daher können wir auch die mittleren Fehler vor und nach dem Ausgleich nach den gleichen Formeln berechnen, wie bei den vermittelnden Beobachtungen.

Die Zahl der Unbekannten ist hier $n - r$; wir erhalten daher statt $n - i : n - (n - r) = r$. Es wird dann der Fehler der Gewichtseinheit

$$\mu_0 = \pm \sqrt{\frac{[g\,v\,v]}{r}}$$

und der Fehler einer Beobachtung vom Gewichte g wieder

$$\mu_i = \frac{\mu_0}{\sqrt{g_i}}.$$

Der mittlere Fehler einer ausgeglichenen Beobachtung hat wieder die Form

$$M_i = \mu_i \sqrt{g_i\,(\mathfrak{a}_i\,\alpha_i + \mathfrak{b}_i\,\beta_i + \ldots + \mathfrak{p}_i\,\pi_i}$$

Hier sind $\mathfrak{a}_i$, $\mathfrak{b}_i$ ... die Koeffizienten aus Gl. (75) und die Größen α_i, β_i ... sind gegeben durch

$$\alpha_i = \mathfrak{a}_i\,k_x' + \mathfrak{b}_i\,k_x'' + \ldots + \mathfrak{p}_i\,k_x^{(p)},$$

wobei die k_x', k_x'' ... durch die Auflösung von Gleichungssystemen der Form (59) gefunden werden.

Namen- und Sachverzeichnis.

GPSR Compliance

The European Union's (EU) General Product Safety Regulation (GPSR) is a set of rules that requires consumer products to be safe and our obligations to ensure this.

If you have any concerns about our products, you can contact us on ProductSafety@springernature.com

In case Publisher is established outside the EU, the EU authorized representative is:

Springer Nature Customer Service Center GmbH
Europaplatz 3
69115 Heidelberg, Germany

Batch number: 10577896

Printed by Printforce, the Netherlands